绿色二次电池先进技术丛书

丛书主编 吴 锋

轻元素多电子二次电池新体系

吴川 吴锋 著

图书在版编目（CIP）数据

轻元素多电子二次电池新体系 / 吴川，吴锋著. --
北京：北京理工大学出版社，2022.3
ISBN 978-7-5763-1205-8

Ⅰ. ①轻… Ⅱ. ①吴…②吴… Ⅲ. ①蓄电池—研究
Ⅳ. ①TM912

中国版本图书馆 CIP 数据核字（2022）第 054993 号

出版发行 / 北京理工大学出版社有限责任公司
社　　址 / 北京市海淀区中关村南大街 5 号
邮　　编 / 100081
电　　话 / （010）68914775（总编室）
（010）82562903（教材售后服务热线）
（010）68944723（其他图书服务热线）
网　　址 / http://www.bitpress.com.cn
经　　销 / 全国各地新华书店
印　　刷 / 三河市华骏印务包装有限公司
开　　本 / 710 毫米 ×1000 毫米　1/16
印　　张 / 23.5
字　　数 / 409 千字
版　　次 / 2022 年 3 月第 1 版　2022 年 3 月第 1 次印刷
定　　价 / 87.00 元

责任编辑 / 王玲玲
孟雯雯
文案编辑 / 王玲玲
责任校对 / 刘亚男
责任印制 / 王美丽

前　言

发展清洁和可再生能源是我国社会经济发展的重大战略，是我国中长期科技发展规划纲要中重点和优先发展的方向。在光伏工程、储能电站、电动汽车、航空航天、现代国防等一系列重大需求中，新型二次电池作为能量转换与储存的关键技术环节，发挥了重要的作用。然而，面对新能源技术的飞速发展，特别是随着智能通信、固定式储能、机/船/车载移动储能等领域的巨大市场呼唤，传统的二次电池体系在能量密度、功率密度、安全性等方面表现出了若干发展“瓶颈”，因此，开发新一代高性能二次电池体系的任务十分迫切。

二次电池的比能量受到电化学反应过程中电荷变化的影响，即与电极材料中电子的转移数量有直接联系。此外，电极材料的相对分子质量也与电池能量密度有着密不可分的联系。因此，基于轻元素多电子反应材料来构建新型二次电池体系，有望跨越式提高电池的能量密度。二次电池中的“多电子反应体系”这一概念的提出始于2002年国家基础研究发展计划资助的国家“973”计划项目“绿色二次电池新体系相关基础研究”，在20年的研究历程中，主要可以分为三个阶段：对多电子反应活性电极材料体系的早期探索；在多电子反应下引入轻元素材料的路线探究；针对“轻元素多电子”二次电池反应中多离子效应等机理的深入研究。本书重点围绕近年来轻元素多电子电池体系的基础研究进展以及实际应用发展需求进行详细介绍。在材料方面，主要针对具有典型的“轻元素多电子”反应特性的金属硼化物、金属氟化物、金属氧化物、聚阴离子类材料、硅基电极材料、硫电极材料、氧电极材料等在新型二次电池中的反应机理、研究“瓶颈”及发展策略进行了系统性的阐述与总结。

同时，本书也针对轻元素多电子的典型反应机制，即多离子效应进行了深入探讨。最后，本书对目前多电子反应体系中代表性的多价离子电池体系铝二次电池进行了梳理和总结。

本书在撰写过程中受到了北京理工大学白莹教授、李雨副研究员等人的帮助，著者的研究生们在文献资料收集、图表编制、数据整理及编撰校稿等方面做出了诸多细致的工作，他们分别是郭瑞琪、刘明权、冯鑫、李莹、张锟、任海霞、曹东等。在此，特地向所有为本书付出辛勤劳动的老师和同学们致以真诚的感谢。

本书在出版之际，由衷地感谢国家“973”计划、国家重点研发计划和国家自然科学基金对相关研究长期以来的大力资助和支持，推动科学家在二次电池材料和技术研究领域取得的原创性成果，为解决二次电池向高比能发展的原理性和技术性问题、提高我国在这一领域的理论研究水平和技术创新能力迈出坚实的步伐。

本书可用于相关专业研究生的教材，也可供从事新型二次电池研究的研究人员进行参考。轻元素多电子二次电池新体系涉及的科学概念和理论知识非常广泛，包括但不限于材料、物理、化学、机械、电子、信息、计算等诸多学科，相关领域的科学理论等仍处于蓬勃发展的阶段。由于编者水平有限，书中难免有所缺漏与不足之处，敬请专家和广大读者批评指正。

目　录

第1章 绪论

本章首先对电池的诞生背景以及二次电池体系的发展历程进行了综合回顾。同时，本章进一步地对目前二次电池体系的研究与发展现状进行了简要的概述，使读者能够对基于电化学储能的二次电池行业产生基本的认知。此外，本章也总结了二次电池电化学方面的基本知识，意在使读者具备相应的电化学基础，以便于更好地理解后续的内容。总之，本章使读者能够了解二次电池的起源与发展历程，掌握二次电池电化学相关基础概念。

1.1 二次电池的发展概况

回顾人类社会的发展历程，可以发现对能源的依赖程度始终处在上升阶段。尤其是第一次工业革命以来，人们开始了对化石能源的大规模开发使用，引领了社会生产力的迅速发展。如今，人们的科技水平与经济实力进入了前所未有的新高度，对能源的需求也在与日俱增。尽管化石燃料仍是目前主要的能源来源，但这些燃料的不可再生性或许会在未来引发全球性能源危机。此外，化石燃料的过度燃烧也带来了严重的全球环境气候问题。因此，发展和利用可再生能源（如太阳能、风能、水能等清洁能源）是解决目前能源与环境危机的必经之路[1]。从我国的实际能源水平出发，太阳能、风能、水能的资源储量丰富且分布广泛。然而，这类可再生能源在发电过程中具有瞬时性以及波动性的特点，一旦直接应用，会给电网带来安全性冲击[2]。因此，开发高性能的能源存储转换技术成为发展可再生能源的关键。基于清洁二次电池的电化学储能体系被认为是合适的大规模能源存储技术[3]。二次电池储能具有较高的工作效率、良好的便携性以及较低的维护成本等优势，现已广泛应用到电子设备、电动汽车、国防军工电源系统乃至大规模储能等领域。此外，作为清洁能源的二次电池也是传统环境工程的拓展，基于二次电池的新能源技术更是解决当今环境问题的有效手段之一[4]。

电池是一种典型的基于电化学反应的能量存储与转换器件，能量多少主要取决于电化学反应过程中的电荷变化，即与电极材料中电子的转移数量有直接联系。化学电池这一概念的起源可追溯至19世纪初期意大利物理学家Volta关于“伏打电堆”的研究[5]。“伏打电堆”的提出也开启了电化学飞速发展的时代。然而，以伏打电堆为代表的一次电池在完全放电之后便无法被再次利用。从节约资源、保护环境的角度来看，人们更希望电池能够被反复多次地使用，因此也就提出了二次电池（俗称可充电电池或蓄电池）的发展概念。1859年，法国科学家Planté发明了铅酸电池，并在之后成功地应用到汽车等大型工业电源系统中。铅酸电池的成功普及开启了二次电池的新篇章。二次电池的发展随后经历了铅酸电池、镍镉电池、镍氢电池、锂离子电池等多个阶段。由于医疗、军事、电子科技水平的进步，使得人们对于能源的需求朝着便携式、轻量化、高能量密度方向发展。而传统的铅酸电池能量密度低且质量与体积较大，难以满足这些需求，因此导致了更多的新型二次电池的诞生。19世纪末镍镉电池诞生并开始广泛普及，一度应用到当时的小型电子设备之中。然而，由于镉金属的毒害性较强以及镍镉电池“记忆效应”严重，随后被镍氢电池所替代。镍氢电池一般采用$Ni(OH)_2$和金属氧化物分别作为正极、负极的活性物质，避免了重金属的毒害作用。主要分为高压镍氢电池和低压镍氢电池。高压镍氢电池具有能量高、寿命长、耐过充电以及可通过氢压来指示电池的荷电状态等优点，主要应用于军事及航空卫星领域。但这种高压镍氢电池成本高昂，普通民众难以负担，于是在70年代中期开始研制适合民众使用的低压镍氢电池。低压镍氢电池能量密度高，可快速充放电，低温性能良好，耐过充放电能力强，安全可靠，无污染等，主要应用在通信等民用电子设备电源之中。目前的镍氢电池也在混合动力汽车领域有着广泛的应用，市场上的镍氢电池主要来自日、美、德国家。对于我国而言，在“863”计划“镍氢电池产业化”项目的推动下，我国的镍氢电池及相关材料产业实现了从无到有，赶超世界先进水平的奋斗目标，我国的科研机构和公司跨界携手合作，集中优势，联合攻关，依靠自己的力量完成了镍氢电池中试生产示范线的全套生产工艺及相应技术装备的开发。先后在广东、辽宁、天津等地建立镍氢电池的中试基地、产业化示范基地和一批相关材料的生产基地。为我国镍氢电池的产业化奠定了基础，使我国镍氢电池的生产迅速赶上世界水平。

二次电池发展历程中的一个伟大飞跃则是锂离子电池的成功商业化。有关锂离子电池的研究最早可追溯到20世纪70年代。英国的Whittingham提出了锂离子在TiS_2等化合物的晶格中嵌入或脱出的行为机制，从而奠定了目前锂离子电池的工作原理基础[6]。1980年，美国固体物理学家Goodenough团队经过设计，提出了具有高能量密度的$LiCoO_2$等正极材料[7]。几乎在同一时期，日本的 Yoshino 团队开发设计了碳基的负极材料，以钴酸锂为正极，碳基材料为负极，正式应用于锂离子电池体系[8]。基于这一体系，日本索尼公司于 1991 年正式向市场推出了锂离子电池，开启了锂离子电池的商业化进展。与其他电池相比，锂离子电池具有更高的能量密度和循环寿命，并且具有电压稳定、工作效率高等优点，因此也被人们称为“最有前途的化学电源”。目前的锂离子电池已经在电子设备、军事装备、航空航天等多个领域中取得了广泛的应用。然而，随着全球锂资源储量的日益消耗，以及新能源技术的飞速发展，对储能的市场需求越来越高，仅凭锂离子电池以及其他现有的二次电池体系似乎难以继续支撑国家发展的重大需求。为此，发展新型高比能二次电池的任务十分迫切。

1.2 二次电池的现状及未来趋势

随着“双碳”目标观念（2030 年实现碳达峰，2060 年实现碳中和）逐渐深入人心，中国带头发展新能源革命已成为大势所趋。作为新能源革命中主要的表现形式之一，以二次电池为代表的电化学储能迎来了前所未有的发展机遇。以锂离子电池为例，据统计，2016—2020 年我国的锂离子电池复合装机增速为 105%，截至 2020 年，已投运的电化学储能设施中锂离子电池占比高达 90%，装机总量为 2.90 GW，同比增长 211%[9,10]。可以看出，我国的电化学储能已经由商业化初期迈进了规模化发展的新阶段。

目前电化学储能的主流方案是采用以磷酸铁锂或者三元体系为基准的锂离子电池。尽管锂离子电池已经在移动电子设备、固定电源和其他电动工具中取得成功的应用，但在面向动力电池乃至大规模储能电站的应用方面仍然捉襟见肘。一方面是因为锂离子电池的发展成本逐年升高，而目前全球的锂资源分布不均且储量极为有限，我国锂资源的对外依赖度占比高达 80% 以上。在地缘政治等因素的影响下，国际市场上势必会出现对锂资源的激烈竞争[11]。除了锂资源外，在锂离子电池中起主要活性作用的其他元素资源（如钴、镍等）的价格也呈现出增长态势[12]。高昂的价格使得锂离子电池在发展动力电池以及储能电站方面失去了优势。另一方面，锂离子电池在储能方面的安全性难以得到完全有效的保障。目前商用的锂离子电池主要选用有机电解液，以保证较高的工作电压和能量密度。但该类体系在极端条件下极易引发电池热失控，以至于出现失火事故。尤其是在由数万个电池模块组装的兆瓦级别的储能电站应用中，锂离子电池的安全性更是面临着极为严峻的考验。据统计，近十年来，全球共发生了30余起电化学储能电站安全事故[13]。以韩国为例，仅在2017—2019年之间，储能电站的失火事故就发生近20起。从事故类型看，采用三元体系的锂离子电池发生事故率相对较高[14]，而对于安全程度相对较高的磷酸铁锂体系，能量密度可能不足以支撑大规模储能的需求。除了安全性与成本问题之外，目前的锂离子电池体系的能量密度很难再有进一步的提升。由于锂离子电池体系的工作机理是嵌入反应机制，电极活性材料主要是各种嵌入化合物，尤其是在正极材料中，大多为过渡金属氧化物或磷酸盐，具有较大的相对分子质量，同时，在嵌入过程中，参与反应的电子数大多不足1个。由于相对分子质量大和反应电子数少，使得最终的电池能量密度很难得到提升[15]。由此，可以看出，二次电池的下一步发展趋势必将是基于新体系、新材料、新技术的进一步深化研究，致力于大幅度提高电池的能量密度、解决电池的安全性问题以及进一步实现电池的低成本化及资源再生利用等方面。

近年来，有关二次电池新体系方面的研究取得了不错的进展[16]。这些体系主要包括金属－硫电池[17]、钠离子电池[18]、镁离子电池[19]、铝离子电池[20]、锌离子电池[21]及金属－空气电池[22]等。主要涉及单一价态电荷载体Li^+、Na^+、K^+以及多价态电荷载体Ca^{2+}、Mg^{2+}、Al^{3+}和Zn^{2+}等的电化学反应，理论上都可以获得比较高的容量。尤其是通过对材料进行深入探索可以构筑轻元素多电子体系，能够使二次电池获得比常规单电子体系更高的能量密度。

1.3 二次电池的基本概念

描述二次电池电化学性能的过程中，通常会涉及相关的概念，如下所示。

①二次电池：可反复进行充电、放电而多次使用的电池，也称蓄电池或充电电池。

②正极：放电时，电子从外部电路流入电位较高的电极。此时发生还原反应，而可以称为阴极；而在充电时，发生的是氧化反应，称为阳极。

③负极：放电时，电子从外部电路流出电位较低的电极。此时发生氧化反应，而可以称为阳极；而在充电时，发生的是还原反应，称为阴极。

④电动势：等于单位正电荷在电池内部由负极移动到正极时，电池非静电力（化学力）所做的功。电动势取决于电极材料的化学性质。

⑤开路电压：是指电池在非工作状态下，即外电路没有电流通过时，电池正负极之间的电势差。通过电池的开路电压，可以判断电池的荷电状态，开路电压一般小于电池的电动势。

⑥工作电压：是指电流通过外电路时，即电池在正常工作过程中正、负两极之间的电势差，是电池的实际输出电压，一般小于开路电压。

⑦终止电压：是指电池在充电或放电时所规定的最高充电电压或最低放电电压，也叫截止电压。

⑧充放电速率：常用充放电倍率表示，指的是电池在规定时间内放出额定容量所输出的电流值，数值上等于额定容量的倍数。

⑨电池内阻：主要包括欧姆内阻和极化内阻，是指电池在工作时，活性离子在电池内部迁移所受阻力。欧姆电阻遵循欧姆定律，由电极材料、隔膜、电解液电阻及各部分接触电阻组成。极化电阻包括电化学极化和浓差极化，是指电极在电化学反应时由极化引起的电阻。

⑩理论容量：是指电极材料的活性物质全部参加电池反应时所给出的电量。

⑪标称容量：按国家有关部门标准，保证电池在一定放电条件下应该放出的最低限度容量。

⑫实际容量：电池在实际工作条件下输出的容量。

⑬比容量：是指单位质量或单位体积电池所提供的容量，又称为质量比容量和体积比容量。

⑭理论能量：是指电池的放电容量达到理论容量时，电池所输出的能量。理论能量是可逆电池在恒温恒压下所能做的最大非膨胀功。

⑮实际能量：电池工作时实际输出的能量。

⑯比能量：又称为能量密度，是指单位质量或单位体积的电池输出的能量，称为质量比能量或者体积比能量。

⑰理论功率：是指在一定的放电条件下，单位时间内电池输出的理论能量。

⑱实际功率：是指在一定的放电条件下，单位时间内电池输出的实际能量。

⑲比功率：又称功率密度，一般指单位质量或体积电池输出的功率。

⑳恒流充放电：是指在恒定的电流小，对电池进行充电或放电的过程。

㉑恒压充电：是指在恒定的电压下，对电池进行充电的过程。

㉒能量转换效率：指电池放电能量与充电能量的比值，主要以百分比表示。

㉓库仑效率：是指充放电效率，用放电容量与充电容量的百分比表示。库仑效率与电极的稳定性和电极/电解质界面的稳定性有关。

㉔循环寿命：电池经历一次充放电，称为一个循环周期。循环寿命是指电池在一定条件下充放电，当电池放电比容量达到规定值时的循环次数。

㉕自放电：是指在开路状态下，电池在一定条件下贮存时容量下降的现象，单位时间内容量衰减的百分数即自放电速率。

㉖过放电：超过规定的终止电压在低于终止电压时继续放电现象。

㉗荷电状态：是指电池在使用一段时间或者经过长期的搁置不用后，电池剩余容量与初始充电态容量的比值，一般用百分数表示，英文表示为 state of charge，简称 SOC。SOC 为 100% 时，表示电池处于充满状态。

参考文献

[1] Chu S，Majumdar A. Opportunities and challenges for a sustainable energy future [J]. Nature，2012，488（7411）：294－303.

[2] 白建华，辛颂旭，刘俊，等．中国实现高比例可再生能源发展路径研究 [J]．中国电机工程学报，2015，35（14）：3699－3676.

[3] 吴锋．绿色二次电池：新体系与研究方法［M］．北京：科学出版社，2009.

[4] 吴锋．绿色二次电池及其新体系研究进展［M］．北京：科学出版社，2007.

[5] Trasatti S. 1799—1999：Alessandro Volta's "electric pile"—two hundred years，but it doesn't seem like it [J]. Journal of Electroanalytical Chemistry，1999，460（1－2）：1－4.

[6] Whittingham M S. Electrical energy storage and intercalation chemistry [J]. Science，1976，192（4244）：1126－1127.

[7] Mizushima K，Jones P，Wiseman P，et al. Li_xCoO_2（$0 < x < -1$）：A new cathode material for batteries of high energy density [J]. Materials Research Bulletin，1980，15（6）：783－789.

[8] Yoshino A. The birth of the lithium－ion battery [J]. Angewandte Chemie International Edition，2012，51（24）：5798－5800.

[9] 观研报告网．2021 年中国锂电池行业分析报告——市场深度分析与发展前

景预测 [R]. http://baogao. chinabaogao. com/dianchi/318544318544. html.
[10] 中国电子信息产业发展研究院. 锂离子电池产业发展白皮书（2021 版）[R]. 赛迪智库，2021.
[11] 观研报告网. 2018 年全球锂资源分布现状及未来发展趋势分析 [R]. 2018. http://free. chinabaogao. com/nengyuan/201804/042033131H018. html.
[12] 自然资源部中国地质调查局. 全球锂、钴、镍、锡、钾盐矿产资源储量评估报告（2021）[R]. 2021.
[13] 国际能源网. 国内外储能电站火灾或爆炸事故统计与分析 [R]. 2021. https://www. in - en. com/article/html/energy - 2303978. shtml.
[14] 陈泽宇，熊瑞，孙逢春. 电动汽车电池安全事故分析与研究现状 [J]. 机械工程学报，2019，55（24）：93 - 104.
[15] Thackeray M M, Wolverton C, Isaacs E D. Electrical energy storage for transportation - approaching the limits of, and going beyond, lithium - ion batteries [J]. Energy & Environmental Science, 2012, 5 (7): 7854 - 7863.
[16] Choi J W, Aurbach D. Promise and reality of post - lithium - ion batteries with high energy densities [J]. Nature Reviews Materials, 2016, 1 (4): 1 - 16.
[17] Seh Z W, Sun Y, Zhang Q, et al. Designing high - energy lithium - sulfur batteries [J]. Chemical Society Reviews, 2016, 45 (20): 5605 - 5634.
[18] Pan H, Hu Y S, Chen L. Room - temperature stationary sodium - ion batteries for large - scale electric energy storage [J]. Energy & Environmental Science, 2013, 6 (8): 2338 - 2360.
[19] Aurbach D, Lu Z, Schechter A, et al. Prototype systems for rechargeable magnesium batteries [J]. Nature, 2000, 407 (6805): 724 - 727.
[20] Wu F, Yang H, Bai Y, et al. Paving the path toward reliable cathode materials for aluminum - ion batteries [J]. Advanced Materials, 2019, 31 (16): 1806510.
[21] Song M, Tan H, Chao D, et al. Recent advances in Zn - ion batteries [J]. Advanced Functional Materials, 2018, 28 (41): 1802564.
[22] Wang H F, Xu Q. Materials design for rechargeable metal - air batteries [J]. Matter, 2019, 1 (3): 565 - 595.

第 2 章

轻元素多电子反应构建二次电池新体系

本章旨在让读者对基于轻元素多电子反应的二次电池体系形成基本的认知。基于此目的，首先对轻元素多电子反应的理论基础进行介绍。随后，本章对轻元素多电子反应体系的发展历程进行了详细的回顾。此外，本章也进一步地对该反应体系的未来发展前景进行了相应的展望。本章能够使读者了解轻元素多电子反应体系的相关发展历程，并能掌握该体系的电化学反应理论基础。

2.1 轻元素多电子反应的理论基础

能量密度是目前衡量电池系统性能的最重要的一项指标。对于传统的二次电池体系，活性材料主要是过渡金属氧化物或其他含有重金属元素的化合物。尽管这些材料在电池充放电过程中能够保持稳定、可逆的电化学反应，但由于参与反应的电子数较少，化学式的相对分子质量大，使得电池可以提供的能量密度极为有限。如图 2.1 所示，传统二次电池的能量密度（一般指质量能量密度）都难以超过 300 $Wh \cdot kg^{-1}$[1]，因此，为了构筑能量密度大于 300 $Wh \cdot kg^{-1}$ 的新型二次电池体系，需要从电极材料到电池结构等方面进行整体创新，而“轻元素多电子反应体系”概念的提出则为提高电池能量密度拓宽了思路。所谓多电子反应体系，即指 1 mol 的活性材料能够在特定的电化学反应过程中表现出大于 1 mol 电子的转移反应[2]。而对于质量一定的活性材料而言，单位质量材料所发生转移的电子数目与能量转换的多少成正比。因此，在多电子反应体系的基础上，进一步引入“轻元素”的理念，从提高材料的电子转移数以及降低材料的质量两方面共同着手，用于提高二次电池的能量密度[3]。

在基于“轻元素多电子反应”的概念来指导新型电极材料的合成之前，首先应当充分理解反应机理。对于一组特定材料体系的氧化还原反应，给定化学反应式见式（2－1）：

$$aA + bB \rightarrow cC + dD \tag{2-1}$$

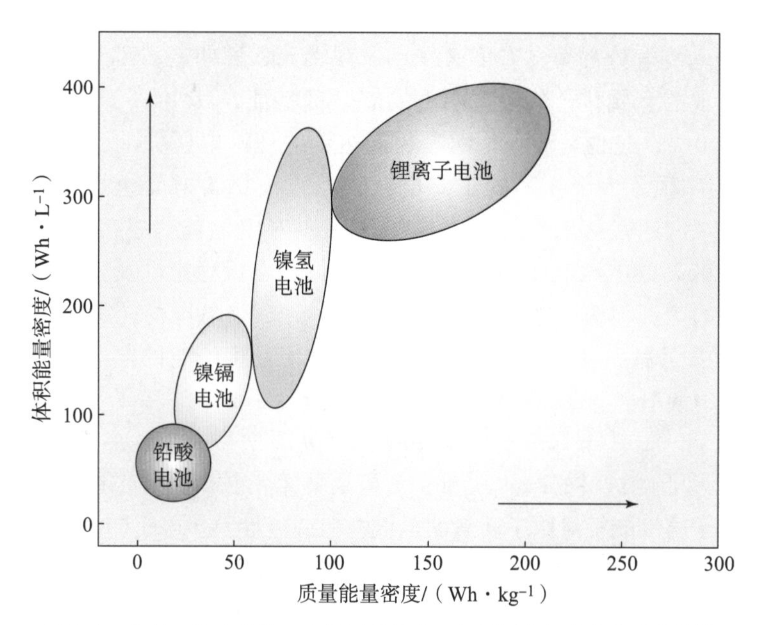

图 2.1　传统二次电池体系在体积能量密度与质量能量密度上的比较[1]

其中，A，B 代表反应物；C，D 代表生成物。

能量密度取决于标准条件下氧化还原反应的吉布斯自由能 $\Delta_r G^\theta$，并可用能斯特方程（式（2-2））来定量表示：

$$\Delta_r G^\theta = -nFE^0 \tag{2-2}$$

式中，$\Delta_r G^\theta$ 是指每摩尔反应物标准吉布斯自由能的变化（$kJ \cdot mol^{-1}$）；n 表示单位摩尔反应的电荷转移数目；E^0 是热力学平衡电压（V）；F 是法拉第常数。在评估实际电池系统的性能指标时，主要涉及两种类型的能量密度，包括单位质量下的质量能量密度（E_g，单位为 $Wh \cdot kg^{-1}$）和单位体积下的体积能量密度（E_v，单位为 $Wh \cdot L^{-1}$），分别可以用下式表示：

$$E_g = \Delta_r G^\theta \Big/ \sum M_g \tag{2-3}$$

$$E_v = \Delta_r G^\theta \Big/ \sum M_v \tag{2-4}$$

式中，$\sum M_g$ 表示反应物总的摩尔质量；$\sum M_v$ 表示反应物总的摩尔体积。依据上述方程，可以利用相应的电化学反应方程式，根据吉布斯自由能的变化来计算给定电极材料体系的电势。

基于上述基本原理，可以通过以下几种方法来提高电池的能量密度：①设计电位差较大的正负极材料体系，以提高工作电压；②在电化学反应中提高单位摩尔反应的电荷转移数目；③选择相对分子质量较小的材料体系。第一种策略对电池能量密度的提高具有局限性[4]。一般而言，化合物的离子键强度在提高该材料的电极电势方面具有促进作用。观察元素周期表，可以发现氟的电负性最强，形成的金属化合物具有很强的离子键特征，其中 Li/F_2 可达到的理论电压约为 6.0 V，这也是现今化学电源能达到的理论电压极限。目前商业应用的 LIBs 已经实现了大于 4 V 的工作电压，在正极材料方面也报道了接近 5 V 的高电压[5-7]。这就意味着提高工作电压在改善电池能量密度方面的能力有限。此外，较高的电池电压还可能会影响整体的电极稳定性及安全性。

因此，为实现构筑高能量密度电池的目标，必须从电荷转移数目以及相对分子质量两方面着手。由法拉第定律可知，对于任何给定的电极材料，理论质量比容量 C_0（$mAh \cdot g^{-1}$）可通过以下计算式得到：

$$C_0 = nF/(3.6M) \tag{2-5}$$

式中，M 表示活性材料的摩尔质量；F 是法拉第常数。显然，通过采用具有较低的相对分子质量或相对原子质量的电极材料或者涉及多电子转移的反应体系是提高能量密度的有效途径。这也是构筑“轻元素多电子反应体系”的理论基础。

通过对元素周期表的探索，可以发现许多具有多电子反应活性的元素（图 2.2）。最为典型的是具有多电子氧化还原对的过渡金属元素，如 Ti(Ti^{2+}/Ti^{4+})、V(V^{2+}/V^{5+})、Cr(Cr^{2+}/Cr^{6+})、Mn(Mn^{2+}/Mn^{4+})、Fc(Fc^{2+}/Fc^{4+})、Co(Co^{2+}/Co^{4+})、Ni（Ni^{2+}/Ni^{4+}）、Cu（Cu^{+}/Cu^{3+}）、Nb（Nb^{3+}/Nb^{5+}）、Mo（Mo^{3+}/Mo^{6+}）和 W(W^{4+}/W^{6+}）等。基于过渡金属元素和聚阴离子（XO_4）$^{n-}$ 等组成的聚阴离子化合物表现出多电子反应机制，可用作 LIBs 和 SIBs 的负极材料。此外，以 Si、

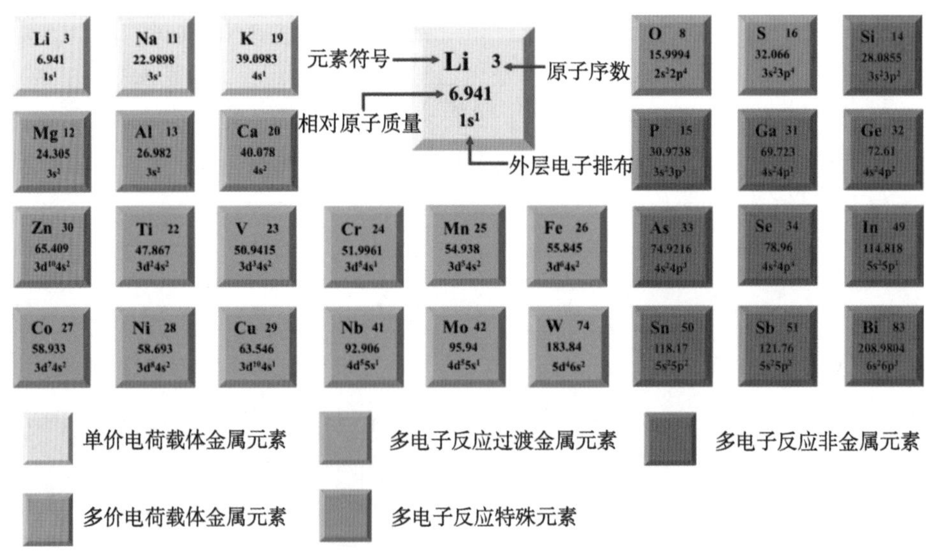

图 2.2　涉及多电子反应体系的元素及其基本特征

P、Ge、Se、Sn、Sb 等为代表的元素也可以与高计量比的 Li、Na 等金属发生合金化，实现多电子反应。在这些体系中，由于电荷载体为单一价态，因此多电子的反应必须涉及一个以上的 Li^+ 或 Na^+ 的脱嵌。此外，多电子反应还可以通过多价阳离子电荷载体（如 Mg^{2+}、Ca^{2+}、Zn^{2+} 和 Al^{3+} 等）在活性材料中的嵌入来得以实现。另外还有一些特殊的电池体系（如金属－硫电池和金属－空气电池等），主要涉及硫、氧等特殊阴离子的多电子反应[8]。因此，有针对性地选择具有多电子特性的阴阳离子体系有助于突破目前二次电池的能量密度"瓶颈"。此外，多电子反应体系的发展也在向着轻元素方向推进，如图 2.3 所示。引入硼、氟、氧、硅等轻元素，就可以在实现多电子反应的同时，减小电极材料的相对分子质量，制备出轻元素多电子反应活性材料[3]。

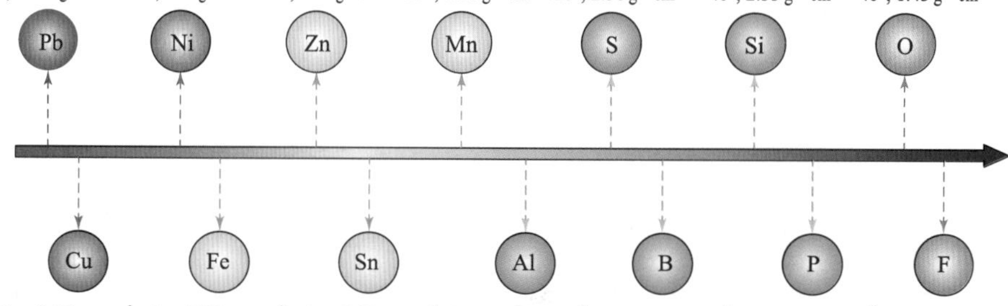

图 2.3　多电子反应体系向轻元素化方向发展示意图

随着对电化学反应机理的不断深入研究，人们发现对于实际材料体系，能量密度可以用以下的计算式得到：

$$E = -\frac{nFE}{\sum M}\eta \tag{2-6}$$

式中，η 表示载流子的活性；n 表示单位摩尔反应的电荷转移数目；E 是热力学电压（V）；F 是法拉第常数，主要代表多电子反应中实际参与氧化还原行为的正离子和负离子共同产生的影响。对于给定的多电子反应体系，η 的大小与多方面因素相关。以富锂正极材料为例，Li^+ 的嵌入/脱出和 O^{2-} 的氧化还原等都会对电荷转移行为起到作用，由于 O^{2-} 的还原只能在足够高的电压下发生，此时的 η 就在很大一部分上取决于工作电压的大小。这种基于多种正负离子共同影响的机制（又称为"多离子效应"）也进一步丰富了多电子反应的理论体系。

2.2 轻元素多电子反应体系的发展历程

基于轻元素多电子的电化学反应体系对于发展高能量密度二次电池具有重要意义，该体系的发展历程如图2.4所示。“多电子反应”的概念最初的提出起源于2002年国家基础研究发展计划资助的国家“973”计划项目“绿色二次电池新体系相关基础研究”。项目团队在早期开展了大量的研究工作，探索了多种类型的多电子反应活性电极材料，为构筑具有高能量密度的绿色二次电池新体系奠定了关键的材料与理论基础。其中典型的工作是验证了高铁酸盐电极材料在每摩尔的电化学反应过程中可以实现3电子的转移，这一发现证明了多电子反应材料的可行性[9]。基于高铁酸盐的初步探索使得该体系的二次电池得以表现出比早期水系电池更高的能量密度，进一步为多电子反应体系的可实用性提供了重要的理论依据[10]。在此之后，多电子反应体系的发展也迈进了新的阶段。在2009年的国家“973”计划项目“新型二次电池及相关能源材料的国家基础研究”支持下，团队研究人员提出“轻元素多电子反应”的概

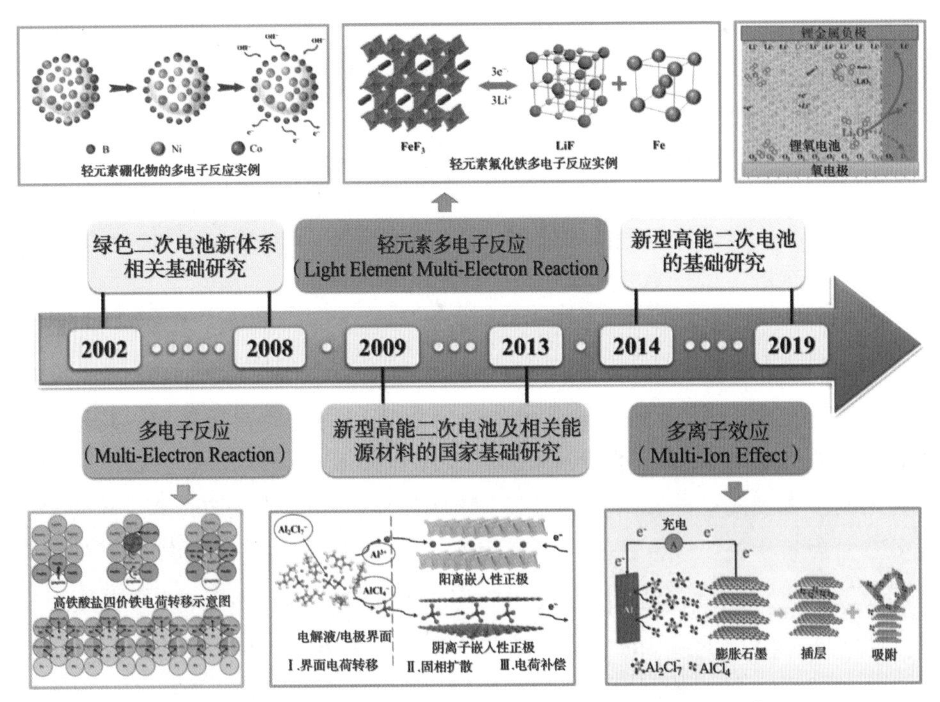

图2.4　与轻元素多电子反应体系相关的研究发展历程[4,9-15]

念。这是因为对于质量一定的电极材料来说，单位质量转移的电子数目越多，能量转换也就越多。因此，从提高电子转移数以及降低材料的质量这两方面入手，更有助于解决能量密度不理想的问题。在该阶段的研究中，团队成员在电极材料中引入以硼、氟、氧、硅等轻元素，以减小材料的相对分子质量，并且通过从水性电池系统转移到高电压窗口的有机体系，使电池的能量密度实现了有效提升[11-13]。在2015—2019年的国家“973”计划项目“新型高性能二次电池的基础研究”中，该团队着力于解决如何高效地实现多电子反应这个问题，重点关注了轻元素多电子反应中与离子相关的理论基础，并提出轻元素多电子反应的多离子效应，为电池系统获得更高能量密度提供了一条科学途径[14,15]。对“多离子效应”作用的解释，以锂离子电池为例，对于传统的过渡金属氧化物正极材料，在经过充电过程的锂离子脱出之后，过渡金属元素的化合价就会随之升高，从而达到补偿电荷的作用，使整个材料体系的电荷保持平衡稳定；而经过放电过程的锂离子嵌入以后，过渡金属元素的化合价则又会降低。因此，通常的理论观念认为是由正极材料中过渡金属元素化合价的变化实现了电池体系能量的存储与转换。而近期的一些研究发现，存在一些氧化物正极材料，不仅能在充放电过程中通过过渡金属元素的变价进行电荷平衡，还能进一步通过氧离子的价态变化（$O^{2-} \rightleftharpoons O^{-}$）来实现更多电子的反应，使得理论容量得以升高。通过这种多离子效应，可以将锂离子电池由传统的单电子反应向多电子反应转化（图2.5），进而大幅度提高材料的比容量，为新一代高比能锂离子电池的发展和应用提供了有力的支撑，该效应还可应用于新型钠离子电池等其他先进二次电池体系[3]。多电子反应机制也在多种活性材料中被证明，主要包括金属硼化物、金属氟化物、金属氧化物、聚阴离子化合物、非

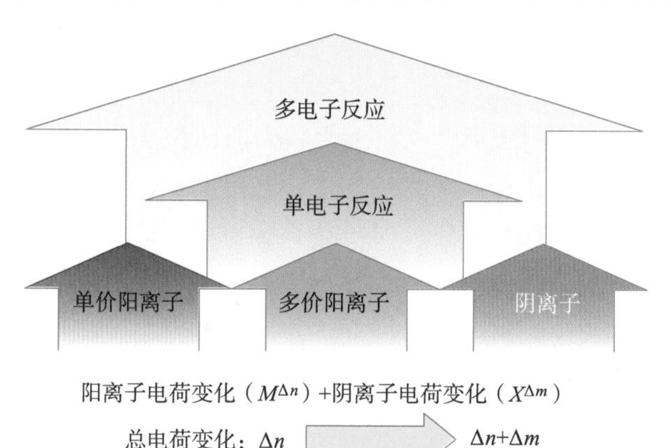

图2.5 多离子效应诱导下的单电子反应向多电子反应转化示意图[3]

金属硫、硅和磷酸盐等。根据活性材料的电化学反应特性，可以分为嵌入型、合金化型和转化型三种。其中，合金化和转化型材料涉及的多电子反应体系较多。以锂离子为例，合金化反应式如下：

$$M + xLi^+ + xe^- = Li_xM \tag{2-7}$$

其中，M 主要包括 Si、Ge、Sn、Sb 和 P 等元素。对于转化型，反应式如下：

$$A_xB_y + 2yLi^+ + 2ye^- = yLi_2B + xA \tag{2-8}$$

其中，A 代表过渡金属元素；B 代表氧、硫、氮或氟等元素。M 或 A 的高电荷价态可以允许这些电化学反应实现多电子转移。而随着对电极材料的深入了解和探索，各种金属阳离子（包括一价阳离子和多价阳离子）电荷载体及相应的电化学机理也被广泛研究[16,17]。近年来，与 Li^+ 类似的单一价的 Na^+ 和 K^+ 以及其他多价金属阳离子电池体系也给解释复杂的多电子反应机理和相应的性能带来了新的机遇[18,19]。除了金属阳离子外，基于晶体氧等阴离子的多电子氧化还原行为也被报道。基于阳离子和阴离子多电子反应协同贡献容量的事实拓宽了对该体系的概念理解，从而为提高电池的能量密度开辟了新途径[20]。

2.3 本章小结

“多电子反应”概念提出的近二十年来，始终处在不断挖掘探索与发展上升的阶段。尤其是近几年来，“轻元素多电子反应”原理为新型二次电池的构筑提供了一系列的理论基础与材料支撑。随着相关理论的不断更新完善，对于轻元素多电子反应，还有许多研究工作值得深入开展。为了在实际电池系统中更好地应用“轻元素多电子”的概念，未来的研究也应该关注以下几个方面[4]：

（1）电极材料体系结构优化和电极表面改性工程

多电子转移往往会引起活性材料发生较大的体积变化，同时，导致动力学反应缓慢。因此，对于电极材料的结构优化在提高反应利用率方面表现出很大的发展前景。目前主要的探索方向是设计具有多层级的电极材料结构，为多电子反应提供更多的机会。另外，电极材料的接触溶解也可以通过表面改性工程加以抑制，考虑到多电子反应材料的操作条件可能会有所不同，因此合理选择改性方法仍然具有一定的挑战性。

（2）晶格调控或多离子效应控制反应过程的稳定性

从多电子反应材料中多次提取电荷载体会引起较大的晶格变化，因此，提高材料在氧化还原过程中的晶格稳定性是值得深入探索的重要方向。采用原子掺杂、阴离子取代和晶格杂化的方法调控晶格能通过更为可逆的氧化还原途径对反应过程的稳定性做出积极贡献。

（3）新型多电子二次电池体系的进一步开发

作为目前二次电池的重要替代体系，多电子材料可以提供更多的选择，以利用丰富且具有成本效益的元素作为电荷载体，开发出可替代的新型电池体系。尽管绝大多数体系在理论上都显示出比较高的能量密度，但目前的电池性能仍有发展空间。因此，需要更多地关注基于离子存储机制、容量衰减机制、界面稳定性、氧化还原可逆性、电压滞后、库仑效率等方面的基础科学问题。

参考文献

[1] Tarascon J M, Armand M. Issues and challenges facing rechargeable lithium batteries [J]. Nature, 2001 (414): 359 – 367.

[2] 吴锋，吴川．基于多电子反应机理的二次电池新体系与关键材料［J］．科学通报，2013，58（32）：3246 – 3253.

[3] 吴锋，吴川．十七年磨一剑：二次电池比能量迎来跨越式提升［J］．科技纵览，2019（6）：63 – 65.

[4] Wang X, Tan G, Bai Y, et al. Multi – electron reaction materials for high – energy – density secondary batteries: current status and prospective [J]. Electrochemical Energy Reviews, 2021, 4 (1): 35 – 66.

[5] Patoux S, Daniel L, Bourbon C, et al. High voltage spinel oxides for Li – ion batteries: From the material research to the application [J]. Journal of Power Sources, 2009, 189 (1): 344 – 352.

[6] Fan X, Chen L, Borodin O, et al. Non – flammable electrolyte enables Li – metal batteries with aggressive cathode chemistries [J]. Nature Nanotechnology, 2018, 13 (8): 715 – 722.

[7] Wu F, Zhou H, Bai Y, et al. Toward 5 V Li – ion batteries: quantum chemical calculation and electrochemical characterization of sulfone – based high – voltage electrolytes [J]. ACS Applied Materials & Interfaces, 2015, 7 (27): 15098 – 15107.

[8] Chen R, Luo R, Huang Y, et al. Advanced high energy density secondary batteries with multi – electron reaction materials [J]. Advanced Science, 2016, 3

(10): 1600051.

[9] Zhang C Z, Liu Z, Wu F, et al. Electrochemical generation of ferrate on SnO_2 - Sb_2O_3/Ti electrodes in strong concentration basic condition [J]. Electrochemistry Communications, 2004, 6 (11): 1104 - 1109.

[10] Licht S, Tel Vered R. Rechargeable Fe (Ⅲ/Ⅵ) super - iron cathodes [J]. Chemical Communications, 2004, (6): 628 - 629.

[11] Wu C, Bai Y, Liu D X, et al. Ni - Co - B catalyst - promoted hydrogen generation by hydrolyzing $NaBH_4$ solution for in situ hydrogen supply of portable fuel cells [J]. Catalysis Today, 2011, 170 (1): 33 - 39.

[12] Bai Y, Zhou X, Zhan C, et al. 3D Hierarchical nano - flake/micro - flower iron fluoride with hydration water induced tunnels for secondary lithium battery cathodes [J]. Nano Energy, 2017, 32: 10 - 18.

[13] Cao D, Bai Y, Zhang J, et al. Irreplaceable carbon boosts Li - O_2 batteries: From mechanism research to practical application [J]. Nano Energy, 2021 (89): 106464.

[14] Wu F, Yang H, Bai Y, et al. Multi - electron reaction concept for the universal battery design [J]. Journal of Energy Chemistry, 2020 (51): 416 - 417.

[15] Guo S, Yang H, Liu M, et al. Al - Storage Behaviors of Expanded Graphite as High - Rate and Long - Life Cathode Materials for Rechargeable Aluminum Batteries [J]. ACS Applied Materials & Interfaces, 2021, 13 (19): 22549 - 22558.

[16] Melot B C, Tarascon J M. Design and preparation of materials for advanced electrochemical storage [J]. Accounts of Chemical Research, 2013, 46 (5): 1226 - 1238.

[17] Hautier G, Jain A, Ong S P, et al. Phosphates as lithium - ion battery cathodes: an evaluation based on high - throughput ab initio calculations [J]. Chemistry of Materials, 2011, 23 (15): 3495 - 3508.

[18] Yabuuchi N, Kubota K, Dahbi M, et al. Research development on sodium - ion batteries [J]. Chemical Reviews, 2014, 114 (23): 11636 - 11682.

[19] Luo W, Wan J, Ozdemir B, et al. Potassium ion batteries with graphitic materials [J]. Nano Letters, 2015, 15 (11): 7671 - 7677.

[20] 吴锋. 绿色二次电池材料的研究进展 [J]. 中国材料进展, 2009, 028 (7): 41 - 49.

第3章

金属硼化物构建二次电池体系

本章针对金属硼化物的多电子反应特性进行分析与讨论，主要围绕二元硼化物合金到多元硼化物合金的制备方法、基本结构、电化学行为，以及多电子反应机制等科学问题进行系统总结。从硼化物合金的制备方法对材料的基本结构影响出发，分析材料结构与电化学性能之间的构效关系，进一步分析多电子反应机制，系统地阐述了多电子反应特性对电极材料性能的影响，形成材料、性能、机理的逻辑闭环。本章能够让读者了解原始非电化学活性的硼元素以及部分过渡金属元素，在形成金属硼化物合金后所表现出的超常电化学容量的潜在机制，即多电子反应特性所具备的高电化学活性、高容量优势。最后，介绍金属硼化物合金的多功能性，即也可以作为绿色、高效的催化剂促进制氢性能。

3.1　金属硼化物的多电子反应理论

金属硼化物一般是指硼与电负性比硼小的金属复合而成的化合物[1]。如图3.1所示，已经发现有多种金属元素可以与硼复合形成金属硼化物，部分金属也已取得了理论计算支撑，但仍需要进一步的实验论证[2]。根据元素种类，硼化物主要分为二元、三元（如NiCoB、FeCoB、MgCoB、NiWB、Li_2RhB_2、LiPdB等）以及其他多元硼化物合金（如Co－Fe－Mg－B、Co－Mg－Ni－B、Co－Fe－Ni－B等四元硼化物）。大多数金属硼化物都是二元化合物，并且存在多种组合形式，比如MB_2型、M_2B－H型、M_2B－T型、M_2B_2型、M_3B_4型等（其中，M指代金属元素）。在这些形式中，以MB_2、M_2B型结构较为普遍。图3.2所示的就是典型的MB_2型、M_2B型金属硼化物的晶体结构图[2]。第2章中提到，要获得高比能量的电池体系，有三种途径：①电极反应中有多电子转移；②电极反应有较大的电位差；③小的相对分子质量。多电子反应体系正是通过途径①来获得较大的比能量的。由于材料在电极反应中涉及多电子转移，从而可以获得比单电子体系材料更高的比能量。元素硼具有低的电极电势（-1.79 V）和较小的电化学当量（$0.135\ g \cdot A^{-1} \cdot h^{-1}$），是理想的负极材料[3]。但是由于硼金属表面容易发生钝化，导致材料导电性变差，进而抑制了硼的电化学性能。

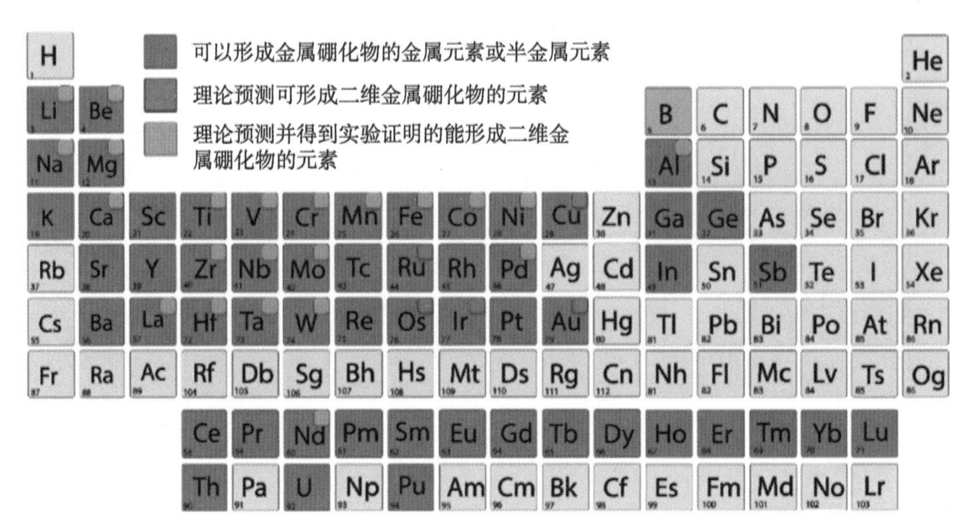

图 3.1　理论预测以及已得到实验证明的可形成金属硼化物的元素周期表[2]

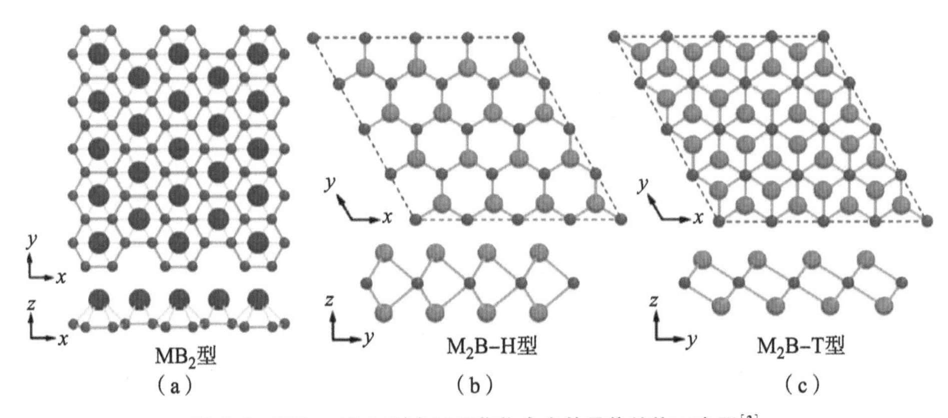

图 3.2　MB_2、M_2B 型金属硼化物合金的晶体结构示意图[2]

通常一些过渡金属轻元素（例如锰、钒、钛、铁、钴等）的电化学容量较低，这是因为金属表面容易发生钝化或在碱性溶液中不稳定，因此不能发生电化学反应。硼元素因为具有化学惰性和较低的电子导电性，正常情况下也不能发生电化学反应。但是，当过渡金属和硼元素形成超细非晶态复合物时，两者均可以得到活化，表现出良好的电化学行为。由于无定形态合金粒子具有纳米尺度效应和硼化物的电子结构特征，可以从以下几个方面阐释复合物的活化机理[1]。首先，从热力学角度分析，硼具有较低的理论电极电势，趋于失去电子而发生氧化反应。但是由于电子导电性较差，实际上硼几乎为惰性物质，不具有电化学活性。当硼与某些过渡金属形成合金时，由于金属导电性良好，可以为硼提供发生电化学反应的导电骨架。同时，两者之间形成了有限的离子键，合金具有金属硼化物的性质，因此硼的化学稳定性降低，从而容易发生电化学反应[4]。其次，强电负性的硼元素与过渡金属形成合金后，电极电势被限制在较负的区域，诱使金属元素被活化，因此两者可同时发生电化学氧化并产生超常的电化学容量[5]。

研究表明，在许多非酸性水溶液体系中，高度惰性的过渡金属（如 V、Ti、Mn 等）和硼形成的硼化物合金作为碱性或中性化学电源的负极时，可发生多电子反应，产生超常的电化学容量。比如，在碱性溶液中，VB_2 和 TiB_2 分别能发生 11 电子和 6 电子反应，并释放出 3 100 mAh · g^{-1}和 1 600 mAh · g^{-1}的电化学容量[6,7]，上述两个材料发生的电极反应式为：

$$CoB + 8OH^- \rightarrow Co(OH)_2 + BO_3^{3-} + 3H_2O + 5e^- \tag{3-1}$$

$$Co(OH)_2 + 2e^- \rightarrow Co + 2OH^- \tag{3-2}$$

$$VB_2 + 20OH^- \rightarrow VO_4^{3-} + 2BO_3^{3-} + 10H_2O + 11e^- \tag{3-3}$$

$$TiB_2 + 12OH^- \rightarrow BO_3^{3-} + Ti + 6H_2O + 6e^- \tag{3-4}$$

再比如 Fe－B 和 Co－B 在 0.1 A · g^{-1}的电流密度下能够释放出 1 200 mAh · g^{-1}和 1 100 mAh · g^{-1}的电化学容量，高于市场上应用较多的锌负极的理论容量（820 mAh · g^{-1}）[8]。白莹等[9]发现，Fe－B 负极所发生的多电子反应并不是一步完成的，而是分几步完成的，并且其中有的步骤是不可逆的，只有可逆的反应步骤对电池体系的可逆容量有贡献。因此，金属硼化物作为高比能电极材料具有很大的发展潜力。金属硼化物的多电子反应性质表明：合金化是激活 B 的电化学活性的有效途径。基于这一思想，可能发展出一类新型的高比能电极材料。加强对这一材料体系的研究或许能为开发高比能二次电池寻找到新的突破点[3]。

3.2　二元硼化物合金的多电子反应

3.2.1　二元硼化物合金常用制备方法

1. 球磨法

球磨法又称为机械合金法，是通过高能球磨机的高速搅拌、振动、旋转等方式，将密集的高强度机械能传递给物质体系形成粉末，并且使粉末微粒反复碎裂、冷焊，最终实现合金化[10]。该方法能够明显地降低反应活化能，有效提高粉末的活性。并且细化后的晶粒可以改善颗粒分布的均匀性以及增强基体之间界面的结合，从而促进固态离子扩散。因此，球磨法制造的金属硼化物合金能够促进材料的电化学活性，使得多电子反应体系得到更加充分的发挥。

2. 电弧熔炼法

电弧法是利用电弧放电的原理来进行金属硼化物合金制备的一种方法。电弧放电是指在电源持续提供大电流的条件下，因热电在间隙中形成明亮、高导电、高温的一种强烈自持放电过程[11]。电弧法制备的 Co－B 合金具有明显的衍射峰，表现出晶体结构，在碱性二次电池中有良好的性能[12]。Liu 等[13]利用电弧法制备得到一系列不同钴硼比例的 Co－B 合金（Co_xB，$x=1$、2、3），发现原子比为 1∶1 时，Co－B 合金表现出良好的电化学性能，在 0.025 $A \cdot g^{-1}$ 的电流密度下循环 100 周后，容量保持率为 94.2%。

3. 化学还原法

化学还原法是目前制备金属硼化物的主要方法，该方法比较简单，可以在室温下进行，因此对制备所需的设备要求也不高。同时，该方法制备的硼化物不受低共熔点的限制，因此不需要经过预处理就表现出较高的电化学容量[14,15]。化学还原法主要受到反应物浓度、反应物添加方式、反应温度、溶液 pH、滴加速率、反应时间等因素的影响[16]。通常 NaH_2PO_4 水溶液的浓度越高、滴加速度越快以及反应温度越高，金属硼化物合金粉末中的硼含量就越高，同样，滴加方式的改变也会提高合金的比表面积和热稳定性[16]。

4. 自蔓延高温合成

自蔓延高温合成又称为燃烧合成技术，是利用反应物之间形成的高反应热作用来合成材料的一种技术[17]。反应物一旦被引燃，便会自动向尚未反应的区域传播，直至反应完全，是制备无机化合物高温材料的一种方法[18]。燃烧引发的反应的蔓延较快，燃烧波的温度或反应温度通常比较高。与制备材料的传统工艺比较，自蔓延法可以实现粉末间的反应，并且减少反应工序，缩短工艺流程。高温过程中可将易挥发杂质排除，提高产品的纯度。

5. 电沉积法

电沉积法是指在电流作用下，金属阳离子向阴极迁移，得到电子后还原为原子沉积在阴极上，同时，BH_4^- 与 H_3O^+ 形成络合离子，也会向阴极迁移，在阴极被活泼氢原子还原为单质 B，与金属一同沉积，最终形成合金[19]。电沉积法制备硼化物的速度比较快，但是会有边角效应，使得镀层不均，往往需要使用辅助阳极来加以改善。而且电流大小周期性的变化也会导致沉积成分的周期性变化。

6. 微乳液法

微乳液法，是指在表面活性剂的作用下，两种互不相溶的溶剂形成微乳液的过程。根据加料方式的不同，可分为单微乳液法和双微乳液法两种[20]。单微乳液法就是将反应物的一种配成微乳液，另一种反应物直接加入微乳液中。双微乳液法是将两种反应物分别配成微乳液，然后混合、搅拌，通过液滴的碰撞、融合、分离而达到液滴内部物质交换而发生反应。微乳液法可以通过调控水和表面活性剂的摩尔比、水与有机溶剂的摩尔比、反应物的浓度、表面活性剂种类等对纳米颗粒的形状进行精确控制。

3.2.2 Ti-B 和 V-B 的多电子反应

作为一种含有六方层状的过渡金属硼化物，TiB_2 和 VB_2 中的过渡金属与硼之间存在很强的相互作用。并且至少存在三种类型的化学键，包括过渡金属间的金属键、过渡金属与硼元素之间的有限离子键，以及硼元素之间的共价键[21]。硼原子在多种化学键的共同作用下使得硼的化学稳定性变弱，容易失去电子发生电化学反应。图 3.3（a）和（b）分别是 TiB_2 和 VB_2 在 2 $mol \cdot L^{-1}$ KF 溶液中的放电曲线。从图中可以看到 TiB_2 在 0.6 V 处存在一个比较明显的长平台。TiB_2 和 VB_2 可以分别放出 1 300 $mAh \cdot g^{-1}$ 和 500 $mAh \cdot g^{-1}$ 的比容量。通过分析电极在放电前后的产物的变化（图 3.3（c）），可以看到放电后原来属于 TiB_2 的特征峰全部变弱，而产生了新相 KBF_4，由此说明 TiB_2 在放电过程中可能发生了硼的电化学氧化。另外，从电解液成分中检测到了大量 TiB_2，而 Ti 元素在电解液中的含量非常少。因此 KF 电解液中 TiB_2 与在 KOH 中一样，也是发生 6 电子的反应[2]：

$$TiB_2 + 8F^- \rightarrow Ti + 2BF_4^- + 6e^- \tag{3-5}$$

而 VB_2 也发生类似式（3-3）的 11 个电子的转移过程。以上结果表明，虽然硼元素自身是电化学惰性，但形成合金后被激活，并且能够发生电化学反应来提供容量。

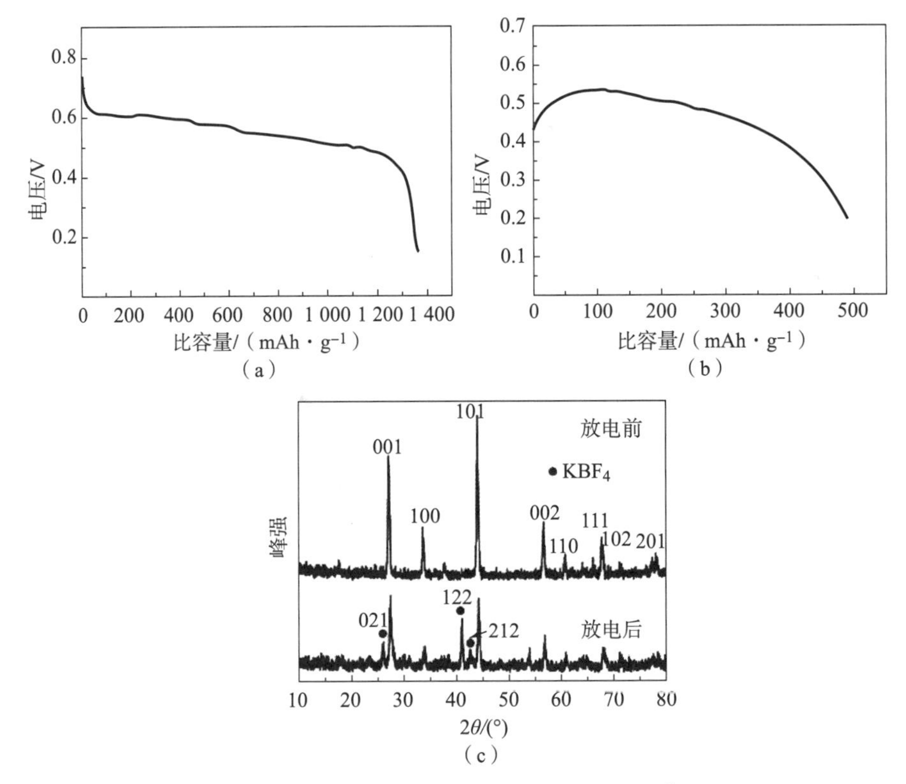

图 3.3 （a）TiB_2 和（b）VB_2 在 KF 电解液中 0.05 A · g^{-1}下的放电曲线；（c）TiB_2 负极在放电前后的 X 射线衍射图（X – Ray Diffraction，XRD）[21]

3.2.3 Co – B 的多电子反应

1. Co – B 的反应机理

目前对 Co – B 的反应机理的理解主要有两种。一种认为，由于 Co – B 合金电极的循环伏安曲线与储氢合金电极的非常相似，并且通过估算得到反应为 1 电子过程，因此，Co – B 合金电极充放电容量来自氢原子在 Co – B 合金电极体内的嵌入和脱出，即电化学储氢机制[5]。支持电化学储氢机理的研究认为，Co 基合金中非金属元素 P、Si、B 等起到储氢的作用。但也有研究认为，金属 Co 能够在常温下大量吸放氢，因此，在 Co 基合金中释放的电化学容量可能源自 Co 的电化学储氢。另外一种反应机理认为，Co – B 容量贡献来源于溶解/沉积机制[13]，即在放电过程中合金表面的 Co 和 B 在碱性溶液中均被氧化，Co 被氧化为 $Co(OH)_2$ 和 CoOOH，B 首先被氧化为 B_2O_3 并进一步氧化成 BO_3^{3-}，发生多电子转移过程（见式（3－1）和式（3－2））。而在充电过程中Co被还原，但由于B在放电过程中存在不可逆的氧化，因此不能在充电过程被还原，并且B的氧化产物在充放电循环的过程中会逐渐溶出到电解液中。随着循环次数的增加，新的活性表面会暴露，就会重复上述的反应过程。因此，溶剂/沉积机制认为合金中元素B发挥了重要的作用：①前期充放电过程中B被氧化成BO_3^{3-}，这是个多电子电化学过程，为合金贡献了容量，因此合金电极初期放电容量较高；②B的氧化产物BO_3^{3-}不断溶出到电解液中，使新的金属Co表面暴露出来，创造了更大的电化学反应表面，从而减少了金属Co的氧化钝化，这也能提高Co基合金的放电比容量。

除了将Co－B合金用于碱性二次电池电极之外，近年来发现Co－B合金也可以用作锂离子电池的负极材料和铝二次电池的正极材料。铝二次电池将在第11章中详细介绍。Dong等[22]通过理论计算表明，B作为一种轻元素，能够与5个锂离子键合，产生高达12 395 mAh·g^{-1}的理论比容量。Wang等[23]进一步通过实验证明，当纳米Co－B合金与还原氧化石墨烯复合后形成的高性能导电电极，在小电流密度下储锂容量达到894 mAh·g^{-1}。研究表明，B元素在反应过程中起到关键作用，B被氧化后形成的B_2O_3与原始Co－B合金都具备电化学活性，均可以作为锂离子存储的活性位点。其中，B_2O_3可以发生如下多电子反应过程：

$$B_2O_3 + 6Li^+ + 6e^- \rightarrow 2B + 3Li_2O \tag{3-6}$$

$$B + xLi^+ + xe^- \rightarrow Li_xB \tag{3-7}$$

Chen等[24]研究发现，Co－B合金与石墨烯复合之后，用作铝二次电池的正极材料，能够产生90 mAh·g^{-1}的比容量，该反应充电过程如下：

正极：$$CoB + AlCl_4^- \rightarrow [AlCl_4^-]CoB + Co_2B_3 + B + e^- \tag{3-8}$$

负极：$$4Al_2Cl_7^- + 3e^- \rightarrow Al + 7AlCl_4^- \tag{3-9}$$

2. Co－B的结构与性能

正如3.2.1节中所述，Co－B的合成方法有多种，不同的制备方法对材料的结构、形貌都有一定的影响，因此电化学性能也有所差异。吴川等[25]详细比较了三种常见制备方法对Co－B合金的晶体结构及电化学性能的影响。图3.4（a）是三种不同合成方法（氧化还原法、球磨法、电弧法）制备的Co－B合金的XRD图[25]。可以看出，由氧化还原法制备的Co－B合金没有出现明显的特征峰，表明材料为非晶态结构。由球磨法制备的Co－B合金出现了一些特征峰，主要由CoB和金属Co组成的晶体结构。而由电弧法制备的Co－B合金出现了很多特征峰，主要由CoB组成，同时含有杂质Co_3B和金属Co，因此该方法制备的 Co－B 合金也是晶体结构。而这些不同晶态结构将会对电极的电化学性能产生重要影响。图 3.4（b）比较了上述 3 种方法制备的 Co－B 合金的循环伏安测试结果。氧化还原法制备的 Co－B 合金负极的还原峰电流密度最大，说明电化学性能优于球磨法和电弧法制备的 Co－B 合金负极。上述结论可以进一步通过 Co－B 合金负极的充放电曲线验证，如图 3.4（c）所示。氧化还原法制备的 Co－B 合金的放电容量为 301 mAh·g^{-1}，而由球磨法和电弧法制备的 Co－B 合金的放电容量分别为 238 mAh·g^{-1}和 214 mAh·g^{-1}，由此表明非晶态 Co－B 合金负极表现出更出色的电化学性能。这可能是由于氧化还原法制备的非晶 Co－B 合金具有较大的比表面积，能够暴露更多的电化学活性位点，以及促进电解液的传质扩散，从而保证了该体系多电子反应的有效发挥，因此综合性能最优。

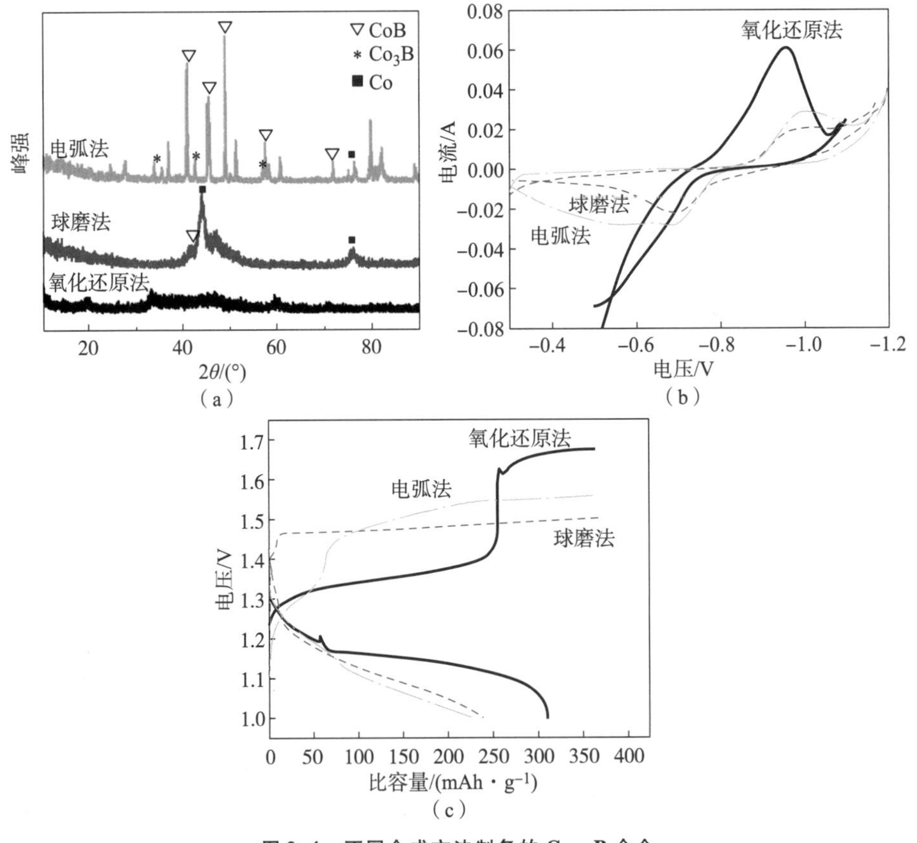

图 3.4　不同合成方法制备的 Co－B 合金

（a）XRD 图；（b）循环伏安曲线；（c）不充放电曲线[25]

3. Co－B的多电子反应机制分析

由于Co－B合金的反应机理存在争议，为了有更加清晰的认识，杨丽鑫等[12]通过对Co－B在不同充放电状态下（包括原始Co－B合金电极、充电12 h后、放电到1.0 V后，以及电池失效状态）的X射线光电子能谱图（X－ray photoelectron spectroscopy，XPS）进行分析，进而阐明Co－B合金的多电子反应机制。图3.5（a）是元素Co 2p的能谱图，可以看出，充电过程、放电过程以及电池失效的状态下，在778.5 eV处都没有检测到属于单质Co的峰，因此，在充电、放电过程中，Co可能生成了其他物质并参与电化学反应。原始的Co－B合金中的Co $2p_{3/2}$峰对应结合能为781.4 eV，推测成分为$Co(OH)_2$和CoOOH。而充电、放电、电池失效状态下的Co $2p_{3/2}$峰对应的结合能降至780.6 eV左右，推测生成了CoO，并且图谱中该峰逐渐向低处移动，说明CoO含量增加。图3.5（b）是表面元素B 1s的谱图，从图中可以看出B元素存在两个特征峰，原始Co－B合金中元素B在结合能188.4 eV处对应CoB，而在较高结合能192.4 eV处对应于B_2O_3。但是在充电、放电、电池失效的XPS谱图中都没有检测到188.4 eV的CoB峰，说明在充放电过程中CoB合金是以其他形式存在的。而B_2O_3对应的峰位置逐渐下降到191.2 eV，可能生成了BO_3^{3-}。从图3.5（c）的元素O 1s的谱图中可以看出，原始CoB合金中元素O 1s在结合能531.8 eV处对应$Co(OH)_2$成分，而充放电后，该峰位置下降至530.5 eV，因此推测生成了CoO，与图3.5（a）中的Co元素分析的结论一致。综上所述，CoB合金中含有$Co(OH)_2$和B_2O_3，在充放电过程中分别生成CoO、CoOOH和B_2O_3，发生了多个电子转移的过程。董立伟等[26]也通过XRD分析了Co－B合金不同充放电状态下的产物，发现Co－B合金在未充电时为非晶态，在充电至1.4 V、充电至1.6 V以及放电至1.0 V后，均能检测到$Co(OH)_2$、CoB以及α－Co的衍射峰，而在放电至1.2 V后，却只能检测到$Co(OH)_2$、α－Co的衍射峰。由于在合金充放电的过程中都能观测到CoB的衍射峰，说明在原始Co－B样品中，某些区域出现了无序排列，从而形成非晶态、晶态的混合过渡态结构。由于Co－B合金表面Co很可能是以CoO的形式存在的，CoO因为易溶于电解质溶液而首先发生如下反应[27]：

$$CoO + nOH^- \rightarrow Co(\text{II})\text{ 复合物（溶解）} \quad (3-10)$$

$$Co(\text{II})\text{ 复合物（溶解）} + H_2O \rightarrow Co(OH)_2 + nOH^-\text{（沉淀）} \quad (3-11)$$

沉淀的$Co(OH)_2$均匀分布于电极外层，在随后的充电过程中被还原成导电性良好的Co并发生如下的反应：

$$Co(OH)_2 + 2e^- \rightarrow Co + 2OH^- \quad (3-12)$$

但是由于还原率不是100%，因此，在充电过程中，$Co(OH)_2$、α - Co为共存状态。还原产物Co在放电过程中又生成了Co的氧化物。因此，CoO先生成$Co(OH)_2$覆盖于电极表面，$Co(OH)_2$又在充放电过程中形成了$Co(OH)_2 \rightarrow Co \rightarrow Co(OH)_2$的循环。

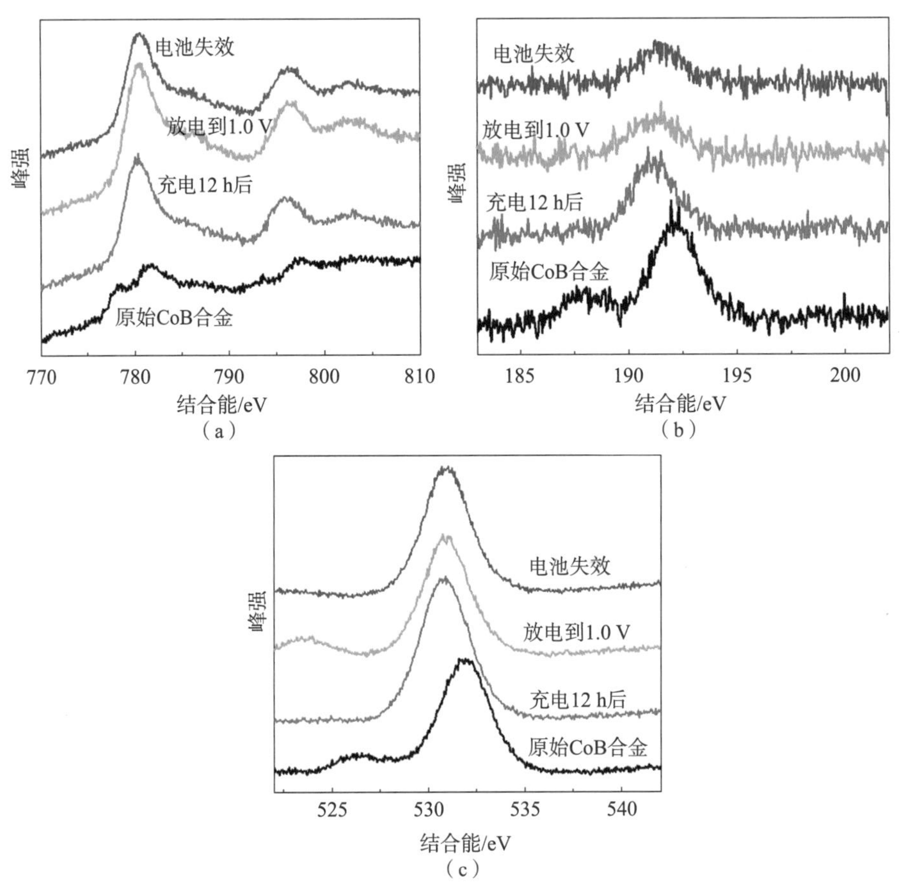

图3.5 Co - B合金负极的各个元素在不同状态下的XPS能谱

(a) 元素Co；(b) 元素B；(c) 元素O[12]

3.2.4 Fe - B的多电子反应

1. Fe - B的结构与性能

由于Fe与Co的性质相似，而Fe的价格比Co低很多，并且Fe资源丰富，因此构建Fe - B合金可能具有更好的应用前景和实用价值。杨丽鑫等[12]比较了氧化还原法制备的 FeB 合金以及电弧法制备的 FeB、Fe_2B、Fe_3B 合金之间结构的差异（图 3.6（a）~ 图 3.6（d））。从合金 XRD 图的比较中发现，电弧法制备的 FeB、Fe_2B、Fe_2B 合金具有明显的衍射峰，而氧化还原法合成的 FeB 合金特征峰并不明显，呈现非晶态结构，说明电弧法是制备晶态 Fe－B 合金的有效方法。图 3.6（e）是电弧法制备的 FeB 合金和单质 Fe 电极在相同条件下测定的循环伏安扫描曲线，可以得到 FeB 电极在 －0.61 V、－0.78 V 和 －0.83 V 分别出现 3 个氧化峰，在 －0.91 V 出现还原峰，而单质铁的氧化峰仅出现在 －0.59 V 和 －0.78 V，所以推测 －0.61 V、－0.78 V 是 FeB 电极中 Fe 元素氧化所致。而 －0.83 V 应该是 FeB 电极的电化学放氢反应。负向扫描过程中，FeB 电极与 Fe 电极均在 －0.91 V 处出现一个相同的还原峰，对应 $Fe^{2+} + 2e^- \rightarrow Fe$ 的 2 电子反应过程。图 3.6（f）是 FeB 合金在 6 $mol \cdot L^{-1}$ KOH 溶液中第一周的恒流充放电曲线，FeB 合金的首次放电容量达到 312 $mAh \cdot g^{-1}$，放电效率达到 87%，进一步说明电弧法是制备的高性能 FeB 合金的有效手段，该方法得到的 FeB 合金能够充分发挥多电子反应特性。

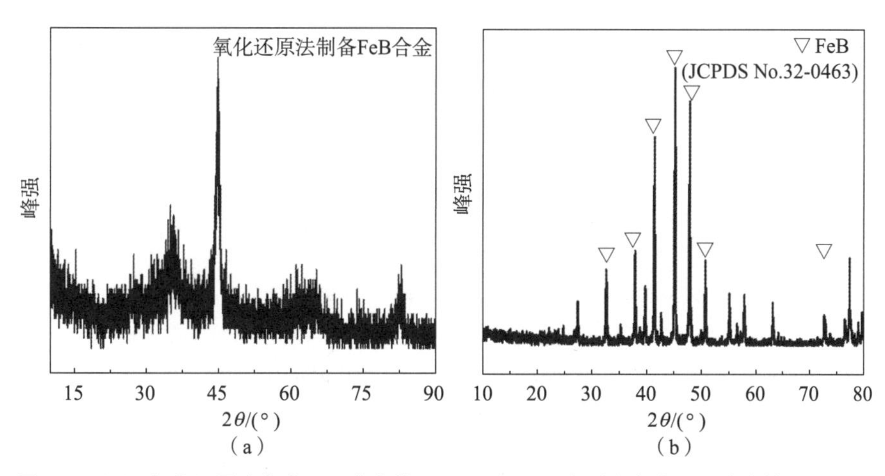

图 3.6　（a）氧化还原法合成 FeB 合金的 XRD 图；（b）电弧法合成 FeB 合金的 XRD 图；（c）电弧法合成 Fe_2B 合金的 XRD 图；（d）电弧法合成 Fe_3B 合金的 XRD 图；（e）FeB 合金和 Fe 电极的循环伏安扫描曲线；（f）FeB 合金的恒流充放电曲线[12]

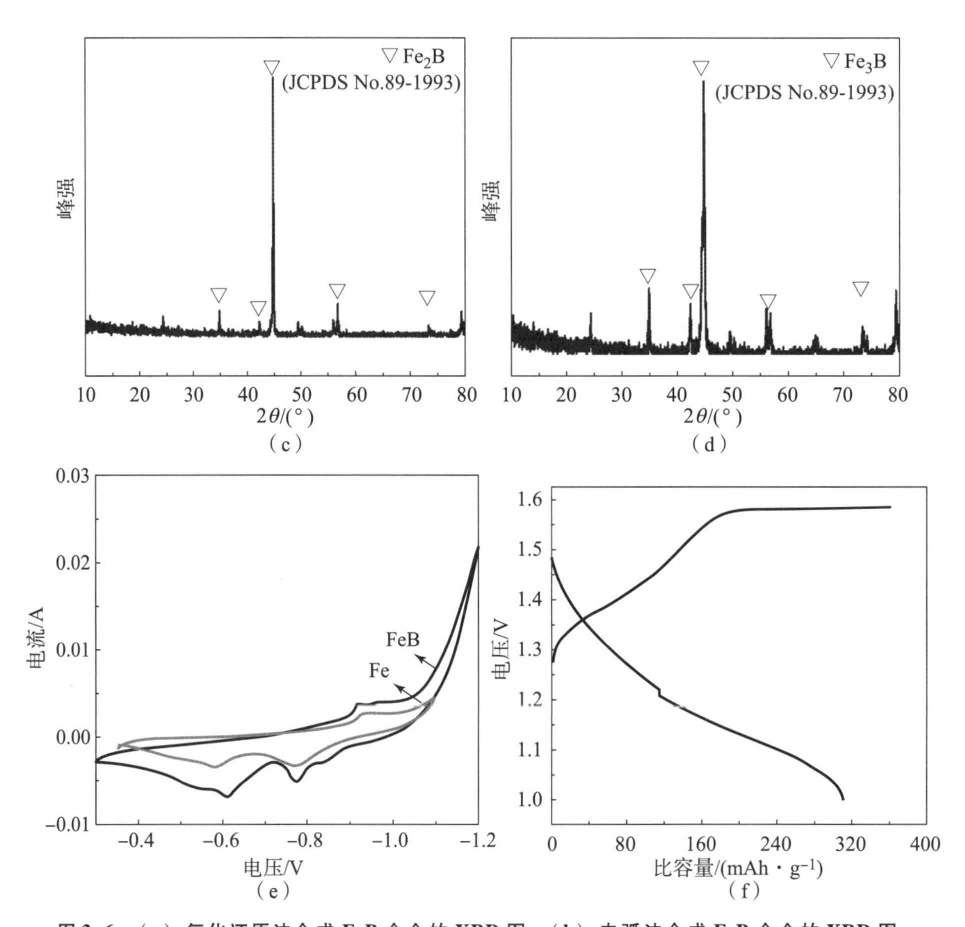

图 3.6 (a) 氧化还原法合成 FeB 合金的 XRD 图；(b) 电弧法合成 FeB 合金的 XRD 图；(c) 电弧法合成 Fe_2B 合金的 XRD 图；(d) 电弧法合成 Fe_3B 合金的 XRD 图；(e) FeB 合金和 Fe 电极的循环伏安扫描曲线；(f) FeB 合金的恒流充放电曲线[12]（续）

2. Fe－B 的多电子反应机制分析

事实上，Fe－B 合金电极在碱性电池中的反应机理也存在一些争议。Wang 等[28]发现 Fe－B 合金负极在 30% KOH 电解液中的放电容量超过 1 200 mAh · g^{-1}，性能优于单独 Fe 和单独 B 所能产生的电化学容量。Fe－B 合金电极的恒电流放电曲线上存在三个平台，分别位于 0.95 V、0.7 V、0.6 V。与单质铁电极的放电曲线相比较分析可知，Fe－B 的放电曲线上的后两个电位平台是由于铁的氧化反应，据此推断第一个电压平台归因于硼的电化学氧化过程。一般而言，仅含有单质铁的电极只能产生 200～300 mAh · g^{-1}的放电容量，而 Fe－B

合金电极的后两个平台（即对应铁的氧化反应）均贡献超过了400 $mAh \cdot g^{-1}$的比容量，因此说明Fe与B复合形成合金后的电化学活性都得到了提升。通过XRD测定放电前后的产物，发现存在Fe_2O_3，说明铁元素发生了电化学氧化。但是从XRD中没有发现任何关于硼的产物，说明硼的放电产物可能溶解到电解液中。采用电感耦合等离子光谱对电解液成分进行分析，发现电解液中存在BO_3^{3-}，并且电解液中的含硼量与原始Fe-B合金中的硼元素含量相当，因此说明硼在放电过程中也全部发生了电化学氧化。因此，Wang等[28]认为Fe-B合金发生的多电子反应过程总反应式如下：

$$FeB_x + (6x+3)OH^- \rightarrow 0.5Fe_2O_3 + xBO_3^{3-} + (1.5+3x)H_2O \quad (3-13)$$

但是王亚平等[29]采用化学还原法合成了非晶态Fe-B合金作为负极材料，发现Fe-B合金电极的循环伏安曲线上只存在两个氧化峰，分别位于-0.9 V、-0.65 V，并对应放电曲线上的两个放电平台。-0.9 V附近的放电平台可能是B的电化学氧化过程，而-0.65 V附近的平台则对应于Fe的电化学氧化过程。循环5周后的电极的XRD上生成的是$Fe(OH)_3$，并非是Fe_2O_3（图3.7），据此推测Fe-B电极的反应机理为：

$$FeB_x + (6x+3)OH^- \rightarrow Fe(OH)_3 + xBO_3^{3-} + 3xH_2O \quad (3-14)$$

$$FeB_x + 3xH_2O + xe^- \rightarrow FeB_xH + OH^- \quad (3-15)$$

虽然上述具体反应过程存在复杂性，但是Fe-B合金的优异容量与材料能够发生多电子反应息息相关。而更深的机理研究需要借助更多的先进表征手段进行探究。

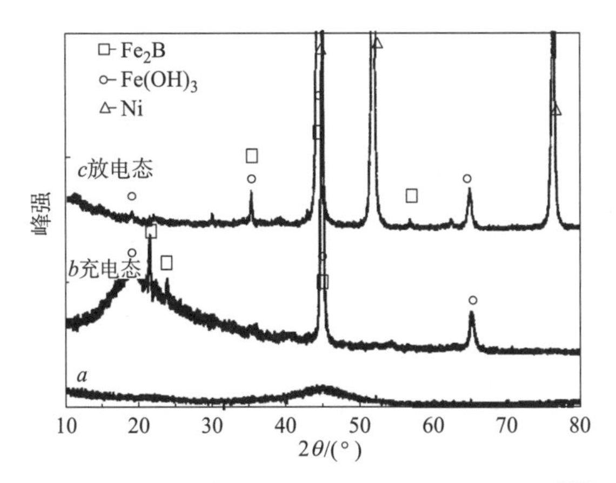

a—放电前的原始态；*b*—第5周充电；*c*—第5周放电[29]。

图3.7　Fe-B合金电极在不同状态下的XRD图

3.2.5 Ni－B 的多电子反应

1. Ni－B 的基本结构特征

除了 Fe－B 合金之外，Ni－B 是另外一种与 Co－B 合金类似的过渡金属硼化物合金，作为碱性二次电池的负极材料，其也可以发生多个电子转移的电化学反应。前面介绍 Co－B 合金与 Fe－B 合金主要基于不同制备方法对材料的构效影响。除了制备方法，对材料的改性也是提升性能的有效手段。图 3.8（a）是不同温度热处理后的 Ni－B 合金的 XRD 图。可以看出，Ni－B 合金的衍射峰随热处理温度的升高越来越清晰、越尖锐。通过对比发现，50 ℃热处理的 Ni－B 合金呈现非晶态结构，而300 ℃时开始出现明显的特征峰，并检测到了 Ni 和部分 Ni_2B 组成，说明合金开始晶化。当温度达到 500 ℃以上，Ni－B 合金的特征峰变得更加尖锐，合金主要由金属 Ni 组成。结果表明，Ni－B 合

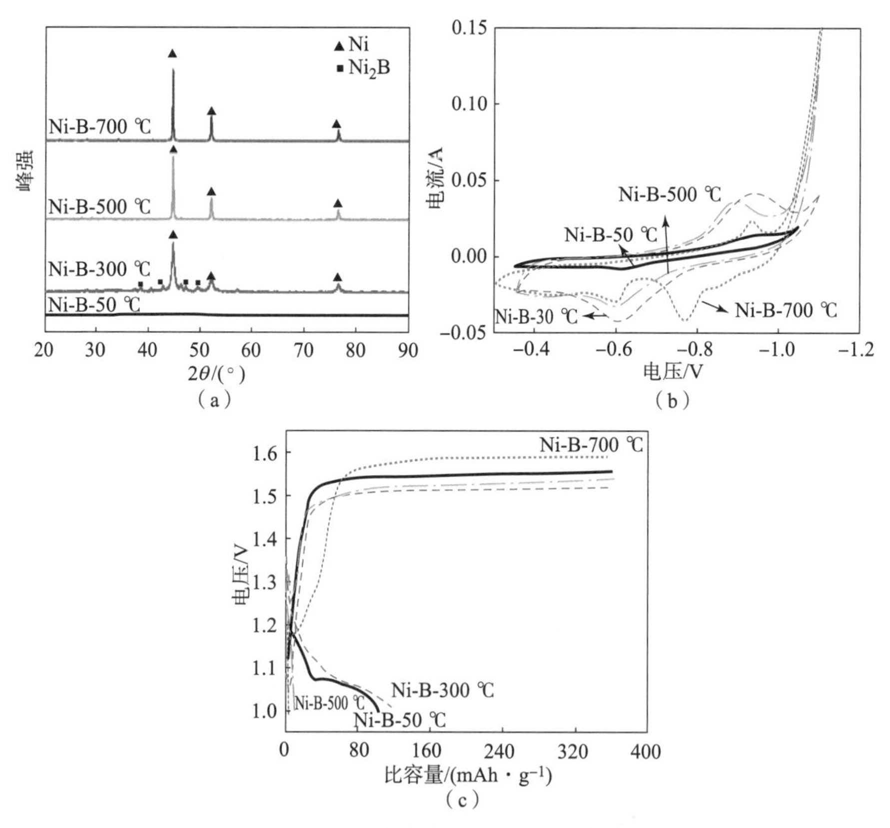

图 3.8　不同温度热处理下 Ni－B 合金

（a）XRD 图；（b）循环伏安曲线（vs. Hg/HgO）；（c）充放电曲线[30]

金经 300 ℃热处理时，首先为晶态的 Ni 和 Ni_2B 亚稳态相，当热处理温度升至 500 ℃时，活性中心 Ni 从 Ni_2B 脱出，当达到更高温度时，Ni－B 合金生成稳定的金属 Ni 物相。

2. Ni－B 的电化学性能

进一步对上述不同温度处理的 Ni－B 合金负极进行电化学性能研究，也发现 300 ℃处理的合金表现出更大的响应电流（图 3.8（b）），说明 300 ℃处理后的合金具备最优的电化学性能。而热处理温度过高导致活性中心 Ni 从 Ni－B 合金中脱出，会造成容量的明显下降。从充放电曲线中也可以看出（图 3.8（c）），300 ℃热处理的 Ni－B 合金放电容量最高，为 119 mAh·g^{-1}，而经 500 ℃和 700 ℃热处理的 Ni－B 合金放电容量很低。由于 300 ℃热处理的 Ni－B 合金主要由金属 Ni 和 Ni_2B 组成，这两种组成均具有电化学活性，而经 500 ℃和 700 ℃热处理后，Ni－B 合金中的活性中心 Ni 脱出，导致电化学活性急剧下降。因此，300 ℃热处理是 Ni－B 合金发生多电子反应的最佳条件。通过与 Co－B、Fe－B 合金的循环伏安、充放电曲线相类比，可以知道 Ni－B 的电化学行为与前者相近，也是发生了多电子的反应过程。

3.2.6　Mo－B 的多电子反应

除了上述几种常见的二元硼化物合金体系，Wang 等[31]发现 Mo－B 合金作为负极材料构建碱性二次电池也表现出良好的性能。如图 3.9 所示，$MoB_{0.5}$的放电容量明显高于单质 Mo 和单质 B 电极。电池的开路电压为 0.94 V，存在两个电压平台，分别为 0.7 V 和 0.5 V，两个平台对应的比容量分别为 500 mAh·g^{-1}和 850 mAh·g^{-1}。研究表明，$MoB_{0.5}$放电过程中发生氧化反应生成 Mo^{5+}，发生多个电子的转移。而 Mo 从 $MoB_{0.5}$升到 Mo^{5+}的理论容量为 1 322 mAh·g^{-1}，这低于实验测定的值，说明 $MoB_{0.5}$合金中的 Mo 与 B 同时得到了激活，放电曲线的两个平台应当分别对应于 Mo 的氧化以及 MoB_x 的氧化。由于该体系放电产物比较复杂，具体的反应过程还难以解析，但是比较清晰的认识是 Mo－B 合金的这种超常容量的行为归根于该体系能够发生多电子的转移。

3.2.7　Mg－B 的多电子反应

此外，二元金属硼化物在空气电池中也有良好的应用，通过多电子反应机制，金属硼化物－空气电池的性能有所提升。Cai 等[32]将 TiB_2、VB_2、MgB_2、MoB_2 等作为负极，以 MnO_2 作为氧气正极的催化剂，构建了金属硼化物－氧气电池。从图 3.10（a）中可以得到 VB_2 具有最佳的电化学性能，比容量高达

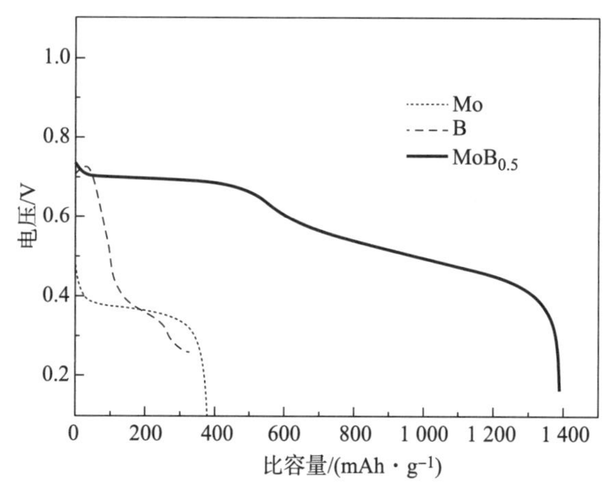

图 3.9　单质 Mo、单质 B、$MoB_{0.5}$ 复合物作为负极在 6 $mol \cdot L^{-1}$ KOH 电解液中的放电曲线[31]

3 336.4 $mAh \cdot g^{-1}$，依次高于 MoB_2、MgB_2、TiB_2。研究表明，VB_2、TiB_2 发生的反应过程与上述式（3-3）、式（3-4）一致，分别发生了 11 个电子和 6 个电子转移的过程。而 MgB_2 的反应过程通过判断放电后的产物（通过 XRD 证明，如图 3.10（b）所示），发现存在 MgO、B_2O_3、$MgNi_3B_2$ 等。其中，MgO 与 B_2O_3 是 MgB_2 电化学氧化后得到的，而 $MgNi_3B_2$ 是原始测试溶液中的产物。因此，Cai 等认为基于 MgB_2 负极的空气电池遵循 8 个电子反应过程，反应式如下：

正极：
$$O_2 + 2H_2O + 4e^- \rightarrow 4OH^- \tag{3-16}$$

负极：
$$MgB_2 + 8OH^- - 8e^- \rightarrow MgO + B_2O_3 + 4H_2O \tag{3-17}$$

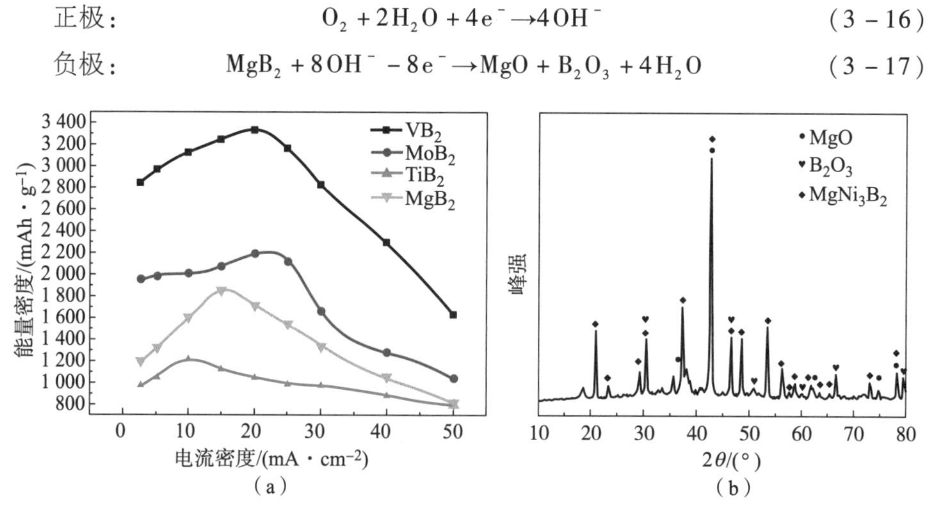

图 3.10　（a）不同硼化物负极组装的空气电池的能量密度随电流密度变化曲线；（b）Mg-B 负极放电后的 XRD 谱图[32]

3.2.8　二元硼化物合金的改性

为了提升材料的性能，一般会对原始反应生成的合金进一步改性，进而调控合金粒子的形貌、结构及组成。在3.2.5节中初步介绍了热处理改性对Ni－B合金电极的构效关系的影响，接下来将对改性工艺进行更为系统的介绍。

改性的方法主要包括热处理、添加或掺杂、表面包覆等。热处理不仅可以调控合金材料的形貌、尺寸、分散性等，还会对合金的晶型结构产生明显影响。一般而言，温度的升高会促进非晶态向晶态的转变，同时有利于合金尺寸的均一化、纳米化，进而提升合金负极的电化学活性。但是，热处理温度并非越高越好，过高的温度可能会使材料的微结构发生形变，材料的结构稳定性和电化学活性受到影响。比如，逯晋英等[33]发现不同热处理温度下的Co－B合金在第一周均表现出了较高的放电比容量，并且差别不大。但从第二周开始，未经热处理的Co－B合金放电比容量开始明显下降，经过350 ℃与450 ℃热处理的Co－B合金则表现出明显较高的放电比容量，而经过550 ℃热处理的Co－B合金负极性能较差。因此，Co－B合金性能差异可能是由于经过热处理后Co－B合金的晶型结构及比表面积发生了变化，即由原来的非晶态结构变为具有一定晶型结构的物质（六方晶系结构的金属Co与原Co－B合金的混合物质），同时，反应活性位点显著增多，B元素和Co元素得到更好的活化，使得多电子反应的发生更加容易。

此外，吴川等[26,34]发现，热处理虽然可以改善Co－B负极的电化学可逆性，但是对于电池的容量、循环稳定性没有非常明显的改变。如图3.11所示，吴川等[33]采用化学还原法制备Co－B合金，并对所制备的合金进行50～700 ℃的热处理。研究发现，随着热处理温度的升高，Co－B合金由非晶态向晶态Co－B和金属Co的混合转变。Co－B合金结构的演化对电化学性能有明显的影响。从图3.11（a）所示的循环伏安曲线中可知，常规未处理、500 ℃以及700 ℃处理后的Co－B样品制得的电极，都能观测到明显的氧化还原峰，表明在6 mol·L^{-1} KOH溶液中具有良好的电化学可逆性，并且随着处理温度的升高，电极的极化效应减小。图3.11（b）所示的恒流充放电曲线表明，经不同温度处理后的Co－B电极都具有两个充电平台，一个是在－1.33 V左右的储氢反应平台，而第二个充电平台出现的位置则各不相同：常规未处理的Co－B为－1.65 V；处理温度为300 ℃时，充电平台在－1.54 V；当温度继续升高到500 ℃，充电平台出现在－1.62 V；处理温度达到700 ℃时，充电平台为－1.63 V。由图3.11（c）可知，原始Co－B电极具有较优的电化学性能，最高放电容量为303.8 mAh·g^{-1}，在第59周时，放电容量保持在210 mAh·g^{-1}

以上。除了热处理温度，处理时间也是影响材料构效关系的主要因素。逯晋英等[33]发现 Co－B 合金的晶型结构在经过不同热处理时间后发生了明显变化。未经热处理的 Co－B 合金为非晶态结构，而经过热处理后，Co－B 合金出现了明显的六方晶系结构金属 Co 的衍射峰。图 3. 11（d）所示是不同热处理时间改性后的 Co－B 合金的充放电曲线，其中，热处理 6 h 的样品表现出最佳的电化学性能，放电容量达到了 450 mAh · g^{-1}。

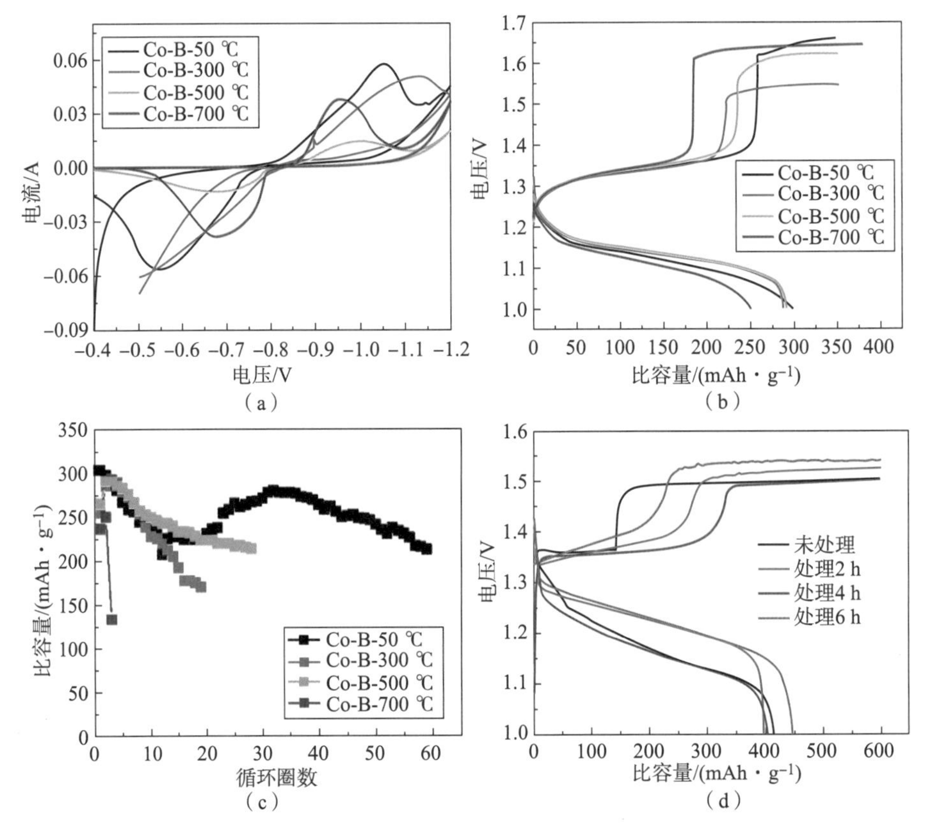

图 3. 11　不同热处理温度下 Co－B 合金负极的（a）循环伏安曲线；（b）充放电曲线；（c）循环稳定性曲线[26]；（d）不同热处理时间下 Co－B 合金首圈充放电曲线[33]

掺杂一般是通过在二元硼化物基体中引入第三种金属元素形成多元合金，其可以改善二元硼化物合金容易团聚、颗粒尺寸较大的缺陷。掺杂后的合金结构更加稳定，颗粒尺寸均一、分布均匀，分散性的提升有助暴露更多的电化学活性位点。而且少量的异质元素掺杂，在不会改变原始合金的晶体结构的条件下，还能够提高材料的热稳定性。除了金属掺杂，部分非金属元素（如 S、P、F 等）也可以与金属硼化物形成良好的复合，增加合金的比表面积和减小颗粒尺寸，并抑制合金的电化学容量衰减。宋大卫等[35]发现添加了 AB_3 稀土系储氢合金的 Co-B 合金的放电容量比纯 Co-B 合金和纯稀土储氢合金有较大幅度的提升，并且材料的抗腐蚀性能得到提高。进一步地，将 AB_5 稀土系储氢合金与 Co-B 合金（50%）混合，掺杂后的合金放电比容量可达 365.3 mAh·g^{-1}。逯晋英等[36]对 Fe-B 合金进行了 P 元素的掺杂改性，结果表明，掺杂后的 Fe-B 合金的放电比容量得到提升，原始 Fe-B 合金的比容量约为 247 mAh·g^{-1}，P 元素掺杂后的 Fe-B 合金的首次放电比容量提高到 278 mAh·g^{-1}（图 3.12）。

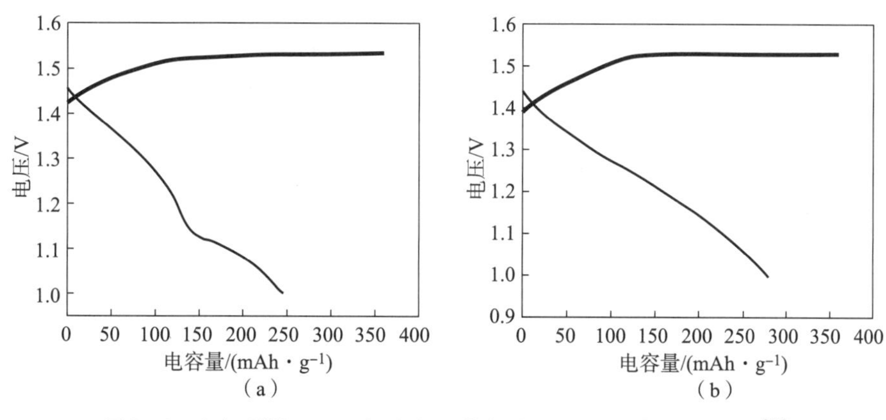

图 3.12 （a）原始 Fe-B 和（b）P 掺杂后 Fe-P-B 的充放电曲线[36]

表面包覆可以提高合金颗粒的比表面积以及材料的导电性，因此可以提升电子、离子的传输，以及释放更多的活性位点，从而提高材料的电化学性能。胡文龙等[37]将 Co-B 与不同比例的蔗糖共同碳化，便得到不同碳含量包覆的 Co-B/C 复合物。图 3.13（a）是不同比例包覆下 Co-B/C 的 XRD 图，从中可以看出经过 6% 包覆的样品在二倍角等于 44.2°处出现一个明显的金属 Co 的衍射峰，另外，二倍角位于 75.8°处新出现的微弱的衍射峰也为金属 Co 的特征峰，说明 6% 包覆的样品具有良好的晶体结构。从充放电曲线（图 3.13（b））中也可以发现 6% 包覆的 Co-B 合金具有最优的电化学性能。这说明碳包覆量为 6% 时的 Co-B 合金兼具合适的颗粒尺寸、良好的孔结构，以及明显的晶型，有利于提升材料的电化学性能。

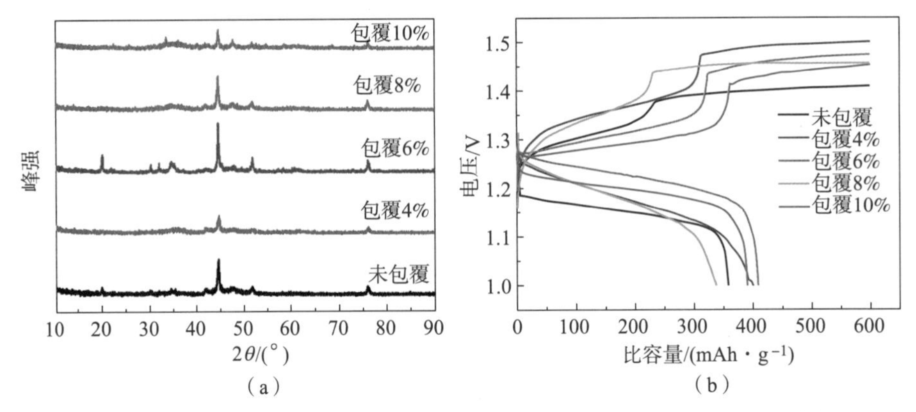

图 3.13　不同碳包覆量的 Co－B 合金的（a）XRD 图和（b）充放电曲线[37]

3.3　多元硼化物合金的多电子反应

3.3.1　三元硼化物合金的多电子反应

1. Co－Ni－B 的结构与性能

由于二元合金的电化学性能一般，基于协同效应，可以在二元金属硼化物中引入另一种金属形成多元合金来改善原始二元合金的电化学活性。考虑到 Co、Ni 元素的相似性，王鑫等[30]提出构建 Co－Ni－B 三元合金是一种提高电化学性能的有效思路。图 3.14（a）是不同温度热处理得到的 Co－Ni－B 合金的 XRD 图，可以看到，随着热处理温度的逐渐升高，衍射特征峰逐渐变尖锐，表明合金逐渐晶体化，产生由非晶态向晶态的转变。过高的热处理温度（700 ℃）容易使得 Co－Ni－B 合金出现团聚现象，并且晶体的形状在高温下容易发生断裂，进而晶体结构遭到破坏。经 300 ℃热处理后，Co－Ni－B 合金表现出最大的放电容量。这主要是因为未热处理时的 Co－Ni－B 合金仅仅是 Co－B 和 Ni－B 的简单混合，而经过 300 ℃热处理后，Co－B 和 Ni－B 能够相互扩散渗入彼此的晶格中，不仅能使钴与硼相互活化，还可以使较为惰性的镍得到活化，因此可以充分发挥多电子反应的特性。而更高温的热处理后，Co－Ni－B 合金中的部分金属 Co 和金属 Ni 脱出，造成活性位点减少、电化学性能降低。

图3.14（b）是Co－Ni－B合金在6 mol·L^{-1} KOH溶液中的循环伏安曲线。由图可知，不同扫速下Co－Ni－B合金均出现了一个阴极还原峰和两个阳极氧化峰。在－0.95 V处出现一个阴极还原峰，可能对应于水的电解析出氢气过程，说明Co－Ni－B合金在电化学过程中有可能与氢气形成氢化物。而在－0.63 V和－0.80 V附近出现了两个清晰的阳极氧化峰，有可能是Co－Ni－B合金的氢化物作为阳极发生反应放出氢并被氧化成水。

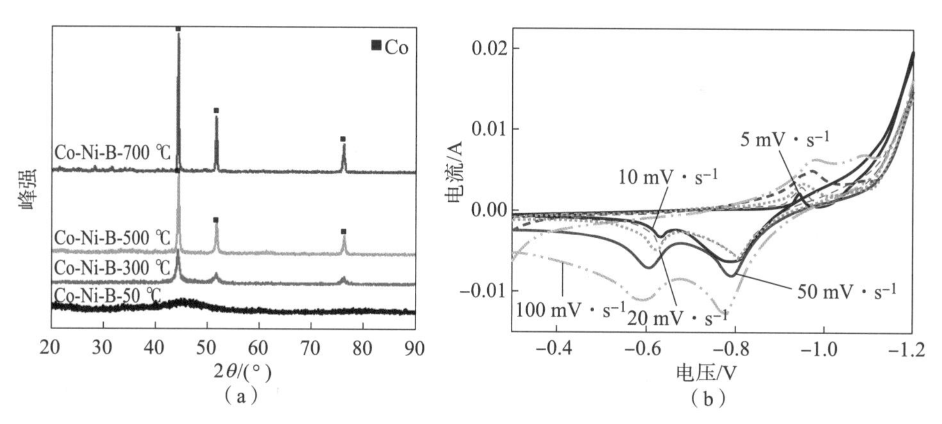

图3.14　（a）不同温度热处理后的Co－Ni－B合金的XRD图；
（b）Co－Ni－B－50 ℃在不同扫速的循环伏安曲线（vs. Hg/HgO）[30]

2. Co－Ni－B的多电子反应机制分析

Zhang等[38]通过分析Co－Ni－B合金充放电前后Ni、Co元素的价态变化，探究该合金负极的反应过程。如图3.15（a）和（b）所示，可以看到Ni 2p和Co 2p在充放电后全由Ni金属单质、Co金属单质转成了二价的Ni^{2+}以及Co^{2+}，说明各自活性中心均发生了多价态的转变。通过对比文献分析，Zhang等认为Ni、Co分别生成二价氢氧化合物，并猜测发生如下的多电子过程[39]：

$$Co_xNi_y(OH)_2+(x+y)OH^- -(x+y)e^- \rightarrow xNiOOH+yCoOOH+(x+y)H_2O \tag{3-18}$$

以上结果也表明三元合金中的Co、Ni活性位点均得到了活化，因此表现出更好的电化学性能。如图3.15（c）和3.15（d）所示，通过类比Co－Ni－B三元合金、Co－B、Ni－B二元合金的循环伏安曲线与充放电曲线，发现三元合金表现出更高的电流密度以及更高的比容量（319.4 mAh·g^{-1}），充分说明三元合金的协同效应能够提升原始合金材料的电化学性能，同时也证明三元合金可以协同利用Co、Ni各自的多电子反应体系以达到更高的比容量。

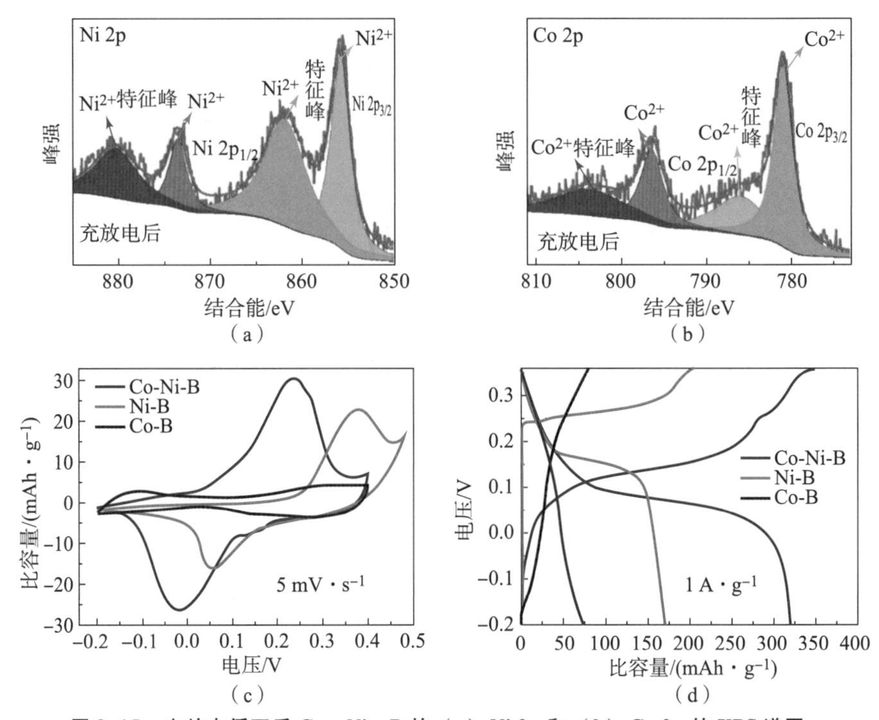

图 3.15 充放电循环后 Co－Ni－B 的（a）Ni 2p 和（b）Co 2p 的 XPS 谱图；（c）Co－Ni－B、Ni－B、Co－B 合金的循环伏安曲线对比；（d）对应的充放电曲线[38]

3. Co－Fe－B 的多电子反应

类似地，将价格更低的 Fe 元素掺进 Co－B 合金中，构建 Co－Fe－B 三元合金体系也是一种既降低成本也提升电极性能的策略。图 3.16（a）是不同温度热处理后 Co－Fe－B 合金的 XRD 图，可以发现 Co－Fe－B 合金随着热处理温度的逐渐升高，衍射特征峰逐渐尖锐，表明合金逐渐晶体化，产生由非晶态向晶态的转变。分析 Co－Fe－B 合金的充放电曲线（图 3.16（b））和循环性能曲线（图 3.16（c））可知，300 ℃热处理 Co－Fe－B 合金的电化学性能最好，放电容量为 226 mAh · g^{-1}，高于其他温度热处理后的合金样品。造成合金性能差异的原因可能是 500 ℃和 700 ℃热处理的 Co－Fe－B 样品中有金属 Fe 析出，而金属 Fe 的放电容量不能完全可逆，所以随后的电化学性能下降较快。图 3.16（d）是 Co－Fe－B 合金在 6 M KOH 溶液中不同扫速下的循环伏安曲线。可以发现在 −0.62 V 出现一个很宽的阳极氧化峰，推测是 Fe 和 Co－Fe－B 的电化学氧化共同作用而产生的峰，在 −0.92 V 左右出现一个很小的阴极还原峰，对应于 Co－Fe－B 合金的电化学放氢反应。随着扫描速度的增大，

Fe 的氧化和 Co－Fe－B 的电化学放氢反应逐渐分开，分别在－0.6 V 和－0.75 V 左右出现两个阳极氧化峰。将 Co－Fe－B 合金的电化学行为与 Co－Ni－B 类比，以及与上述 Co－B、Fe－B 电化学行为相比较，推测 Co－Fe－B 合金可以同时发挥 Co－B、Fe－B 的各自多电子反应过程的协同效应，综合提升电池的电化学性能。

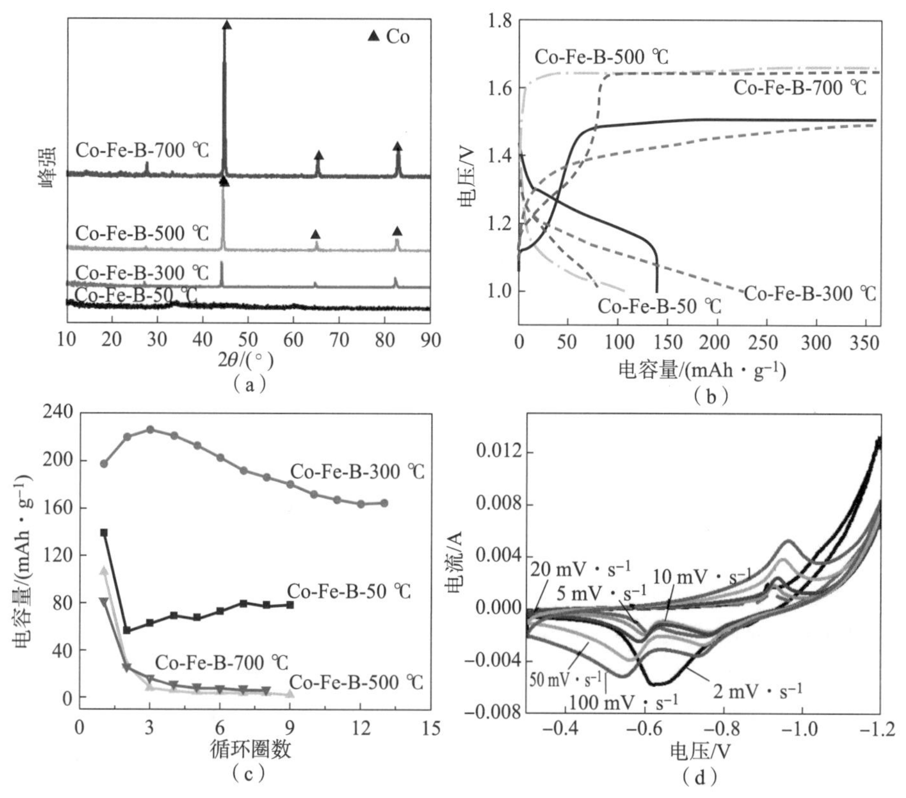

图 3.16　不同温度热处理 Co－Fe－B 合金的（a）XRD 图；（b）充放电曲线；（c）循环性能曲线；（d）不同扫速下的循环伏安曲线（vs. Hg/HgO）[30]

4. Co－Mg－B 的多电子反应

Co－Mg－B 也是一种常见的三元硼化物合金，可以降低 Co 基合金的制造成本。金属 Mg 是一种比较有吸引力的负极材料，具有较高的标准电位、较低的相对原子质量，以及多价态特性，使得金属 Mg 元素具有较高的电化学当量[40]。此外，Mg 元素的储量丰富，生产成本也比较低。在传统的储氢合金中，Mg 基合金也是比较有代表性的一类，但是由于 Mg 基合金动力学性能较差，限制了进一步的应用和发展[41,42]。而 Co－B 合金是一类动力学性能良好的催化剂，将两类合金进行优势互补，可以得到具备良好电化学性能的新型合金[43]。

从图3.17（a）可知，50 ℃热处理后的Co－Mg－B合金没有明显的特征峰，随着热处理温度的升高，Co－Mg－B合金的特征峰逐渐尖锐，表明前驱物的结构逐渐晶体化，产生由非晶态向晶态的转变[43]。通过分析Co－Mg－B合金在不同温度下的循环伏安曲线（图3.17（b））可得，充电过程在－1.1 V出现了一个阴极还原峰，在－0.61 V处出现了一个阳极氧化峰。300 ℃热处理后的Co－Mg－B电极的氧化峰和还原峰电流密度较大，说明电化学容量较高。该结论也可以从充放电曲线（图3.17（c））以及循环性能曲线（图3.17（d））中得到证明，经300 ℃热处理后的Co－Mg－B合金具有较大的放电容量，为336 $mAh \cdot g^{-1}$；50 ℃、500 ℃和700 ℃热处理的Co－Mg－B合金的放电容量分别为294 $mAh \cdot g^{-1}$、248 $mAh \cdot g^{-1}$和289 $mAh \cdot g^{-1}$。300 ℃热处理后的合金具备最佳电化学性能，是因为Mg元素进入Co－B的晶格中，活化了钴和硼，提高了材料的电化学活性。而经500 ℃热处理后，Co－Mg－B合金循

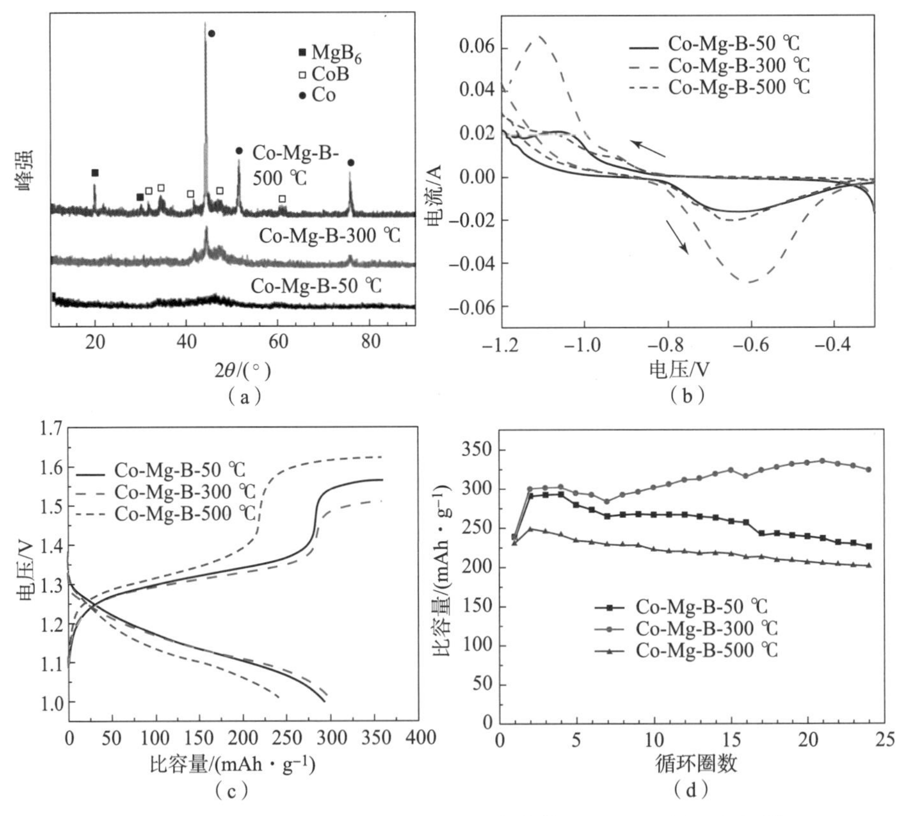

图3.17　不同温度热处理的Co－Mg－B合金的（a）XRD图；（b）循环伏安曲线（vs. Hg/HgO）；（c）充放电曲线；（d）循环性能曲线[43]

环性能最差，主要是因为有部分金属钴析出，导致电化学活性位点缺失。将 Co – Mg – B 的电化学行为与 Co – B 对比可知，Co – Mg – B 合金可以协同发挥 Co、Mg、B 各自的多电子反应体系。

3.3.2　四元硼化物合金的多电子反应

1. 三种不同四元硼化合金的性能对比

与三元硼化物合金的设计理念一样，构建四元硼化物合金体系可以更加充分发挥多电子反应的特性。由于 Co 的成本较高，考虑基于 Co – B 合金构建四元硼化物合金体系是比较理想的方式。王艳莹等[44]利用氧化还原法制备了三种四元硼化物合金（包括 Co – Fe – Mg – B、Co – Mg – Ni – B、Co – Fe – Ni – B），并研究比较了这些合金负极的电化学性能。图 3.18（a）是不同掺入比例的 Co – Fe – Mg – B 合金的充放电曲线，在 1.57 V 处都出现了一个充电平台，掺杂比例为 4∶1∶1 的样品平台相对较陡，而且 1∶1∶1 的合金的平台电压

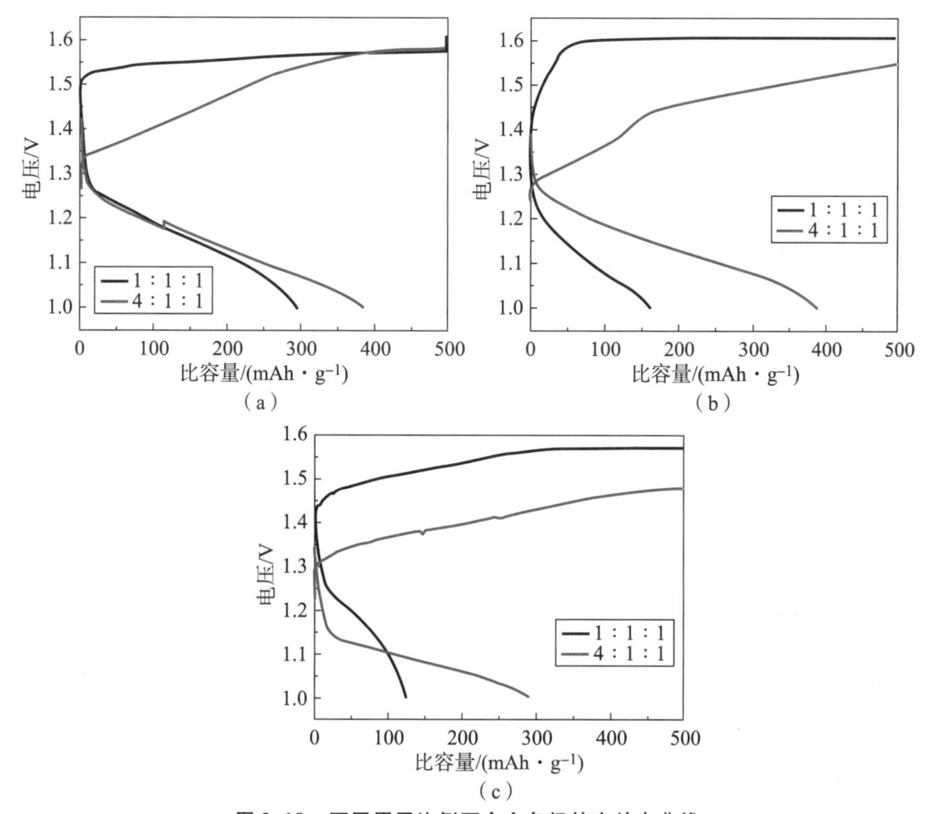

图 3.18　不同原子比例下合金负极的充放电曲线

（a）Co – Fe – Mg – B；（b）Co – Mg – Ni – B；（c）Co – Fe – Ni – B[44]

分布在 1.05 V 以下。掺杂比例为 1∶1∶1 的 Co－Fe－Mg－B 合金第一周放电容量为 295.7 $mAh \cdot g^{-1}$，而掺杂比例为 4∶1∶1 的 Co－Fe－Mg－B 合金的放电容量达到 348.7 $mAh \cdot g^{-1}$。对于另外两种四元合金，当掺杂比例控制在 4∶1∶1 的条件下时，表现出更佳的电化学性能。掺杂比例为 4∶1∶1 的 Co－Mg－Ni－B 合金的放电容量为 391 $mAh \cdot g^{-1}$（图 3.18（b）），高于掺杂比例 4∶1∶1 的 Co－Fe－Ni－B 合金的放电容量为 292.3 $mAh \cdot g^{-1}$（图 3.18（c））。综上所述，Co－Mg－Ni－B 合金的电化学性能最佳。以单个元素的活性上来看，Co 的电化学活性很低，但 Mg、Ni 的同时加入却使得 Co－Mg－Ni－B 合金的容量较高，可能是不同金属元素之间的相互活化作用。

2. Co－Mg－Ni－B 的多电子反应机制分析

在上述三个四元金属硼化物中，以 Co－Mg－Ni－B 的电化学性能最佳，因此接下来以 Co－Mg－Ni－B 为研究对象，通过分析充放电的产物来研究充放电机理。原始 Co－Mg－Ni－B 合金中的元素 B（图 3.19（a））在结合能为

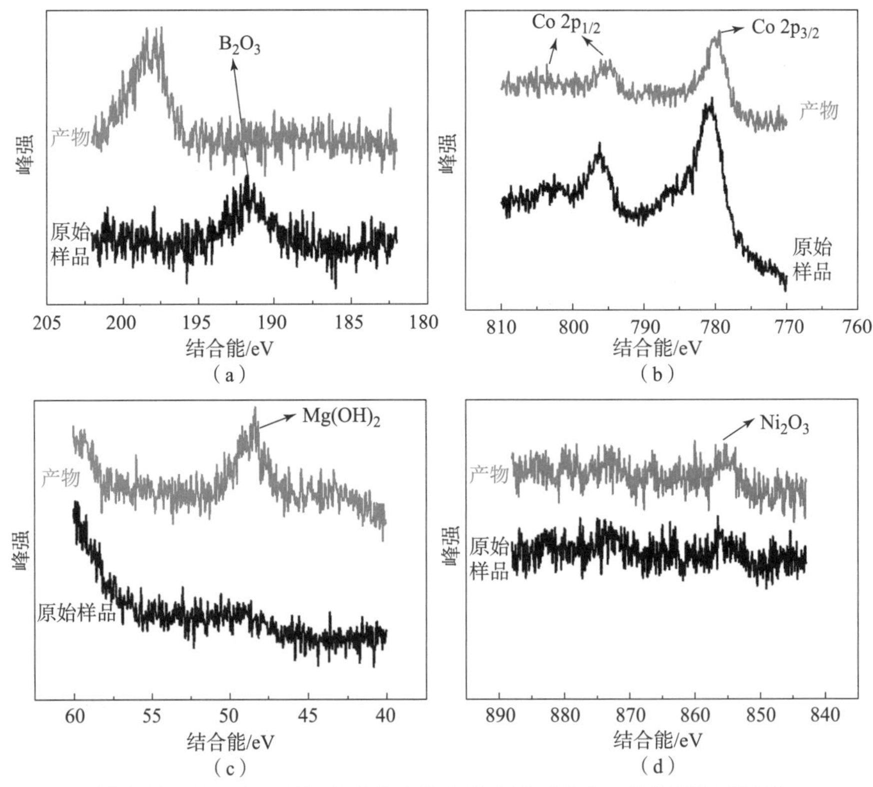

图 3.19　Co－Mg－Ni－B 合金充放电 50 周前后各个元素的 XPS 能谱图

（a）B 元素；（b）Co 元素；（c）Mg 元素；（d）Ni 元素[44]

191.8 eV 处对应于 B（Ⅲ），以氧化态 B_2O_3 的形式存在于表面，在充放电 50 周后，该特征峰向高结合能方向移动，说明 B 的化合价升高，因此推测 B 可能失电子被氧化。Co－Mg－Ni－B 合金中的 Co 元素（图 3.19（b））以 CoO、$Co(OH)_2$ 等形式存在，充放电 50 周后，特征峰向低结合能方向移动，说明 Co 的价态降低并发生还原反应。Mg 元素（图 3.19（c））主要以 $Mg(OH)_2$ 形式存在，充放电前后，Mg 的价态也发生降低。与元素 Co 的变化类似，Co－Mg－Ni－B 合金的 Ni 2p 特征峰（图 3.19（d））在充放电 50 周后向低结合能方向移动，也说明 Ni 的价态降低并发生还原反应。综上所述，充放电后，Co、Mg、Ni 等元素得电子被还原，而 B 元素失电子被氧化，说明四元合金中的各个单体都发生了相应的多电子反应，在协同作用下共同发挥了多电子效应，从而提升了电极的容量。

3.4　金属硼化物的多功能化：催化 $NaBH_4$ 制氢

$NaBH_4$ 是一种无机化合物，由立方的 Na^+ 与正四面体的 BH_4^- 组成面心立方结构。一般来说，$NaBH_4$ 是一种强还原剂，常态下是无毒的白色晶状粉末，本身储氢容量为 10.8%。和其他一些制氢技术相比，硼氢化钠水解制氢具有以下优点[45,46]：①理论储氢率较高：1 kg $NaBH_4$ 可产生 211.6 g 的 H_2，若考虑水的重量，理论质量储氢率达到 10.8%；②$NaBH_4$ 水溶液具有阻燃性，在强碱性溶液中能够稳定存在；③在某些情况下，可将 $NaBH_4$ 溶液适当加温，以提高氢气产生的速度，不需要外部提供额外能量；④对环境友好：$NaBH_4$ 水解反应的唯一副产物是水溶性的偏硼酸钠 $NaBO_2$，这种物质在家用洗涤剂中常被用作添加剂，因此对环境无害，并可以作为合成 $NaBH_4$ 的原料进行回收再利用；⑤$NaBH_4$ 制氢的纯度较高；⑥$NaBH_4$ 水解制氢技术虽然不能可逆地吸放氢，但可通过回收副产物偏硼酸钠来实现物质循环：$NaBH_4$ 催化水解，为燃料电池供给氢气，燃料电池输出电能，水解反应的副产物偏硼酸钠与燃料电池的副产物水混合一起，通过电解、球磨、烧结等方法重新生成 $NaBH_4$[47]。因此，$NaBH_4$ 水解制氢是一种技术可行、环境友好的供氢方式。

$NaBH_4$ 制氢的原理是作为一种强还原剂与水发生反应，产生氢气和水溶性偏硼酸钠，反应方程式如下[45]：

$$NaBH_4 + 2H_2O \rightarrow NaBO_2 + 4H_2 \qquad (3-19)$$

该反应在不添加任何催化剂时也可进行，反应速度与溶液的 pH 及温度有关。

使用催化剂或酸以及升高体系温度都可以加速 $NaBH_4$ 的水解反应速度。从现场制氢来看，为实现反应快速启动和控制产氢速度，采用催化剂是比较有效的方法。

非晶态金属硼化物具有无定形结构，在热力学上处于不稳定或亚稳定状态，从而显示出独特的物理化学性质[48]。由于短程有序的晶体结构、富含配位不饱和原子的混乱排列，金属硼化物表现出具有较多的表面活性中心。而部分长程无序的结构有利于反应物的吸附。基于以上结构特点，非晶态金属硼化物也可以作为催化剂来催化加氢。贵金属由于良好的催化活性，一直是 $NaBH_4$ 水解制氢的有效催化剂，尤其以金属铂和金属钌为代表。但是要想实现催化制氢的工业化，降低催化剂的成本，提高催化剂的活性是非常重要的。硼化钴、硼化镍等过渡金属催化剂在 $NaBH_4$ 制氢过程中表现出良好的催化活性。但由于钴、铂等属于贵金属，要想实现工业化，还有一段距离。为了达到提高催化活性、降低生产成本的目的，掺杂新的非贵金属构建三元金属硼化物是一种有效的思路。庞美丽等[49]研究了以 Co－Ni－B 合金作为催化剂对 $NaBH_4$ 制氢性能的影响。随着热处理时间的增加，$NaBH_4$ 产氢速率表现出由慢变快又变慢的趋势，可见产氢速率与热处理时间是有很大的关系。在反应的初始阶段，由于 $NaBH_4$ 溶液与催化剂没有充分接触，反应速率很低，导致一部分反应物料在反应容器中累积。随着反应的进行，$NaBH_4$ 分解放热，使得后继反应的温度不断升高，而 Co－Ni－B 又具有足够的催化能力，因而制氢反应的速度得到提升。刘丹宪等[50]比较了 Co－Fe－B 合金催化 $NaBH_4$ 制氢的性能。研究发现，100 ℃处理的 Co－Fe－B 样品催化产氢速率的最大值可以达到 0.934 $L \cdot min^{-1}$，按照 80 % 的氢气利用率计，可以给一个功率为 121 W 的燃料电池供氢。庞美丽等[49]进一步研究了使用不同金属原子比例制备的 Co－Mg－B 合金催化 $NaBH_4$ 水解产氢的性能。相同的反应条件下，随着催化剂中 Co∶Mg 比例的增加，水解反应的产氢量和产氢速率明显增大，在 Co∶Mg 为 3∶1 时表现出良好的催化性能，产氢速率为 523 $mL \cdot min^{-1} \cdot g^{-1}$。

3.5 本章小结

综上所述，本章重点介绍了从二元硼化物合金到多元合金体系的多电子反应研究，充分说明金属硼化物合金不仅能够成为高容量的二次碱性电池负极材料，同时兼顾优异的催化制氢性能的多功能性。但是，目前的金属硼化物合金的研究仍处于初步探索阶段，还存在一些问题需要研究解决。虽然金属硼化物合的初始容量很高，但循环性能尚不理想。为了提高合金的电化学性能，仍需从多方面进行探索。首先，应尝试设计新颖的制备方法以及化学还原法与新技术的充分结合，降低颗粒的大小，增加比表面积，提高综合电化学性能。再者，加强对容量衰减机制的研究，通过对不同充放电时期的合金进行阶段性物理表征，研究结构和形貌的演变规律，并结合电化学测试结果，分析容量衰减的原因。此外，由于我国钴资源相对贫乏，并且钴的价格比较高，所以降低合金体系中钴的含量也是亟待解决的问题。今后应着重研究以二元合金为基础引入其他元素制备三元或多元合金，从而引起多元素协同或掺杂效应，提高电化学性能。除了上述的一些研究展望外，还有一些挑战需要着手解决：

①金属硼化物的制备方法、改性手段仍然有限，很多研究还处于探索阶段，更多的研究需要投入对材料的优化、揭示材料与性能间的构效关系上。

②结构缺陷、晶体的无序度等是影响金属硼化物的电子结构的主要因素，但是目前仍缺乏可控调节材料结构缺陷、晶体无序度的方法。

③金属硼化物合金中的金属/硼原子比例也是影响合金表面组分、电子结构的重要因素，并且该因素取决于材料的制备手段。但是目前关于这方面的研究还很少。

④从上面的描述中可以知道，先进的表征手段对揭示金属硼化的多电子反应机理至关重要。但是，由于B元素主要以无定形状态存在，因此对表征技术提出了更高的要求。未来需要将更多先进的原位表征技术引入金属硼化物合金的理解中。

⑤此外，从上述研究中也发现了金属硼化物容易发生团聚、晶体析出等问题，这些可能与金属硼化物合金表面的组分、官能团相关，因此也需要发展合理的改性手段来调控金属硼化物的表面基团，以达到调节电结构、防止团聚、防止晶体析出活性降低等目的。

⑥想要推进金属硼化物的实际商业化应用，高质量、高产量的制备工艺是非常有必要的，但是目前还没有存在可行性的方法。

参考文献

[1] Wu F, Wu C. New secondary batteries and their key materials based on the concept of multi - electron reaction [J]. Chinese Science Bulletin, 2014, 59

(27): 3369 - 3376.
[2] Gunda H, Klebanoff L E, Sharma P A, et al. Progress, challenges, and opportunities in the synthesis, characterization, and application of metal - boride - derived two - dimensional nanostructures [J]. ACS Materials Letters, 2021, 3 (5): 535 - 556.
[3] 吴锋. 绿色二次电池材料的研究进展 [J]. 中国材料进展, 2009, 28 (7): 41 - 49.
[4] Vajeeston P, Ravindran P, Ravi C, et al. Electronic structure, bonding, and ground - state properties of AlB_2 - type transition - metal diborides [J]. Physical Review B, 2001, 63 (4): 045115.
[5] Wang Y D, Ai X P, Yang H X. Electrochemical hydrogen storage behaviors of ultrafine amorphous Co - B alloy particles [J]. Chemistry of Materials, 2004, 16 (24): 5194 - 5197.
[6] Stuart J, Lefler M, Rhodes C P, et al. High energy capacity TiB_2/VB_2 composite metal boride air battery [J]. Journal of The Electrochemical Society, 2015, 162 (3): A432 - A436.
[7] 王雅东, 艾新平, 杨汉西. 过渡金属二硼化物作为高容量负极的研究 [J]. 电化学, 2005, 11 (1): 16 - 19.
[8] Gao X P, Yang H X. Multi - electron reaction materials for high energy density batteries [J]. Energy & Environmental Science, 2010, 3 (2): 174 - 189.
[9] Bai Y, Wu C, Wu F, et al. Investigation of FeB alloy prepared by an electric arc method and used as the anode material for alkaline secondary batteries [J]. Electrochemistry Communications, 2009, 11 (1): 145 - 148.
[10] 吕俊, 陈晓闽, 黄东亚, 等. 机械合金化与非晶合金材料的研究进展 [J]. 材料导报, 2006, 20 (9): 93 - 97.
[11] 蒋飞伟, 刘莹, 朱星河. 高速电弧喷涂硼化物金属复合陶瓷工艺参数优化试验研究 [J]. 热加工工艺, 2008, 37 (7): 77 - 78, 82.
[12] 杨丽鑫. 电弧法制备金属硼化物负极材料的研究 [D]. 北京: 北京理工大学, 2008.
[13] Liu Y, Wang Y, Xiao L, et al. Structure and electrochemical behaviors of a series of Co - B alloys [J]. Electrochimica Acta, 2008, 53 (5): 2265 - 2271.
[14] Song D, Wang Y, Wang Y, et al. Preparation and characterization of novel structure Co - B hydrogen storage alloy [J]. Electrochemistry Communications,

2008, 10 (10): 1486 - 1489.

[15] Tong D G, Luo Y Y, Chu W. Effect of low - temperature ethanol - thermal treatment on the electrochemical properties of Co - B alloy as anode materials for alkaline secondary batteries [J]. Materials Chemistry and Physics, 2008, 112 (3): 907 - 911.

[16] Tong D G, Han X, Chu W, et al. Preparation and characterization of Co - B flowers with mesoporous structure [J]. Materials Research Bulletin, 2008, 43 (5): 1327 - 1336.

[17] 曾静,胡石林,吴全峰. 反应初始条件对自蔓延高温合成法制备硼粉的影响 [J]. 河南化工,2020,37 (11): 32 - 35.

[18] 张廷安,豆志河. 自蔓延冶金法制备 TiB_2 微粉的生长机理研究 [J]. 无机材料学报,2006,21 (3): 583 - 590.

[19] 王昕,张春丽. 电沉积 Ni - B 合金工艺研究 [J]. 材料保护,2003,36 (8): 44 - 46.

[20] Tianimoghadam S, Salabat A. A microemulsion method for preparation of thiol - functionalized gold nanoparticles [J]. Particuology, 2018 (37): 33 - 36.

[21] Wang Y, Guang X Y, Cao Y L, et al. Electrooxidation and dischargeability of transition - metal borides as possible anodic materials in neutral aqueous electrolytes [J]. Journal of Applied Electrochemistry, 2009, 39 (7): 1039 - 1044.

[22] Dong W, Zhao Y, Wang X, et al. Boron embedded in metal iron matrix as a novel anode material of excellent performance [J]. Advanced Materials, 2018, 30 (35): 1801409.

[23] Wang D, Zhou J, Li J, et al. Cobalt - boron nanoparticles anchored on graphene as anode of lithium ion batteries [J]. Chemical Engineering Journal, 2019 (360): 271 - 279.

[24] Chen L L, Li N, Shi H, et al. Stable wide - temperature and low volume expansion Al batteries: Integrating few - layer graphene with multifunctional cobalt boride nanocluster as positive electrode [J]. Nano Research, 2020, 13 (2): 419 - 429.

[25] Wu C, Bai Y, Wang X, et al. Comparisons of Co - B alloys synthesized via different methods for secondary alkaline batteries [J]. Solid State Ionics, 2008, 179 (21): 924 - 927.

[26] 董立伟. 金属硼化物储氢合金的研究 [D]. 北京:北京理工大

学，2006.

[27] Oshitani M, Takayama T, Takashima K, et al. A study on the swelling of a sintered nickel hydroxide electrode [J]. Journal of Applied Electrochemistry, 1986, 16 (3): 403 - 412.

[28] Wang Y D, Ai X P, Cao Y L, et al. Exceptional electrochemical activities of amorphous Fe - B and Co - B alloy powders used as high capacity anode materials [J]. Electrochemistry Communications, 2004, 6 (8): 780 - 784.

[29] 王亚平. Fe - B 的合成及其电化学性能研究 [J]. 南开大学学报（自然科学版），2008, 41 (2).

[30] 王鑫. 碱性二次电池硼化物负极材料的研究 [D]. 北京：北京理工大学，2007.

[31] Wang Y, Guang X, Pan M. Mechanochemical synthesis and high - capacity performances of transition - metal borides as aqueous anode materials [J]. Chinese Science Bulletin, 2012, 57 (32): 4225 - 4228.

[32] Cai W, Deng J, Lu H, et al. Performance of metal borides as anode in metal boride - air battery [J]. Materials Chemistry and Physics, 2020, 251: 123101.

[33] 逯晋英. 碱性二次电池钴基硼化物负极材料的研究 [D]. 北京：北京理工大学，2010.

[34] Wu C, Bai Y, Wu F, et al. Structural evolutions and electrochemical behaviors of Co - B alloys as anode materials for alkaline secondary batteries [J]. Electrochimica Acta, 2008, 53 (14): 4715 - 4720.

[35] 宋大卫，王一菁，王亚平，等. 稀土系储氢合金的添加对 Co - B 合金性能的影响 [J]. 南开大学学报（自然科学版），2008, 41 (5): 67 - 69, 86.

[36] 逯晋英，吴川，吴锋，等. Fe - B 在碱性电池中的电化学性能研究 [J]. 华南师范大学学报（自然科学版），2009 (z1): 71 - 72.

[37] 胡文龙. 微乳液法制备的硼化物负极材料的研究 [D]. 北京：北京理工大学，2012.

[38] Zhang J, Liu Y, Li X, et al. Bi - metallic boride as the electrode material of aqueous battery enabling ultrahigh rate and cycling performances [J]. Journal of Power Sources, 2019 (419): 6 - 11.

[39] Zhou Q, Wang X, Liu Y, et al. High rate capabilities of $NiCo_2O_4$ - based hierarchical superstructures for rechargeable charge storage [J]. Journal of The

Electrochemical Society, 2014, 161 (12): A1922 - A1926.

[40] Yan H Z, Kong F Q, Xiong W, et al. The influence of ball milling process on formation and electrochemical properties of amorphous MgNi hydrogen storage alloys [J]. Materials Science and Engineering: A, 2006 (435 - 436): 711 - 716.

[41] Dobrovolsky V D, Ershova O G, Solonin Y M, et al. Influence of TiB_2 addition upon thermal stability and decomposition temperature of the MgH_2 hydride of a Mg - based mechanical alloy [J]. Journal of Alloys and Compounds, 2008, 465 (1): 177 - 182.

[42] Jiao L F, Yuan H T, Wang Y J, et al. Electrochemical properties of magnesium - based hydrogen storage alloys improved by transition metal boride and silicide additives [J]. International Journal of Hydrogen Energy, 2009, 34 (3): 1476 - 1482.

[43] Wu C, Bai Y, Wu F, et al. Novel ternary metal boride Mg - Co - B alloys as anode materials for alkaline secondary batteries [J]. Electrochemistry Communications, 2009, 11 (11): 2173 - 2176.

[44] 王艳莹. 金属硼化物的制备与电化学性能研究 [D]. 北京: 北京理工大学, 2009.

[45] Wu C, Bai Y, Liu D X, et al. Ni - Co - B catalyst - promoted hydrogen generation by hydrolyzing $NaBH_4$ solution for in situ hydrogen supply of portable fuel cells [J]. Catalysis Today, 2011, 170 (1): 33 - 39.

[46] Amendola S C, Sharp Goldman S L, Janjua M S, et al. A safe, portable, hydrogen gas generator using aqueous borohydride solution and Ru catalyst [J]. International Journal of Hydrogen Energy, 2000, 25 (10): 969 - 975.

[47] Kojima Y, Haga T. Recycling process of sodium metaborate to sodium borohydride [J]. International Journal of Hydrogen Energy, 2003, 28 (9): 989 - 993.

[48] Gupta S, Patel M K, Miotello A, et al. Metal boride - based catalysts for electrochemical water - splitting: a review [J]. Advanced Functional Materials, 2020, 30 (1): 1906481.

[49] 庞美丽. 硼氢化钠水解制氢用钴基催化剂的研究 [D]. 北京: 北京理工大学, 2010.

[50] 刘丹宪. $NaBH_4$ 水解制氢催化剂的研究 [D]. 北京: 北京理工大学, 2009.

第4章

金属氟化物构建二次电池新体系

本章主要讨论了金属氟化物在轻元素多电子电池反应中的应用，其中的金属氟化物主要包括 CoF_3、FeF_3、MnF_3、CoF_2、FeF_2 以及 FeF_3 与不同结晶水的复合物。主要从金属氟化物材料的结构特征、多电子反应机理、充放电反应过程中面临的主要问题，以及常用的合成方法与解决策略等方面出发，分析总结了各部分之间的关系。本章能够让读者了解金属氟化物在多电子电池体系中的基础问题，例如充放电反应机制、改性方法等。同时，让读者掌握解决上述难点的有效策略，例如，通过包覆提高导电性、通过掺杂调控材料的电子结构以及高能球磨调控材料尺寸等。最后，提出了金属氟化物在多电子体系中未来的发展方向，以更好地将金属氟化物应用于多电子电池体系。

4.1　氟化物多电子反应机理概述

传统锂离子电池正极材料受理论比容量及结构的限制，已无法满足人们越来越高的需求。因此，开发具有高比能、绿色环保、可持续等优点的新型电极材料已成为二次电池发展的趋势[1]。其中，正极材料的研究和开发成为高性能锂离子电池发展的重点方向，对未来锂离子电池的发展有着非常重要的意义。在锂二次电池正极材料的研究中，除了锂-过渡金属氧化物、磷酸铁锂和有机硫之外，金属氟化物也是很有前景的一类新型正极材料（图4.1）。金属氟化物作为一种新型锂离子电池正极材料，由于化学键键强比氧化物、硫化物和氮化物要高得多，因此，作为基于可逆化学转化反应的锂二次电池正极材料时，其放电电位平台也比相对应的氧化物、硫化物和氮化物高得多，是一类有较大应用前景的新型锂离子电池正极材料。

图4.2（a），（b）分别为金属氟化物相对金属锂的理论电压值、与锂发生化学转换反应的理论容量数据和常温常压下的金属氟化物的吉布斯自由能。电池的比能量为比容量和工作电压的乘积，因此，提高锂离子电池比能量的关键在于提高正极的比容量。由于多电子反应、金属价态的充分利用和轻质性质，金属氟化物（MF_x）具有极高的比能量密度，因此得以被广泛地研究。除此以外，在热力学上，MF_x 可以满足对更高放电电位、体积容量和质量容量的需求（例如，FeF_3 为2.74 V（2.44 V）、2 196 $mAh \cdot cm^{-3}$和713 $mAh \cdot g^{-1}$）[2]，应

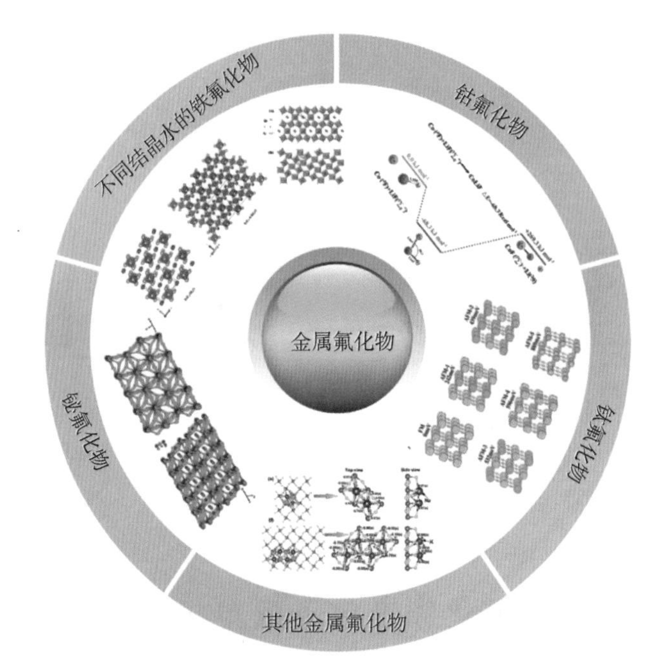

图 4.1　部分金属氟化物晶胞结构图

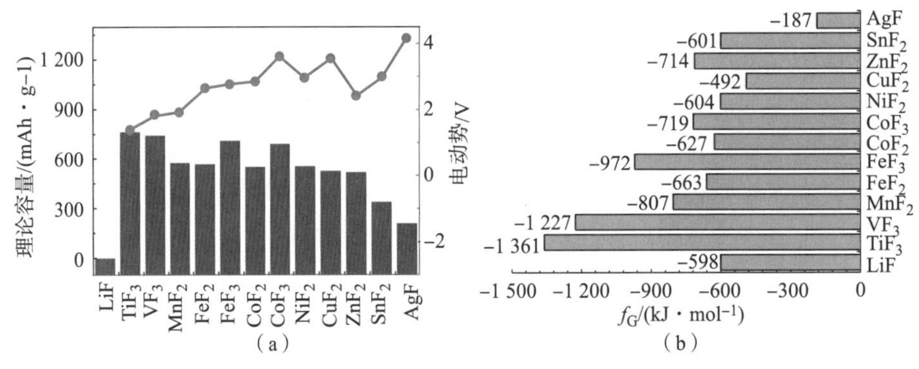

图 4.2　(a) 金属化合物储锂的理论容量和反应相对锂的电压值；
(b) 金属氟化物与锂发生化学转换反应的吉布斯自由能

用前景广阔。其中大多数 MF_x（例如，CoF_3、FeF_3、MnF_3、CoF_2、FeF_2）[3] 可以提供超过 2 000 $mAh \cdot cm^{-3}$ 的理论体积能量密度，高于硫或 Li_2S 正极（图 4.3）。与嵌入型阴极相比，MF_x 材料通常可以破坏 M—F 键并产生新的化学键，并形成 LiF 和具有 2 个以上电子转移的纯金属。这意味着大多数基于金属三氟化物的阴极不会经历单一一步锂化，其不但可以进行锂离子的嵌入/脱出，还可以跟锂发生转化反应来存储能量。因此，充放电过程是嵌入和转化反应的组合，放出的容量远远高于传统的锂离子嵌入/脱嵌反应。其中，氟化铁具有原料来源丰富、能量密度高等诸多优点，成为下一代锂离子电池正极材料的有力竞争者。同时，开发多电子转化反应材料是突破锂离子电池容量密度“瓶颈”的重要途径。作为多电子转化反应材料的代表，氟化铁材料研究至关重要。

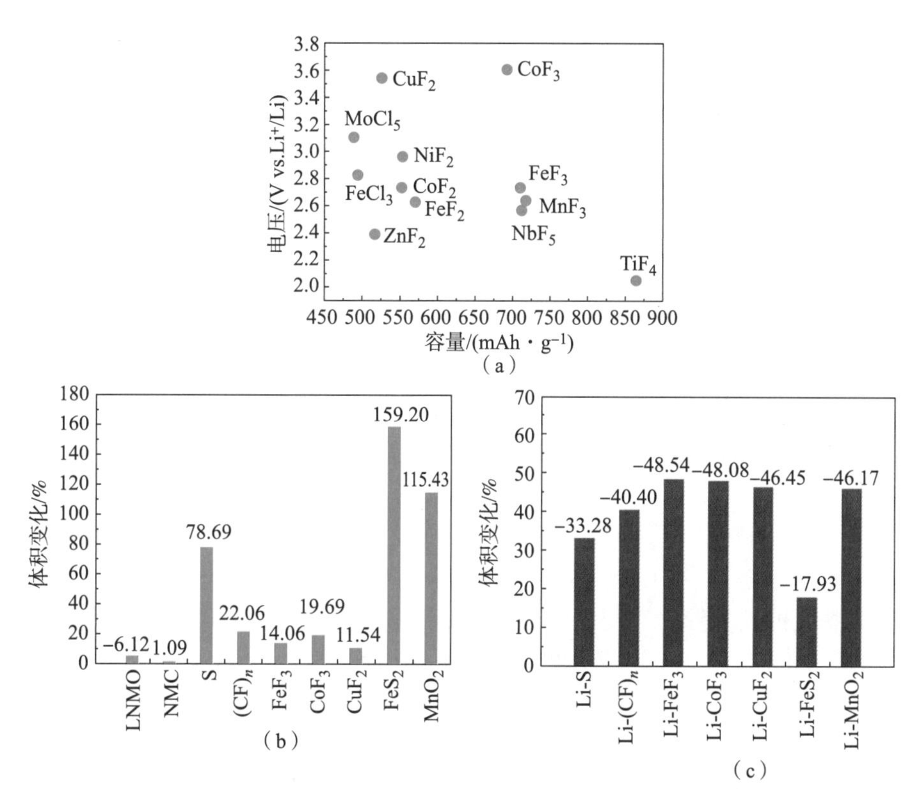

图 4.3　(a) 高能量密度无锂正极材料（氟化物）的电压和容量；(b) 正极材料在 100% DOD 时的体积变化；(c) 活性物质（正极 + 负极金属锂）在 100% DOD 时的体积变化[3]

金属氟化物可通过化学转换反应进行多电子转移，表现出较高的比容量，但这类材料导电性差，严重限制了其实际应用。除此之外，金属氟化物，尤其是过渡金属氟化物发生多电子转移往往涉及多步反应，在充放电曲线上表现出多个充放电平台。其多个充放电平台电压比较相近，如 FeF_3 的第一个放电平台 2.74 V 即发生 Fe^{3+}/Fe^{2+} 的转化反应的电压，而第二步反应 $2Li^+ + 2e^- + LiFeF_2 \rightarrow LiF + Fe$ 的放电平台为 2.44 V。但一些处于较低氧化态的金属氟化物，其金属离子的放电电压比高氧化态的电压低约 1 V，导致输出电压波动较大，难以直接应用在电池中。此问题是金属氟化物作为正极材料不可忽视的问题。此外，金属氟化物因合成较难，导电性差和反应机理尚不清楚。

以锂离子电池多电子反应材料金属氟化物为例，该类材料在充放电过程中不仅发生 Li^+ 的脱嵌反应，还会与电极材料反应产生相变，发生可逆的电极转化反应。该过程中电极材料的结构会发生变化（图 4.3（b）~（c）），但是随着 Li^+ 的嵌入和脱出，材料结构仍能够恢复。该过程可用式（4－1）表述：

$$mnLi^+ + M_nX_n + mne^- \rightleftharpoons mLi_nX + nM^0 \tag{4-1}$$

其中，M 代表渡金属离子（如 Fe^{3+}、Ni^{2+}、Cu^{2+} 等）；X 代表阴离子（如 F^-、Cl^-、O^{2-}、S^{2-}、N^{3-} 和 P^{3-} 等）。从本质上讲，该反应是一种置换反应。在放电时，Li^+ 参与反应，金属化合物中的金属元素被置换为金属单质，同时生成相应的锂化合物；充电时则相反，锂化合物分解，金属单质则重新被氧化为金属化合物。

下面为锂离子在金属氟化物中主要的电极反应机理：

（1）锂离子嵌入/脱出机理

锂离子可以在层状或隧道结构的正极材料中嵌入和脱出，而金属氟化物 MeF_3 大部分为 PdF_3-ReO_3 型结构。ReO_3 结构是以 ReO_6 八面体基团共用顶点连接而成的三维骨架，形成阳离子填充率为 25% 的立方紧密堆积（ccp）排列。PdF_3 结构也是 PdF_6 八面体基团共用顶点连接而成的三维骨架，但形成了阳离子，可填充其中的六方紧密堆积（hcp）排列，其与 ReO_3 结构可以通过八面体基团的简单旋转互相转化。所以 PdF_3-ReO_3 型的 MeF_3 具有适宜锂离子嵌入/脱出的结构，具体嵌入/脱出见式（4－2）。

$$nLi^+ + ne^- + MeF_3 \rightleftharpoons Li_nMeF_3 \tag{4-2}$$

（2）可逆化学转换反应机理

化学转换反应的本质为置换反应，对于锂离子电池来说，可逆化学转换反应可归结为正极材料与金属锂发生的可逆氧化还原反应。通式见式（4－3），其中 Me 为金属，X 为 F。

$$mLi^+ + me^- + MeX_n \rightleftharpoons nLi_{n/m}X + Me \tag{4-3}$$

可逆化学转换反应与经典的锂离子在层状过渡金属氧化物或尖晶石型锰酸锂中嵌入/脱出机理不同，如图 4.4 所示。对于锂离子嵌入/脱出反应，如图 4.4 发生的嵌入部分所示，该类电极过程只利用了化合物的部分氧化态。$Li^+ + Me^{2+}X_2 \rightleftharpoons LiMe^+X_2$，理论上每摩尔化合物只发生了 1 mol 锂的嵌入/脱出，整个反应过程中化合物的晶格结构变化不大。而图 4.4 所示化学转换反应则是利用了化合物全部氧化态。在放电的过程中，正极材料 MeX_3^z 发生了完全的还原反应，$MeX_3^z + 3Li \rightarrow 3Li_zX + Me$，初始晶格结构完全被改变，形成致密的 $Li_zX + Me$ 纳米微晶复合物。在充电过程中，材料发生了氧化反应，$3Li_zX + Me^- \rightarrow MeX_3^z + 3Li$，$Li_zX + Me$ 纳米微晶复合物中的锂迁出且又生成 MeX_3^z，晶型结构有可能和初始结构不同。

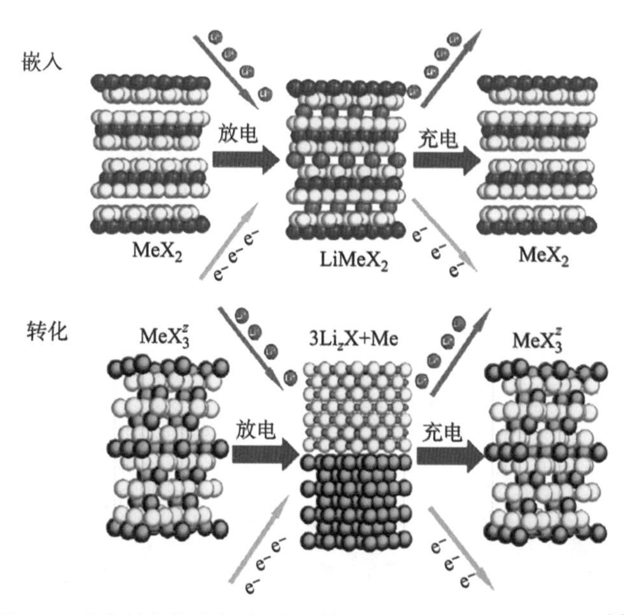

图 4.4　放电过程中脱嵌型材料与转化反应型材料的区别示意图[4]

4.2　氟化物多电子反应

4.2.1　Fe－F 基多电子反应

在众多金属氟化物中，如 BiF_3、CuF_2、NiF_2、FeF_3、FeF_2 等，铁的氟化物由于理论容量高、容量密度高、稳定性好、资源丰富、成本低、环境友好等优点，被认为是一种比较理想的锂离子电池金属氟化物正极材料[4,5]。FeF_3 发生单电子转化反应比容量为 237 mAh · g^{-1}，3 电子反应比容量高达 712 mAh · g^{-1}。FeF_3 脱嵌型材料在充放电过程中仅会发生 Li^+ 的嵌入和脱出，材料本身体相结构不发生变化。由于反应前后材料结构保持不变，所以该类材料一般具有较好的循环性能和倍率性能。由于嵌入/脱出的 Li^+ 数量一般小于等于 1 个，所以比容量受到限制。转化反应材料在放电过程中，金属离子发生了多个价态的转变，被彻底还原。而且原本的 FeF_3 材料结构会完全改变，最终反应后的金属单质和锂化物形成了致密的微晶复合物。充电过程虽然发生了可逆变化，重新形成了金属氟化物和锂离子，但是材料的晶体尺寸、界面等性质也随之发生了变化。由以上分析可知，FeF_3 转化反应材料在充放电过程中可以充分利用化合物的全部氧化态，因此转移电子数目必然大于1，属于多电子反应，从而使 FeF_3 的放电容量远高于传统的脱嵌型材料。

目前研究较多的除了 FeF_3 外，还包括结合不同结晶水的 $FeF_3 \cdot 0.33H_2O$、$FeF_3 \cdot 0.5H_2O$、$FeF_3 \cdot 3H_2O$ 等。很明显，对于不同材料来说，Fe 原子与 F 原子的相对位置类似，在每个 Fe 原子周围均有 6 个 F 原子分布，形成正八面体。不同的是，与不同结晶水结合的材料在晶体结构上会有所差异。例如，$FeF_3 \cdot 0.33H_2O$ 属于六方晶系，六个 Fe－F 八面体会通过共顶点的方式连接形成六棱柱结构；而 FeF_3 拥有立方相结构，四个 Fe－F 八面体共顶点相互连接，从（012）晶面看，如图 4.5 所示。

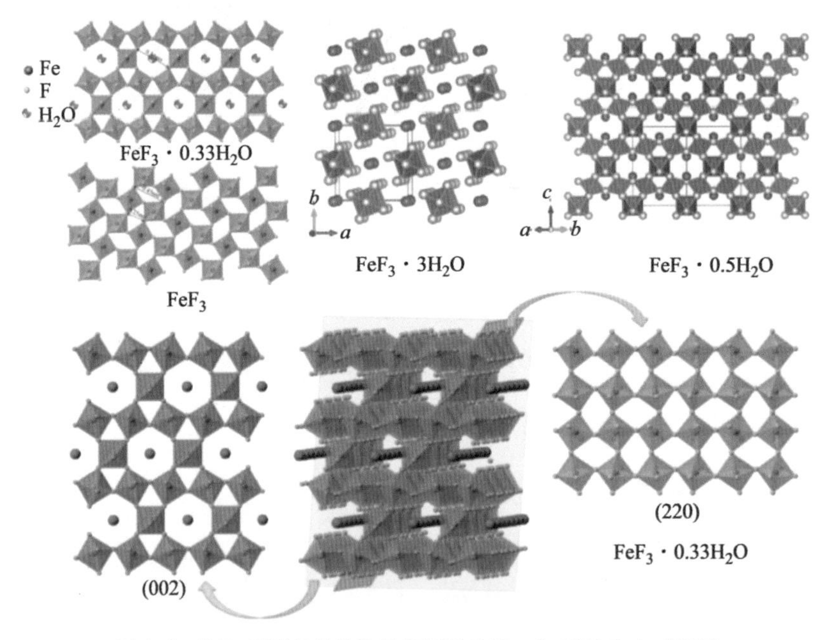

图 4.5　FeF_3 系列晶体结构示意图及 $FeF_3 \cdot 0.33H_2O$ 中（002）晶面和（220）晶面示意图[4]

1. FeF_3 及其复合材料多电子反应

金属氟化物的锂化过程是由扩散控制的置换机制所控制，并且在金属氟化物F－亚晶格和LiF亚晶格之间建立了清晰的拓扑关系。对于FeF_3储锂反应的认识是循序渐进的，FeF_3的容量的提升过程也代表着反应机理的成熟过程。Arai等[6]将FeF_3作为锂离子电池正极材料进行研究，通过实验发现FeF_3在4.5～2 V之间以0.2 mA·cm^{-2}放电的首次比容量为140 mAh·g^{-1}，循环性能良好，可逆比容量为80 mAh·g^{-1}，远远低于理论值。因此，FeF_3电极反应过程只发生了锂离子嵌入/脱出反应，没有发生化学转化反应。反应过程见式（4－4）和式（4－5）：

$$0.5Li + FeF_3 \rightarrow Li_{0.5}FeF_3 \tag{4-4}$$

$$0.32Li + Li_{0.18}FeF_3 \rightarrow Li_{0.5}FeF_3 \tag{4-5}$$

按照上述反应，Li_xFeF_3的锂离子嵌入/脱出理论比容量为237 mAh·g^{-1}，但由于氟化铁为离子型化合物，离子键特征强，能带间隙宽，导电性差，基本上为绝缘体，因此造成实验结果远小于理论容量。

Amatucci等[7]通过球磨方式制备了FeF_3与C的纳米复合物，并在70 ℃下进行低倍率的充放电测试，该电极在3.5～2.8 V的电压区间内表现出可逆容量为216 mAh·g^{-1}，在2.5～1.5 V可得到447 mAh·g^{-1}的可逆容量，循环性能良好，从而证实了FeF_3作为转化反应型正极材料的可行性，并且将Fe^{3+}的还原分解成了两个步骤，可用式（4－6）和式（4－7）表示：

$$Li^+ + e^- + FeF_3 \rightleftharpoons LiFeF_3 \tag{4-6}$$

$$2Li^+ + 2e^- + LiFeF_3 \rightleftharpoons 3LiF + Fe \tag{4-7}$$

此外，该课题组对充放电反应机理也进行了深入研究。FeF_3为R－3C空间群，属ReO_3晶型，为六方晶型的层状结构。研究结果证明，当锂离子嵌入FeF_3时，先在颗粒表面生成$Li_{0.5}FeF_3$，再发生$FeF_3/Li_{0.5}FeF_3$两相反应，直到全部转变为$Li_{0.5}FeF_3$相。之后的锂离子嵌入则是Li_xFeF_3（$0.5<x<1$）单相反应。研究发现，纳米复合物具有高比表面积，能与溶剂发生赝电容反应，使$Li_xFe^{2+}F_2$氧化变为$Li_xFe^{3+}F_3$。因此，FeF_3/C纳米复合物的放电容量超过其理论容量，同时，FeF_2/C纳米复合物在充放电循环中出现了3.5～2.8 V的电压平台。随后，该课题组将C和FeF_2高能球磨发生机械化学诱导氧化反应，同样得到了FeF_3/C纳米复合物。虽然容量比之前的结果差，但是循环性能得到了较大提升[8]。

Li等[2]根据热力学计算，表明FeF_3是具有应用前景的高能量密度无锂正极。其中对于$MX_m + nLi \rightarrow nLiX_{m/n} + M$，计算得出在整个反应过程中热力学电压是恒定的。实际的反应机理很复杂，锂存储可以分几个阶段进行。从开路电压（OCV）到0.2 V，FeF_3表现出三个嵌锂阶段（图4.6）：

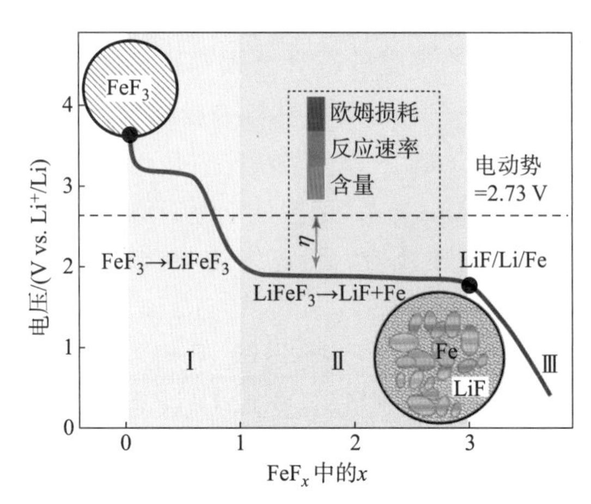

图 4.6　FeF_3 实际放电曲线、电化学反应过程[2]

阶段 1：$FeF_3 + Li^+ + e^- \rightarrow LiFeF_3$ 在约 3.3 V vs. Li^+/Li 时，为插层反应。

阶段 2：$LiFeF_3 + 2Li^+ + 2e^- \rightarrow Fe + 3LiF$，在约 1.9 V 时，为转换反应。

阶段 3：$Fe + LiF + xLi^+ + xe^- \rightarrow Fe\&xLi\&LiF$，低于 0.5 V 时，其中 Li 存储于纳米 Fe 和非晶 LiF 之间的界面处。但在实际应用中，此阶段容量不适合实际中的应用。

在以上反应中，第一步是一个锂离子的嵌入/脱嵌和一个电子的转移，与传统的锂离子嵌入/脱嵌机理相符，锂离子的嵌入并没有改变氟化铁的晶相结构；第二步为转移两电子的相变转化反应，氟化铁的晶相被破坏，形成 Fe 单质和 LiF 两种固相。

2. Ti 掺杂对 FeF_3 材料影响的理论计算研究

周兴振等[9]通过理论计算分析了 Ti 掺杂对 FeF_3 材料的影响，特别是能带结构方面的改变，为后面实验的开展提供了指导。依据第一性原理中的密度泛函理论（DFT），采用 CASTEP 软件，计算并分析了 FeF_3 和 Ti 掺杂以后的 FeF_3 的态密度（density of states，DOS）以及局域态密度（partial density of states，PDOS）。

由于 Fe 和 Ti 均为过渡金属元素，为了更好地描述未充满态的 d 轨道电子之间的强关联作用，计算中电子与电子之间的交换关联势采用 GGA + U 处理[10-14]。该实验通过计算测试了不同截断能下的稳定性能，图 4.7 中展示了不同截断能下体系的总能量。当截断能从 350 eV 增大到 400 eV 时，体系能量会明显减小，而当截断能设在 400 eV 以上时，能量已经趋于稳定，450 eV 和

500 eV 之间差距非常小。为了保证计算的精确度，最终将截断能设定为 500 eV。

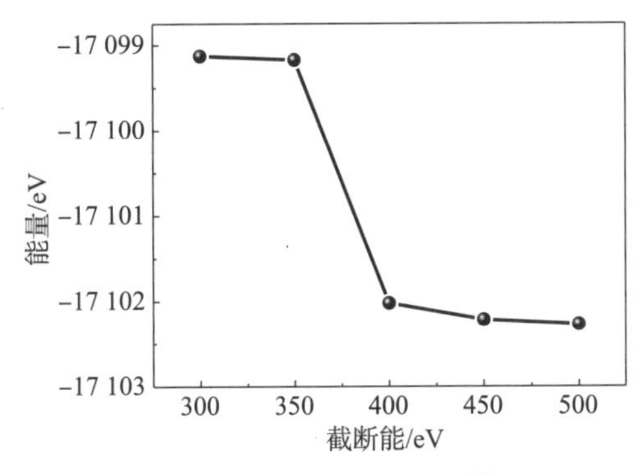

图 4.7　截断能测试曲线[9]

在能量计算之前，所有原子结构都充分进行弛豫。图 4.8 所示为计算中掺 Ti 前后 FeF_3 的结构示意图。一般来说，能带结构的变化特别是带隙的大小会对材料的导电性能产生明显的影响。通过分析 DOS 和 PDOS 可以了解能带结构以及各原子轨道的贡献[15]。密度泛函理论计算的结果如图 4.9 所示。

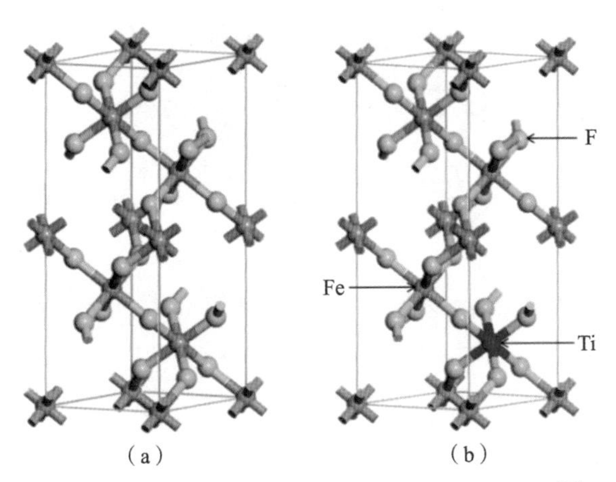

图 4.8　掺 Ti 前（a）、后（b）的 FeF_3 结构示意图[53]

从图 4.9（a）和图 4.9（b）可以明显看出，掺 Ti 后可降低导带的能量最低值，从而使着带隙变窄，让电子能够更容易地从价带跃迁到导带。这说明通过 Ti 元素的掺杂可以有效地提高 FeF_3 材料的导电性。PDOS 能够进一步反映不同原子轨道对于态密度的贡献情况。从图 4.9（a）中发现，对于 FeF_3 来说，价带主要是由 Fe 的 d 轨道和 F 的 p 轨道杂化构成的，而导带主要是由 Fe

的d轨道构成的。在掺Ti以后，导带中Fe的d轨道和F的p轨道能量变低，而且发现Ti的d轨道也出现在了导带中。很明显，在掺Ti的FeF_3中，价带主要是由F的p轨道和Fe/Ti的d轨道共同杂化而成的。因此，Ti的掺入对带隙的减小有着明显的作用。在图4.9（c）中可以看到，杂化的电子云分布在每一个原子周围，包括F、Fe和Ti，充分说明Ti掺杂后对材料整体的影响。因为F的p轨道和Fe/Ti的d轨道的杂化作用，使得F的p轨道电子很容易跃迁到Fe和Ti的d轨道中，因而掺Ti后的FeF_3电子导电性必然会有明显的提升。

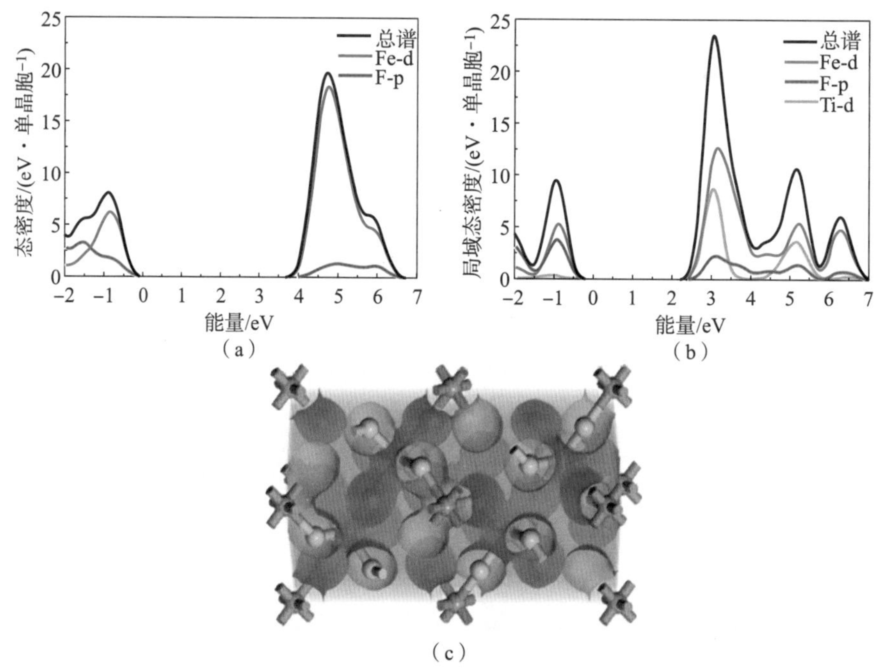

图4.9 （a）FeF_3和（b）Ti掺杂FeF_3的DOS及PDOS图谱；（c）掺Ti的FeF_3的三维电子云图[9]

3. FeF_3在钠钾电池中的多电子反应

同样地，过渡金属氟化物与Na/K金属也发生插层/脱层和转化反应，因此具有较高的容量，可以提供较大的标准电位（4.50 V vs. Na^+/Na）和容量（197 mAh・g^{-1}）。另外，由于K^+/K的标准电位低于Na^+/Na的标准电位（−2.88 V vs. −2.56 V），钾离子可以获得比钠离子更高的电压。但由于FeF_3电子导电性较差，在短期内很难得到根本改善，因此，导致钠离子或钾离子电池循环寿命和倍率性能较差。

从图4.10（a），（b）可以看出，Na二聚体和K四聚体的电子态都是极化态。Na二聚体和K四聚体都能诱导电子重新分布。很明显，Na和K原子几乎失去了相同的价电子（+0.91|e|vs.+0.90|e|）。相邻的F原子都从Na或K原子获得价电子。对于每个Na和K原子，由于大多数价电子都是由顶层F原子获得的，因此位于顶层的Na/K原子和F原子之间的相互作用最强。

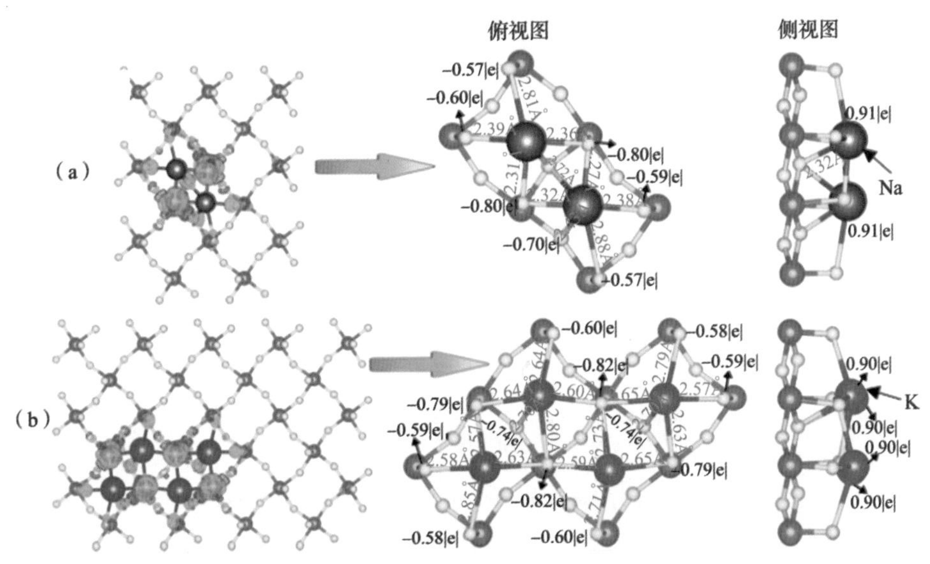

图4.10　（a）Na二聚体和（b）K四聚体在FeF_3（012）纳米薄片上的电荷密度差异和巴德电荷（表面能级为0.003 8 e/Å^3）[16]

Shi等[16]从对称性分析中讨论了五个典型的Na/K吸附中心，如图4.11（a）和图4.11（b）所示。尽管存在较强的Na—F键，但Na二聚体仍能快速迁移。图4.11（c）中示出了沿路径1的鞍点的结构。K1位于最稳定的吸附位置（H位点）。K3和K4形成稳定的二聚体结构之间的距离为3.63 Å。此外，K2与B吸附位和相邻的F原子的距离分别为2.44 Å和2.54 Å；由于理想的K—F离子键长为2.71 Å，因此形成了两个强的K—F键。在一定程度上，K四聚体能保持较好的稳定性。

该计算从理论上研究了Na/K在FeF_3(012）上的存储机理。通过计算不同吸附位的吸附能，发现Na和K吸附原子都倾向于占据空位（H位）。对于多个Na/K原子的吸附，Na原子倾向于以Na二聚体的形式聚集，而K原子倾向于以K四聚体的形式聚集。对于Na二聚体和K四聚体，吸附原子仍然位于H位。此外，通过理论计算还证明了FeF_3（012）纳米片可以自由吸附Na/K原子，即使在高Na/K浓度下也表现出优异的力学性能，这表明在钠化或钾化过

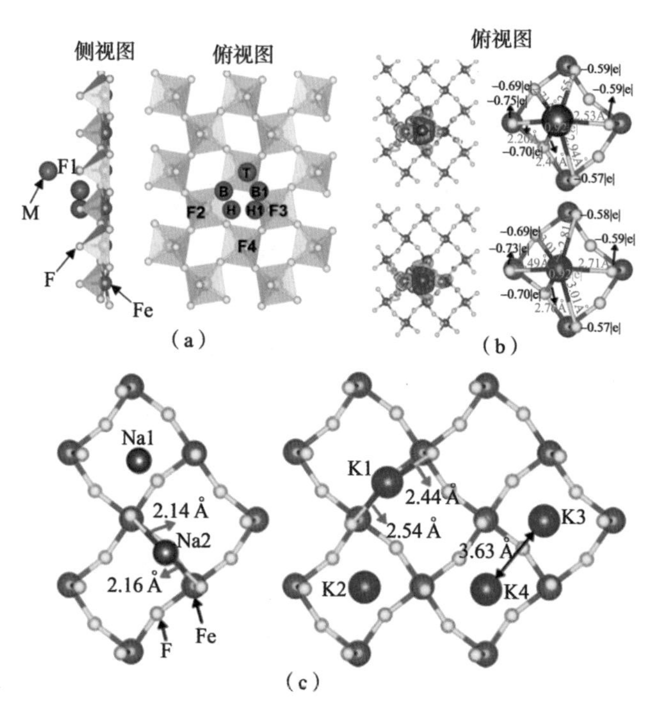

图 4.11 FeF_3（012）纳米片上孤立的 M（Na、K）吸附位（H、H1、B、B1 和 T）的侧面（a）和顶部（b）视图；（c）FeF_3（012）纳米片上的孤立 Na 和孤立 K 的最稳定原子构型的电荷密度差和 Bader 电荷的俯视图：Na 二聚体和 K 四聚体的鞍点结构（俯视图）[16]

程中具有很强的抗损伤能力。此外，对于孤立的 Na/K 原子扩散，Na 和 K 沿最佳路径的势垒分别为 0.18 eV 和 0.26 eV。此外，Na 二聚体和 K 四聚体也存在相似的各向异性势垒。K 四聚体的势垒低于 Na 二聚体（0.43 eV 比 0.45 eV），K 四聚体的扩散系数大于 Na 二聚体（$4.22\times10^{-10}\ cm^2\cdot s^{-1}$ vs. $3.32\times10^{-10}\ cm^2\cdot s^{-1}$），表明 K 四聚体比 Na 二聚体在 FeF_3（012）纳米片上的扩散速度更快。相对于 Na 吸附的情况，FeF_3（012）纳米片在吸附 K 的情况下具有更好的倍率性能。此外，还发现 FeF_3（012）纳米片在钠离子电池和钾离子电池中表现出高的初始放电电压和稳定的电压平台。

4. $FeF_3\cdot0.33H_2O$ 及其复合材料多电子反应

大量实验证实晶体结构中少量的结晶水的存在对材料的最终结构有着明显的影响。在 $FeF_3\cdot0.33H_2O$ 中，水分子会分布在 Fe－F 八面体构成的六棱柱中，起到保持结构稳定的作用。而在 FeF_3 中，为了保持结构稳定，Fe－F 八面体只能紧密堆积。CASTEP 软件可以帮助预测两种不同晶体晶面结构中孔道的大小。如图 4.3 所示，$FeF_3 \cdot 0.33H_2O$ 中的六边形对角线长度大约为 0.54 nm；在 FeF_3 中的平行四边形空隙的对角线分别为 0.45 nm 和 0.25 nm。很明显，在 H_2O 分子的支撑下建立的通道尺寸要明显大于无水的通道尺寸，Li^+ 的脱嵌过程将更容易进行。此外，在 $FeF_3 \cdot 0.33H_2O$ 中，(001) 层原子层层堆叠形成规则的隧道结构，这对材料的电化学性能起到促进作用：首先，规则的隧道结构会使电解液更容易浸润材料；其次，规则的隧道结构可减小 Li^+ 的脱嵌能垒；最后，由于隧道结构中 H_2O 的存在，在一定程度上会增加电子云密度而提高材料的导电性。因此，$FeF_3 \cdot 0.33H_2O$ 的电化学性能通常优于 FeF_3。

尽管通过上面的结构分析可以证明，少量结晶水的存在有利于提高 $FeF_3 \cdot 0.33H_2O$ 的电化学性能，但是，结晶水的存在也有着潜在的问题：实验中用到的电解液是非水相的三元电解液（$LiPF_6$ 溶于 EC + EMC + DMC），其中的 $LiPF_6$ 极易与水反应发生分解，从而影响电池的容量和循环性能。因此需要进一步的电化学性能测试分析验证。

白莹等[17]对不同晶型的 FeF_3 系材料进行对比测试，重点对比了 $FeF_3 \cdot 0.33H_2O$ 和 FeF_3，并尝试从晶体结构的角度来分析其中的原因。由测试结果可知，尽管 FeF_3 具有高的理论比容量密度，但是通常情况下 $FeF_3 \cdot 0.33H_2O$ 具有更佳的电化学性能。通过液相沉淀法得到纳米片穿插而成的花球的前驱体，并研究了具体的合成过程（图 4.12）。从图 4.12（c）的 XRD 上可以明显看出，在不同的煅烧温度下得到的材料，主要的相成分可以大致分为两种：一种是不含结晶水六方相的 FeF_3；另一种是立方相的 $FeF_3 \cdot 0.33H_2O$。由于煅烧温度不断提高，材料中的结晶水也被逐渐去除，该过程可以用式（4－8）和式（4－9）表示：

$$FeF_3 \cdot 3H_2O \rightarrow FeF_3 \cdot 0.33H_2O + 2.67H_2O \tag{4-8}$$

$$FeF_3 \cdot 0.33H_2O \rightarrow FeF_3 + 0.33H_2O \tag{4-9}$$

而且随着煅烧温度的上升，材料中逐渐出现不同杂质，出现与之前报道文章不同的观点：最先在 FeF_3 中出现的杂质是 FeF_2，说明达到一定温度以后，FeF_3 会出现脱氟现象，可以用式（4－10）表示；当温度继续上升，新的杂质 Fe_2O_3 出现（式（4－11））。显然，这里 Fe_2O_3 的出现并非是 FeF_3 被氧化的结果，而是由于 FeF_2 被氧化。产生这种现象的原因主要有三点：首先，从热力学角度来看，Fe^{3+} 比 Fe^{2+} 更加稳定，因此在有 FeF_2 存在的情况下，FeF_3 不易发生氧化反应；其次，从半定量角度看 XRD，随着煅烧温度的上升，尽管有 Fe_2O_3 出现，但是 FeF_2 的含量也有一定程度降低；最后，煅烧温度继续上升时，材料逐渐失水，结构发生变化，导致晶体转变并粉化，比表面积大幅度上升，使之更容易与 O_2 发生反应。

$$2FeF_3 \rightarrow 2FeF_2 + F_2 \quad (4-10)$$

$$12FeF_2 + 3O_2 \rightarrow 2Fe_2O_3 + 8FeF_3 \quad (4-11)$$

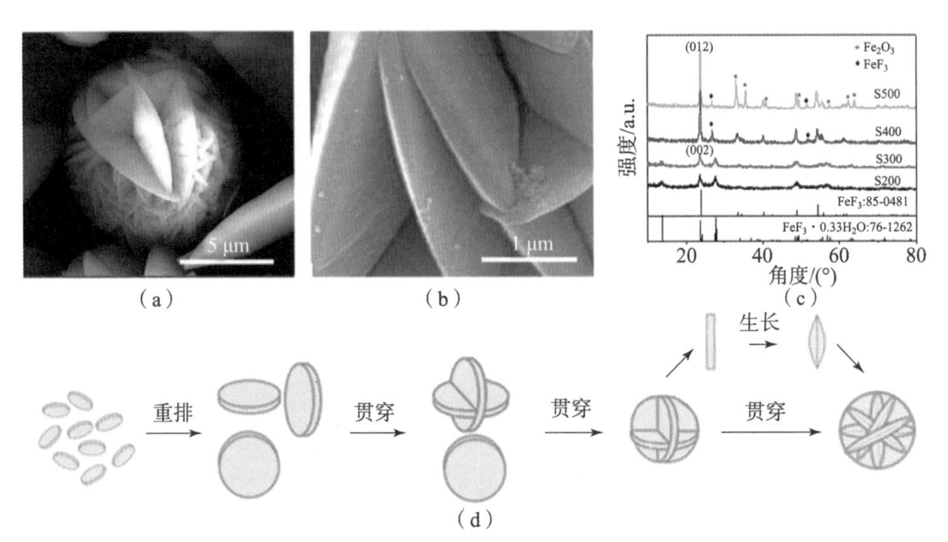

（a） （b） （c） （d）

图 4.12 （a，b）自组装 $FeF_3 \cdot 3H_2O$ 前驱体的 SEM 图；（c）不同煅烧过程得到材料的 XRD 图像；（d）自组装 $FeF_3 \cdot 3H_2O$ 前驱体的生长机理示意图[17]

研究表明，对于不同煅烧温度得到的材料，在球磨以后均实现了均匀的纳米化分布，粒径均在 100 nm 左右。单从最终形貌上来看，材料并无太大区别，表明影响材料最终性能的因素并非形貌，而是组成成分。

循环伏安曲线上的氧化还原峰对应着充放电过程中的氧化还原反应，因此对材料充放电过程中的电化学过程有更明确的反应。图 4.13 为基于不同温度预处理的 FeF_3 与导电剂球磨的四种材料在 0.1 $mV \cdot s^{-1}$ 扫速下的循环伏安曲线。低温处理的 FeF_3 样品仅存在一对氧化还原峰，分别在 3.1 V 和 2.8 V 左右，与充放电平台相对应。然而，高温处理的 FeF_3 样品有两对氧化还原峰存在，其中一对主峰在 3.4 V 和 3.25 V 左右，另一对峰位置在 3.1 V 和 3.0 V 左右，与充放电曲线中的充放电平台对应，并且在其对应平台拐点处，大约贡献了 50% 的容量。因此，可以认为 $FeF_3 \cdot 0.33H_2O$ 和 FeF_3 的 Li^+ 脱嵌反应过程本质不同，分别可以用式（4－12）~式（4－14）表示：

$$Li^+ + FeF_3 + e^- \rightleftharpoons LiFeF_3 \quad (4-12)$$

$$0.5Li^+ + FeF_3 + 0.5e^- \rightleftharpoons Li_{0.5}FeF_3 \quad (4-13)$$

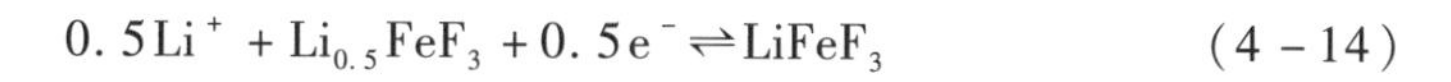

$$0.5Li^{+} + Li_{0.5}FeF_3 + 0.5e^{-} \rightleftharpoons LiFeF_3 \qquad (4-14)$$

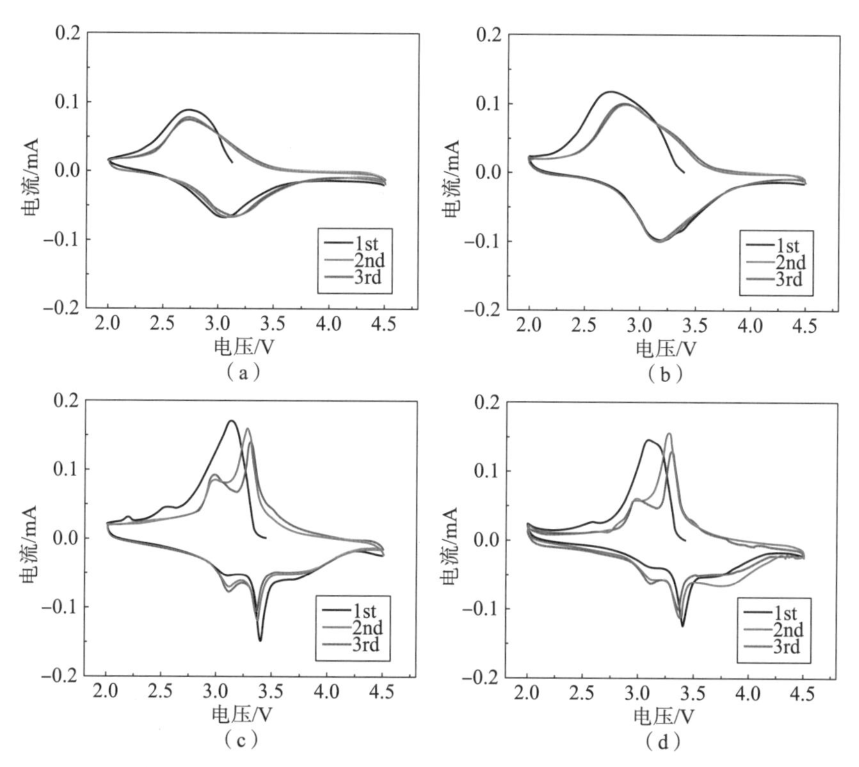

图 4.13 不同温度处理的 FeF_3 与导电小颗粒球磨后样品的循环伏安曲线（0.1 mV·s^{-1}）[27]

对于 $FeF_3 \cdot 0.33H_2O$，Li^+的脱嵌可以一步完成，见式（4－12）；但对于 FeF_3，Li^+的脱嵌需要两步完成，见式（4－13）和式（4－14）。分析认为这是由于两种不同晶体为 Li^+提供的脱嵌路径不同导致的。对于 $FeF_3 \cdot 0.33H_2O$ 来说，Li^+的脱嵌行为主要是在六棱柱形孔道结构中进行的，该孔径大，分布较为规则，孔径大，分布较为规则，所以在较低速率下，Li^+可以扩散得较为充分，一步完成脱嵌过程；而对于 FeF_3 来说，Li^+扩散路径曲折且分布不规则，Li^+扩散需要克服较高势垒逐步扩散。因此，导致 FeF_3 多出一对氧化还原峰和对应的充放电平台。而且由于 FeF_3 中 Li^+的扩散需要克服较高的势垒，因此充放电平台也比 $FeF_3 \cdot 0.33H_2O$ 高。

通过上述的分析，之所以 $FeF_3 \cdot 0.33H_2O$ 的电化学性优于 FeF_3，主要是因为少量结晶水在结构中起到了支撑作用，有效建立了以水分子为中心，以 Fe－F 八面体为壁的隧道结构。但对于这种规则的一维隧道结构，晶体的生长方向会对隧道的数量、深度有明显的影响。氟化铁中的结晶水对复合电极的循环稳定性起着重要作用，因为可以提高电子传导性，而 $FeF_3 \cdot 0.33H_2O$ 中的内六角隧道有利于 Li^+ 的嵌入和脱出。

为了解 $FeF_3 \cdot 0.33H_2O$ 中（002）晶面和（220）晶面的作用，CASTEP 软件可模拟出两个晶面的结构，并表示出两个晶面在 $FeF_3 \cdot 0.33H_2O$ 中的位置关系。首先，(002）晶面和（220）晶面是垂直的位置关系，一个晶面的宽度对应着另一个晶面的厚度。其次，如果将两个晶面层单独画出来，会发现两种晶面的原子排布的本质是不同的。在常见的（220）晶面上，Fe－F 八面体是通过共顶点的形式堆积的，并没有体现出隧道结构。通过之前的 XRD 分析，确定最优晶面是（002）晶面，衍生峰的强度最高。根据 XRD 衍射原理，衍射峰强度高是因为相应的晶面衍射次数多，多次叠加导致的。而衍射次数增加则意味着相应晶面层数变多，垂直于该晶面的方向厚度变大。晶面（002）是 $FeF_3 \cdot 0.33H_2O$ 中隧道结构的横切面，垂直于该晶面方向的厚度加深则意味着 $FeF_3 \cdot 0.33H_2O$ 中隧道结构发育得更加完整；而对于（220）晶面来说，厚度加深的直接效果是延展了（002）晶面的宽度，进而暴露更多的隧道横截面。因此可以模拟出两个不同晶面的发育对晶体整体结构造成的影响，如图 4.14 所示。

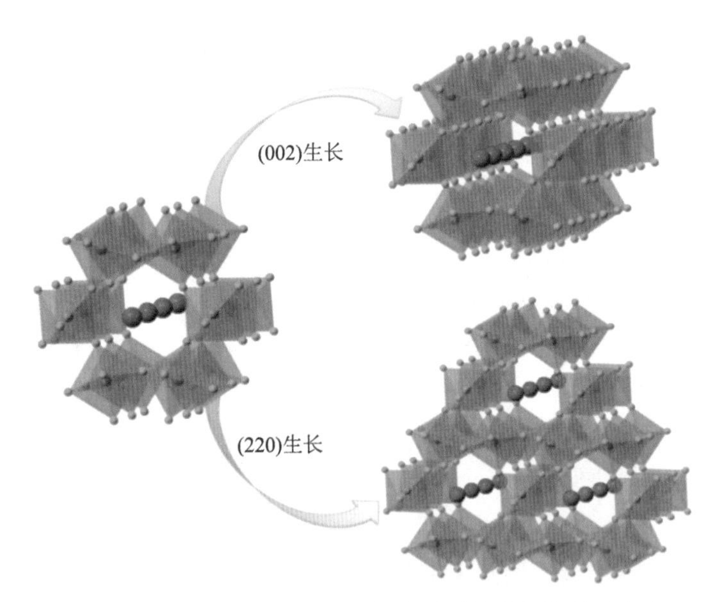

图 4.14　$FeF_3 \cdot 0.33H_2O$（002）和（220）晶面生长效果图

陈光海等[18]通过实验再次证实，具有择优取向生长的层次化微纳米结构可以缩短离子扩散路径，促进电子传输，而不会引起副反应。制备的 $FeF_3 \cdot$

0.33H_2O 分级微球由八角形单晶片自组装而成。通过选区电子衍射（Selected Area Electron Diffraction，SAED）和 XRD 表征证实了这种经过巧妙结构设计的八角形单晶片可以提供更多的锂离子插层位置。电化学测试表明，具有八角形单晶片的 $FeF_3 \cdot 0.33H_2O$ 单晶比普通的 $FeF_3 \cdot 0.33H_2O$ 多晶具有更高的容量（172 mAh·g^{-1}，电流密度为 0.1 C）。用原位 XRD 和理论计算相结合的方法解释了锂离子容量的差异。（110）取向生长的单晶八角形薄片为锂离子的嵌入提供了更多的活性中心，这对制备高性能的二次电池用氟化铁正极材料具有指导意义（图4.15）。

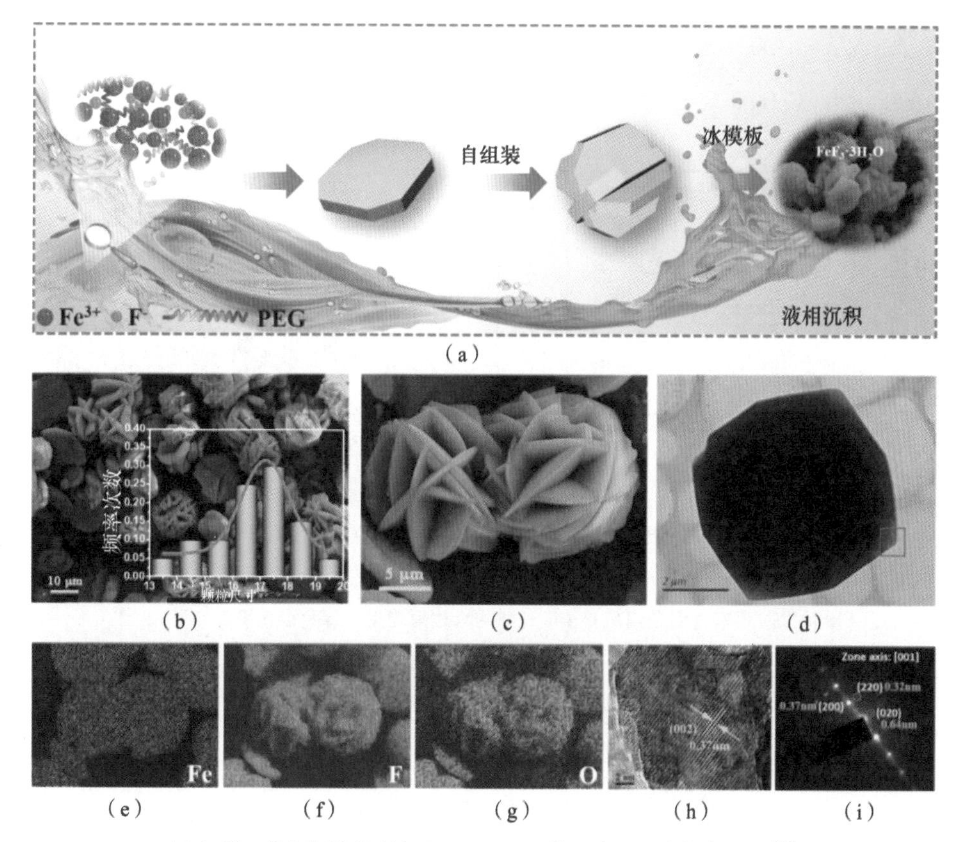

图4.15　液相沉淀法制备 $FeF_3 \cdot 3H_2O$ 的示意图及结构表征图[18]

通过采用原位小角 X 射线衍射（Small Angle X－ray Diffraction，SAXRD）来监测晶体结构的变化可以进一步研究电容差异。图4.16（a）描述了在充放电循环过程中，具有八角形单晶片的 $FeF_3 \cdot 0.33H_2O$ 在 2θ 范围（5°～9°）内的 SAXRD 中峰位置的变化。测试发现，（002）和（220）峰在放电过程中向低角度移动，峰强度降低，对应于 Li^+ 的嵌入，放电容量为 173 mAh·g^{-1}。充电时，峰向高角度移动，变得更尖锐，对应于 Li^+ 的脱嵌，充电容量为 163 mAh·g^{-1}，与充放电曲线相吻合；（002）和（220）峰在放电过程中向低角度移动，峰强度减小，放电容量为 173 mAh·g^{-1}。衍射峰的移动与 Li^+ 的插层位置及迁移路径有关。如图 4.16（b）所示，锂离子只可能嵌入在 4a、4c、8e、8f 和 8g 的 Wyckoff 位，其中氧原子侧的 4c 位由于形成能最低，所以是 Li^+ 最稳定的嵌入位置。Li^+ 可以沿 4c、8f、4a、8f、4c、8f、4a、8f 等位置迁移。Li^+ 在 4c 位的嵌入明显增加了（002）晶面的层间距，而 Li^+ 在相邻两个氧原子的中点 4a 位的嵌入增加了（220）晶面的层间距。基于上述 SAED 和 XRD 的结构分析，在具有八角形单晶片的 $FeF_3 \cdot 0.33H_2O$ 中，4c 和 4a 位完全有序地暴露在电解液中。因此，更多的锂离子嵌入六边形隧道，从而产生比普通单晶片的 $FeF_3 \cdot 0.33H_2O$ 更高的容量。

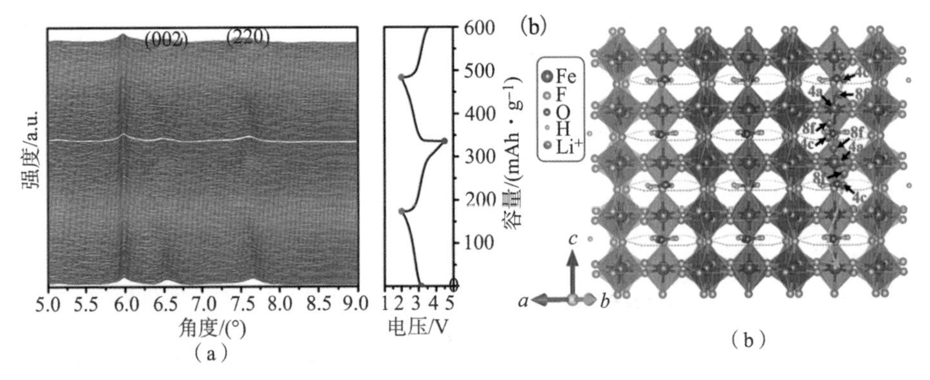

图 4.16　在前两个放充电循环中，具有八角形单晶片的 $FeF_3 \cdot 0.33H_2O$ 在 2θ 范围（5°~9°）内进行了原位 SAXRD 表征；（b）$FeF_3 \cdot 0.33H_2O$ 的晶体结构沿（110）方向观察（黄色虚线是 Li^+ 迁移的六边形通道，绿色虚线是迁移路径）[18]

5. $FeF_3 \cdot 3H_2O$ 等其他前驱体的多电子反应

改变配体链接方式有利于构筑具有更多维度的宽敞迁移通道，缓和多相界面的产生，这一策略已被成功应用于铁基氟化物正极材料。氟化铁具有潜在的能量密度优势，然而商业上的 ReO_3 相的离子通道较窄，本征导电率也较差，即使在大量掺碳和减小颗粒尺寸的情况下，也无法缓解储钠性能的衰减。通过调节 Fe－F 八面体的排列方式和引入水分子作为通道填充剂，开发了一系列矿物相并应用于锂/钠离子电池正极材料，这些材料的电化学储钠过程即使在少量掺碳和大颗粒存在的情况下仍然得到激活，然而倍率性能还有待改善，因此探索新型结构原型和矿物相对发展锂/钠离子电池高倍率氟基正极材料至关重要。尽管 $FeF_3 \cdot 3H_2O$、$FeF_3 \cdot 0.33H_2O$ 和 FeF_3 具有不同的晶体结构，但是仍然可以在宽电压范围（1.0 ~ 4.5 V vs. Li^+/Li）中实现从 Fe^{3+} 到 Fe^0 的相同的可逆电化学转化反应。

李肖肖等[19]采用液相法合成了 $FeF_3 \cdot 3H_2O$ 前驱体，这种方法采用了价格便宜的氢氧化铁和氟化氢作为原料，并且在制备前驱体的过程中，不需要高温或者惰性气体保护。制备工艺简单，易于控制，易于实现工业化。合成的 $FeF_3 \cdot 3H_2O$ 前驱体在常温、无水环境中能够稳定存在，晶型结构和质量不发生变化。随着不同条件的处理，材料的晶型和组成也会发生改变，从四方晶系结构的 $FeF_3 \cdot 3H_2O$ 到不含结晶水的 FeF_2 和 FeF_3 的晶态混合物；从具有 P4/n 空间群的四方结构的 $FeF_3 \cdot 3H_2O$ 到具有 CMCM 空间群的正交结构 $FeF_3 \cdot 0.33H_2O$，最后到具有 R3c 空间群的菱面体结构 FeF_3。XRD 测试结果与 TG 和 DSC 测试结果一致。因此，推测热处理过程中晶体结构的变化与以下三个反应有关（式（4 - 15）~ 式（4 - 17））：

$$Fe^{3+} + 6F^- \rightarrow FeF_6^{3-} \tag{4-15}$$

$$FeF_6^{3-} + 3H_2O \rightarrow FeF_3 \cdot 3H_2O + 3F^- \tag{4-16}$$

$$FeF_3 \cdot 3H_2O \rightarrow FeF_3 \cdot 0.33H_2O \rightarrow FeF_3 \tag{4-17}$$

从图 4.17 给出的 $FeF_3 \cdot 3H_2O$、$FeF_3 \cdot 0.33H_2O$ 和 FeF_3 在 2.0 ~ 4.5 V 电压范围内 0.5 C（1 C = 237 mA · g^{-1}）恒流密度下的放电和电荷分布可以看到，所有这些样品本身都表现出较低的比容量，这可能是由于较差的电子导电性造成的。FeF_3 的初始放电容量最低，为 30.5 mAh · g^{-1}。$FeF_3 \cdot 3H_2O$ 也具有较低的初始放电容量（48.4 mAh · g^{-1}）。显然，$FeF_3 \cdot 0.33H_2O$ 的放电容量最高（88.0 mAh · g^{-1}）。循环 50 次后，$FeF_3 \cdot 3H_2O$、$FeF_3 \cdot 0.33H_2O$ 和 FeF_3 的放电容量分别降至 26.0 mAh · g^{-1}、55.9 mAh · g^{-1} 和 26.4 mAh · g^{-1}。$FeF_3 \cdot 0.33H_2O$ 表现出比 $FeF_3 \cdot 3H_2O$ 和 FeF_3 更好的电化学性能，这可能得益于 $FeF_3 \cdot 3H_2O$ 巨大的六角形空腔的特殊结构利于锂离子转移。此外，$FeF_3 \cdot 0.33H_2O$ 的放电曲线与相应的电荷曲线之间的电位差小于 $FeF_3 \cdot 3H_2O$ 和 FeF_3，表明 $FeF_3 \cdot 0.33H_2O$ 具有更小的极化现象。虽然 $FeF_3 \cdot 0.33H_2O$ 在三种样品中表现出最好的电化学活性，但比容量远低于理论容量，循环稳定性很差。因此，采用合理的手段进行改性，进一步改善电化学性能是研究关注的重点[20]。

6. FeF_2 及其复合材料多电子反应

与嵌入型材料电极相比，充放电过程中转换型材料和 Li 结合前后会发生断键和成键。Li 进而进入 FeF_2，Fe—F 键断裂后，Li 与 F 重新键合生成 LiF

($M'X_z + yLi \rightarrow zLi_{y/z}X + M$)(图 4.18)。

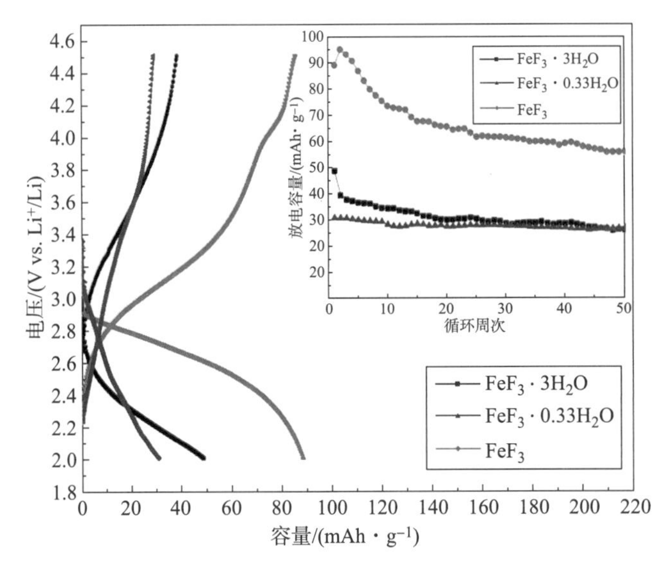

图 4.17　$FeF_3 \cdot 3H_2O$、$FeF_3 \cdot 0.33H_2O$ 和无水 FeF_3 在 0.5 ℃时的放电和充电曲线(插图:$FeF_3 \cdot 3H_2O$、$FeF_3 \cdot 0.33H_2O$ 和 FeF_3 在 0.5 C、电压为 2.0 ~ 4.5 V 时的循环稳定性曲线)[20]

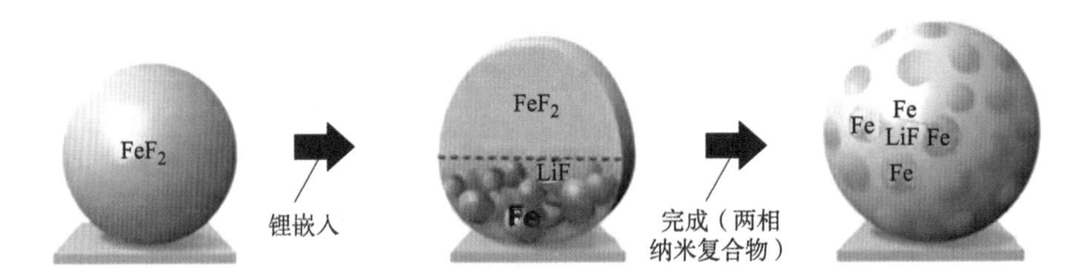

图 4.18　Li 离子进入 FeF_2 后的变化图[21]

过渡金属氟化物是独特的转化型正极材料,与锂反应形成嵌入氟化锂中的金属相,这种转化反应涉及每个金属中心的多个电子,使得容量比传统正极材料高 3 ~ 5 倍。高的金属—氟键能使其具有高电极电位,但这种相同的离子性质也导致了低的离子电导率和电子电导率。转化反应涉及形成微小的反应产物晶粒和一些可能的中间相,而由于缺乏形貌信息和大多数表征技术的低分辨率,很难确定转换机理。Pasta 等[31]合成了单分散的单晶 FeF_2 纳米棒,并将其作为理想的机理研究模型,对 FeF_2 的电化学转化机理进行了研究。关于 FeF_2 的转换机制研究概述,主要分为四个部分:①表面反应;②插层反应和活化过电位;③相平衡和反应对称性;④氟化物晶格的不变性。

在确定 FeF_2 反应机理方面起关键作用的是表面表现出的明显的直接转化反应，反应过程中形成一个 2～4 nm 无序的表面层，锂在最初的原子层中的嵌入会导致晶格的无序和极小铁团簇的快速形成，同时，沿不同结晶方向的各向异性的行为也得到了证实。沿着（001）方向，非晶层与单晶之间的界面是扩散的，表明短程插层很快就会转化；相反，沿着（110）方向，界面显得尖锐，暗示着该过程为层与层的过程。然而，这种直接转化仅限于最初几纳米的材料，因为反应模型需要向反应前沿提供不受抑制的电子供应，锂的扩散动力学也随着转化层的增加而大大降低，甚至减少到几纳米。最终，随着电子在表面以外的传输减少，才在体相内形成了不同的反应机制，然而，锂在体相内的扩散是由这一表面层的形成和生长决定的。

已有研究认为，第一次放电时观察到的激活过电位与 Fe^0 和 LiF 晶粒的初始成核及生长有关联系是不准确的。因为活化过电位的真正来源是通过铁的歧化和锂在纳米棒内部的插层形成第二相构成。因此，将放电描述为传统的 FeF_2、LiF 和 Fe 之间的三相反应显然是不确切的，因为未能捕捉到可逆金属氟化物体系中存在的复合相平衡。一些研究表明，过渡金属氟化物的相演化遵循不同的化学途径进行放充/放电。然而，结构相似的中间相以及表面和体积之间的不同机制可能无法在光谱学中得到有效的解释。在空间分辨率较高的情况下，相的局部演化在充放电之间是非常对称的，区别不在于相空间分布，而是不同反应步骤的时间分离。

FeF_2、金红石、岩盐和 LiF 之间的晶格取向关系表明，这种转化在氟化物相之间几乎具有普遍的一致性，这是由氟阴离子的不变晶格引起的。这有助于为 FeF_2 和类似的过渡金属氟化物转化反应的可逆性提供更好的解释。

4.2.2　Bi－F 基多电子反应

BiF_3 具有优异的能量密度，虽然质量比能量仅为 905 $Wh \cdot kg^{-1}$，但体积比能量高达 7 170 $Wh \cdot L^{-1}$。但由于其为典型的离子化合物，Bi－F 能带间隙大，是电子绝缘体，不能直接用作锂电池正极材料。Fiordiponti 等[22]报道掺碳和银的 BiF_3 能做锂一次电池的正极材料，Fiordiponti 在常温下以 $LiClO_4$－PC 为电解液，将材料组装成 Li/BiF_3 电池，1.0 $mA \cdot cm^{-2}$ 放电到 1 V，得到接近理论值（302 $mAh \cdot g^{-1}$）的容量，放电曲线上有 2.5 V、1.8 V、1.5 V 三个放电平台。之后关于 BiF_3 电化学性能的报道十分少见，直到 Amatucci 等[23]在纳米复合物技术的基础上报道了 BiF_3 做锂二次电池的正极材料。BiF_3 制备成纳米复合材料后，能与锂发生可逆的化学转换反应，即反应（式（4－18））可逆。

常温下，以 $LiPF_6$ - EC/PC/DEC/DMC 为电解液，将高能球磨得到的 BiF_3/C 纳米复合物与金属锂组装成 Li/BiF_3 电池，以 7.58 mA · g^{-1}放电到 2 V，得到接近理论值的容量，电压平台为 2.9 ~ 2.7 V，属于 3 电子转移过程。并且 BiF_3/C 纳米复合物在室温下倍率性能良好，以 4 C 率放电，容量高达 188 mAh · g^{-1}，并且在 4.5 ~ 2 V 范围内以 45.45 mA · g^{-1}率充放电循环 15 次之后，放电容量仍有 190 mAh · g^{-1}。此外，还可通过制备 BiF_3/MoS_2 混合导体纳米复合物来改善电化学性能[5]。

$$BiF_3 + 3Li \rightarrow 3LiF + Bi \tag{4-18}$$

关于 BiF_3/C 纳米复合物的充放电化学转换机理，Amatucci 等认为 BiF_3/C 纳米复合物作为锂二次电池的正极材料完全是基于可逆的化学转换反应，不存在嵌入、脱出中间产物。在实验中发现，BiF_3/C 纳米复合物放电曲线中存在两个放电平台。经过研究发现，两个放电平台的出现是由于 Li^+和电子的传导机理发生了变化[24]。放电之初，电化学反应发生在颗粒表面，产生了第一个平台，这时的 Li^+和电子传导机理与前述的传质机理相同。当反应进行到颗粒表面被生成物 Bi/LiF 完全包覆时，传质机理发生变化。这时放电平台出现了拐点，传质机理如图 4.19 所示，锂离子和电子都要经过电子和离子传导性都较差的 Bi/LiF 层才能传导，这时的放电电压相对第一个平台要低，即第二个放电平台。同理，充电时的双平台现象也是由于传质机理发生了变化，略有不同的是，充电过程中生成的是电子和锂离子传导性都差的 BiF_3 层。

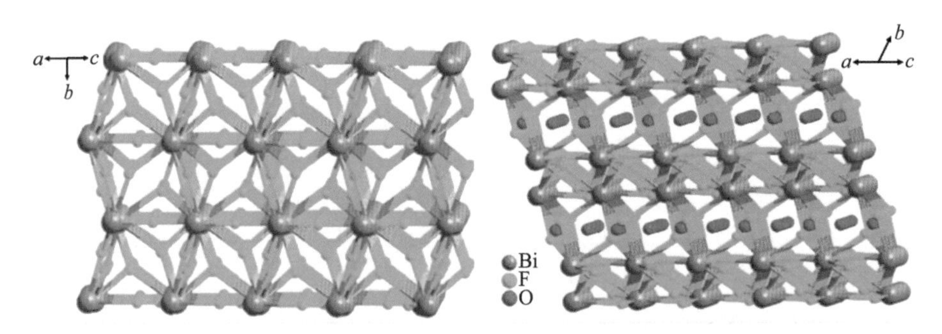

图 4.19　化合物 BiF_3 和复合 $BiF_3 \cdot H_2O$ 的 3D 配位网络结构（省略氢原子）[23]

为了更好地理解脱锂和锂化过程，Amatucci 等[24]分别提出了两种脱锂/锂化的不同传输机制。脱锂的两种不同传输机制的示意图如图 4.20（a）所示。机理 A（Li_xBiF_3，$x>1$）：电子从（Bi^0 + LiF）聚集体表面附近的 Bi^0纳米颗粒转移到碳基质，Li^+从靠近表面的 LiF 纳米颗粒迁移到电解质（Bi^0 + LiF）聚合，诱导 Bi^0氧化为 BiF_3。机理 B（Li_xBiF_3，$x<1$）：（Bi^0 + LiF）聚集体的所

有表面都被氧化成 BiF_3。为了进行脱锂反应，电子必须从剩余的 Bi^0 纳米颗粒通过 BiF_3 层隧道传输到碳基质，而 Li^+ 必须从剩余的 LiF 纳米颗粒通过 BiF_3 层扩散到电解质。锂化的两种不同传输机制的示意图如图 4.20（b）所示。机理 A（Li_xBiF_3，$x<1.5$）：电子通过碳基质转移到 BiF_3 表面，Li^+ 直接从电解质迁移到 BiF_3 表面，诱导还原为 Bi^0 和 LiF。机理 B（Li_xBiF_3，$x>1.5$）：BiF_3 颗粒的所有表面都已减少。为了到达颗粒核心中未反应的 BiF_3，Li^+ 扩散通过 LiF 和 Bi 纳米颗粒的缺陷边界，并且电子通过 Bi^0 金属转移到 BiF_3。

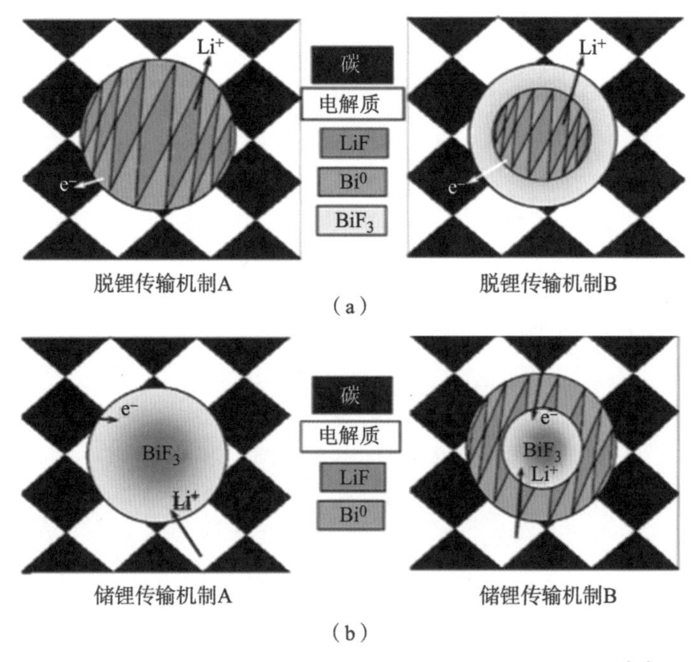

图 4.20　两种脱锂（a）/锂化（b）的不同传输机制示意图[24]

4.2.3　Co－F 基多电子反应

锂电池正极材料应用中的钴氧化物主要有 CoF_2 和 CoF_3，其中，CoF_3 主要用作一次电池，其平均放电电压为 2 V，充放循环比较稳定。而 Fu 等[25]用脉冲激光沉积法制得 CoF_2 薄膜，将组装成 Li/Li PF_6/Lipon/CoF_2 电池在 0.01～3.5 V 之间以 10 μmA·cm^{-2}充放电。首周放电容量为 600 mAh·g^{-1}，之后的循环容量在 200 mAh·g^{-1}左右，充电平台约为 2.8 V。通过研究放电机理发现，第一次放电是不可逆的化学转换反应，见式（4－19）；之后的循环为可逆反应，见式（4－20）：

$$CoF_2 + 2Li + 2e^- \rightarrow Co + 2LiF \tag{4-19}$$

$$xCo + LiF \rightarrow (1-x)LiF + xCoF + xLi^+ + xe^- \tag{4-20}$$

此外，用脉冲激光沉积法制得 LiF/Co 纳米复合物，再组装成 LiF－Co 纳米复合物 $LiPF_6$/Li 电池，在 4.5～1 V 之间以 28 μm · A · cm^{-2} 率充放电，首周放电容量约为 500 mAh · g^{-1}。充放循环容量保持率良好，第 64 次循环后，容量仍超过 420 mAh · g^{-1}，始终有两个放电平台 3 V 和 2 V。研究发现，LiF/Co 纳米复合物可以使反应可逆，但放电过程中 Li 和 F 的原子态则以固溶体的形式分散在金属 Co 中（图 4.21）。

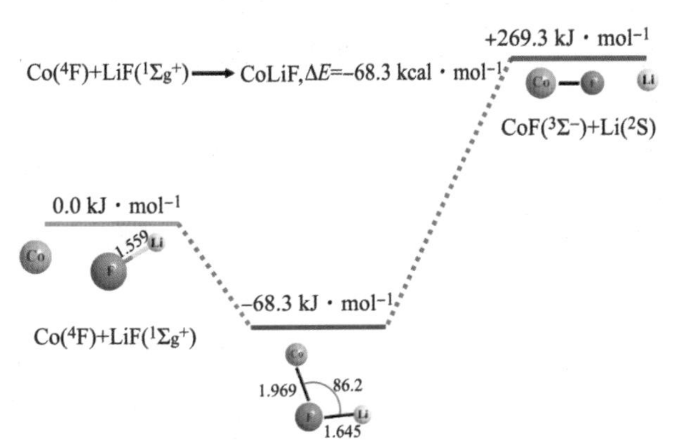

图 4.21　B3LYP/6－311G 优化的 Co＋LiF→CoF＋Li 反应中各种产物的几何参数（键长、键角）和势能

4.2.4　Ti－F 基多电子反应

TiF_3 具有和 FeF_3 相同的层状结构，可以生成 Li_xTiF_3，能发生锂离子嵌入/脱出反应（图 4.22（a），（b））。TiF_3 晶体具有立方晶格，空间群为 pm3m。如图 4.22（a）所示，Ti 原子位于立方晶格的角落，而 F 原子位于边缘中心。每个 Ti 原子与 6 个 F 原子键合，而每个 F 原子由 2 个 Ti 原子配位。晶格常数是 Ti—F 键长的两倍，约为 0.393 3 nm。立方晶格中心的大空隙有利于锂等小尺寸离子的容纳和扩散。第一性原理计算也证明了 TiF_3 晶体是一种潜在的半金属负极材料，其在 Li 嵌入下具有稳定的铁磁性和半金属属性。TiF_3 晶体具有较低的锂扩散势垒（0.16～0.37 eV）和中等的锂存储容量（256 mAh · g^{-1}）。Arai 等[26]的研究发现，在 2～4.5 V 间以 0.2 mA · cm^{-2} 电流密度放电，TiF_3 平均放电电压为 2.5 V，循环可逆容量为 80 mAh · g^{-1}，具有良好的循环稳定性。利用一个大的超晶胞（2×2×2）来研究 TiF_3 晶体可能的自旋常数方程，并从不同的初始自旋构型出发，计算给出了六种类型的磁序。图4.22（c）列出了相对于铁磁有序的反铁磁有序的能量，得知铁磁有序在能量上是最有利的。铁磁有序和反铁磁有序之间每个晶胞最小能量差（DE）约为 -30 meV。铁磁有序态在一个单位电池中具有1 μB的磁矩，驻留在 Ti^+ 处。由于 TiF_3 晶体中的Ti原子处于+3态，每个Ti中有一个未配对的电子。

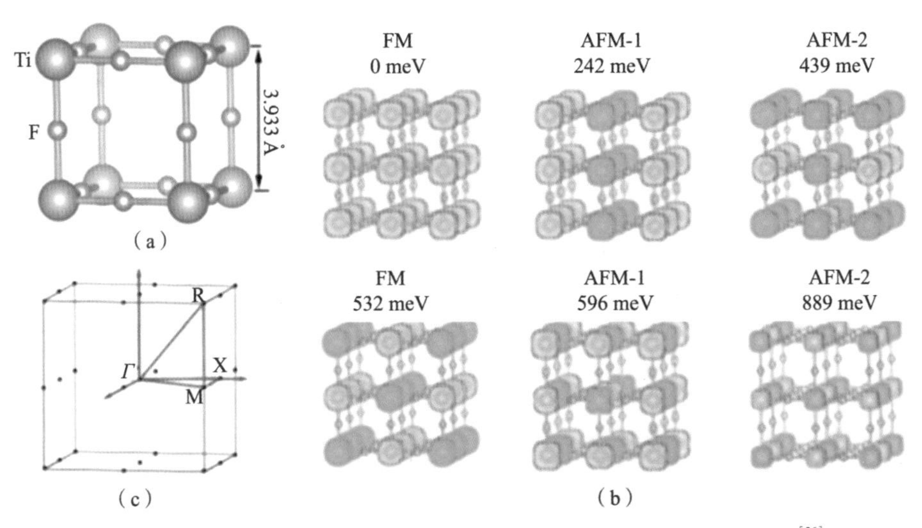

图4.22　(a) TiF_3 晶体的晶胞；(b) TiF_3 的电子态密度；(c) 布里渊区[26]

Li等[27]对 TiF_3 和 FeF_3 进行了更深入的研究，发现两种材料均属于R-3C空间群，并可与锂能够发生可逆反应，其中包括锂离子的嵌入/脱出和可逆化学转换反应。通过拉曼光谱分析，放电过程中先发生锂离子的嵌入反应，生成 $Li_{0.5}TiF_3$（式（4-21））：

$$0.5Li + TiF_3 \rightarrow Li_{0.5}TiF_3 \qquad (4-21)$$

放电容量为120 mAh·g^{-1}，之后发生化学转化反应，生成氟化锂和金属钛，见式（4-22）：

$$Li_{0.5}TiF_3 + 2.5Li \rightarrow 3LiF + Ti \qquad (4-22)$$

该材料在充电过程中先发生式（4-22）的逆反应，锂离子脱出2.5个（转移2.5个电子）之后才发生式（4-21）的逆反应。

4.2.5　M-F基多电子反应

除以上金属氟化物材料之外，目前报道的还有 VF_3、CuF_2、CrF_3、NiF_2、MnF_3 等材料。VF_3 电化学性能和 TiF_3 的相似，由于发生了比 TiF_3 中更严重的极化现象，其平均放电电压仅为 2.2 V，但其具有良好的循环性能。研究发现，通过可逆化学转化反应，TiF_3 和 VF_3 的容量可达 500 ~ 600 mAh · g^{-1}。李泓等[28]基于可逆化学转换反应的原理将 CuF_2 作为锂二次电池正极材料进行了研究，在 0 ~ 4.3 V 之间充放电，首次放电有 2 V 和 1.4 V 两个平台，发生了 2 电子转移过程，容量约为 650 mAh · g^{-1}，15 次循环后，容量维持在 200 mAh · g^{-1} 左右，放电电压平台分别为 1.5 V 和 0.9 V。CrF_3 具有与 FeF_3 相同的结构，制成纳米复合物之后作为锂二次电池正极材料充放电，在 1.9 V 有一个平台，首次放电容量为 682 mAh · g^{-1}，可逆循环容量约为 440 mAh · g^{-1}[39]。NiF_2 的循环容量衰减严重，首次放电平台也只有 1.5 V[29]，与碳高能球磨制成纳米复合物之后，放电平台能提高到 2 V 左右，容量衰减仍然明显[30]。MnF_3 虽与 FeF_3 结构相同，但 Jahn – Teller 畸变导致无法嵌入锂离子。

金属氟化物作为锂二次电池正极材料，既可通过嵌入脱出反应储存能量，又可通过可逆化学转化反应储存能量，并且可逆化学转化反应可充分利用材料所有的化合价，因而在电极反应过程中表现出交换电子多、能量密度大、电池电压高等优点，如 FeF_3、BiF_3 作为锂二次电池正极材料发生的 3 电子转移，理论容量分别达到 712 mAh · g^{-1}、302 mAh · g^{-1}（其中，FeF_3 有两个放电平台，分别为 3.5 ~ 2.8 V 和 2 V；BiF_3 的放电平台为 3 V）。由于金属氟化物材料具有较强的离子键特征，材料能带间隙大，导电性差，电化学性能得不到充分发挥。因此，目前的研究手段是对金属氟化物进行掺杂（如掺杂 O^{2-} 制备 BiO_xF_{3-2x}）来改进材料导电性；此外，将金属氟化物与乙炔黑或金属氧化物、硫化物等导电材料通过高能球磨制备纳米复合物也是解决电导性差的另一个有效方法。随着对研究的深入及导电性和电化学性能的进一步改善，金属氟化物必将成为有前景的新一代锂/钠二次电池新型正极材料。

4.3 氟化物制备方法

4.3.1 溶剂热法

溶剂热法分为水热法和一般溶剂热法，都是在反应釜中密封加热条件下完成的，合成温度一般为 100 ~ 350 ℃，压力为 1 MPa ~ 1 GPa。因此，可以通过调控反应条件，制备出尺寸均一且有规则形貌的材料。水热法是将反应物密封在容器中，反应环境以水作为溶剂，在高温高压条件下进行的化学反应。影响水热法合成结果的因素有很多，如温度、反应时间、密封性（会影响压力）、升温速度和搅拌速度等。一般来说，水热法合成具有粒子纯度高、晶型好、可控性强且成本较低的优点。与水热方法不同之处是溶剂热法采用的溶剂不再局限于水，可以是乙醇等有机溶剂或者离子液体。通过更换反应溶剂，可以影响反应物和产物在溶液中的存在状态（如离子性、溶解性等），从而得到不同的反应结果。微波辅助溶剂热法更是一种高产率和可重复的快速、简便且绿色、具有发展前景的制备方法，广泛应用于纳米材料的合成及形貌修饰，并且可克服传统电池正极材料需要长时间高温，制备能耗大的不足。

杨立伟等[31]采用改进的单步液相法合成法。采用价格低廉的化学纯 $Fe(OH)_3$ 和 HF 作为原料，通过改进的单步液相法合成 $FeF_3(H_2O)_3$ 前驱体。在制备前驱体的过程中，不需要高温或者惰性气体保护，制备工艺简单，易于控制，易于实现工业化。同时，后继的热处理得到 FeF_3 时，也不需要高于 400 ℃的温度。期间也采用了 XRD 和 TG - DTA 分析技术对氟化铁化合物合成、热处理条件进行了探究，用 LAND、循环伏安、交流阻抗等测试技术对合成的氟化铁化合物的电化学性能进行了探究，同时，结合了 XPS 表征手段对氟化铁化合物材料中元素的价态信息进行了研究。

4.3.2　化学液相沉淀法

化学液相沉淀法是液相化学反应合成纳米材料最普通的方法，优点是反应过程简单，成本低，所得粉体性能良好。李肖肖等[29]使用化学液相沉淀法后，将得到的粉红色块状固体用研钵研磨细化，得到粉末状的 $FeF_3 \cdot 3H_2O$ 前驱体。由于通过化学液相沉淀法生成的沉淀粒子粒径小、比表面积大，处于热力学不稳定状态，易发生团聚。在沉淀反应中，解决团聚的一般方法是加入合适的分散剂。高分子聚合物吸附在微粒表面，形成一层保护膜，对粒子间由于高表面活性引起的缔合力起到减弱或屏蔽的作用，阻止了离子间的絮凝，而且由于高分子的吸附，产生了空间位阻斥力，也使得离子间再团聚十分困难[31]。

4.3.3　脉冲激光沉积法

脉冲激光沉积可以直接制备得到纳米尺度材料，从而缩短电子和离子的迁移距离；与球磨法制备的氟化物/导电剂纳米复合物相比，脉冲激光沉积法得到的纳米复合物薄膜正极具有很多优势。一方面，可以通过调节沉积条件得到不同组分、不同晶相的薄膜；另一方面，由于尺寸效应，脉冲激光沉积法薄膜均匀、颗粒小，因而电化学活性更高。除此以外，沉积过程中不含有导电剂和黏合剂，更适合用于研究氟化物作为锂二次电池正极材料的电化学反应机理。Fu

等[25]用脉冲激光沉积法制得了 CoF_2 薄膜，组装成的 $Li/LiPF_6/Lipon/CoF_2$ 电池在 0.01 ~3.5 V 电压范围发生 2 电子转移过程，首周放电容量达到 600 $mAh \cdot g^{-1}$ (10 $\mu mA \cdot cm^{-2}$)，稳定后充电平台约为 2.8 V，循环容量在 200 $mAh \cdot g^{-1}$ 左右。

4.4 氟化物的改性方法

4.4.1 复合——提高导电性

电化学转换反应机理虽然可以带来非常可观的储锂容量，但这种储锂机理本身也存在不容忽视的问题。将电极材料制备成纳米复合物是改善转换反应动力学性能的有效方法。纳米复合物不同于一般的物理混合，其不但能增强材料的电化学活性，而且能提高实际比容量，改善电极反应的可逆性。金属氟化物/导电纳米复合物具有以下三种优势，从而改善了电化学性能：①粒径小，缩短了电子通道；②结构疏松，容易建立互相联通的电子通道；③能显著提高材料参加反应的表面体积比。因此，要进一步改善金属氟化物的导电性，金属氟化物与导电剂的纳米复合是一种有效策略。

石墨烯因其优异的导电性和高的比表面积在储能材料上得到了应用，大量研究表明，该材料非常适合与其他电极材料组成复合物，能显著提高材料性能。陈咪梓等[33]为改善 FeF_3 材料的电化学性能，通过将 FeF_3 与石墨烯材料复合，以提高导电特性。该复合材料的首周放电比容量为 217.1 $mAh \cdot g^{-1}$，高于 FeF_3 与导电小颗粒复合材料的首周放电比容量 187.1 $mAh \cdot g^{-1}$。与石墨烯复合后，材料性能得到明显改善，放电比容量、放电电压平台及容量保持率均有所提高。

FeF_2 理论容量高、成本低，在下一代锂离子电池中具有巨大的应用潜力。然而，导电性差，充放电过程中体积变化剧烈，限制了其实际应用。为了最大限度地提高其电化学性能，通过脱合金方法成功合成的新型多孔还原氧化石墨烯 - FeF_2@碳复合材料，具有 430 $mAh \cdot g^{-1}$ 的高可逆容量，即使在 0.08 $A \cdot g^{-1}$ 下，循环 50 次后仍保持 400 $mAh \cdot g^{-1}$，在 0.08 ~ 1.00 $A \cdot g^{-1}$ 范围内也表现出优异的倍率性能[34]。

4.4.2 掺杂——调控电子结构

离子掺杂可以调节材料的能带变化，使带隙减小，从而提高材料的导电性。杨汉西等[35]将掺杂 MoS_2 后的纳米多晶 FeF_3/C 复合正极材料在 100 $mA \cdot g^{-1}$ 电流密度和2.0～4.5 V的电压范围充放电，可逆容量可达300 mAh·g^{-1}。

作为锂二次电池正极材料，FeF_3相对于磷酸铁锂、钴酸锂等放电电压低（理论放电电压为2.74 V），不能满足目前市场对正极材料的高能量密度的要求。而CuF_2具有较高的电势（理论放电电压为3.55 V），因此，在氟化铁化合物的铁位进行铜的掺杂有利于提高放电电位，同时形成晶体缺陷，有利于提高氟化铁化合物的导电性。

Ti具有多种价态，并能够与非金属元素相互作用，形成很强的离子键，因而被广泛用作掺杂元素来提高正极材料的电化学性能[36]。此外，研究发现，TiF_3与FeF_3具有相同的结构和电化学活性[37]。周兴振在FeF_3/C中通过掺杂Ti元素不仅有助于提高材料的放电比容量，而且大大提高了材料的循环性能。钛元素掺杂量为1%的氟化铁正极材料在4.5～1.0 V、0.1 C倍率下的首次放电比容量高达764.6 mAh·g^{-1}，超过了材料发生3电子转化反应的理论容量，这可能是由于制备的纳米复合物具有很高的比表面积，能与溶剂发生赝电容反应，使$Li_xFe^{2+}F_2$氧化变成$Li_xFe^{3+}F_3$，从而使纳米复合电极的放电比容量超过了理论容量。

该课题组[38]还研究了银元素掺杂的氟化铁化合物正极材料对电化学性能的影响，主要是探究不同银掺杂量对电化学性能的影响。银掺杂于$FeF_3 \cdot 3H_2O$中的主要目的是提高氟化铁电极材料的导电性能，掺杂的比例分别为0、0.3%、0.6%、0.8%。实验中应用了XRD、扫描电镜分析技术表征正极材料的结构性质，对其进行了循环伏安、交流阻抗等电化学技术表征电化学性能，通过LAND测试充放电性能。通过将硝酸银与硝酸铁直接混合进行铁位掺杂银离子。氟化铁前驱体材料银掺杂质量比分别为0.3%、0.6%、0.8%，这三种材料在第100周放电比容量分别为118.7 mAh·g^{-1}、166.4 mAh·g^{-1}、153.3 mAh·g^{-1}，随着掺银量的增加，放电比容量先增加后减小，得到最优的掺杂质量比是0.6%。同时，通过电池性能测试表明，这一掺杂比例对电极材料的放电中压、放电比容量都有较好的影响。

4.4.3　高能球磨——纳米尺度效应

随着纳米技术的发展，人们发现，当金属化合物材料尺寸减小到纳米尺度后，电化学活性发生巨大变化。这是因为当材料之间实现纳米尺度接触时，反应面积大，界面能提高，电子和离子的传输距离大大缩短，降低了电化学转换反应所需的活化能，因而可以极大地提高材料的电化学活性[39]。

高能球磨是一种有效改善氟化物材料导电性的方法，这主要是因为高能球磨可以有效减小材料粒径，缩短电子传导与离子传导的路径；同时，使材料间实现纳米尺度均匀复合，有效提高了复合材料的导电性。杨汉西等[40]通过高能球墨 FeF_3/C 正极材料的首次放电，比容量提高到 712 mAh · g^{-1}，在 10 次循环之后，比容量仍保持在 600 mAh · g^{-1}，甚至在 1 000 mA · g^{-1}的电流密度下，放电比容量可达 500 mAh · g^{-1}。该课题组还合成了 LiF/Fe/C 纳米复合材料，先将定型的 TiN 和 LiF、Fe 进行球磨，再加入石墨进行球磨。定型的 TiN 在 LiF 和 Fe 研磨粉碎成纳米颗粒中起到了重要的作用，其分散了活性材料 LiF 和 Fe，促进了两相的结合，抑制了单相物质的团聚，TiN 良好的导电性也改善了材料的导电性能。此外，石墨包覆能改善两相在充放电循环过程中团聚的现象。显然，这样由表面包覆层 - 两相接触的电化学活性核心组成纳米结构复合物利于相转移和化学转化反应的发生（即使放电态的 LiF 和 Fe 转化为充电态的 FeF_3 相）。在 4.5 ~ 1.0 V 电压范围内，以 20 mA · g^{-1}的电流密度进行充放电测试，首次充电容量为 389 mAh · g^{-1}，两个放电平台为 3.3 ~ 2.3 V 和 2.3 ~ 1.6 V，与报道的 FeF_3 电极放电曲线相似[41]。王先友等[42]用球磨法制备了氟化物/过渡金属氧化物的纳米复合物正极材料，在此复合物中，过渡金属氧化物除了作为锂离子和电子导体外，也能够与锂离子发生嵌入/脱嵌的氧化还原反应，而为正极材料的容量做出一定的贡献。

4.5 本章小结

本章基于金属氟化物与锂反应的基本原理，结合近年来金属氟化物正极材料的研究进展和影响材料导电性的诸多因素（如带隙宽度、晶体结构、材料粒径等），分别对金属氟化物的多电子反应、合成和改性方法及储锂机理等做了详细介绍，并分析了金属氟化物用作锂离子电池正极材料的前景，讨论了金属氟化物正极材料的研究和开发及相关的技术问题。此外，对于氟化物在钠/钾电池中的应用也做了简要的描述。精确控制结晶化、有效抑制粒子生长和凝聚，以及确立正极材料的最佳纳米形状都有助于提高金属氟化物正极材料的传输和反应速度。但在提高电子传导性方面还有提升的空间。此外，基于纳米复合材料现有的结构与三维碳网包覆手段，还可在提高反应速率和抑制副反应等方面展开深入的研究。除了金属氟化物与碳复合储能以外，氟化物和硅的复合物也可与锂离子发生化学反应，存储更高的能量。

Li - 金属氟化物电池具有安全性高、成本低，并且容量可逆等优势，而且与现有的电极材料相比，金属氟化物表现出极高的体积能量密度和质量能量密度，有望满足人们对轻质量、高容量和高能量密度储存的需求。实现转换型 Li－金属氟化物电池可将为电动汽车提供动力的电池成本、重量和体积减少一半甚至更多。但要实现这一目标，仍需要电池研究者们研发高性能氟化物材料和与之匹配的更有效的电解质体系，以改善电导率低导致的倍率性能不佳，转换材料与电解液严重的副反应，正、负极形成较厚的 SEI 膜，电压滞后，以及电极充电后比较严重的膨胀收缩等缺陷。

参考文献

[1] Wang X, Tan G, Bai Y, et al. Multi－electron reaction materials for high－energy－density secondary batteries: current status and prospective [J]. Electrochemical Energy Reviews, 2020, 4 (1): 35－66.

[2] Wang L, Wu Z, Zou J, et al. Li－free cathode materials for high energy density lithium batteries [J]. Joule, 2019, 3 (9): 2086－2102.

[3] 王欣，王先友，伍文，等．锂二次电池金属氟化物正极材料研究进展 [J]．电源技术，2009 (133): 231－235.

[4] Li H, Balaya P, Maier J. Li－storage via heterogeneous reaction in selected binary metal fluorides and oxides [J]. Journal of Electrochemical Society, 2004, 151 (11): A1878－A1885.

[5] Badway F, Mansour A N, Pereira N, et al. Structure and electrochemistry of copper fluoride nanocomposites utilizing mixed conducting Matrices [J]. Chemistry of Materials, 2007, 19 (17): 4129－4141.

[6] Arai H, Okada S, Sakurai Y, et al. Cathode performance and voltage estimation of metal trihalides [J]. Journal of Power Sources, 1997, 68 (2): 716－719.

[7] Badway F, Pereira N, Cosandey F, et al. Carbon－metal fluoride nanocomposites: structure and electrochemistry of FeF_3: C [J]. Journal of The Electrochemical Society, 2003, 150 (9): A1209.

[8] Barpanda P, Amatucci G G. Structure and electrochemistry of carbon－bromine nanocomposite electrodes for electrochemical energy storage [J]. MRS Proceedings, 2011 (1127): 111.

[9] 周兴振．多电子正极材料氟化铁的能带、结构与合成方法的探究 [D].

北京：北京理工大学，2016.

[10] Anisimov V I, Aryasetiawan F, Lichtenstein A I. First - principles calculations of the electronic structure and spectra of strongly correlated systems: the LDA + U method [J]. Journal of physics - condensed matter, 1997, 9 (4): 767 - 808.

[11] Grimme S. Semiempirical GGA - type density functional constructed with a long - range dispersion correction [J]. Journal of Computational Chemistry, 2006, 27 (15): 1787 - 1799.

[12] Zheng Y, Zhang P, Wu S Q, et al. First - principles studies on the structural and electronic properties of Li - ion battery cathode material CuF_2 [J]. Solid State Communication, 2012, 152 (17): 1703 - 1706.

[13] Li R F, Wu S Q, Yang Y, et al. Structural and electronic properties of li - ion battery cathode material FeF_3 [J]. Journal of Physical Chemistry C, 2010, 114 (39): 16813 - 16817.

[14] Weng Y, Huang X, Tang Y, et al. Magnetic orders of $LaTiO_3$ under epitaxial strain: a first - principles study [J]. Journal of Applied Physics, 2014, 115 (17): 125 - 127.

[15] Chen X, Liu L, Yu P Y, et al. Increasing solar absorption for photocatalysis with black hydrogenated titanium dioxide nanocrystals [J]. Science, 2011, 331 (6018): 746 - 750.

[16] Zhang L, Yu L, Li O L, et al. $FeF_3 \cdot 0.33H_2O$@ carbon nanosheets with honeycomb architectures for high - capacity lithium - ion cathode storage by enhanced pseudocapacitance [J]. Journal of Materials Chemistry A, 2021, 9 (30): 16370 - 16383.

[17] Bai Y, Zhou X, Zhan C, et al. 3D hierarchical nano - flake/micro - flower iron fluoride with hydration water induced tunnels for secondary lithium battery cathodes [J]. Nano Energy, 2017, 32: 10 - 18.

[18] Chen G, Zhou X, Bai Y, et al. Enhanced lithium storage capability of $FeF_3 \cdot 0.33H_2O$ single crystal with active insertion site exposed [J]. Nano Energy, 2019, 56: 884 - 892.

[19] 李肖肖. 锂二次电池多电子正极材料氟化铁的研究 [D]. 北京：北京理工大学，2011.

[20] Liu L, Guo H, Zhou M, et al. A comparison among $FeF_3 \cdot 3H_2O$, $FeF_3 \cdot 0.33H_2O$ and FeF_3 cathode materials for lithium ion batteries: structural, elec-

trochemical, and mechanism studies [J]. Journal of Power Sources, 2013 (238): 501-515.

[21] Xiao A W, Lee H J, Capone I, et al. Understanding the conversion mechanism and performance of monodisperse FeF_2 nanocrystal cathodes [J]. Nature Materials, 2020, 19 (6): 644-654.

[22] Fiordiponti P P S, Pistoia G, et al. Nonaqueous batteries with BiF_3 cathodes [J]. Journal of the Electrochemical Society, 1978 (125): 511-515.

[23] Bervas M, Badway F, Klein L C, et al. Bismuth fluoride nanocomposite as a positive electrode material for rechargeable lithium batteries [J]. Electrochemical and Solid-State Letters, 2005, 8 (4): 234-238.

[24] Bervas M, Mansour A N, Yoon W S, et al. Investigation of the lithiation and delithiation conversion mechanisms of bismuth fluoride nanocomposites [J]. Journal of The Electrochemical Society, 2006, 153 (4): A799.

[25] Fu Z W, Li C L, Liu W Y, et al. Electrochemical reaction of lithium with cobalt fluoride thin film electrode [J]. Journal of The Electrochemical Society, 2005, 152 (2): E50.

[26] Wang J, Li F, Yang B, et al. Half-metallic TiF_3: a potential anode material for li-ion spin batteries [J]. Journal of Materials Chemistry A, 2017, 5 (40): 21486-21490.

[27] Li H, Richter G, Maier J. Reversible formation and decomposition of LiF clusters using transition metal fluorides as precursors and their application in rechargeable Li batteries [J]. Advanced Materials, 2003, 15 (9): 736-739.

[28] Li H, Balaya P, Maier J. Li-storage via heterogeneous reaction in selected binary metal fluorides and oxides [J]. Journal of The Electrochemical Society, 2004, 151 (11): A1878.

[29] Plitz I, Badway F, Al-Sharab J, et al. Structure and electrochemistry of carbon-metal fluoride nanocomposites fabricated by solid-state redox conversion reaction [J]. Journal of The Electrochemical Society, 2005, 152 (2): 12-18.

[30] Badway F, Cosandey F, Pereira N, et al. Carbon metal fluoride nanocomposites high-capacity reversible metal fluoride conversion materials as rechargeable positive electrodes for Li batteries [J]. Journal of the electrochemical society, 2003, 150 (9): A1209-A1218.

[31] 杨立伟．多电子正极材料 FeF_3 合成条件的探究、改性及电化学性能研究 [D]．北京：北京理工大学，2012.

[32] 孙玉绣，张大伟，金政伟．纳米材料的制备方法及其应用 [M]．北京：中国纺织出版社．2010.

[33] 陈咪梓．化学液相沉淀法制备的氟化铁正极材料的研究 [D]．北京：北京理工大学，2014.

[34] Li J, Meng Y, Wang Y, et al. The fluorination - assisted dealloying synthesis of porous reduced graphene oxide - FeF_2 @ carbon for high - performance lithium - ion battery and the exploration of its electrochemical mechanism [J]. Inorganic Chemistry Frontiers, 2021, 8 (13): 3273 - 3283.

[35] Wu W, Wang X, Wang X, et al. Effects of MoS_2 doping on the electrochemical performance of FeF_3 cathode materials for lithium - ion batteries [J]. Materials Letters, 2009, 63 (21): 1788 - 1790.

[36] Yu J, Han Z, Hu X, et al. The investigation of Ti - modified $LiCoO_2$ materials for lithium ion battery [J]. Journal of Power Sources, 2014 (262): 136 - 139.

[37] Anisimov V I, Aryasetiawan F, Lichtenstein A I. First - principles calculations of the electronic structure and spectra of strongly correlated systems: The LDA + U method [J]. Journal of Physics: Condensed Matter, 1997, 9 (4): 767 - 808.

[38] 程密．提高氟化铁正极材料电化学性能的掺杂改性研究 [D]．北京：北京理工大学，2014.

[39] Hua X, Eggeman A S, Castillo - Martinez E, et al. Revisiting metal fluorides as lithium - ion battery cathodes [J]. Nature Materials, 2021, 20 (6): 841 - 850.

[40] Li T, Li L, Cao Y L, et al. Reversible three - electron redox behaviors of FeF_3 nanocrystals as high - capacity cathode - active materials for li - ion batteries [J]. The Journal of Physical Chemistry C, 2010, 114 (7): 3190 - 3195.

[41] 伍文王，王欣，等．锂二次电池新型正极材料 $FeF_3(H_2O)_{0.33}$ 的制备及电化学性能研究 [J]．功能材料，2008，39 (11)：1824 - 1825.

[42] Bai Y, Yang L W, Wu F, et al. High performance FeF_x/C composites as cathode materials for lithium - ion batteries [J]. Journal of Renewable and Sustainable Energy, 2013, 5 (2): 345 - 239.

第5章

典型氧化物电极材料中的多电子反应

本章主要讨论了金属氧化物在轻元素多电子电池反应中的应用，其中金属氧化物主要包括一元金属氧化物(Fe_2O_3、Co_3O_4、SnO_2、MnO、NiO 以及 CoO 等)、二元以及多元金属氧化物。主要从金属氧化物材料的结构特征、多电子反应机理、充放电反应过程中面临的主要问题、常用的合成方法与解决策略等方面出发，分析总结了各部分之间的关系。本章能够使读者了解金属氧化物在多电子电池体系中的基础问题，例如金属氧化物电导率低、循环性能及倍率性能差以及充放电体膨胀的机制和导电性差的改性方法等。同时，使读者掌握解决上述难点的有效策略，例如形貌调控、材料复合等。最后，提出了金属氧化物在多电子体系中未来需要进一步改进的方向，以更好地将金属氧化物应用于多电子电池体系。

5.1　氧化物多电子反应机理概述

目前商业化锂离子电池的负极材料主要为石墨类材料，理论比容量仅为 372 mAh·g^{-1}，并且在大电流充放电时易发生析锂现象，这一“瓶颈”问题极大地制约了锂离子电池的进一步发展和应用。负极材料是电池中的重要组成部分。目前商用锂离子电池负极材料储能密度低，难以满足社会生产力发展需求，因此开发新型高容量锂离子电池负极材料迫在眉睫。与传统的插层反应相比，基于转化反应的过渡金属氧化物（TMOs）具有成本低、比容量高等优点，是一种极具前途的二次电池负极材料（图5.1）。

与石墨负极材料相比，过渡金属氧化物负极材料由于具有较高的理论容量（例如，$\alpha-Fe_2O_3$ 的理论比容量高达 1 007 mAh·g^{-1}）及优异的性能而得到广泛关注，但电导率低、循环性能及倍率性能差等缺点也限制了其实际应用。首先，多数金属氧化物如 Fe_2O_3、Co_3O_4、SnO_2、MnO、NiO 以及 CoO 等属于宽能隙半导体甚至绝缘体，通常表现出极差的导电性能，较弱的电子导电性不仅影响充放电过程中的动力学性能，还会导致电极内部焦耳热的聚集，从而引起电池在充放电过程中的安全问题。其次，金属氧化物受到离子传输动力学上的阻碍，倍率性能较差。更为严重的是，在充放电过程中，过渡金属纳米颗粒体积变化大，导致电池性能急剧降低和电池结构的破坏，从而引发安全事故[1-6]。因此，提高过渡金属氧化物负极材料的工作稳定性对于其在锂离子电池中的应

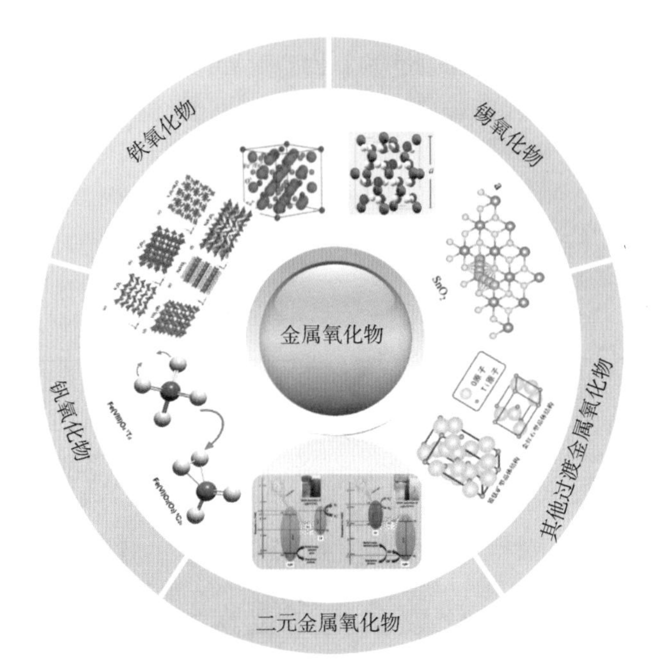

图 5.1　常用金属氧化物晶胞结构图

用极为关键。为了提高过渡金属氧化物负极材料的电化学性能，研究者们做了大量探索并已取得一定进展。图 5.2 所示为在常温常压下的金属氧化物相对金属钠的理论电压值，以及与钠发生化学转换反应的理论容量数据[7]。

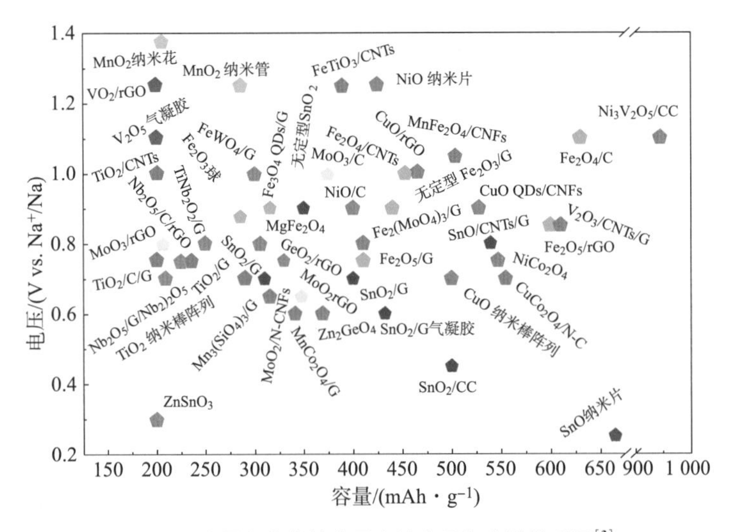

图 5.2　金属氧化物钠离子电池电压与容量关系图[3]

多电子电极材料或许能为发展高能量密度新电池体系开创一条最有效的方式。由于电极反应步骤中涉及多个电子，多电子反应体系理论上可以获得比常规单电子体系更高的能量密度。多电子电极材料的发展，不仅仅为新型二次电池的构筑提供了理论基础和材料储备，也为其他相关能源材料的发展提供了有力的支撑。多电子反应理论正在逐步建立和完善，对多电子电极材料和多电子反应的进一步深入探索亟待开展。通过实现多电子反应来构建高比能电池新体系，不仅是化学电源领域发展的新要求，还有望加快绿色电池行业产品结构的更新。虽然目前仍存在许多难点和问题，但这一努力的过程将会深化相关基础理论的研究，突破相关工程应用的技术“瓶颈”，最终满足能源领域的重大社会需求。

5.2　一元金属氧化物多电子反应

过渡金属氧化物主要通过转换反应与 Li^+/Na^+ 发生多电子得失的可逆氧化还原反应，从而具备储锂/钠能力，氧化物主要包括 Fe、Co、Sn 和一些 3d 过渡金属的氧化物。嵌锂过程分如下两步（式（5-1）、式（5-2））：

$$M_xO_y + 2yLi \rightarrow xM + yLi_2O \tag{5-1}$$

$$xM + yLi \rightarrow M_xLi_y \tag{5-2}$$

第一步，锂与金属氧化物反应生成金属单质与 Li_2O；第二步，金属单质继续和锂反应生成合金。Li_2O 的生成虽然造成巨大的不可逆容量损失，但也起到缓冲剂的作用，减少负极材料在充放电过程中的体积变化。这类材料突出的优点是可逆容量高、倍率充放电性能好，如 SnO_2 嵌入锂后，可以形成 $Li_{4.4}Sn$ 高富锂合金，理论容量为 990 $mAh \cdot g^{-1}$。另外，Co_3O_4、CoO、NiO、TiO_2、Fe_2O_3 都是研究较多的金属氧化物负极材料，但都存在首次不可逆容量高、充放电电位平台不稳和显著的容量衰退现象。

不管 M_xO_y 的初始相如何，这些氧化物在转化过程中都会经历电化学粉化过程，导致在首次放电结束时形成近无定形的金属 M 和 Li_2O（图 5.3）[2]。这种 $M-Li_2O$ 混合物随后在充电后重新转变为无定形和/或无序的金属氧化物相。尽管该无序的金属氧化物相缺乏长程有序性，但在铁的体系中在局部发现了类似于岩盐型 MO 结构，这表明物质的传递可能遵循相关的路径。更重要的是，第二周的放电步骤跟充电过程相对应，不同于第一周放电，这意味着实际的可逆反应可能与起始的 M_xO_y 无关。早期对这些体系的研究主要集中在最初的嵌入和转化化学上，但考虑到上述过程是决定可逆容量的关键，理解再转化机制和后续的循环步骤也是至关重要的。

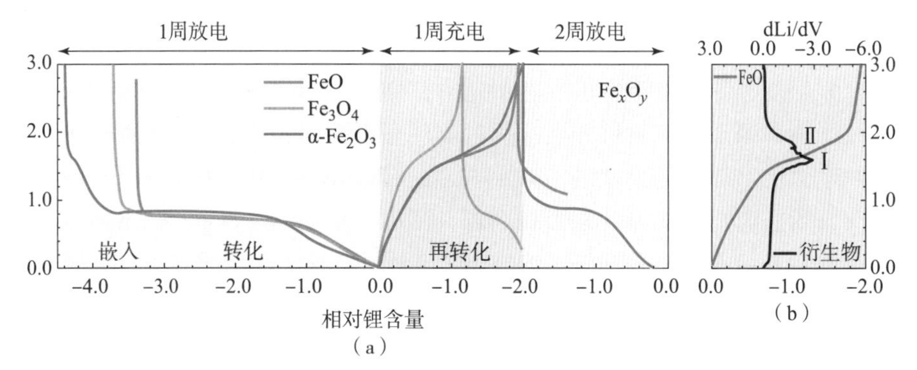

图 5.3　原位 X 射线全散射得到 Fe_xO_y 系列的前三个循环步骤[2]

储钠可能的反应过程如下所示：

$$M_xO_y + 2yNa \rightarrow xM + yNa_2O \tag{5-3}$$

该过程涉及 Na^+ 进入电极主体材料晶格形成新化合物的化学变化。不同于脱嵌式反应机理和合金化机理，过渡金属氧化物 M_xO_y 与钠发生氧化还原反应。M_xO_y 在首次放电即被还原的过程中，晶体结构被破坏，形成具有很高化学活性的金属晶粒 M 和无定形的 Na_2O；而在充电过程中，金属晶粒 M 和 Na_2O 反应，重新回到金属 M 的氧化态，这个充电过程决定了材料的可逆容量的大小。随后又相继开发了一系列过渡金属氧化物负极材料，包括氧化铁（Fe_2O_3、Fe_3O_4）、二氧化钛（TiO_2）、氧化钒（V_2O_5、VO_2）、氧化镍（NiO）、氧化铜（CuO）、氧化钴（Co_3O_4）、氧化钼（MoO_2）等。

5.2.1　铁基氧化物（FeO_x）的多电子反应

铁氧化物因理论容量高、成本低而被认为是最有前途的候选材料之一。其中，氧化铁（Fe_3O_4）由于理论容量高（约 924 mAh·g^{-1}）、成本低、丰度高和环境友好，被认为是最有前途的钠离子电池材料之一。氧化铁可以通过转换型电极反应储存锂/钠离子，这可以充分利用过渡金属的价态，从而突破传统嵌入型负极的容量限制。作为一种多功能材料，氧化铁已在化学电源、吸附和催化等多个领域展现出诸多特殊的化学和物理性质，经常被用作锂/钠离子二次电池的正极材料、离子或分子筛、化学传感器、催化材料等，尤其是用作锂离子电池负极材料。铁氧化物具有制备简单、无毒、对环境友好和理论容量高（800～1 000 mAh·g^{-1}）等优点，受到了研究者的广泛关注。铁的氧化物按照晶体结构和价态的不同，可分为（α-，β-，γ-）Fe_2O_3 和（α-，β-，γ-，δ-）FeOOH、Fe_3O_4 和 FeO 等，其中，α-Fe_2O_3、γ-Fe_2O_3 和 Fe_3O_4 是铁氧化物中研究最为广泛的材料。

α-Fe_2O_3 属于刚玉结构，其中氧离子为六方紧密堆积，而铁离子则位于两个氧离子中间，构成了 FeO 八面体，该八面体中 1/3 的空隙被 Fe^* 占据。α-Fe_2O_3 作为锂离子二次电池的电极材料时，拥有比商业用石墨更高的比容量。但在充/放电时，锂嵌入/脱嵌会使电极材料体积膨胀和收缩。这种电极材料膨胀和收缩过程导致材料粉化，使电极材料与集流体接触不紧密，引起接触电阻和反应电阻增加，进而导致容量衰减严重，循环稳定性降低。此外，铁氧化物由于存在反应动力学迟缓和晶格变化大的问题，导致电化学反应的倍率性能不足，在嵌入/脱嵌过程中容量迅速下降。

化学转换反应能够可逆发生的关键条件是：对于氧化反应来说，需要克服分解锂化物比较高的活化能，故金属单质和锂化物颗粒尺寸必须控制在纳米级，并且要求两相分散均匀，接触紧密，以提高反应的界面能，降低锂化物分解转化所需的活化能。另外，对还原反应来说，金属化合物的颗粒的尺寸也应控制在纳米级，这样不仅有利于反应物的充分还原，也有利于生成尺寸为纳米级的金属单质和锂化物颗粒，以促进氧化反应的可逆进行。通过将复合材料和晶格结合，已经验证了是可以缓解这些问题的有效策略。首先，缩小粒径可以有效地减少金属离子的扩散路径，增强电解液的渗透。更多的反应位点可以暴露在纳米结构的表面，这有利于电极动力学。其次，在这种情况下，纳米粒子可以通过表面涂层进一步改性或锚定在碳基底上，这也可以有效地缓冲铁氧化物的体积膨胀并协同提高整体电极的电子电导率。

1. 铁基氧化物的多电子反应可逆反应机理

(1) Fe_3O_4

在铁基材料中，具有 $[Fe_2]_{16d}O_4$ 尖晶石结构的 Fe_3O_4（图 5.4）[3]，因为具有高达 926 $mAh \cdot g^{-1}$的理论容量和宽的电压窗口，被认为是可以发生锂离子/钠离子嵌入和转化反应的铁基材料中最有前途的负极材料之一。从理论上讲，电化学反应中涉及的相互作用可以由式（5-4）表示：

$$Fe_3O_4 + 8M^+ + 8e^- \rightleftharpoons 3Fe + 4M_2O \ (M = Na, Li) \tag{5-4}$$

Fe_3O_4 负极在充放电循环过程中存在严重的体积膨胀和颗粒粉碎现象，导致倍率性能较低，循环稳定性较差。为了解决这一问题，研究人员探索了两种主要方法。首先，制备各种尺寸可控的 Fe_3O_4 纳米材料，以减少 Li^+/Na^+和电子的扩散长度，并在一定程度上适应循环过程中的体积膨胀。其次，通过将

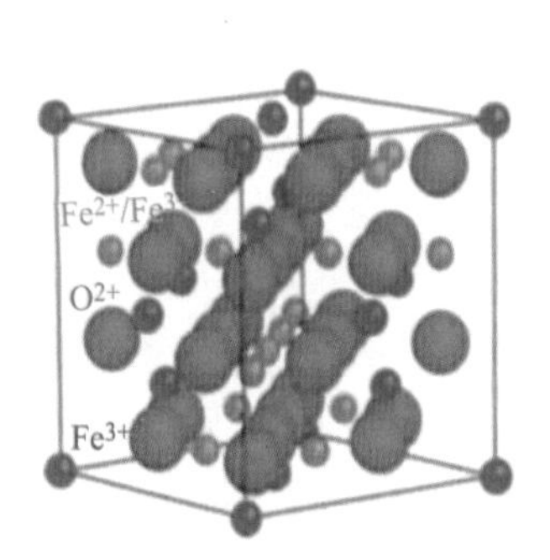

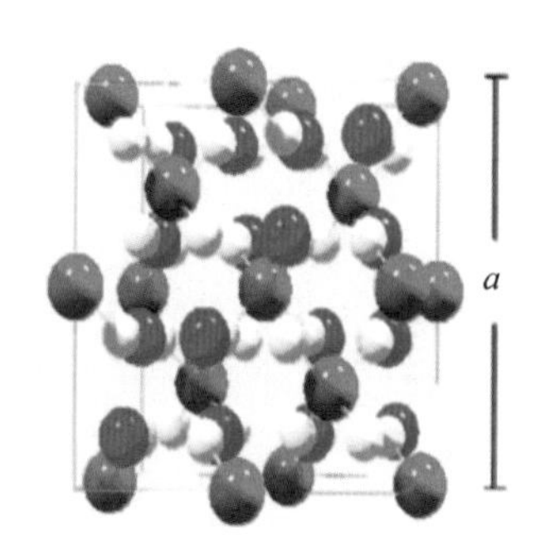

图 5.4　Fe_3O_4 晶胞结构图[3]

Fe_3O_4 与导电碳基材料（如无定形碳、碳纳米管和石墨烯）结合来构建复合材料。

（2）Fe_2O_3

Fe_2O_3 储锂遵循一般的反应机理，经过计算得 Fe_2O_3 具有 1 006 $mAh \cdot g^{-1}$ 的理论比容。在 1.5～4.0 V 的电压范围内，每摩尔物质允许 0.5 mol 的 Li^+ 可逆地嵌入纳米 $\alpha-Fe_2O_3$（20 nm）中。当电压范围扩大到 0.005～3.0 V 时，8.5 mol 的 Li^+ 与 Fe_2O_3 发生反应（对应 8.5 个电子的转移），导致晶体结构退化，形成金属铁纳米粒子和 Li_2O。电化学反应中涉及的相互作用可以由式（5-5）描述：

$$Fe_2O_3 + 6Li^+ + 6e^- \rightleftharpoons 2Fe + 3Li_2O \tag{5-5}$$

导电性差和离子键的连续断裂与重组仍然是铁基氧化物材料稳定循环的主要障碍。这需要合理的解决方案，以确保涂层和集流体之间良好的黏附性，高机械强度、快速高效的电解质润湿以及高离子和电子导电性。目前这些问题面临以下“瓶颈”：①电化学反应机理的进一步研究以及如何克服较大电压滞后，提高相对较低的储能效率；②如何拓宽电压工作范围以获得高容量，提供显著变化的输出电压。

2. 铁基氧化物多电子反应相关研究

纳米结构的金属氧化物可以提高倍率性能和可逆容量，利用其电化学反应缩短了 Li^+/Na^+ 的传输路径及减小了体积变化。Chen 等[8]报道了以氧化铝膜为模板合成 $\alpha-Fe_2O_3$ 纳米管。所制备的纳米管尺寸和形状均匀，比表面积高，表现出优异的电化学活性，包括较高的放电容量（1 415 $mAh \cdot g^{-1}$、100 $mA \cdot g^{-1}$）。Chowdari 等[9]用水热法在铜箔上合成了 $\alpha-Fe_2O_3$ 纳米薄片。电化学测试表明，

该纳米 Fe_2O_3 的可逆容量为（680 ± 20）$mAh \cdot g^{-1}$，相当于（4.05 ± 0.05）个锂离子与 $\alpha - Fe_2O_3$ 参与反应，对应转移（4.05 ± 0.05）个电子。该反应的锂化电位和脱锂电位分别为 1.2 V 和 2.1 V。

此外，将杂原子掺入晶格以获得更好的锂/钠离子电池电化学性能也引起了人们的极大兴趣。掺杂的杂原子倾向于取代晶格中的原子（例如 Fe_3O_4 中的 Fe），以形成氧缺陷。因此，通过结合不同的原子产生晶格缺陷，利于增强材料（例如 TiO_2、Mn_xO_y 和 Co_xO_y）的导电性。但是，杂原子的替换会导致晶格尺寸变窄，不利于离子的转移。目前通过间隙金属掺入来改善锂/钠离子电池中氧化铁负极的电化学性能的研究仍处于探索阶段。Chou 等[5]通过简单的水热方法将 Mn 离子通过间隙位引入 Fe_3O_4 晶格中，形成了含 Mn 的 Fe_3O_4/石墨烯（$M - Fe_3O_4/G$）复合材料，可以有效地解决这一问题。经 XRD 精修和第一性原理计算证实，Mn 在体相结构中的占据能有效地凝聚费米能级附近的电子密度，从而有助于提高电导率和改善电化学性能。相应地，$M_{0.1}Fe_{2.9}O_4/G$ 复合材料在 439.8 $mA \cdot g^{-1}$电流密度下 200 次循环表现出 439.8 $mAh \cdot g^{-1}$的高可逆容量。即使在 1 $A \cdot g^{-1}$的高电流密度下，$M - Fe_3O_4/G$ 复合材料在 1 200 次循环后仍保持稳定，容量为 210 $mAh \cdot g^{-1}$。与 $Na_3V_2(PO_4)_3$ 型阴极相结合，Mn 掺杂的 Fe_3O_4/G 复合材料表现出良好的性能（电流密度为 1 $A \cdot g^{-1}$时，100 次循环后容量为 161.2 $mAh \cdot g^{-1}$）。Fe_3O_4 晶格中 Mn 离子的调控为金属氧化物材料在钠离子电池中的应用提供了新的思路。特别是八面体形氧化铁被热解碳包覆形成复合材料，在 60 次循环后，表现出 380 $mAh \cdot g^{-1}$的高比可逆容量。简单方法制备的间隙掺入的 Fe_3O_4/石墨烯纳米复合材料（$Mn_xFe_{3-x}O_4/G$，x = 0，0.05，0.1，0.2），可以用作钠离子电池的负极材料。结果表明，间隙 Mn 可以使 Fe_3O_4 晶格膨胀，可以明显提高复合电极材料的电导率。同时，发现石墨烯基底能够有效控制 Fe_3O_4 颗粒的原位生长，显著减小了颗粒尺寸。这些优点可以缩短钠离子的扩散路径，增加反应位点的比表面积，并表现出优异的储钠行为。与原始材料相比，改进的 $Mn_{0.1}Fe_{2.9}O_4/G$ 显示出优异的循环稳定性和倍率性能。可逆容量性能可达 439.8 $mAh \cdot g^{-1}$，并且在 100 $mAh \cdot g^{-1}$的电流密度下循环 200 周后，容量保持率高达 94%。层状石墨烯作为柔性骨架在适应体积变化方面发挥了重要作用，可以有效避免长期循环过程中的结构粉化和颗粒聚集。除此之外，由于层状石墨烯基材的存在，还可以改善导电性，进一步增强复合材料的电化学性能。

铁氧化物与碳复合可以提高电极电化学性能。纳米的过渡金属氧化物（Cu_2O、NiO、CoO、FeO）也可以很大程度上可逆地还原成金属单质。研究表明，在 Li^+ 进入金属氧化物的主体的过程中，过渡金属氧化物逐渐转化为 1 ~ 5 nm 的金属颗粒，纳米级的金属颗粒均匀地分散在无定形的 Li_2O 相中。过渡金属氧化物充放电循环的库仑效率接近 100%，在高倍率充放电的情况下，循环 100 周后容量几乎无衰减，可逆储锂容量达 700 $mAh \cdot g^{-1}$。由于转化生成的金属单质和 Li_2O 颗粒尺寸仅为几纳米，并且两相接触紧密，反应面积较大，显著提高了反应活性，使 Li_2O 表现出不同寻常的反应活性[2]。

5.2.2 锡基氧化物的多电子反应

1. 锡基氧化物的多电子反应可逆反应机理

锡基氧化物材料具有能量密度高、安全性高及储量丰富等优点，有望成为传统石墨负极材料的替代品。然而，锡基氧化物电极材料也存在体积膨胀现象，充放电过程中锂离子的反复嵌入与脱出也容易引起电极材料粉化和团聚，导致电极材料首周不可逆容量大，循环稳定性较差。通过合理设计，锡基氧化物电极材料可有效克服体积膨胀和提高循环稳定性，这成为此类材料研究的关键。

锡基氧化物因为具有理论比容量高、对环境友好和成本低等优势，被认为是一种潜在的 Li^+/Na^+ 存储材料。在锡基氧化物中，二氧化锡（SnO_2）可能是研究最广泛的锡基电池材料，根据式（5-6）、式（5-7）中的充放电反应计算可知，整个反应理论上可以发生 7.75 个电子转移，其可以提供 667 $mAh \cdot g^{-1}$ 的理论比容量：

$$SnO_2 + 4Na^+ + 4e^- \rightarrow Sn + 2Na_2O \tag{5-6}$$

$$Sn + 3.75Na^+ + 3.75e^- \rightarrow Na_{3.75}Sn \tag{5-7}$$

与大多数氧化物半导体不同的是，由于 Sn 空位的存在，氧化锡（SnO）显示出本征的 p 型半导体特性。SnO 优异的物理化学性质，即本征 p 型导电和较大的光学带隙，使其在二次电池应用领域引起了研究者极大的兴趣[10-12]。SnO 可以形成沿（001）晶向的层状结构，具有 Sn-O-Sn 序列。层状结构和较大的层间距（$c = 0.484$ nm）可以缓冲充放电过程中发生的不可逆的体积变化[13]。SnO 作为钠离子电池负极材料时，考虑到基本的转化和合金化反应，理论上可以发生 5.75 个电子转移，具有高的理论容量 1 150 $mAh \cdot g^{-1}$，见式（5-8）、式（5-9）：

$$SnO + 2Na^+ + 2e^- \rightleftharpoons Sn + Na_2O \text{（理论容量：398 mAh·g}^{-1}\text{）} \tag{5-8}$$

$$4Sn + 15Na^+ + 15e^- \rightleftharpoons Na_{15}Sn_4 \text{（理论容量：746 mAh·g}^{-1}\text{）} \tag{5-9}$$

Na_2O 基质作为缓冲基质，可以保持 Sn 和 SnO 纳米颗粒的均匀形貌。尽管这种部分可逆的反应将在一定程度上降低容量，但是可以防止颗粒团聚，从而在随后的循环中获得优异的稳定性和循环性。

2. 锡基氧化物多电子反应相关研究

Wang 等[14] 首先设计合成了在 SnO_2 表面包覆致密的金属有机骨架（MOFs）材料；然后采用惰性气氛煅烧碳化有机物，稳定金属骨架，再通过空气煅烧去除碳的两步法煅烧方式获得包覆致密且多孔异质的 SnO_2@ Fe_2O_3（MOFs）复合材料。这样包覆的金属氧化物不但包覆均匀，而且具有有序多孔等 MOFs 的结构信息，并且电极材料在整个包覆和煅烧过程中均能保持稳定的结构。电化学性能研究表明，异质型 SnO_2@ Fe_2O_3（MOF）具有优异的可逆容量和循环稳定性，不但远优于单一的 SnO_2 结构，而且显著优于用其他方法制备的异质 SnO_2@ Fe_2O_3。这表明该性能的增强不但得益于表面包覆的氧化铁，而且和 MOFs 的多孔结构也息息相关。SnO_2@ Fe_2O_3（MOFs）电极材料在 100 mA · g^{-1} 的电流密度下循环 100 周后，依然能够保持 750 mAh · g^{-1} 的可逆容量。

从图 5. 5（a）可以看出，钠存储性能的显著改善归因于石墨烯和 SnO_2 之间的协同效应。Wang 等[14] 同时报道了纳米 SnO_2/还原石墨烯氧化物（RGO）

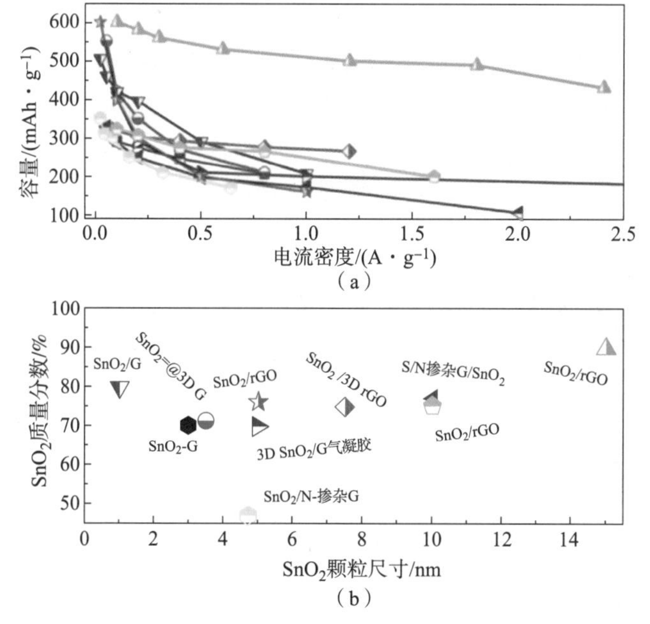

图 5. 5　（a）基于 SnO_2 的质量负载量；（b）SnO_2 纳米颗粒/石墨烯复合材料的钠存储性能图[14]

复合物的合成和电化学反应，并将 SnO_2/rGO 复合材料应用于全电池，全电池表现出良好的容量保持率，循环 300 周后，保持率约为初始容量（88 mAh·(g-$NaCrO_2$)$^{-1}$）的 84%。如图 5.5（b）所示，当在较高的电流密度下循环时，具有 3D 结构的混合材料比其他材料表现得更加优异。具有弹性和特异性的三维结构不仅可以提高电极的机械强度，而且在充放电过程中还可以起到缓冲作用，以适应 SnO_2 纳米晶的体积膨胀。较大的比表面积和不同的中孔/大孔为 Na^+ 在电极中的传输提供了多维通道，这将缩短从外电解液到内表面的扩散长度，也有助于与电解液的接触。

5.2.3 钒基氧化物的多电子反应

1. 钒基氧化物的多电子反应可逆反应机理

作为一种典型的层状晶体结构材料，钒氧化物由于具有放电比容量大、能量密度高、储量丰富、成本低廉等优势，被认为是一种非常具有竞争力的下一代先进储能材料。钒氧化物可被分为氧化钒（如 V_2O_5、V_6O_{13}、VO_2、V_2O_3 等）和钒酸盐（如 Li_3VO_4、$NaVO_2$、NaV_2O_5 等）。作为基于 Li^+ 在锂离子电池中的反应，其中典型的 V_2O_5 电极，可以发生 2~3 个电子转移，反应见式（5-10）、式（5-11）：

$$V_2O_5 + 2Li^+ + 2e^- \rightarrow Li_2V_2O_5 \quad (294\ mAh \cdot g^{-1}) \tag{5-10}$$

$$V_2O_5 + 3Li^+ + 3e^- \rightarrow Li_3V_2O_5 \quad (442\ mAh \cdot g^{-1}) \tag{5-11}$$

V_2O_5 具有分层的各向异性结构，该结构由扭曲的 VO_6 八面体和 V^{5+} 的方锥配位组成，其中弱范德华力将 V_2O_5 层固定在一起，以形成大的层间距，从而允许离子进入。

2. 钒基氧化物多电子反应相关研究

(1) V_2O_5

五氧化二钒（V_2O_5）由于具有多种配位数和氧化态，几十年来一直在锂电池中得到深入的研究。最近，谷思辰[15]等人证实了 V_2O_5 纳米线中可逆的 Al^{3+} 存储机制。此外，研究发现，水合形式的五氧化二钒（$V_2O_5 \cdot nH_2O$）具有更好的化学稳定性，由于层间空间的扩大，与结晶 V_2O_5 相比，可以可逆地吸收两个以上的 Li^+。V_2O_5 具有双层片层结构，$V_2O_5 \cdot nH_2O$ 与包含在氧化物网络中的水分子由于金属离子的静电屏蔽而具有较高的离子迁移率。因此，$V_2O_5 \cdot nH_2O$ 可能是一种很有前途的可充电电池正极。然而，由于受到颗粒团聚、孔隙闭塞、结构破坏以及低电子和离子电导率的影响，会导致循环容量的衰减，使得 $V_2O_5 \cdot nH_2O$ 的应用受到一定的限制[16]。

电化学研究还阐明了具有可逆多相变和多 Li^+ 嵌入的层状 V_2O_5 的复杂嵌入过程。多电子转移过程在约 3.4 V、3.2 V 和 2.2 V 处显示了几个充电/放电平台，并且在优化或必要的电极保护后，可实现 V^{5+} 和 V^{4+} 之间的过渡（从 $\alpha-V_2O_5$ 到具有两个 Li^+ 调节的 $\gamma-Li_2V_2O_5$），表现出良好的结构稳定性和理论容量（294 $mAh \cdot g^{-1}$）。然而，嵌入第三个 Li^+ 时（即从 $\gamma-Li_2V_2O_5$ 到 $\omega-Li_3V_2O_5$），将产生不可逆的 $\omega-Li_3V_2O_5$ 相（放电电压相对于 Li^+/Li 扩展到 1.5 V）。虽然形成的 $\omega-Li_3V_2O_5$ 相不稳定，但其仍有较高的研究价值，因为三个 Li^+（嵌入对应于从 V^{5+} 到 V^{3+} 的变化）可以提供高达到 442 $mAh \cdot g^{-1}$ 的容量。

"John - Teller" 结构畸变是多电子反应和具有可逆多 Li^+ 嵌入 V_2O_5 电极材料主体所面临的典型挑战。这些晶体畸变会导致材料稳定性降低和显著晶体力的产生，进而导致循环不稳定和容量衰减。为了解决这个问题并适应多电子反应体系，研究者已经提出了几种解决办法，包括尺寸调控、表面限制、异质原子掺入和材料复合。基于包括体积调节、减少离子扩散和减少活性材料溶解在内的协同优势，纳米粒子[17,18]、纳米带[19,20]、纳米纤维[21]、微球[22]和其他分层结构[23]等被广泛应用到电池材料中。除了 V_2O_5 阴极之外，以 Magnéli 型 $V_nO_{2n-1}(3 \leqslant x \leqslant 9)$ 形式存在的其他混合价钒氧化物也展现出不错的应用前景，其中钒的混合价可以引入混合价态电荷转移，以改善电子和离子迁移（例如，具有 3.6 个电子反应的 V_4O_7）。此外，基于 3 电子反应稳定 $\omega-Li_3V_2O_5$ 的不可逆相变设计的多壳空心结构，可以制备出一系列提供具有高度可逆的多离子嵌入/脱嵌行为的精细结构，这进一步表明通过结构调节可以实现更高的理论容量。其他结构设计原则，如异质原子掺杂和双层 V_2O_5 结构，也能够增强晶格稳定性和离子转移动力学。

钒氧化物还具有大的层间距，不仅可以容纳用于多电子反应的 Li^+/Na^+，还可以容纳其他更大或多价的电荷载流子。作为钒氧化物多价离子存储的实例，王华丽[16]等研究了 $V_2O_5 \cdot nH_2O$ 主体的 Al^{3+} 存储性能，其中，原则上，Al^{3+} 可以显示出固有的高电荷，体积相对较小，可以产生高电荷密度，并与主体发生强烈的化学相互作用。但通过实验观察到，Al^{3+} 能够通过在初始放电过程中形成非晶层，而直接嵌入/脱出氧化钒电极的层间距。因此，电极拥有快速电极动力学的非离子溶剂化过程，具有嵌入和相变机制，以实现 Al^{3+} 和 Al^0 之间的多电子反应。

由于电化学过程中的多电子氧化还原反应，高容量正极材料 $V_2O_5 \cdot nH_2O$ 在金属离子电池中引起了相当大的关注。其具有扩展的层状结构，可以容纳大离子或多价离子。然而，结构不稳定性和较差的电子及离子导电性极大地阻碍了应用。通常，在 Li^+/Na^+ 的脱嵌/嵌入过程中，氧化物正极的电荷补偿会通过过渡金属（如 Ni 和 Mn）的氧化/还原来平衡，并且 Li/Na 的存储容量仅取决于阳离子的氧化还原反应。此外，还发现了用于锂离子电池的富锂层状过渡金属氧化物（$Li_{1+x}TM_{1-x}O_2$ 或 $Li_{1+x}M_{1-x}O_2$，TM/M = 3d、4d 或 5d 过渡金属，$0 \leqslant x \leqslant 1/3$），如 $Li_{1.2}Ni_{0.13}Mn_{0.54}Co_{0.13}O_2$ 在初始充电过程表现出异常高的 290 mAh·g^{-1}容量，并且在 4.5 V 时具有较长的电压平台，这不仅仅是由于阳离子的氧化还原反应。除阳离子金属外，氧阴离子还参与电荷补偿过程，从而提供额外的容量。但是，充电过程中获得的阴离子容量在放电过程中部分不可逆。充分利用阴离子氧化还原反应提供的额外容量至关重要。电化学氧化还原活性主要存在于 3d 过渡金属中。4d 和 5d 主族中的过渡金属主要与富钠的氧化物有关，例如 Na_2RuO_3 和 Na_2IrO_3。此外，与锂基体系不同，钠离子电池中的激活氧化还原活性的电压通常低于锂离子电池中所需的电位，因此，贫钠的氧化物，如 $Na_{2/3}Ni_{1/3}Mn_{2/3}O_2$，还可以显示出具有额外容量的阴离子氧化还原活性。在电池测试中，无论是单价还是多价阳离子嵌入自组装 $V_2O_5 \cdot nH_2O$ 纳米薄片，均显示出了优异的电化学性能，通过简单且绿色的水热法直接生长在 3D 导电不锈钢网基板上，具有超薄花瓣的纳米薄片。在 100 次循环后，其在锂/钠/铝离子电池中各自的电位下（锂和钠离子电池为 2.0 ~ 4.0 V，铝离子电池为 0.1 ~ 2.5 V）分别可以提供 250 mAh·g^{-1}、110 mAh·g^{-1}和 80 mAh·g^{-1}的稳定容量[22]。

Hu 等[23]通过水热法制备了具有 3D 开放结构的无黏合剂 $V_2O_5 \cdot nH_2O$ 纳米片阴极。在高温脱水后，得到双层 $V_2O_5 \cdot nH_2O$ 纳米薄片。这种材料的电池测试在三种不同类型的可充电电池（Li^+、Na^+和 Al^{3+}）中显示出良好的电化学性能。超薄纳米薄片使电极和电解质之间的接触良好，有助于缩短工作离子的扩散路径，从而获得更好的离子电导率。用无黏合剂、开放结构的纳米薄片和稳定的隧道结构合成正极的策略有望有助于设计用于高倍率锂（钠离子/铝离子）离子电池的电极材料，以及电化学装置。

（2）VO_2

二氧化钒是由独特的共边 VO_6 八面体形成的双层膜结构，由于其容量大、成本低、来源丰富，长期以来一直被认为是一种很有前途的锂离子电池电极材料。因此，与 VO_2 相关的纳米材料在锂离子电池中得到了广泛的研究。由于 VO_2 在循环过程中易发生自聚集、溶解、电荷转移，电阻迅速增加等现象，在用于钠离子电池中时，VO_2 存在容量衰减快和高倍率性能差等问题。因此，需要对活性材料进行纳米结构设计和表面工程的改性，使其既能保证高导电性，又能保证在长循环、高倍率循环下保持结构完整性。Manthiram 等[24]报道了锂离子电池和钠离子电池中 VO_2/还原氧化石墨烯（g - VO_2）在低电位区的电化学活性。此外，由于其与 Li 和 Na 的电化学反应存在差异，因此，要了解低电位区（0.01 ~ 3 V）的电极反应，还需要对 VO_2 进行更多的研究。

5.2.4　其他过渡金属氧化物（TMOs）

基于成熟的转化型反应，TMOs 负极近几十年来备受关注。TMOs 的高容量由未填充的 TM 4d 轨道中的电子参与反应所提供。理论上，TMOs 负极可以提供的比容量可达 700 ~ 1 200 mAh · g^{-1}，体积比容量为 4 000 ~ 5 500 mAh · cm^{-3}。因此，研究人员进行大量探索来寻找具有成本效益的过渡金属和一系列用于 TMO 负极的氧化还原化学物质，例如 Fe^{3+}/Fe^0、Co^{3+}/Co^0、Ti^{4+}/Ti^0、Ni^{2+}/Ni^0 和 Mn^{3+}/Mn^0。TMO 的优点包括优异的稳定性、自然丰度高和无毒。总的来说，TMOs 的锂化过程可以表示为式（5 - 12）：

$$TMO_x + 2xLi^+ + 2xe^- \rightarrow TM + xLi_2O \qquad (5-12)$$

然而，由于多电子电化学反应引起的显著体积膨胀，TMO 在充放电过程中也遭受颗粒粉化和 SEI 不稳定的困扰。此外，由于在充电/放电过程中需要强共价 M—O 键的可逆断裂和 Li—O 键的形成，TMO 负极的反应动力学缓慢。同时，TMO 中多相之间的固态扩散途径在实践中会导致大的电压滞后，这也会阻碍能量密度。TMO 中还会发生相分离，初始转化后，过渡金属氧化物中的金属箱和 Li_2O 相发生分离后各自聚集，这突出了最初 TMO 的尺寸和形态对循环稳定性的重要性。由于缩短了扩散路径、减少了聚集和相分离以及增强了体积缓冲，具有小粒径或分级结构的纳米结构可以表现出更高的电化学反应性。目前的研究策略主要涉及使用导电基材（碳涂层、石墨烯、碳纳米管或纳米纤维）以协同提高复合材料的机械强度和电子导电性，包括 SnO_2、NiO、Fe_2O_3、FeO、Co_3O_4、Mn_3O_4 和 TiO_2 以及最近的三元 TMO（Co_2SnO_4）。除了存储 Li^+之外，还提出了使用 TMO 来容纳其他电荷载体，包括 Na^+、Mg^{2+}和 Al^{3+}。

TiO_2 资源丰富，无毒，作为锂离子电池负极材料，其具有较高的充放电电压平台。虽然理论比容量比氧化还原型和合金型过渡金属氧化物的低，但是在循环过程中体积变化较小（<4%），不会导致电极材料与集流体分离，具有良好的稳定性。TiO_2 有金红石型、锐钛矿型、板钛矿型和 TiO_2(B) 型等多种晶型，不同的晶型结构与性能息息相关（图 5.6）。金红石型 TiO_2 属于四方晶系，氧原子近似六方紧密堆积，钛填满半数的氧八面体空隙，形成 TiO_6 八面体配位，锂离子可填充到剩余的八面体中。TiO_6 八面体沿 c 轴方向排列，并且与上下相邻的 TiO_6 八面体共顶点，由于 c 轴方向通道狭窄，不利于锂离子的嵌

入和脱出，从而导致循环性能较差。同样是四方晶系的锐钛矿 TiO_2，TiO_6 八面体通过共用四条边和共顶点连接，在 a 轴和 b 轴存在双向孔隙通道，有较高的嵌锂容量（335 $mAh \cdot g^{-1}$）。实际上，晶格中嵌入过多的锂离子时，由于锂与锂之间的斥力较大，会阻碍锂离子的进一步嵌入，因此实际容量只有理论容量的一半（$x=0.5$）。板钛矿 TiO_2 是斜方晶系，由 TiO_6 八面体共棱共顶点构成，锂离子嵌入板钛矿 TiO_2 晶格中沿着 c 轴方向，在 a 轴和 b 轴上孔隙较小，嵌入受到限制，因此容量较低。TiO_2(B) 是单斜晶系，由共边、共顶点的 TiO_6 八面体组成，在各个轴上均具有开放的锂离子通道，有利于锂离子的嵌入和脱出，具有较高的可逆容量和良好的循环性能。TiO_2 的晶型、形貌和晶向不同，x 值也不同，在氧化还原过程，伴随着 Ti^{4+} 与 Ti^{3+} 的转化，为了达到电荷平衡，锂离子会嵌入或脱出 TiO_2 晶格，完成充放电过程。

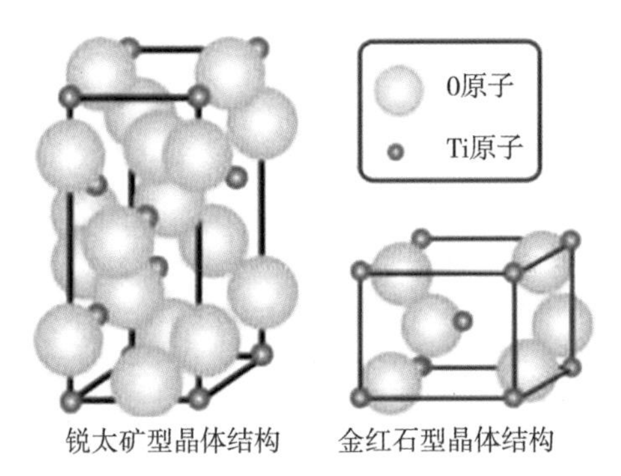

图 5.6　各种晶型的 TiO_2 晶体结构（锐钛矿型和金红石型）[25]

各种晶型的 TiO_2 嵌锂机理均可用式（5-13）表示[25]：

$$TiO_2 + Li^+ + xe^- \rightarrow Li_xTiO_2 \tag{5-13}$$

铜基氧化物主要包含氧化铜（CuO）和氧化亚铜（Cu_2O）。关于 CuO 作为锂电池负极的应用，已经开展了很多工作[26-28]。与锂离子电池相似，CuO 在钠离子电池中的转化反应机理包括充放电过程中的多步反应，理论容量为 674 $mAh \cdot g^{-1}$，见式（5-14）~式（5-16）：

$$CuO + xNa^+ + xe^- \rightarrow Cu^{II}_{1-x}Cu^{I}_{1-x/2} + x/2Na_2O \tag{5-14}$$

$$Cu^{II}_{1-x}Cu^{I}_{1-x/2} + (2-2x)Na^+ + (2-2x)e^- \rightarrow Cu_2O + (1-x)Na_2O \tag{5-15}$$

$$2Cu_2O + 2Na^+ + 2e^- \rightarrow 2CuO + Na_2O \tag{5-16}$$

充电过程反应方程式为：

$$2Cu + Na_2O \rightarrow Cu_2O + 2Na^+ + 2e^- \tag{5-17}$$

$$2Cu_2O + Na_2O \rightarrow 2CuO + 2Na^+ + 2e^- \quad (5-18)$$

钴基氧化物主要包含四氧化三钴（Co_3O_4）和氧化钴（CoO）。Co_3O_4 理论上可以发生8电子转移的过程，理论容量高达890 mAh·g^{-1}，一直被认为是锂离子电池潜在的负极材料之一。而对于钠离子电池而言，其可能的转化反应见式（5-19）：

$$Co_3O_4 + 8Na^+ + 8e^- \rightarrow 24Na_2O + 3Co \quad (5-19)$$

锰基氧化物研究较多的主要包含二氧化锰（MnO_2）、氧化锰（MnO）和四氧化三锰（Mn_3O_4）。其中，MnO_2 因成本低、环境友好、理论容量高等优点而备受关注。一般来说，MnO_2 存在于许多晶体结构中，如α、β、γ和δ多晶型，这取决于基本 MnO_6 八面体的不同键。反应过程可统一用 $Mn(Ⅲ)-O_{1.5} + Na^+ + e^- \rightleftharpoons 0.5Na_2O + Mn(Ⅱ)-O$ 描述。

5.3 二元金属氧化物（$M_xM'_yO_z$）的多电子反应

多种二元金属氧化物（$M_xM'_yO_z$，M/M′ = Co、Cu、Mn、Fe、Ni、Sn、Ti 等）由于金属间良好的协同效应，受到了研究人员的广泛关注（图5.7）。然而，由于在嵌入/脱出作用过程中结构破坏迅速和扩散动力学缓慢，这些二次电池材料的循环性能较差，容量较低。因此，如何保持材料在充放电循环过程中的结构完整性，以保持较高的容量和首效，是电池实际应用的一大挑战。基于此，类似于 MN_2O_4（MFe_2O_4、MCo_2O_4 等）、M_2FeO_4、$MFeO_4$ 以及其他氧化物电极被相继报道用于高性能的多电子储能。

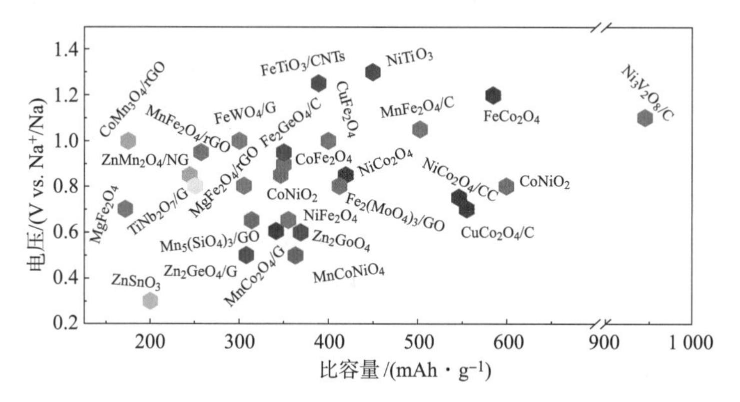

图5.7 钠离子电池的二元及以上金属氧化物的电压和平均比容量[3]

在电池正极材料方面，拥有高比容量二元金属氧化物是非常有吸引力的正极材料。鉴于制备方法多样以及材料形貌容易控制，这类氧化物在电池纳米材料界一直是研究热点。但在电池的实际应用中，因电化学相变复杂并且涉及无定形相，使得材料的表征相对较为困难，导致对材料的反应机理认识不够深入，尤其对于充电过程和可逆循环仍知之甚少。

5.3.1 MN_2O_4 金属氧化物的多电子反应

1. MFe_2O_4 金属氧化物的多电子反应

尖晶石（AB_2O_4）型金属氧化物是离子晶体中的一个大类，属于等轴晶系。在该类晶体结构中，氧离子按立方紧密堆积排列，二价阳离子充填于1/8的四面体空隙中，三价阳离子充填于1/2的八面体空隙中。A为二价阳离子，如Mg^{2+}、Fe^{2+}、Co^{2+}、Ni^{2+}、Mn^{2+}、Zn^{2+}、Cd^{2+}等；B为三价阳离子，如Al^{3+}、Fe^{3+}、Co^{3+}、Cr^{3+}、Ga^{3+}等。结构中O^{2-}做立方紧密堆积，其中，A离子填充在四面体空隙中，B离子在八面体空隙中，即A^{2+}为4配位，而B^{3+}为6配位。如铁基尖晶石型金属氧化物（$NiFe_2O_4$、$ZnFe_2O_4$、$CuFe_2O_4$等）、钴基尖晶石型金属氧化物（$ZnCo_2O_4$、$CuCo_2O_4$、$NiCo_2O_4$等）。研究表明，尖晶石型金属氧化物材料作负极具有良好的储锂性能表现，优势在于集中了不同金属各自的优点，通过协同作用使得材料在结构稳定性、电化学活性、导电性等方面都得到了改善。因此，尖晶石型金属氧化物作为锂离子电池负极材料是近年来研究的一个热点，而纳米化以及与其他性能优良的材料复合，是当前的一个主要发展方向。

2. MCo_2O_4 金属氧化物的多电子反应

Fu等[29]采用水热法及不同温度退火处理合成了纳米多孔$ZnCo_2O_4$负极材料。电化学测试结果表明，材料在600 ℃合成的$ZnCo_2O_4$多孔纳米球（ZCO-600）具有最佳的性能表现，初始可逆容量达1 800 mAh·g^{-1}，并且经过30次循环后依然保持1 242 mAh·g^{-1}的高储锂性能。交流阻抗数据表明，与其他温度相比，ZCO-600具有较低的阻抗。其中纳米多孔结构和大比表面积是性能优越的重要原因。Ma等[30]采用ZIF-8衍生物作模板，通过水浴反应和退火处理，成功制备了多孔碳包覆$CuCo_2O_4$凹形多面体。该材料很好地保留了前驱体形貌及良好的分散性，并且相对于非MOF前驱体制备的$CuCo_2O_4$复合材料展示出优越的储锂性能。该材料在1 000 mA·g^{-1}的高倍率下，循环150次后仍能保持较高的容量（为481 mAh·g^{-1}），且始终保持很高的库仑效率。优异的电化学性能基于以下两方面原因：①采用MOF为模板制备的多孔结构为Li^+的输运提供了许多通道，并提供了较大的比表面积，这有利于电极和电解液的接触；②碳涂层可以减缓材料体积变化带来的结构应变。

5.3.2 M_2FeO_4型和$NFeO_4$型金属氧化物的多电子反应

多电子反应材料的主要原型有M_2FeO_4型（M = Li、Na、K、Ag等）和$NFeO_4$型（N = Ba、Sr）等。在水系原电池中，六价Fe（Ⅵ）作为氧化还原中心发挥重要作用，理论上可以实现超过300 mAh·g^{-1}的高比容量。例如，K_2FeO_4(406 mAh·g^{-1})、Na_2FeO_4(485 mAh·g^{-1})、Li_2FeO_4(601 mAh·g^{-1})、Cs_2FeO_4(209 mAh·g^{-1})、$SrFeO_4$(388 mAh·g^{-1})、$MgFeO_4$(558 mAh·g^{-1})、$CaFeO_4$(503 mAh·g^{-1})、$BaFeO_4$(313 mAh·g^{-1})和$ZnFeO_4$(434 mAh·g^{-1})。

1. M_2FeO_4的可逆反应机理

对高铁酸盐化学的研究表明，尽管高铁酸盐的摩尔质量相对较大，但多电子反应材料在通过高价铁离子实现更高容量方面更具有潜力。$Fe^{VI}O_4^{2-}$高铁酸盐与碱性电解质结合，在水性电池中可以进行三电子电极反应，伴随着从Fe(Ⅵ)到Fe(Ⅲ)的价态变化。在水性介质中的反应表示见式（5-20）和式（5-21）：

$$2FeO_4^{2-}+3H_2O+2e^-\rightarrow FeOOH+5OH^- \tag{5-20}$$

$$FeO_4^{2-}+2.5H_2O+2e^-\rightarrow 0.5Fe_2O_3+5OH^- \tag{5-21}$$

尽管之前的研究已经表明，由于形成了还原性Fe(Ⅲ)氧化物钝化层，高铁酸盐在碱性介质中难以进行可逆氧化还原，并且铁氧化会严重限制电极的电子电导率。因此，制备具有导电基底（Pt、Ti和Au）的薄膜高铁酸盐可以实现Fe(Ⅳ)和Fe(Ⅲ)之间的有效电荷转移，从而能够应用于二次碱性电池和非水可充电锂离子电池。氧化锆等表面改性也显示出对高铁酸盐可逆性的积极影响。此外，类似于传统金属羟基/金属氢化物电池中的FeO_4^{2-}，可以在放电过程中还原为$Fe_2O_4^{2-}$，见式（5-22）：

$$Na_2FeO_4+2Li^++2e^-\rightarrow Li_2V_2O_5 \tag{5-22}$$

除了表面钝化外，大多数高铁酸盐在碱性或中性水溶液中还具有高溶解性，溶解的碱金属离子会通过催化高铁酸盐的分解使溶解现象恶化，导致不利的自放电。因此，非水系锂离子电池似乎是更适合高铁酸盐的体系。尽管高铁酸盐在大多数有机溶液（如乙腈、丙烯和碳酸亚乙酯）中的溶解度有限，但在碳酸酯－碳酸丙二酯－碳酸二甲酯（EC－PC－ME）电解液中通常具有三个以上 Li^+ 嵌入的类似电极反应，铁中心从 Fe(Ⅳ) 到 Fe(Ⅲ) 的可逆变化均证明 Li_2FeO_4、K_2FeO_4、$SrFeO_4$ 和 $BaFeO_4$ 在电解液中发生了3电子反应。

2. M_2FeO_4 多电子反应相关研究

从理论上讲，高铁酸根离子（FeO_4^{2-}）可与金属、类金属［如 NH_4^+、$N(C_4H_9)_4^+$］阳离子形成简单含氧酸盐，也可与 SO_4^{2-}、SO_4^{4-} 等具有相同 M—O 四面体结构的阴离子一起形成 $M(Fe,X)O_4$ 形式的复盐。而实际上能以足够高纯度或结晶态制备出的高铁酸盐很少。目前对高铁酸盐的认识主要源于 M_2FeO_4(M = Na、K、Rb、Cs) 和 $M'FeO_4$(M′ = Ba、Sr)。其他高铁酸盐多是从 Na_2FeO_4 溶液和 K_2FeO_4 溶液/固体转化制得的，两者的制备工艺主要有熔融法、次氯酸盐氧化法、电解法三类。

Islam 等[31]采用简单的柠檬酸辅助溶胶－凝胶法合成了 $NiFe_2O_4$ 纳米晶，并对储锂性能进行了测试。在500 mA·g^{-1}（约0.5 C）的恒电流密度下循环100次后，合成的 $NiFe_2O_4$ 电极具有良好的可逆容量，为786 mAh·g^{-1}，并且容量保持率超过85%。当以10 A·g^{-1}（约10 C）的电流密度循环时，$NiFe_2O_4$ 电极的比容量达到了365 mAh·g^{-1}，这说明 $NiFe_2O_4$ 材料在高倍率下具有优异的容量性能。

目前，高纯度固体高铁酸盐的低成本、规模化、有经济效益的工业化生产工艺是制约其研究和应用的关键。这也有助于不同用途高铁酸盐转化工艺的开发和高铁酸盐应用领域的进一步拓展。因此，对高铁酸盐的物理、化学等基本性质认识的深入等都是高铁酸盐研究应予以重视的方面。

5.3.3 其他氧化物电极材料

1. 钼基金属氧化物的多电子反应

钼基金属氧化物由于较高的理论比容量，引起了能量储存领域研究者的广泛关注。该类材料不遵循层状石墨电极中锂离子嵌入/脱嵌的机制，而是进行转换反应。因此，与大多数理论比容量较大的过渡金属氧化物一样，钼基金属氧化物作为锂离子电池的负极也面临着两个严重的问题：一是该材料在充放电过程中体积变化较大，导致容量显著下降，从而致使电极材料粉化，循环性能差；另一个缺点是 Li_2O 的不可逆转换性，导致容量损失。针对上述问题，Ji 等[32]制备了钼基双金属氧化物材料钼酸钴（$CoMoO_4$，980 mAh·g^{-1}），相比于单金属氧化物来说，双金属氧化物具有更为复杂的金属组分，金属价态更多，有利于与锂的转换反应。

2. 钛基金属氧化物的多电子反应

多电子反应的特征在常规电极材料的探索中也得到了揭示，这些电极材料具有超出先前理解的额外锂化或钠化行为。例如，$Li_4Ti_5O_{12}$是石墨的一种有竞争力的替代品，可以在更高的平衡电位（约 1.55 V vs. Li^+/Li）下运行，其中不需要稳定的 SEI 层。此外，由于 $Li_4Ti_5O_{12}$具有立方空间群 Fd3m 的尖晶石结构，其中所有四面体 8a 位点都被锂占据，八面体 16d 位点由锂和钛共享，在立方氧阵列中，原子比为 1∶5，在循环过程中“零应变”。此外，$Li_4Ti_5O_{12}$可以表示为 $[Li_3]_{8a}[Ti_5Li]_{16d}[O_{12}]_{32e}$，晶体结构可以在嵌入过程中储存 3 个 Li^+，其中 8a 位的 3 个锂原子可以移动到空的 16c 位，同时，新的锂原子也占用 16c 站点。这种 3 电子转移随后可以将尖晶石结构转化为岩盐结构的 $Li_7Ti_5O_{12}$（$[Li_6]_{16c}[Ti_5Li]_{16d}[O_{12}]_{32e}$），几乎没有由于 Li^+占据而导致的体积膨胀（$<0.1\%$），其中晶格参数随着锂的嵌入而降低，并在锂脱出后恢复。最近对尖晶石 $Li_4Ti_5O_{12}$的研究也揭示了 5 电子转移锂化过程，通过在放电到较低电压期间形成 $[Li_2]_{8a}[Li_6]_{16c}[Ti_5Li]_{16d}[O_4]_{32e}$。可逆的 3 电子反应可以为尖晶石 LTO 提供 175 $mAh \cdot g^{-1}$的理论容量，而 5 电子反应可以表现出的理论容量为 215.1 $mAh \cdot g^{-1}$，其中相应的电化学反应描述见式（5－23）和式（5－24）：

$$[Li_3]_{8a}[LiTi_5^{4+}]_{16a}[O_{12}]_{32e}+3Li^++3e^-\rightarrow[Li_6]_{16c}[LiTi_3^{3+}Ti_4^{2+}]_{16d}[O_4]_{32e} \tag{5-23}$$

$$[Li_3]_{8a}[LiTi_5^{4+}]_{16a}[O_{12}]_{32e}+5Li^++5e^-\rightarrow[Li_2]_{8a}[Li_6]_{16c}[LiTi_3^{5+}]_{16d}[O_4]_{32e} \tag{5-24}$$

尖晶石 $Li_4Ti_5O_{12}$中的 Na^+存储行为也表明了具有多相转变的多电子反应，其中原位同步加速器 X 射线衍射、先进的扫描透射电子显微镜和第一性原理计算证实了描述钠化作用的三相分离机制。尖晶石 $Li_4Ti_5O_{12}$（理论容量为 155 $mAh \cdot g^{-1}$）的多电子反应过程见式（5－25）：

$$\begin{aligned}2[Li_3]_{8a}V_{16c}[LiTi_5]_{16d}O_{12}+6Na^++6e^-\rightarrow V_{8a}[Li_6]_{16c}[Li_6]_{16c}[LiTi_5]_{16d}O_{12}+\\ V_{8a}[Na_6]_{16c}[LiTi_5]_{16d}O_{12}\ (V=\text{空位})\end{aligned} \tag{5-25}$$

Na^+嵌入 $Li_4Ti_5O_{12}$（Li_4 相）涉及一个 Na^+占据 V_{16c}位点并借由于库仑排斥力将 Li_{8a}推入 V_{16c}位点，类似于锂化的情况，其中产生的 $V_{8a}[Li_xNa_{6-x}]_{16c}[LiTi_5]_{16d}O_{12}$转化为两个分离的岩盐 $V_{8a}[Na_6]_{16c}[LiTi_5]_{16d}O_{12}$（$Na_6L$ 相）和 $V_{8a}[Li_6]_{16c}[LiTi_5]_{16d}O_{12}$（$Li_7$

相)，因为这两个离子具有不同的尺寸和迁移率。结合未反应的 $Li_4Ti_5O_{12}$（Li_4 相)，可以直接观察到 Li_7、Na_6Li 和 Li_4 相之间的相界，其中，在充电时，Na^+ 从 Na_6Li/Li_4 相边界中提取，8a 处的空位在充电结束时由一个 Li^+ 占据形成 Li_4 相。随后形成的 Na_6Li 相可导致 12.5% 的晶格变化，仅提供 6.3% 的总宏观体积膨胀。

缺乏 SEI 会引发尖晶石 $Li_4Ti_5O_{12}$ 中的表面副反应，导致严重的放气现象并阻碍改材料在实际电池中的应用。锂化生成 $Li_{4+x}Ti_5O_{12}$ 的过程会导致 $Li_4Ti_5O_{12}$ 的放气现象，即使在高温下老化，$Li_4Ti_5O_{12}$ 也会与碳酸乙烯酯类的电解质发生反应。对其表面进行改性是抑制电解质分解的有效策略，例如常用的碳涂层或其他复合物。尽管存在明显的缺点（如电导率下降或振实密度低等)，但表面涂层可以使 $Li_4Ti_5O_{12}$ 得以持续数万次循环，以满足高功率的应用需求。

5.4 过渡金属氧化物改性方法

与传统碳材料相比，过渡金属氧化物纳米材料及复合材料作为锂离子电池负极具有高容量的优势。尺度减小、比表面积增大都能够减小材料在充放电过程中的迁移路径，提高反应活性；而纳米结构基元之间的空隙则能够容纳电化学变化过程中材料的体积变化，减小材料的结构应变。这些对于提升材料的电化学容量和倍率性能有着积极的作用。此外，将过渡金属氧化物与其他性能良好的材料复合，可改善材料导电性能或力学性能等，这有利于加快电子传输，缓解材料在充放电过程中的极化现象，因此能提升倍率性能。而且在防止纳米材料团聚、降低充放电过程中，材料的体积膨胀方面也起了一定的作用。

5.4.1 形貌调控

过渡金属氧化物的形貌尺寸是影响材料储锂性能的关键因素之一。目前通常采用将材料纳米化或制备多孔材料等方法。其中材料纳米化增大电解质－电极接触面积，缩短锂离子与电子之间的传输路径，将有助于提升材料电化学反应速率及活化程度；多孔形貌则能提升材料结构稳定性、减少粉化现象，从而延长使用寿命。纳米结构材料（如纳米颗粒、纳米管、纳米片等）用作负极材料，能有效增加嵌锂容量，提高电荷传导率，缓解充放电过程中电极材料的体积变化。但低维纳米材料在电化学反应过程中容易发生团聚、粉化等现象，导致循环性能降低、倍率性能较差等。由低维纳米结构自组装形成的微纳多级结构，能有效结合微/纳米结构的优势。缩小过渡金属氧化物的尺寸，在一定程度上有利于改善脱嵌锂过程中产生的体积变化，从而提高电极的循环稳定性。然而使用小尺寸的过渡金属纳米颗粒同时也会导致电极表面积急剧增大，导致不稳定的固体电解质相界面厚度增加，从而降低电极的库仑效率。一维过渡金属氧化物能在一定程度上缓解充放电过程中的应力，有利于提高过渡金属氧化物类电极材料的稳定性。[13]

设计分层结构形态电极材料，如由初级纳米粒子组成的微组件，已成为提高电极材料循环稳定性和倍率性能的一种新颖有效的方法。众所周知，电极材料的形态是影响 Li^+ 传输动力学的关键因素。三维分级微/纳米材料可以充分利用纳米级材料来减少锂离子迁移路径，并进一步提供良好的动力学和高容量。此外，这些精心设计的电极材料具有微材料的结构稳定性，还可以通过避免与电解质反应引起的腐蚀来提高循环性能并减轻电压衰减。

层状富锂正极材料存在电压衰减急剧、倍率性能差、循环稳定性差等一系列问题，严重限制其商业化进程，其中，电压降会导致电池严重的能量衰减，严重阻碍了富锂正极材料的实际应用。为了解决这个问题，李雨等[3]报告了一种简单的方法来制备 $Li_{1.2}Ni_{0.2}Mn_{0.6}O_2$（LNM）正极材料。通过使用水热法，将尿素和聚乙烯吡咯烷酮添加到反应器中以控制晶体生长，以此合成由纳米粒子和优选取向活性（110）平面组装的梭形 $Li_{1.2}Ni_{0.2}Mn_{0.6}O_2$（LNM）正极材料（PVP）。尿素中的—$NH_2$ 极性基团可以对晶体成核产生配位作用，同时，形状导向/封端剂 PVP 可以改变晶体表面的表面能，以促进纳米晶体的各向异性生长。这种特殊梭形几何形状的材料具有比球形材料更稳定的几何构型、更高的纵横比和比表面积，使材料展现出优异的电化学性能。因此，设计纺锤形分级微/纳米形态与优选取向活性（110）平面相结合，以提高材料性能的策略对于储能领域中的其他电极材料的合成具有指导意义。

此外，电化学活性面有利于 Li^+ 扩散，提供优异的嵌入/脱嵌动力学，因此具有择优取向活性面的正极材料也有利于提高倍率性能。活性平面通常具有相对较高的表面能，但在晶体的生长过程中，高能面有消失的趋势，晶体表面也将被低能面所支配，以此合成具有优选取向活性平面的材料仍然是一个严峻的挑战。李雨等[4]采用冰模板结合共沉淀法制备了三维分层介孔 $Li[Li_{0.2}Ni_{0.2}Mn_{0.6}]O_2$ 正极材料。这种球形的微/纳米分层外观是由共沉淀过程中的碳酸盐沉淀剂形成的，而电极材料的孔隙率源自前体冷冻干燥过程中冰模板的升华。碳酸盐前体迅速冻结，然后在初级粒子之间产生冰。在冷冻干燥过程中，冰逐渐升华，初级颗粒之间的相对空间仍将保持。因此，通过后续的热处理获得介孔 $Li[Li_{0.2}Ni_{0.2}Mn_{0.6}]O_2$，所制备的介孔分层复合材料表现出显著的电化学性能。

在储能领域通过低成本、环境友好的策略设计三维微/纳米分层介孔电极材料是一种非常重要的策略。

5.4.2 复合材料改性

1. 与碳材料复合

通过碳材料对过渡金属纳米颗粒进行碳包裹是提升性能的另一种更有效方法，同时可以增强稳定性。一方面，碳包裹过渡金属氧化物中的碳相能有效地对电极充放电过程中产生的体积变化进行缓冲，并抑制充放电过程中的相变，使电极结构更加稳定；另一方面，碳材料可以避免过渡金属氧化物纳米颗粒与电解质的直接接触，从而稳定固体电解质界面。此外，复合结构中的碳材料可以显著提高电极的电子电导率，改善电池的功率密度。

通过分析以单一碳材料（包括碳纳米管、碳包覆、多孔碳、碳纤维、石墨烯等）为载体的复合材料的电化学性能，总结出高性能碳基复合材料的构筑主要取决于碳载体类型、金属氧化物的性质以及两者的组合方式[33-35]。碳材料的种类、形貌、导电性、缺陷、孔隙以及化学掺杂等特性会影响复合材料的电化学性能。通过进一步调控金属氧化物的形貌、成分、颗粒大小、结晶度和孔结构等因素，可以有效提高复合材料的循环寿命和倍率性能。同时，碳材料和金属氧化物的空间组合、成分分布、界面作用以及三维排列方式等也对复合材料的电池性能产生重大的影响。此外，针对单一碳材料的局限性，不同的复合碳材料在提高导电性、抑制颗粒团聚和保持结构稳定等方面所起的作用是不同的，进一步提升了金属氧化物的电化学性能。应该进一步探究复合材料的结构与电化学性能之间的构筑关系，从而指导并优化高性能电极材料的结构调控，促进碳基－金属氧化物复合材料在能量存储方面的应用。

石墨烯的研究引发了人们对各种二维材料的探索。时至今日，二维材料的制备技术和应用领域不断拓宽延伸，主要是因为纳米级别的超薄片层状材料可以呈现出与块体材料不同的物化学性质。在诸多的二维材料中，金属氧化物纳米片具有较低的生产成本、较好的环境相容性、较好的化学稳定性、较高的化学活性界面、较短的离子传输距离以及优异的电子传输动力学。因此，二维金属氧化物纳米片在可充电电池领域具有较高的应用潜力。近年来，有关二维金属氧化物的研究日益增多，其中涉及的应用大部分都集中在电化学领域。此外，应对碳包裹层的成分进行设计并深入研究，例如，可掺杂不同的非金属杂原子，以改善碳层的电子及离子传输性能；在碳层中引入过渡金属元素，利用碳层中的异相与过渡金属氧化物间的协同作用可以进一步提高容量或稳定性；

将过渡金属氧化物的结构设计与表面修饰方法相结合，也有望进一步改善结构稳定性。

Lou 等[36]设计和合成了由高度分散的 Co_3O_4 空心纳米颗粒（低于 20 nm）组成的混合空心纳米结构，该纳米颗粒嵌入碳纳米盒（H－Co_3O_4@MCNBs）的介孔壁中，作为锂离子电池的负极材料。这种由金属有机骨架（MOF）参与的 HCo_3O_4@MCNBs 采用了包括化学腐蚀配位和两步退火处理的合成策略。超细的 Co_3O_4 空心纳米粒子可以暴露出更多的活性界面位置，大大促进 Li^+ 的扩散，并有效地缓解电化学反应过程中的体积变化。将高分散的 Co_3O_4 纳米粒子包裹在 MCNBs 中，使 Co_3O_4 与相对导电的碳之间有良好而稳定的电接触，保证了 Li^+ 的快速迁移，并防止了 Co_3O_4 纳米粒子在循环过程中的聚集。实验结果表明，所制备的 H－Co_3O_4@MCNBs 作为锂离子电池负极材料具有优异的储锂容量、倍率性能和循环稳定性。

2. 与其他金属氧化物复合

将两种及以上的不同过渡金属氧化物复合，可以综合各组分的优点，通过材料复合后的协同效应提高过渡金属氧化物的电化学性能。如 TiO_2 纳米材料作为锂离子电池负极材料具有优异的电化学性能与力学性能，通常可作为复合材料中的缓冲层和机械支撑基体，因此通常与其他金属氧化物进行复合。近年来过渡金属氧化物电极材料的应用已经显著改善了电池性能，但过渡金属氧化物负极材料的循环稳定性仍需进一步改善，对过渡金属氧化物材料进行结构设计及修饰等方面的工作仍十分必要。目前对过渡金属氧化物进行碳层修饰的一些方法已能较好地对过渡金属氧化物进行保护，但这些方法的广泛应用仍受到不同程度的限制。因此，研究更为快速、高效的过渡金属氧化物的碳层修饰方法将具有更重要的意义。

5.5　本章小结

与传统的碳材料相比，过渡金属氧化物纳米材料及复合材料作为电池负极，具有高容量的优势，减小尺度、增大比表面积能够减小材料在充放电过程中的迁移路径，提高反应活性；而纳米结构基元之间的空隙则能够容纳电化学变化过程中材料的体积变化，减小材料的结构应变。这些对于提升材料的电化学容量和倍率性能有着积极的作用。此外，将过渡金属氧化物与其他性能良好的材料复合，可改善材料导电性或者力学性能等，这有利于加快电子传输，缓解材料在充放电过程中的极化现象，提升倍率性能。而且在防止纳米材料团聚、降低充放电过程中材料的体积膨胀方面也起了一定的作用。因此，制备具有特殊纳米结构的过渡金属氧化物复合负极材料是值得研究的一个重要方向，有望为下一代新型高比容量锂离子电极负极材料奠定基础。

金属氧化物材料在金属离子的脱嵌过程中常常面临体积膨胀率大、电极粉化等问题，从而造成电池性能的衰退。然而，与晶体材料的原子结构不同，非晶态材料具有短程有序、长程无序的特殊原子排列。独特的内部结构赋予了更小的体积膨胀率、较快的离子扩散速率和更多的活性位点，对于长期的电化学电荷储存是非常有利的。由于非晶态纳米材料复杂的生长机理，因此对于尺寸和形状的可控合成仍然是一个巨大的挑战。

参考文献

[1] Fang S，Bresser D，Passerini S. Transition metal oxide anodes for electrochemical energy storage in lithium – and sodium – ion batteries [J]. Advanced Energy Materials，2019，10 (1)：1902485.

[2] Hua X，Allan P K，Gong C，et al. Non – equilibrium metal oxides via reconversion chemistry in lithium – ion batteries [J]. Nature Communication，2021，12 (1)：561.

[3] Li Y，Bai Y，Wu C，et al. Three – dimensional fusiform hierarchical micro/nano $Li_{1.2}Ni_{0.2}Mn_{0.6}O_2$ with a preferred orientation (110) plane as a high energy cathode material for lithium – ion batteries [J]. Journal of Material Chemistry A，2016，4 (16)：5942 – 5951.

[4] Li Y，Wu C，Bai Y，et al. Hierarchical mesoporous lithium – rich $Li[Li_{0.2}Ni_{0.2}Mn_{0.6}]O_2$ cathode material synthesized via ice templating for lithium – ion battery [J]. ACS Applied Materials & Interfaces，2016，8 (29)：18832 – 18840.

[5] Mei J，Liao T，Kou L，et al. Two – dimensional metal oxide nanomaterials for next – generation rechargeable batteries [J]. Advanced Materials，2017，29 (48)：145390.

[6] Wang L，Wei Z，Mao M，et al. Metal oxide/graphene composite anode materials for sodium – ion batteries [J]. Energy Storage Materials，2019 (16)：434 –

454.

[7] Wang X, Bai Y, Wu F, et al. Vanadium organometallics as an interfacial stabilizer for $Ca_xV_2O_5$/vanadyl acetylacetonate hybrid nanocomposite with enhanced energy density and power rate for full lithium - ion batteries [J]. ACS Applied Materials & Interfaces, 2019, 11 (26): 23291 - 302.

[8] Chen J, Xu L, Li W, et al. α - Fe_2O_3 nanotubes in gas sensor and lithium - ion battery applications [J]. Advanced Materials, 2005, 17 (5): 582 - 586.

[9] Reddy M V, Yu T, Sow C H, et al. α - Fe_2O_3 nanoflakes as an anode material for li - ion batteries [J]. Advanced Functional Materials, 2007 (10): 156732.

[10] Ebner M, Marone F, Stampanoni M, et al. Visualization and quantification of electrochemical and mechanical degradation in Li ion batteries [J]. Science, 2013, 342 (6159): 716 - 720.

[11] Yamaguchi H, Nakanishi S, Iba H, et al. Amorphous polymeric anode materials from poly (acrylic acid) and Tin (II) oxide for lithium ion batteries [J]. Journal of Power Sources, 2015 (275): 1 - 5.

[12] Liang L Y, Liu Z M, Cao H T, et al. Microstructural, optical, and electrical properties of SnO thin films prepared on quartz via a two - step method [J]. ACS Applied Materials & Interfaces, 2010, 2 (4): 1060 - 1065.

[13] Saji K J, Tian K, Snure M, et al. 2D tin monoxide - an unexplored p - type van der waals semiconductor: material characteristics and field effect transistors [J]. Advanced Electronic Materials, 2016, 2 (4): 17895.

[14] Zhang J, Wan J, Wang J, et al. Hollow multi - shelled structure with metal - organic - framework - derived coatings for enhanced lithium storage [J]. Angewandte Chemie - International Edition, 2019, 58 (16): 5266 - 5271.

[15] Gu S C, Wang H, Wu C, et al. Confirming reversible Al^{3+} storage mechanism through intercalation of Al^{3+} into V_2O_5 nanowires in a rechargeable aluminum battery [J]. Energy Storage Materials, 2017 (6): 9 - 17.

[16] Wang H, Bi X, Bai Y, et al. Open - structured $V_2O_5 \cdot nH_2O$ nanoflakes as highly reversible cathode material for monovalent and multivalent intercalation batteries [J]. Advanced Energy Materials, 2017, 7 (14): 178940.

[17] Wang Y, Cao G. Developments in nanostructured cathode materials for high - performance lithium - ion batteries [J]. Advanced Materials, 2008, 20

(12): 2251 -2269.

[18] Zhang X F, Wang K X, Wei X, et al. Carbon - coated V_2O_5 nanocrystals as high performance cathode material for lithium ion batteries [J]. Chemistry of Materials, 2011, 23 (24): 5290 -5292.

[19] Sathiya M, Prakash A S, Ramesha K, et al. V_2O_5 - anchored carbon nanotubes for enhanced electrochemical energy storage [J]. Journal of the American Chemical Society, 2011, 133 (40): 16291 -16299.

[20] Wang Y, Cao G. Synthesis and enhanced intercalation properties of nanostructured vanadium oxides [J]. Chemistry of Materials, 2006, 18 (12): 2787 - 804.

[21] Mai L, Xu L, Han C, et al. Electrospun ultralong hierarchical vanadium oxide nanowires with high performance for lithium ion batteries [J]. Nano Letter, 2010, 10 (11): 4750 -4755.

[22] Yan B, Li X, Bai Z, et al. Crumpled reduced graphene oxide conformally encapsulated hollow V_2O_5 nano/microsphere achieving brilliant lithium storage performance [J]. Nano Energy, 2016 (24): 32 -44.

[23] Cao A M, Hu J S, Liang H P, et al. Self - assembled vanadium pentoxide (V_2O_5) hollow microspheresfrom nanorods and their application in lithium - ion batteries [J]. Angewandte Chemie - International Edition, 2005, 44 (28): 4391 -4395.

[24] He G, Li L, Manthiram A. VO_2/rGO Nanorods as a potential anode for sodium - and lithium - ion batteries [J]. Journal of Material Chemistry A, 2015, 3 (28): 14750 - 14758.

[25] Trang N T, Ali Z, Kang D J. Mesoporous TiO_2 spheres interconnected by multiwalled carbon nanotubes as an anode for high - performance lithium ion batteries [J]. ACS Applied Materials & Interfaces, 2015, 7 (6): 3676 -3683.

[26] Guo W, Sun W, Wang Y. Multilayer CuO@ NiO hollow spheres: microwave - assisted metal - organic - framework derivation and highly reversible structure - matched stepwise lithium storage [J]. ACS Nano, 2015, 9 (11): 11462 - 11471.

[27] Sahay R, Suresh Kumar P, Aravindan V, et al. High aspect ratio electrospun CuO nanofibers as anode material for lithium - ion batteries with superior cycleability [J]. The Journal of Physical Chemistry C, 2012, 116 (34): 18087 - 18092.

[28] Yin D, Huang G, Na Z, et al. CuO Nanorod arrays formed directly on Cu foil from MOFs as superior binder - free anode material for lithium - ion batteries [J]. ACS Energy Letter, 2017, 2 (7): 1564 - 1570.

[29] Fu J X, Wong W T, Liu W R. Temperature effects on a nano - porous $ZnCo_2O_4$ anode with excellent capability for Li - ion batteries [J]. RSC Advances, 2015, 5 (93): 75838 - 75845.

[30] Ma J, Wang H, Yang X, et al. Porous carbon - coated $CuCo_2O_4$ concave polyhedrons derived from metal - organic frameworks as anodes for lithium - ion batteries [J]. Journal of Material Chemistry A, 2015, 3 (22): 12038 - 12043.

[31] Zhang Y, Liu C, Gao X, et al. Revealing the activation effects of high valence cobalt in $CoMoO_4$ towards highly reversible conversion [J]. Nano Energy, 2020 (68): 12546.

[32] Islam M, Ali G, Jeong M G, et al. Study on the electrochemical reaction mechanism of $NiFe_2O_4$ as a high - performance anode for Li - ion batteries [J]. ACS Applied Materials & Interfaces, 2017, 9 (17): 14833 - 14843.

[33] Lei C, Han F, Li D, et al. Dopamine as the coating agent and carbon precursor for the fabrication of N - doped carbon coated Fe_3O_4 composites as superior lithium ion anodes [J]. Nanoscale, 2013, 5 (3): 1168 - 1175.

[34] Lee S W, Lee C W, Yoon S B, et al. Superior electrochemical properties of manganese dioxide/reduced graphene oxide nanocomposites as anode materials for high - performance lithium ion batteries [J]. Journal of Power Sources, 2016 (312): 207 - 215.

[35] Wang Z, Luan D, Madhavi S, et al. Assembling carbon - coated $\alpha - Fe_2O_3$ hollow nanohorns on the CNT backbone for superior lithium storage capability [J]. Energy Environment & Science, 2012, 5 (1): 5252 - 5256.

[36] Huang Y, Fang Y, Lu X F, et al. Co_3O_4 hollow nanoparticles embedded in mesoporous walls of carbon nanoboxes for efficient lithium storage [J]. Angewandte Chemie - International Edition, 2020, 59 (45): 19914 - 19918.

第6章

聚阴离子电极材料的多电子反应

聚阴离子型电极材料通常含有多个碱金属离子，是一种典型的可发生多电子反应的电极材料。本章系统介绍了聚阴离子型电极材料的分类，深入剖析了聚阴离子型电极材料的多电子反应机制，讲述了聚阴离子型电极材料的不同空间结构类型。本章以聚阴离子型电极材料的典型代表磷酸钒锂和磷酸钒钠为例，详细介绍了磷酸钒锂和磷酸钒钠的多电子反应机制、合成方法、材料空间结构、电化学行为以及促进其多电子反应的改性机制。同时，对聚阴离子型电极材料进行扩展，补充其他类型的聚阴离子型电极材料，分析总结了各类聚阴离子型电极材料的优势与不足。最后，针对聚阴离子型电极材料的多电子反应进行了系统的总结，并展望了聚阴离子型电极材料的发展趋势。

6.1　聚阴离子型材料的多电子反应机制

近年来，聚阴离子电极材料具有稳定的框架结构和较高的工作电压，结构式中含有多个碱金属离子，充放电过程中可实现多电子转移，具有较高的可逆容量等优点，已经成为二次电池正极材料的研究热点。

6.1.1　聚阴离子型材料的结构特征

聚阴离子型材料是指材料结构中由一系列四面体型（XO_4）$^{n-}$单元及衍生单元（X_mO_{3m+1}）$^{n-}$（X = S、P、Si、As、Mo 和 W）和多面体单元 MO_x（M 代表过渡金属）组成的一类化合物（图 6.1）[1]。

在大多数的聚阴离子化合物中，（XO_4）$^{n-}$单元不仅可以起到稳定过渡金属的氧化还原电对的作用，而且有助于离子在框架结构中的快速传导[2]。与层状材料相比，聚阴离子材料结构中强的共价键可以诱导金属和氧共价键产生更强的电离度，从而产生更高的氧化还原电对，使得碱金属离子在脱出/嵌入过程拥有较高的工作电压。这就是聚阴离子材料中的“诱导效应”，而且 X 与 O 之间强的共价键稳定了晶格中的氧，因此使得聚阴离子材料往往具有较高的结构稳定性和安全性。

常见的过渡金属层状氧化物正极材料由于在碱金属离子脱嵌过程中产生较大的体积或结构变化，或者出现复杂的充放电平台，导致结构稳定性较差，因

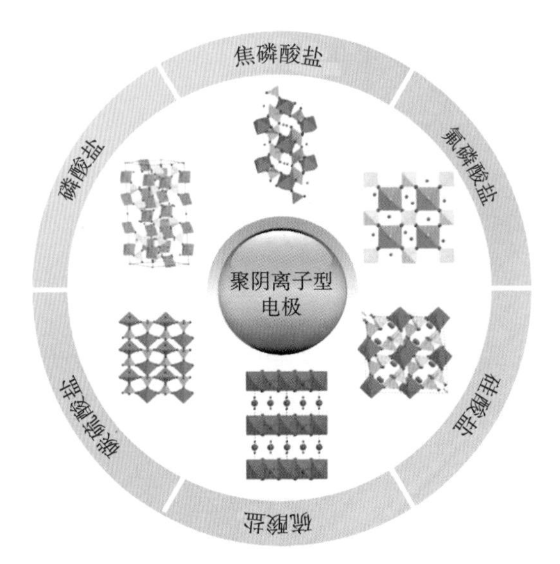

图 6.1　典型的聚阴离子型电极材料以及相应的晶体结构特征

此材料的循环稳定性较差。而聚阴离子型电极材料在碱金属离子脱出后体积形变相对较小，并且材料的工作电位较高，碱金属离子扩散快，因此循环寿命长。聚阴离子型电极材料已经被国内外众多研究学者和企业广泛研究，是二次电池正极材料的理想选择。

6.1.2　聚阴离子型材料多电子反应机制

聚阴离子型化合物通常含有多个碱金属离子，如 $Li_3V_2(PO_4)_3$ 和 $Na_3V_2(PO_4)_3$，在充放电过程中可脱出/嵌入多个离子，产生多电子转移，通常具有较高的可逆比容量。

以 $Li_3V_2(PO_4)_3$ 为例，晶态的 $Li_3V_2(PO_4)_3$ 有两种空间结构，即正交晶相 $\beta-Li_3V_2(PO_4)_3$ 和单斜晶相 $\alpha-Li_3V_2(PO_4)_3$，两者都具有相同的网状结构单元 $V_2(PO_4)_3$，不同的是金属八面体 VO_6 和磷酸根离子 PO_4 四面体的连接方式及碱金属存在的位置[3]。两种不同晶体结构的充放电机制明显不同，具体如下：

首先，正交晶相 $\beta-Li_3V_2(PO_4)$ 充放电机理比较简单，表现出电化学反应的典型的两相行为，充放电反应为：

$$Li_3V_2(PO_4)_3 \rightleftharpoons LiV_2(PO_4)_3 + 2Li^+ + 2e^- \tag{6-1}$$

即 1 mol $Li_3V_2(PO_4)_3$ 可脱出将近 2 mol Li^+，发生 2 电子转移，对应一个电压平台 3.76 V。

单斜晶相 $\alpha-Li_3V_2(PO_4)$ 属于晶体群 $P2_1/n$，其中 PO_4 四面体与 VO_6 八面体通过共用顶点氧原子而组成三维骨架结构，每个 VO_6 八面体周围一共有6个 PO_4 四面体，而每个 PO_4 四面体周围有4个 VO_6 八面体。这样就以 A_2B_3（其中 $A=VO_6$，$B=PO_4$）为单元形成三维网状结构，每个单晶中由4个 A_2B_3 单元构成，晶胞中有3个 Li^+ 的体相位点，因此单个晶胞共有12个 Li^+。单斜晶相 $\alpha-Li_3V_2(PO_4)_3$ 具有较高的充电电位4.8 V，$Li_3V_2(PO_4)_3$ 的突出优点是离子迁移速率高，这是由于具备类NASICON结构。这使得 $Li_3V_2(PO_4)_3$ 材料在大电流充放电时表现优异，同时，单斜晶相 $\alpha-Li_3V_2(PO_4)_3$ 具有较高的可逆比容量，展现出较好的电化学性能。

由于材料能够可逆地从晶格中脱嵌3 mol的 Li^+，发生3电子转移，$\alpha-Li_3V_2(PO_4)_3$ 的充放电曲线也比较复杂，如图6.2所示。单斜晶相 $\alpha-Li_3V_2(PO_4)_3$ 充放电曲线具有4个平台，并表现出与之对应的4种相变结构[4]。

$$Li_3V_2(PO_4)_3 \rightleftharpoons Li_{3-x}V_2(PO_4)_3 + xLi^+ + xe^- \qquad (6-2)$$

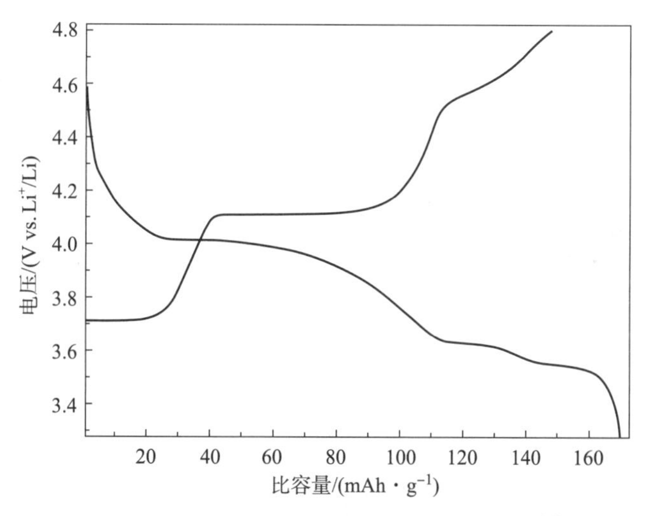

图6.2　典型的聚阴离子型电极材料充放电曲线[4]

在锂离子嵌入材料的过程中，充电时锂离子的脱嵌是分步进行的。充电时，$Li_{3-x}V_2(PO_4)_3$ 中 Li^+ 的脱出是分步进行的，每脱出1个 Li^+，均存在着相转变，每次相转变对应着一个电压平台。通过能量计算显示，Li(3)处于能量最高位置，最先脱出，与此同时，电子从V(1)位脱出，Li(2)移至与Li(1)相似的正四面体位置，形成含有排列有序 V^{3+}/V^{4+} 氧化态的 $Li_2V_2(PO_4)_3$，该过程与第一、二个电压平台3.60 V($x=0\sim0.5$)、3.68 V($x=0.5\sim1.0$)相对应。需要注意的是，Li(3)分两步脱出，在此过程中产生了一个中间相 $Li_{2.5}V_2(PO_4)_3$。

随着充电电压的继续升高，Li^+从 $Li_2V_2(PO_4)_3$ 中脱出，产生了只有 V^{4+}存在的 $LiV_2(PO_4)_3$，对应第三个电压平台 4.08 V($x=1.0\sim2.0$)。前三个电压平台对应于 V^{3+}/V^{4+}电对的氧化还原反应。第三个 Li^+的脱出在动力学上较难，对应的电压平台也升至 4.55 V，这是由于完全脱锂后的 $V_2(PO_4)_3$ 相离子/电子电导率降低。然而，在完全脱出 3 个 Li^+后，材料发生 3 电子转移后，$V_2(PO_4)_3$ 仍然保持了单斜结构。

放电时，反应逆向进行，由于 $V_2(PO_4)_3$ 中价态无序的混合态 V^{4+}/V^{5+}的存在，导致 Li^+的嵌入首先表现为固溶体特征（$x=1.0\sim2.0$），直到放电曲线上 $Li_2V_2(PO_4)_3$ 的形成，标志着两相行为的出现，这是由于随着 Li^+嵌入的数量增多，固溶体相中离子排序和电子排序效应重新建立，因而使得 V^{3+}/V^{4+}的强烈相互作用导致晶胞体重新收缩，$Li_2V_2(PO_4)_3$ 相得到恢复。

6.1.3 常见的聚阴离子型电极材料

聚阴离子型正极材料按化学式可分为 $A-M-XO_4$（橄榄石结构）、$A-M-XO_4$（NASICON 结构）、$A-M-XO_5$、$A-M-XO_6$ 和 $A-M-X_2O_7$ 等 5 种主要类型。聚阴离子型材料一般具有很好的电化学及热稳定性，因此循环性能及安全性能优异；缺点是电子电导率低，原始材料（未改性处理）的大电流性能较差。

磷酸盐化合物是聚阴离子化合物中的一个重要类别，也是目前研究比较多的聚阴离子型电极材料。磷酸盐正极材料主要包括橄榄石结构和 NASICON 结构这两个类别。其中，$Li_3V_2(PO_4)_3$（磷酸钒锂）$Na_3V_2(PO_4)_3$（磷酸钒钠）是研究热点。

6.2 $Li_3V_2(PO_4)_3$ 多电子反应电极材料

聚阴离子型正极材料 $Li_3V_2(PO_4)$ 具有两种晶体结构：单斜和菱方[5,6]。由于单斜 $Li_3V_2(PO_4)$ 的电化学性能远优于菱方，因此，目前对 $Li_3V_2(PO_4)$ 聚阴离子型化合物的研究主要集中在单斜结构 $Li_3V_2(PO_4)$ 材料，即 $\alpha-Li_3V_2(PO_4)$。$\alpha-Li_3V_2(PO_4)$ 作为一种高电势的正极材料，具有毒性较小、成本较低、比容量高、热稳定性能好等优点，正在吸引全世界研究者的关注。

6.2.1 $Li_3V_2(PO_4)_3$ 的制备工艺

1. 高温固相法制备 $Li_3V_2(PO_4)_3$

高温固相法常采用一定化学剂量比的锂盐、五氧化二钒和磷酸二氢铵为原料，机械混合后，先在较低温度下烧结较短时间，除去反应中生成的水和氨气，然后在较高温度下烧结较长时间，得到 $Li_3V_2(PO_4)$ 正极材料。

高温固相法制备 $Li_3V_2(PO_4)$ 正极材料的锂盐常见的有 LiF 和 Li_2CO_3，对比以 LiF 和 Li_2CO_3 为锂源时合成的材料[7]，发现以 LiF 为锂源时，得到纯相 $Li_3V_2(PO_4)_3$ 所需的热处理温度更低。电化学性能测试表明，以 LiF 为锂源合成的样品性能更好。在 3.0 ~4.8 V 电压范围内，1 C 下充放电循环 50 周后放电比容量达 147.1 mAh · g^{-1}，相当于初始容量的 93.8%。

2. 溶胶凝胶法制备 $Li_3V_2(PO_4)_3$

溶胶凝胶法可以制备得到纯相的 $Li_3V_2(PO_4)$ 正极材料。王峰等[8]按化学计量比 3∶2∶3 称取 $LiOH \cdot H_2O$、NH_4VO_3 和 $NH_4H_2PO_4$ 并置于烧杯中，加入一定量的柠檬酸作为螯合剂和碳源，经过高温煅烧并冷却后得到 $Li_3V_2(PO_4)_3$ 产物。

此外，使用溶胶凝胶法制备 $Li_3V_2(PO_4)$ 正极材料时，更改预热温度会对材料的多电子反应有一定的影响。制备溶胶前驱体时，在 90 ℃下磁力搅拌生成黄色溶液，直至形成蓝色湿凝胶，最终煅烧后得到的电极材料具有稳定的多电子脱嵌性能[9]。

3. 共沉淀法制备 $Li_3V_2(PO_4)_3$

Prosini 等[10]以 $(NH_4)_2Fe(SO_4)_2$、$NH_4H_2PO_4$ 和 H_2O_2 为原料，制得 $FePO_4$ 沉淀，加入 LiI 的乙腈溶液中，得到 $LiFePO_4$ 前驱体，再经过热处理得到产物。该材料 1 C 下首次放电容量为 140 mAh · g^{-1}，材料发生 2.13 电子转移，循环 700 周后仍能达到 110 mAh · g^{-1}，材料发生 1.67 电子转移。

通过共沉淀法合成球形前驱体，需要严格地控制反应条件，如原料配比、搅拌强度等，对操作流程及工艺参数的要求均较高。

4. 流变相法制备聚阴离子 $Li_3V_2(PO_4)_3$

近年来，流变相法常被用来合成光致发光材料、磁性材料等功能材料。这种方法也被用来制备锂离子电池的电极材料，如 Fe_3BO_6、$Ag_2V_4O_{11}$、$LiFePO_4$、$Li_4Ti_5O_{12}$及 $Li_xNi_{2-x}O_2$ 等，得到了良好的效果。这种方法通过极少量的溶剂使反应物达到一种不完全溶解的固液两相共存状态，即流变相，以实现均匀混合的目的。由于使用了适量的溶剂，因此原料能实现良好的接触，形成均一的流变相，弥补了固相法难以混合均匀的劣势。

王峰等[11]按化学计量比称取 $LiOH \cdot H_2O$、NH_4VO_3 和 $NH_4H_2PO_4$ 置于聚四氟乙烯容器中，加入一定量的柠檬酸作为螯合剂和碳源，逐滴加入去离子水至形成流变相混合物，经过高温煅烧后冷却后得到 $Li_3V_2(PO_4)_3$ 产物。

此外，倪乔等[12]通过是化学法制备 $Li_3V_2(PO_4)_3$ 锂离子电池正极材料，所制备的样品具有高纯度和结晶度。发现离子电导率和纯度在 850 ℃ 的煅烧温度下显著提高，导致循环和倍率性能的提高。在 850 ℃ 下煅烧的 $Li_3V_2(PO_4)_3$ 样品表现出优异的倍率性能和循环可逆性，材料的多电反应可逆性提高。

6.2.2 $Li_3V_2(PO_4)_3$ 多电子反应存在的问题及改性方法

1. 碳复合改性聚阴离子 $Li_3V_2(PO_4)_3$

碳复合是一种简单、直接、廉价、有效的提高材料电子电导率的方法。碳复合改性是向源材料中引入碳源，或者将碳源与源材料直接混合，然后高温煅烧，降温后制备碳包覆的磷酸钒锂正极材料。碳复合的电极材料，不仅明显提高了电子电导率，而且抑制了材料在煅烧过程中团聚的现象，减小了材料的粒径，缩短了锂离子传输路径，进一步提升了锂离子的扩散速率，有利于材料的倍率性能的提升。在碳包覆 $Li_3V_2(PO_4)_3$ 的研究中，不同碳源、不同复合方式等方面对材料的电化学性能影响不同。

王峰等[8]采用溶胶 – 凝胶法制备 $Li_3V_2(PO_4)_3/C$，优化条件为：煅烧温度为 850 ℃、保温时间为 6 h，其中，柠檬酸的最优添加量为：柠檬酸与偏钒酸铵的摩尔比为 1∶1。得到的 $Li_3V_2(PO_4)_3/C$ 颗粒尺寸为 1 ~ 2 μm。TEM 测试可以观察分析的 $Li_3V_2(PO_4)_3/C$ 复合材料颗粒边缘的微观结构。从图 6.3 能清楚看到 $Li_3V_2(PO_4)_3$ 颗粒边缘包覆了薄的碳层。从高分辨率透镜图（图 6.3(b)）可以看出 $Li_3V_2(PO_4)_3$ 晶体、边缘碳层及过渡区域，碳层为无定形结构，厚度约为 10 nm。$Li_3V_2(PO_4)_3$ 颗粒中包覆的碳层来自反应物中的碳源，碳源在合成 $Li_3V_2(PO_4)_3$ 材料过程中的作用是至关重要的：高温煅烧过程中，V^{5+} 还原为 V^{3+}，并能抑制颗粒生长，剩余的碳沉积在颗粒表面上，形成一个相互交织的碳网络，由此提高产物的导电性，促进材料的多电子转移反应。

与固相法相比，溶胶凝胶法制备的 $Li_3V_2(PO_4)_3/C$ 样品具有更优异的电化

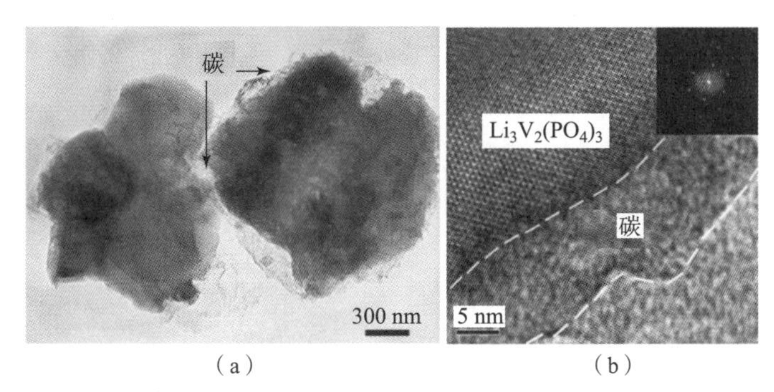

（a）　　　　　　　　（b）

图 6.3　(a) $Li_3V_2(PO_4)_3$/C 复合材料的 TEM 图；(b) $Li_3V_2(PO_4)_3$/C 颗粒边缘 HRTEM 图及傅里叶变换[8]

学性能[8]。如图 6.4（a）所示，溶胶 - 凝胶法制备的样品表现出更低的充电平台和更高的放电平台，极化较弱。对比两种方法制备的 $Li_3V_2(PO_4)_3$/C 样品的倍率性能，如图 6.4（b）~（c）所示，当放电电流增大时，放电曲线向下移动，放电容量减小，均是由于极化作用增强所导致。两个较低的电压平台间的界线趋于模糊，逐渐变为一个倾斜的电压曲线。溶胶 - 凝胶法制备的样品放电曲线下移的速度较慢，平台形状保持得更好。图 6.4（d）比较了在不同倍率下两个 $Li_3V_2(PO_4)_3$/C 样品的放电容量变化。溶胶 - 凝胶法制备的样品在各个倍率下容量均高出固相法得到的样品。尤其是当倍率提高到 5 C 时，两者的差异开始扩大，固相法得到的 $Li_3V_2(PO_4)_3$/C 容量跌至 93 $mAh \cdot g^{-1}$，材料发生 1.41 电子转移。对于溶胶 - 凝胶法制备的 $Li_3V_2(PO_4)_3$/C，倍率提高至 5 C 时，容量约 109 $mAh \cdot g^{-1}$，材料发生 1.65 电子转移。

图 6.5（a）是 $Li_3V_2(PO_4)_3$/C 复合材料的傅里叶红外光谱图。在范围 974 ~ 1 045 cm^{-1}处的强吸收峰对应 PO_4 伸缩振动（v_1 和 v_3）。在 633 cm^{-1}和 575 cm^{-1} 处的峰可以归因于 PO_4 不对称弯曲振动（v_4）。在 1 198 cm^{-1}和 1 227 cm^{-1}高频段之间的吸收峰是由于 PO_3 单元的伸缩振动，这是 NASICON 材料的特征峰。在中频段范围 450 ~ 550 cm^{-1}处，认为在 503 cm^{-1}和 461 cm^{-1}处的吸收峰对应于锂离子“笼形振动”。在远红外区域，即频段低于 400 cm^{-1}处，378 cm^{-1}和 316 cm^{-1}处的吸收峰可能是由于 VO_6 八面体的弯曲振动。应该注意到，这个频段范围内同时存在 $(PO_4)^{3-}$ 阴离子和阳离子的平移运动，因此，吸收峰的明确指认是比较困难的。这种 NASICON 结构的电极材料具有三维的钠离子传输空间，有利于聚阴离子型电极材料发生更多的多电子反应。

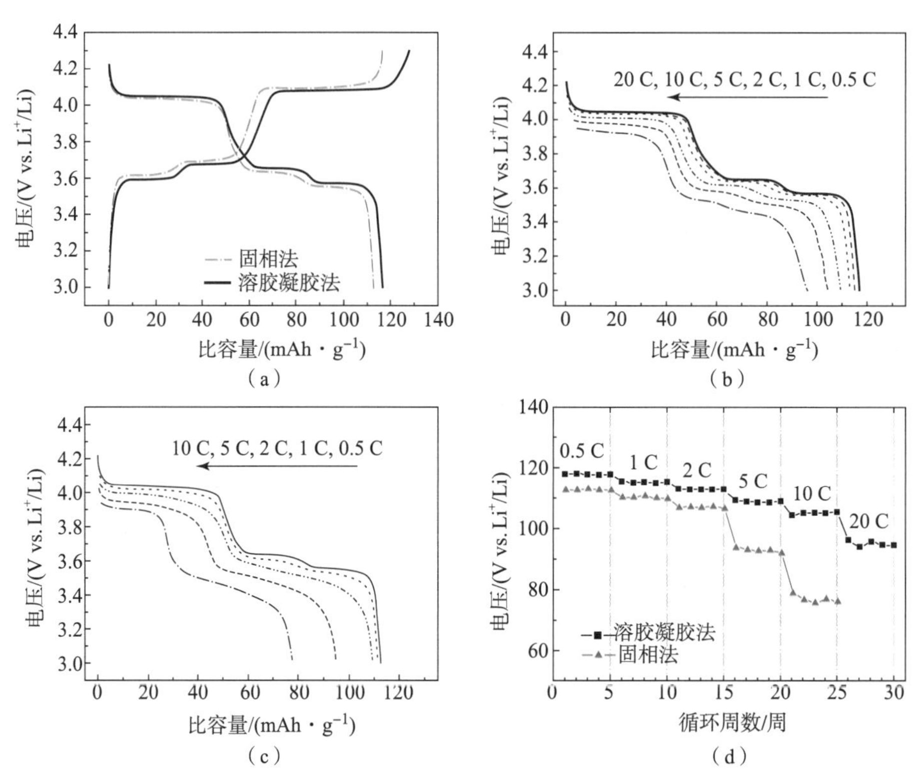

图 6.4 （a）固相法和溶胶凝胶法制备的 $Li_3V_2(PO_4)_3$/C 样品的首次充放电曲线；（b）溶胶凝胶法和（c）固相法制备的 $Li_3V_2(PO_4)_3$/C 样品在不同倍率下的放电曲线；（d）两个 $Li_3V_2(PO_4)_3$/C 样品在不同倍率下的容量比较[8]

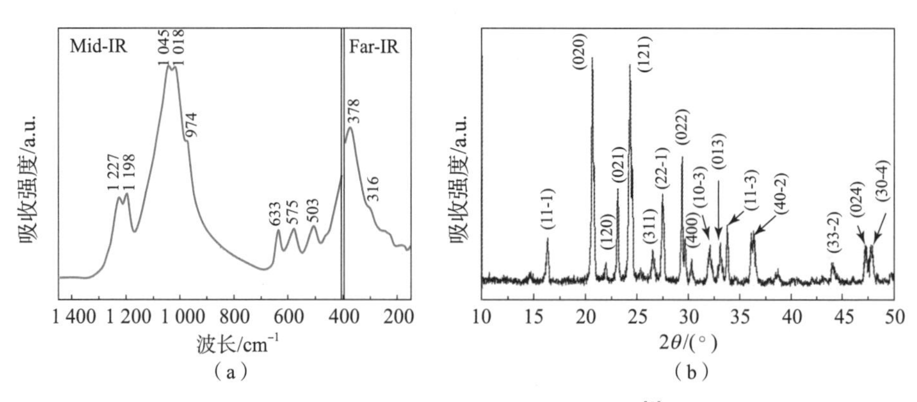

图 6.5 （a）$Li_3V_2(PO_4)_3$/C 的红外光谱[8]；（b）碳包覆 $Li_3V_2(PO_4)_3$ 样品的 XRD 图谱[4]

王联等[4]制备碳包覆 $Li_3V_2(PO_4)_3$ 样品，XRD 图谱如图6.5（b）所示，三处分别位于20.62°、24.30°和29.32°的最强特征峰呈现为典型的 $Li_3V_2(PO_4)_3$。该样品为三斜晶相，空间群为 $P2_1/n$。图6.6（a）所示为碳包覆 $Li_3V_2(PO_4)_3$ 样品的 SEM 图，材料颗粒轮廓清晰，表面光滑，米粒状的颗粒占绝大多数，偶尔有较大的颗粒，不过粒径不超过2 μm。另外，还有少量聚集成团的小颗粒。总体而言，样品颗粒形貌差异较小，颗粒平均粒径不超过1 μm。由于该样品是在较低温度（600 ℃）和较短时间（60 min）烧结合成的，所以颗粒尺寸和形貌差异都较小，这有利于样品电子转移反应及电化学性能的提高。

（a）　　（b）　　（c）

图6.6　碳包覆 $Li_3V_2(PO_4)_3$ 样品的（a）SEM 图、（b）TEM 图及在不同部位进行能谱分析的结果（c）[4]

图6.6（b）为碳包覆 $Li_3V_2(PO_4)_3$ 样品的 TEM 图，将探针置于图6.6（b）上指定的位置：外层边缘（1）、包裹层中（2）和颗粒内部（3）。这3个部位的组成成分如图6.6（c）所示。由图看出，碳的组分从外层边缘到包裹层再到颗粒内部呈现先增大再减小。

以0.5 C（70 $mA \cdot g^{-1}$）的电流密度，在3.3～4.3 V（vs. Li/Li^+）电化学窗口之间对碳包覆 $Li_3V_2(PO_4)_3$ 样品进行了充放电测试，首次放电比容量达到128 $mAh \cdot g^{-1}$，材料发生1.94电子转移，这一数值与理论容量相当接近。在0.88 C的电流密度下的放电容量为122 $mAh \cdot g^{-1}$，材料发生1.85电子转移。而在4.0 C的电流密度下，可逆放电容量仍达90 $mAh \cdot g^{-1}$以上，材料发生1.37电子转移，显示了优良的倍率性能及可逆稳定性。根据容量计算式（6-3）：

$$C = \frac{nF}{3.6M} \tag{6-3}$$

在0.88 C、2.22 C、2.73 C和4.00 C的电流密度下，分别有1.85 mol、1.74 mol、1.64 mol和1.46 mol的锂嵌入样品材料，对应地，分别发生1.85、1.74、1.64和1.46的电子转移反应。

王峰等[11]采用流相变法制备 $Li_3V_2(PO_4)_3/C$ 正极材料。图 6.7 所示是流变相法制备的 $Li_3V_2(PO_4)_3/C$ 颗粒的 TEM 图。从颗粒主体的颜色深浅层次判断，颗粒是由更小一级的纳米片堆积而成的。颗粒边缘连接着浅灰色的海绵状网络，是残留碳形成的。通过观察一个粒子的边缘可以发现碳层的存在。图 6.7（c）和（d）是相应的选区衍射（SAED）图，说明颗粒主体具有晶体结构，而边缘的包覆层则是无定形的。TEM 图说明，碳以团簇体（网络）及包覆层的形式存在。颗粒之间的碳网络能够弥补部分颗粒边缘碳包覆层稀薄的缺点，使得颗粒之间导电比较容易。

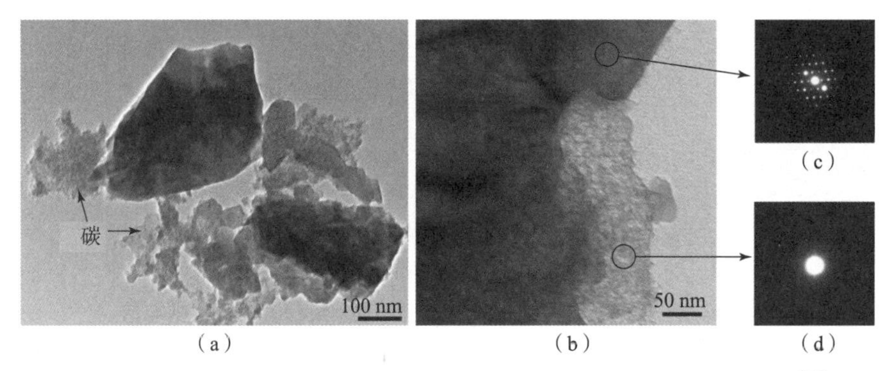

图 6.7 （a，b）$Li_3V_2(PO_4)_3/C$ 颗粒的 TEM 图及（c，d）相应的 SAED 图[11]

流变相法 $Li_3V_2(PO_4)_3/C$ 样品在 1 C 倍率下经过 200 周循环后放电容量为 122.3 $mAh \cdot g^{-1}$，材料发生 1.86 电子转移，较初始值损失 1.6%，平均每周仅损失 0.008%，循环性能优异。流变相法制备的 $Li_3V_2(PO_4)_3/C$ 复合材料在 5 C 倍率下，容量约 122 $mAh \cdot g^{-1}$，材料发生 1.86 电子转移；在 10 C 倍率下，容量可达 120 $mAh \cdot g^{-1}$，材料发生 1.82 电子转移；从 1 C 到 10 C，容量损失仅 4%，电子转移数仅减少 0.02；在 20 C（2 178 $mA \cdot g^{-1}$）的倍率下，能获得约 115 $mAh \cdot g^{-1}$ 的放电容量，材料发生 1.75 电子转移；在 30 C（3 373 $mA \cdot g^{-1}$）倍率下，即放电过程耗时 2 min 的情况下，电池容量约 102 $mAh \cdot g^{-1}$，材料发生 1.55 电子转移，相当于初始容量（1 C 倍率时）的 82%。

2. 离子掺杂改性聚阴离子 $Li_3V_2(PO_4)_3$

在材料的改性研究中，离子掺杂作为一种常见的手段被广泛研究应用于二次可充电电池正负极材料中，用于改善材料的结构稳定性，以提高材料的电化学性能。在磷酸钒锂正极材料中，通过引入其他元素，提高材料结构稳定性。

通常，元素的替代位点可以分为3类：Li的位点、V的位点和 PO_4 的位点。其中，Li的位点常见的可替代元素如Na、K和Ca等。PO_4 的位点常见的可替代元素如F、Cl和Br等。上述方法通过改变材料晶胞体积，改变材料总体态密度，进而提高材料的电化学性能。此外，最常用的离子掺杂是引入其他离子元素替代材料的V的位点，如Ti、Fe、Al、Mg、Cr、Mn等。例如，通过碳热还原法制备不同比例的Mg-Br双掺杂材料[13]，合成的掺杂材料仍然保持纯相的磷酸钒锂晶体结构。对材料组装电池，当Li箔片作为对电极时，电池在3.0~4.3 V的电压区间内，在0.5 C下循环100圈，材料可实现的可逆比容量为122.7 $mAh \cdot g^{-1}$，材料发生1.86电子转移。Chouaib等[14]用GGA和GGA+U方法对未掺杂和（Zr、Ge）掺杂的 $Li_3V_2(PO_4)_3$ 体系进行了第一性原理计算，解释了四价阳离子 Sn^{4+}、Zr^{4+} 和 Ge^{4+} 掺杂改善 $Li_3V_2(PO_4)_3$ 电化学性能的机理。通过对所研究体系的结构、磁性和电学性质的分析，解释了充放电过程中掺杂 $Li_3V_2(PO_4)_3$ 的结构稳定性，以及 Li^+ 电导率提升的原因。结果表明，掺杂 Sn^{4+} 和 Zr^{4+} 使 $Li_3V_2(PO_4)_3$ 晶格膨胀，从而扩大了Li的扩散途径，增加了 Li^+ 在电化学过程中的扩散系数。然而，研究表明，锗的掺杂产生了相反的效果。Sn、Zr和Ge的掺杂限制了 Li^+ 插层和脱层过程中晶格体积的变化，因此掺杂后的 $Li_3V_2(PO_4)_3$ 在循环过程中的结构稳定性得到改善。通过计算未掺杂和掺杂 $Li_3V_2(PO_4)_3$ 体系的电子结构，提出了（Sn、Zr和Ge）掺杂 $Li_3V_2(PO_4)_3$ 后电子导电性提高的机理。结果表明，四价掺杂元素 Sn^{4+}、Zr^{4+} 和 Ge^{4+} 取代 V^{3+}，使带隙能降低，并在价带和导带之间引入杂质态，起到电子跳跃位的作用。这些态与V有关，是 $Li_3V_2(PO_4)_3$ 晶格中最接近掺杂元素的V原子。

3. 化合物包覆改性聚阴离子 $Li_3V_2(PO_4)_3$

磷酸钒锂正极材料的电化学反应电压较高，在较高的电压范围内，电极材料与电解液会发生副反应，在电极表面沉积过量的电解液分解产物，严重影响材料的电化学性能。因此，在 $Li_3V_2(PO_4)_3$ 正极材料的表面包覆一层不具有电化学性能的材料可以有效抑制这种电解液的副反应，来改变材料的界面稳定性，提升材料的电化学性能。通常金属氧化物或非金属氧化物是常见的包覆源。

通过一步固相法合成表面 SiO_2+C 包覆的 $Li_3V_2(PO_4)_3$ 正极材料，以二羟基二苯硅烷为 SiO_2 和C的来源，制备的片状 $Li_3V_2(PO_4)_3$ 纳米复合材料的厚度在20~30 nm之间[15]。$Li_3V_2(PO_4)_3/(SiO_2+C)$ 复合材料由于 SiO_2+C 包覆层和片状形貌组成，比纯 $Li_3V_2(PO_4)_3$ 材料和粒状 $Li_3V_2(PO_4)_3/(SiO_2+C)$

复合材料表现出更好的稳定性和更高的容量。在3.0~4.8 V的电压范围内，$Li_3V_2(PO_4)_3/(SiO_2+C)$ 的放电容量为193.7 mAh·g^{-1}，材料发生2.95电子转移，循环50次后，容量保持了近90%。通过溶胶凝胶法成功制备了表面非晶碳和 CeO_2 共同包覆的 $Li_3V_2(PO_4)_3$ 正极材料[16]，当 CeO_2 的包覆含量为2%时，材料表现出最优的电化学性能，在3.0~4.3 V和3.0~4.8 V的电压区间内，材料在1 C的倍率性能下达到的实际可逆比容量分别为70.4 mAh·g^{-1}和103.3 mAh·g^{-1}，材料分别发生1.06和1.56电子转移。同时，材料在低温时以5 C的倍率循环50周，在3.0~4.3 V和3.0~4.8 V的电压区间内，材料的容量保持率为95.6%和92.7%。

目前其他改性方法也能有效地提高 $Li_3V_2(PO_4)_3$ 材料的电化学性能。如，制备纳米化材料可以增加电极材料与电解液之间的接触面积，进而提高钠离子的嵌入位点，提高材料的比容量；加入适量导电金属可以增加材料的电子电导性，提高材料的倍率性能等[17,18]。

6.3 $Na_3V_2(PO_4)_3$ 多电子反应电极材料

由于钠离子的半径比锂离子的大，在充放电过程中，钠离子的脱嵌对材料结构的影响将更大。所以，寻找结构稳定的电极材料是提高钠离子电池电化学性能的重要方向。钠快离子导体（NASICON）具有较大的三维网络结构和较高的钠离子导电率，同时具有稳定的骨架，因此，NASICON结构钠离子电池材料得到了广泛的研究。$Na_3V_2(PO_4)_3$ 是NASICON结构材料的一员，具有正交对称性，属于 $R\bar{3}C$ 空间群，晶胞参数为 $a=b=8.738$ Å，$c=21.815$ Å。$Na_3V_2(PO_4)_3$ 的晶体结构如图6.8（a）所示，每个 $Na_3V_2(PO_4)_3$ 晶胞由6个 $Na_3V_2(PO_4)_3$ 分子单元组成，$Na_3V_2(PO_4)_3$ 的结构可以看作是每个 VO_6 八面体与3个相邻的 PO_4 四面体共用氧原子组成[19]。其中，一个 Na^+ 位于M1（八面体位）位，两个 Na^+ 位于M2（四面体）位。M1位位于相同［$V_2(PO_4)_3$］带的两个相邻的［$V_2(PO_4)_3$］$^{3-}$单元中，而M2位位于两个相邻的［$V_2(PO_4)_3$］带。［$V_2(PO_4)_3$］$^{3-}$单元沿着 c 轴形成［$V_2(PO_4)_3$］带，［$V_2(PO_4)_3$］带与 PO_4 四面体相互连接形成三维开放网络结构。作为钠离子电池正极材料时，位于M2位的两个 Na^+ 将从材料本体中脱嵌，发生 $Na_3V_2(PO_4)_3/NaV_2(PO_4)_3$ 的两相变化，此相变过程引起的晶胞体积变化非常小，仅有8.26%。此外，

$Na_3V_2(PO_4)_3$具有较高的电化学反应平台，电化学反应曲线如图6.8（b）所示，在3.4 V处的电压平台对应着V^{3+}/V^{4+}的氧化还原反应，在此平台反应中，两个Na^+可以进行可逆的脱嵌，理论容量为117.6 mAh·g^{-1}，材料发生2电子转移[20]。此外，$Na_3V_2(PO_4)_3$可用作钠离子电池负极材料，放电平台略高，约1.6 V，对应着V^{2+}/V^{3+}的氧化还原反应。

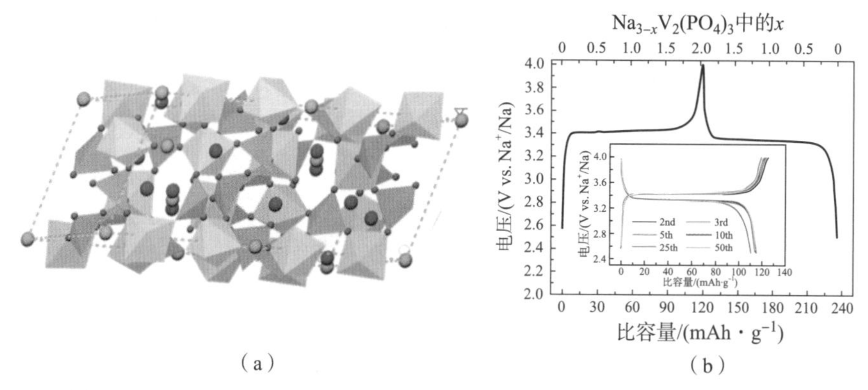

图6.8 （a）$Na_3V_2(PO_4)_3$晶体结构图；（b）$Na_3V_2(PO_4)_3$充放电曲线[20]

6.3.1 $Na_3V_2(PO_4)_3$的制备工艺

$Na_3V_2(PO_4)_3$容易制备，不同方法制备的$Na_3V_2(PO_4)_3$具有不同的电化学性能，目前的制备方法主要有溶胶-凝胶法、固相法、水热法、静电纺丝法等[21-25]。

1. 溶胶-凝胶法制备$Na_3V_2(PO_4)_3$

李慧等[21]利用溶胶-凝胶法制备了微米级无定形$Na_3V_2(PO_4)_3/C$，如图6.9所示。制备的$Na_3V_2(PO_4)_3/C$表现为微米级无定形材料。以金属钠为对电极组装半电池，测试其电化学性能，电池初始的放电比容量和充电比容量分别为114.8 mAh·g^{-1}和107.9 mAh·g^{-1}，发生1.82电子转移。Choi组[22]利用溶胶-凝胶法制备了纯相的$Na_3V_2(PO_4)_3$。除了测试材料的电化学性能外，通过利用TGA/DSC对$Na_3V_2(PO_4)_3$的热稳定性进行了测试，实验结果发现$Na_3V_2(PO_4)_3$和去钠态的$NaV_2(PO_4)_3$在450 ℃下都具有很好的热稳定性。

2. 高温固相法制备$Na_3V_2(PO_4)_3$

固相法在钠离子电池电极材料的制备中得到了广泛的应用，是用来制备

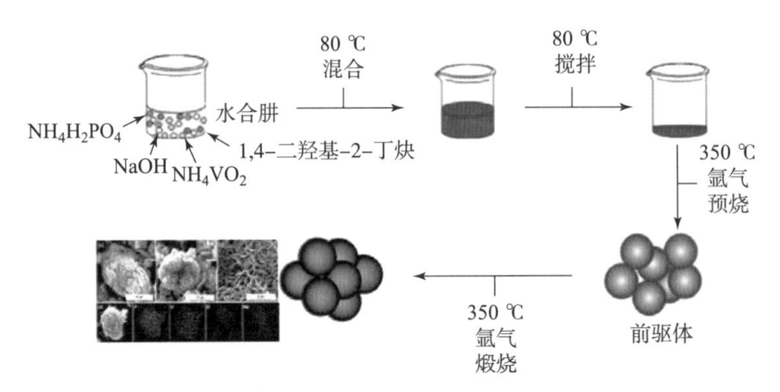

图 6.9 溶胶－凝胶法制备 $Na_3V_2(PO_4)_3/C$ 示意图[21]

$Na_3V_2(PO_4)_3$ 的方法之一。2012 年，陈立泉课题组[23]利用传统固相法合成了碳包覆 $Na_3V_2(PO_4)_3$，所制备的 $Na_3V_2(PO_4)_3$ 具有均匀的粒径，约 3 μm。同时，循环伏安测试发现，在 1.6 V 和 3.4 V 处分别有两个氧化还原峰。2013 年，陈立泉课题组[24]又利用固相法合成了 $Na_3V_2(PO_4)_3$，并探索了材料在不同电解液中的电化学性能，实验结果发现，当 NaFSI/PC 用作电解液时，$Na_3V_2(PO_4)_3$ 具有较高的充放电容量和库仑效率。

3. 水热法制备聚阴离子 $Na_3V_2(PO_4)_3$

李慧等[25]采用水热法制备三维分级结构 $Na_3V_2(PO_4)_3/C$ 正极材料。图 6.10 所示为以 NaOH、NH_4VO_3、$NH_4H_2PO_4$ 为原材料，通过水热法制备的 $Na_3V_2(PO_4)_3/C$ 正极材料三维分级结构。

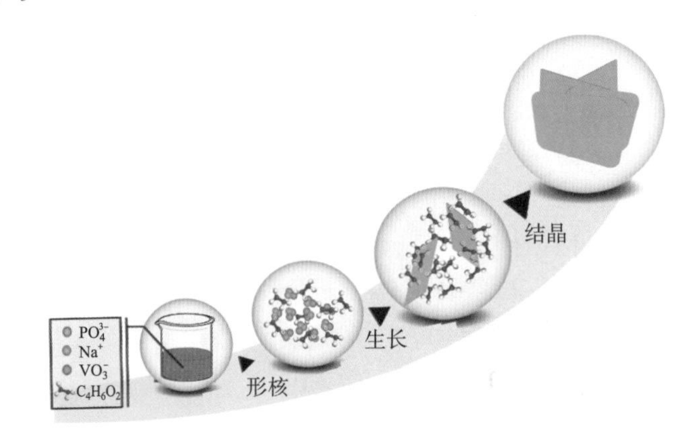

图 6.10 水热法合成的三维分级结构 $Na_3V_2(PO_4)_3/C$ 示意图[25]

当水热法制备的三维分级结构碳包覆 $Na_3V_2(PO_4)_3$ 用作钠离子电池正极材料时，$Na_3V_2(PO_4)_3$ 展现出了较好的电化学性能。图 6.11 所示为采用水热法制备的三维分级结构碳包覆 $Na_3V_2(PO_4)_3$ 材料和采用水热法制备的碳包覆 $Na_3V_2(PO_4)_3$ 材料的电化学性能对比。当倍率从 0.1 C 增大 50 倍到 5 C 时，容量仅从 114.8 mAh · g^{-1}降到 94.9 mAh · g^{-1}，材料的多电子转移反应从 1.96 个减少到 1.62 个，材料具有较好的倍率性能，在较高的电流密度下发生可逆的电子转移效应。此外，三维分级结构 $Na_3V_2(PO_4)_3$ 也具有很好的循环性能，在 1 C 的倍率下循环 600 周的容量保持率高达 74.4%。较好的倍率性能和循环性能主要是特殊形貌引起的：①二维纳米片堆叠所形成的空腔为钠离子脱嵌而导致的 $Na_3V_2(PO_4)_3$ 体积变化提供了缓冲区域，使得材料保持了稳定的结构；②此三维分级结构增大了电极与电解液的接触面积，因此增加了反应活性位点；③均匀的碳包覆层提高了材料的电子电导率。

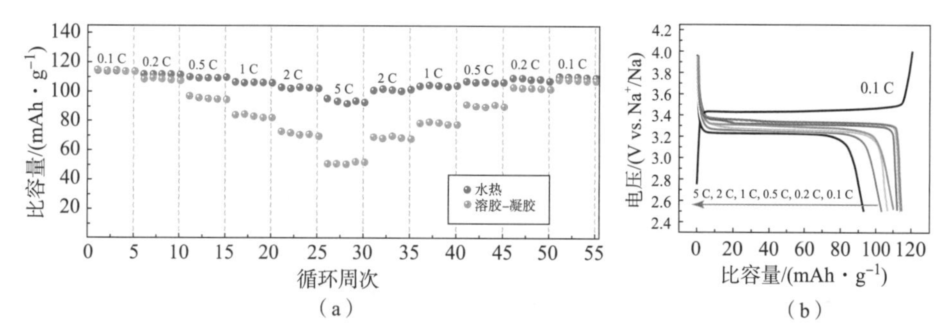

图 6.11　(a) 水热法合成的三维分级结构 $Na_3V_2(PO_4)_3$/C 和溶胶－凝胶法合成的 $Na_3V_2(PO_4)_3$/C 倍率性能；(b) 水热法合成的三维分级结构 $Na_3V_2(PO_4)_3$/C 不同倍率充放电曲线[25]

为了进一步探索材料的结构特点，对 2 C 倍率下循环 100 周的极片进行了 XRD 和 SEM 表征，结果如图 6.12 所示。图 6.12（a）为循环后的 XRD，从图中可以看出，循环后没有任何杂峰，所有的峰都能很好地与 $R\bar{3}C$ 空间群匹配，因此可以推断在电化学反应过程中没有明显的副反应存在。图 6.12（b）~（d）是循环后的扫描电镜图，由图可知，在循环后，片状表面变粗糙，但仍然呈现出片状累积的三维分级结构，说明这种形貌非常稳定，有利于电化学性能的提升。

4. 静电纺丝法制备 $Na_3V_2(PO_4)_3$

静电纺丝技术作为一种很好的制备纳米纤维的方法，在锂离子电池电极材料制备中得到了广泛的应用，并且这些材料的电化学性能得到了明显的提

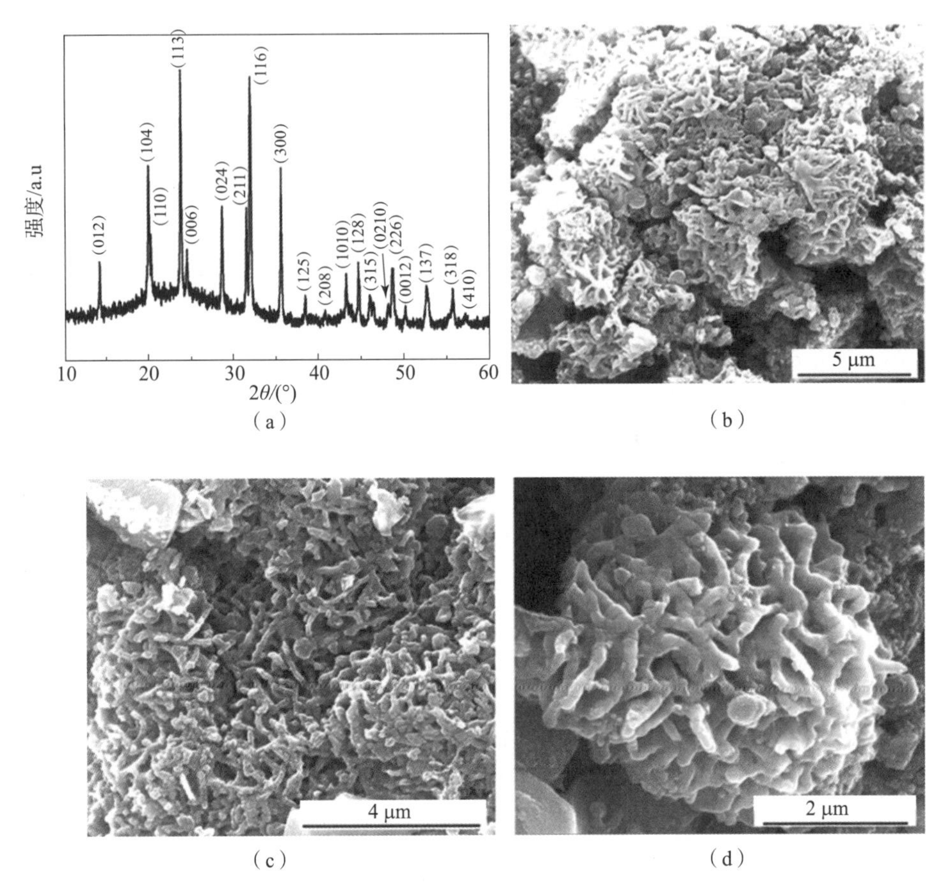

(a) (b)

(c) (d)

图 6.12 三维分级结构 $Na_3V_2(PO_4)_3/C$ 在 2 C 倍率下循环 100 周后的 XRD（a）和扫描电镜图（b~d）[25]

升[26]。李慧等[27]将聚乙烯吡咯烷酮溶解到 20 mL 的去离子水中作为静电纺丝液，制备钠离子电池正极材料 $Na_3V_2(PO_4)_3$ 纳米纤维。倪乔等[28]通过非原位静电纺丝法构建了 3D 电子通道包裹的大尺寸颗粒的 $Na_3V_2(PO_4)_3$，作为钠离子电池柔性电极材料。

由于静电纺丝法得到的碳纳米管（CNFs）优异的柔性特征和均一性，制备得到的柔性 $Na_3V_2(PO_4)_3$ 电极可以直接作为正极材料使用，而无须使用集流体、导电添加剂和黏结剂。与传统的金属集流体电极相比，柔性电极能够显著降低整个电池的体积和重量，从而提高电池的体积能量密度和功率能量密度。

与金属硬质集流体相比，柔性极片具有优异的电解液浸润性。测试了电极和电解液之间的接触角（图6.13），结果表明，电解液与柔性 $Na_3V_2(PO_4)_3$ 电极的接触角接近0°，这远小于电解液与 $Na_3V_2(PO_4)_3/C$ 之间的接触角（12.1°）。这里，电解液和固体介质之间的接触角可以通过杨氏方程来定义：

$$\cos\theta = \frac{\gamma_{SV} - \gamma_{SL}}{\gamma_{LV}} \tag{6-4}$$

这里 γ_{SV}、γ_{SL} 和 γ_{LV} 分别代表固气界面、固液界面和液气界面。基于杨氏方程，当 $\theta = 0°$ 时，$\gamma_{SV} = \gamma_{SL} + \gamma_{SL}$，这表示柔性 $Na_3V_2(PO_4)_3$ 电极被完全浸润；当 $0° < \theta = 12.1° < 90°$，表示 $Na_3V_2(PO_4)_3/C$ 电极只能被部分浸润，表明柔性 $Na_3V_2(PO_4)_3$ 电极具有更多的活性反应位点，可发生更多的电子转移反应。

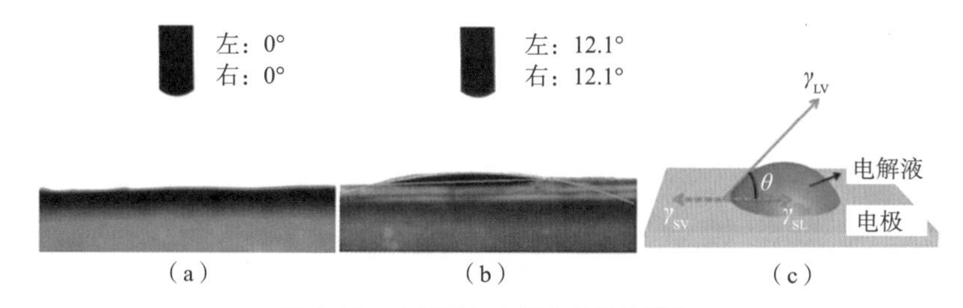

图6.13　电解液与电极之间的接触角

（a）柔性 $Na_3V_2(PO_4)_3$ 电极；（b）$Na_3V_2(PO_4)_3/C$ 电极；（c）热力学表面张力的示意图[28]

在0.1 C下，可以观测到柔性 $Na_3V_2(PO_4)_3$ 电极在3.40 V有一个长的平台，过电位仅仅为0.02 V。在0.1 C倍率下，柔性 $Na_3V_2(PO_4)_3$ 电极可以得到高达116 $mAh \cdot g^{-1}$ 的可逆的比容量，材料发生1.99电子转移（接近99%的理论容量）。即使当电流密度增高300倍，到达30 C时，仍然有63 $mAh \cdot g^{-1}$ 的可逆容量，可以得到材料发生1.07电子转移。

与直接将前驱体通过高温处理得到的 $Na_3V_2(PO_4)_3$ 电极相比，$Na_3V_2(PO_4)_3$ 自支撑电极展现出了诸多优势：第一，$Na_3V_2(PO_4)_3$ 自支撑电极的电解液浸润性更加优异，可以使得钠离子的脱嵌更加完全；第二，外层包裹的CNFs不仅可以为NVP主体材料提供3D电子传输通道，而且可以避免 $Na_3V_2(PO_4)_3$ 的团聚，因此有望进一步提高电子电导率和离子扩散系数；第三，多孔CNFs能够制造一些缺陷位点，为电解液提供更多的通道。制备得到的 $Na_3V_2(PO_4)_3$－自支撑电极展现出优异的循环性能和倍率性能。而且，组装的软包钠离子全电池具有123 $Wh \cdot kg^{-1}$（以正极材料质量来计算）的能量密度，如图6.14所示。

6.3.2　$Na_3V_2(PO_4)_3$ 的多电子反应存在问题及改性方法

尽管 $Na_3V_2(PO_4)_3$ 具有稳定的结构和较好的热稳定性，但是由于晶体结构

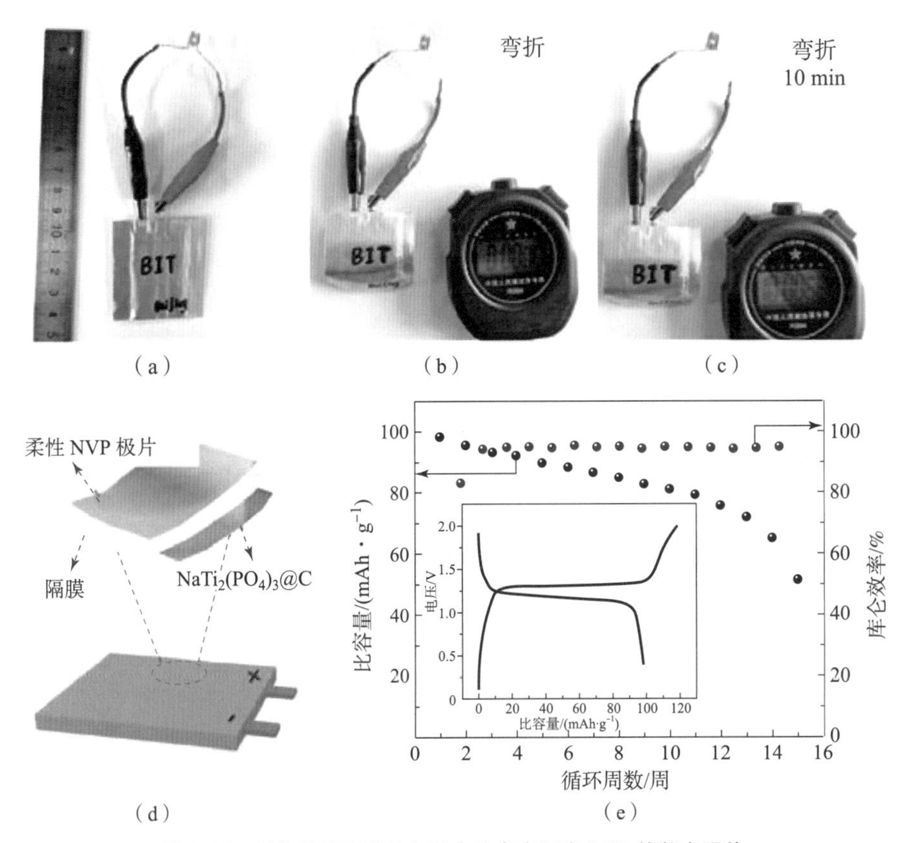

图 6.14 制作的钠离子软包装电池点亮红光 LED 的数字照片

(a) 平坦状态；(b) 弯折状态；(c) 弯折 10 min 状态；(d) 所组装的钠离子软包电池的内部结构；(e) 柔性 NVP/电解液/$NaTi_2(PO_4)_3$@C 全电池的电化学性能[28]

是 VO_6 八面体和 PO_4 四面体相互交替排列的，所以金属离子相距较远，导致电子电导率较低。与 $Li_3V_2(PO_4)_3$ 和 $LiFePO_4$ 相似，低的电子电导率严重限制了电化学性能。因此，为了提高材料的电化学性能，目前对 $Na_3V_2(PO_4)_3$ 的改性方法主要集中在：①碳包覆，以提高材料的电子电导率；②金属离子本体掺杂，以提高材料本体电导率；③将材料进行纳米化制备、特殊形貌制备，以提高材料的电化学性能。

1. 碳包覆改性 $Na_3V_2(PO_4)_3$ 电极材料

碳包覆是一种简单、直接、廉价、有效的提高材料电子电导率的方法，碳包覆的电池电极材料，不仅有明显提高的电子电导率，而且在煅烧过程中也没有团聚的现象。在碳包覆 $Na_3V_2(PO_4)_3$ 的研究中，不同碳源、不同包覆方式等方面都得到了探索。

李慧等[27]通过静电纺丝法制备的碳包覆 $Na_3V_2(PO_4)_3$ 正极材料如图6.15（a）所示，纳米纤维表面粗糙，许多颗粒分散在表面。由图6.15（b）可以看出，纳米纤维是一种核壳结构，内核为 $Na_3V_2(PO_4)_3$ 活性材料，而外壳为一层约为100 nm碳包覆层。由于 $Na_3V_2(PO_4)_3$ 本身电子导电率不高，这层均匀外包在活性材料表面的碳层，则提高了材料的电子电导率，对材料的电化学性能的提高起到了促进作用。同时，由图6.15（c）可以看出，$Na_3V_2(PO_4)_3$ 活性材料结晶性非常好，图中的晶面间距为0.186 nm，对应于（226）面。拉曼光谱对外包碳层进行了表征。如图6.15（d）所示，在1 360 cm^{-1}（D特征峰）和1 594 cm^{-1}（G特征峰）各观察到一个碳的特征峰。而G峰来源于 sp^2 碳原子键的伸缩振动，是石墨的特征峰。D峰来源于碳环的呼吸振动，与石墨片边缘的晶格对称性破缺、缺陷、晶型的不完整性、石墨片层间堆叠的无序化有关。D峰和G峰的强度比则可以提供碳结构的信息，即 I_D/I_G 越小，说明碳的石墨化程度越高，导电性越好。图中的 I_D/I_G 的值为0.9，说明碳层具有较高的电子电导率。

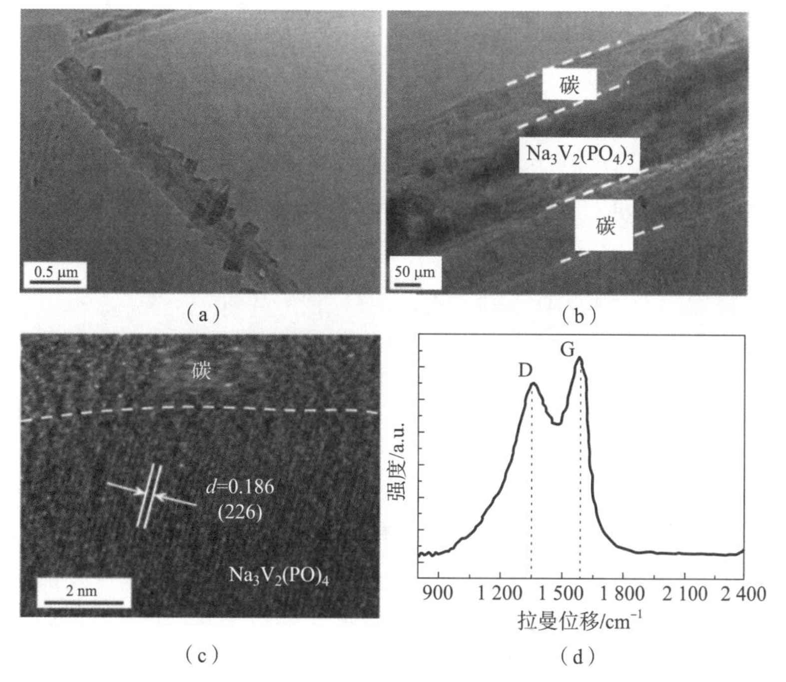

图6.15　$Na_3V_2(PO_4)_3$/C 纳米纤维的 TEM（a、b）和 HRTEM 图（c）；（d）$Na_3V_2(PO_4)_3$/C 纳米纤维的拉曼光谱[27]

李慧等[21]用两步还原法制备碳包覆 $Na_3V_2(PO_4)_3$ 正极材料，如图 6.16 所示。源材料为不同摩尔比的 V_2O_5 和草酸（1∶3、1∶5 和 1∶7），将含有不同 V_2O_5 和草酸摩尔比（1∶3、1∶5 和 1∶7）的 $Na_3V_2(PO_4)_3$/C 简单标记为 NVP 1∶3、NVP 1∶5 和 NVP 1∶7。对比不同电流密度下的多电子反应能力，NVP 1∶5 具有最好的倍率性能，在 1 C 和 80 C 下的放电容量分别为 101.88 mAh·g^{-1}和 75.54 mAh·g^{-1}，分别可以发生 1.74 和 1.29 电子反应，当倍率回到 1 C 时，放电容量仍可达到 103.89 mAh·g^{-1}，材料发生 1.77 电子转移反应。NVP 1∶7 倍率性能稍差于 NVP 1∶5，但仍展现了较好的倍率性能，80 C 下的放电容量可达约 70 mAh·g^{-1}，可以发生 1.2 电子反应。

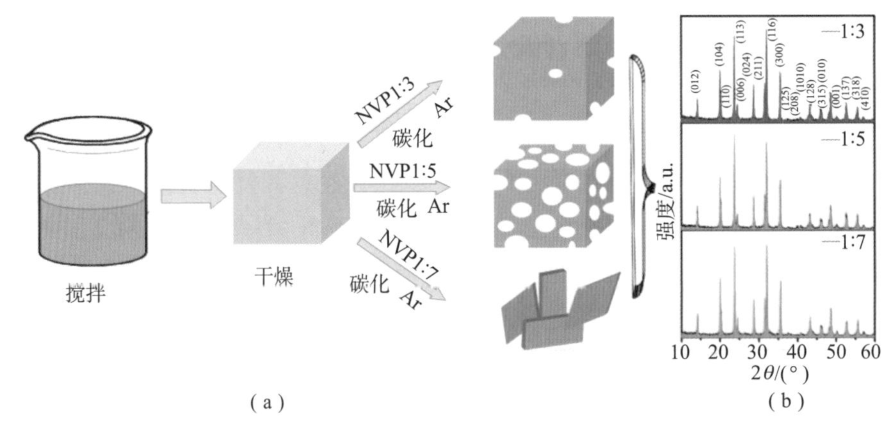

图 6.16 （a）两步还原法制备碳包覆 $Na_3V_2(PO_4)_3$ 正极材料流程图；（b）NVP 1∶3、NVP 1∶5 和 NVP 1∶7 的 XRD 图

2. 金属离子体相掺杂改性 $Na_3V_2(PO_4)_3$ 电极

上述总结的碳包覆改性方法主要用来提高整体材料的电子电导率，却不能提高材料本体的电子电导率。而金属离子体相掺杂改性，不仅可以提高材料的电子电导率，还可以支撑材料的晶体结构，使得材料具有更好的倍率性能和循环性能。目前，金属离子对 $Na_3V_2(PO_4)_3$ 本体掺杂的研究已有多篇报道，主要有 Mg^{2+}、Fe^{3+}、Cr^{3+}、Al^{3+}、Mn^{2+}、K^+，这些研究都说明金属离子掺杂能够很好地提高 $Na_3V_2(PO_4)_3$ 的电化学性能。

李慧等[29]利用第一性原理对一系列金属离子分别掺入 V 位后发生不同情况时所需能量进行了计算。如图 6.17 所示，金属离子掺入 V 位后，无论是通过引入多余 Na^+，还是通过 V 变价保持电荷平衡，掺杂 Ni 和掺杂 Mg 的 $Na_3V_2(PO_4)_3$ 都具有最低的生成能。

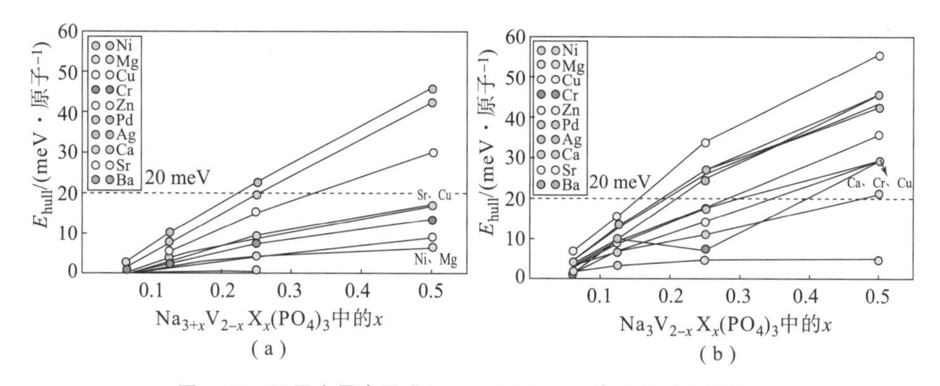

图6.17 不同金属离子进入$Na_3V_2(PO_4)_3$的V位时所需能量

(a) 进入V位，为保持电荷平衡，引入更多Na^+；(b) 为保持电荷平衡，V变价[29]

李慧等[19]通过溶胶凝胶法合成Ni^{2+}掺杂$Na_3V_2(PO_4)_3$/C正极材料。图6.18中可以看出，所有的材料都是纯相的，并没有杂峰可以被观察到。未掺杂和Ni^{2+}掺杂的$Na_3V_2(PO_4)_3$/C都可以归属为NASICON结构，空间群为$R\bar{3}C$。图6.18展示了晶体结构，从图中可以看出，$Na_3V_2(PO_4)_3$/C具有三维通道，有利于电化学反应过程中的钠离子扩散。

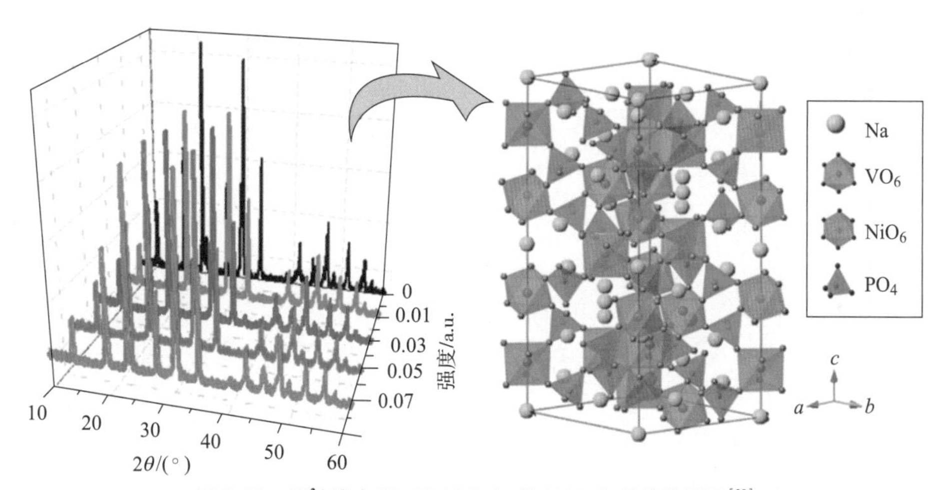

图6.18 Ni^{2+}掺杂$Na_3V_2(PO_4)_3$的XRD和晶体结构图[29]

根据文献报道，对于锂离子电池过渡金属磷酸盐类材料而言，有两个位置可以被其他金属离子取代，一个是锂位，另一个是过渡金属位。与锂过渡金属磷酸盐类材料相似，$Na_3V_2(PO_4)_3$也可能存在两个掺杂位置（Na位和V位）。而掺杂位置与电化学反应过程及掺杂影响电化学性能的机理有直接的关系。因此，科研学者们在探索掺杂位置方向方面做了大量的工作。李慧等[19]提出了一种非常有效的确定掺杂位置的方法，这种方法主要针对磷酸盐类材料，计算式如下：

$$D_{M1(2)} = |(X_M - X_{M1(2)})/X_{M1(2)}| + |(r_M - r_{M1(2)})/r_{M1(2)}| \tag{6-4}$$

式中，X_M和r_M分别代表掺杂元素的电负性和离子半径；$X_{M1(2)}$和$r_{M1(2)}$分别代表了被取代元素的电负性和离子半径。如果$D_{M1} < D_{M2}$，那么掺杂元素更倾向于取代M1位元素；如果$D_{M1} > D_{M2}$，则掺杂元素倾向于占据M2位置。根据上式，对于Ni^{2+}掺杂$Na_3V_2(PO_4)_3$而言，计算得$D_V = 0.267$，$D_{Na} = 1.376$。很显然，$D_{Na} > D_V$，因此，Ni^{2+}更倾向于占据V位而不是Na位。

图6.19所示是$Na_{3+x}V_{2-x}Ni_x(PO_4)_3$（$x=0$、0.01、0.03、0.05和0.07）的倍率性能对比。图6.19（a）是未掺杂样品和Ni掺杂样品$Na_{3+x}V_{2-x}Ni_x(PO_4)_3$（$x=0.01$、0.03、0.05和0.07）在0.2 C充电、不同倍率放电的倍率性能对比。从图中可以很明显地看出，所有掺杂样品的电化学性能要明显高于未掺杂样品。在所有掺杂样品中，$Na_{3.03}V_{1.97}Ni_{0.03}(PO_4)_3/C$表现出最好的电化学性能。当在3 C和5 C放电时，放电比容量分别高达95.4 mAh·g^{-1}和88.9 mAh·g^{-1}，材料分别发生1.63和1.52电子转移，远远高于未掺杂样品$Na_3V_2(PO_4)_3/C$。而当$Na_{3.03}V_{1.97}Ni_{0.03}(PO_4)_3/C$重新返回到小倍率3 C、2 C、1 C、0.5 C和0.2 C放电时，放电比容量仍可高达95.1 mAh·g^{-1}、100.2 mAh·g^{-1}、104 mAh·g^{-1}、105.6 mAh·g^{-1}和107.9 mAh·g^{-1}，可发生1.62、1.71、1.77、1.80和1.84电子转移反应。Ni^{2+}掺杂可以明显提高$Na_3V_2(PO_4)_3/C$的倍率性能，这可能是掺杂后晶格中更多的活性Na引起的。为了保持电荷平衡，Ni^{2+}进入V位后，会有更多的Na进入晶格中，这些多余的Na可能会参与到电化学反应过程，因此掺杂后的材料具有更高的电化学容量。

图6.19（b）和图6.19（c）分别是$Na_{3+x}V_{2-x}Ni_x(PO_4)_3/C$和$Na_3V_2(PO_4)_3/C$在不同倍率下的充放电曲线图。当电流密度从0.2 C增大到5 C时，$Na_{3.03}V_{1.97}Ni_{0.03}(PO_4)_3/C$所有的放电平台都可以很清楚地观察到。0.2 C放电时，平台大约在3.4 V处；5 C放电时，在3.1 V处可以明显地观察到长的放电平台。电流增大25倍，压降仅0.3 V。而对于未掺杂的$Na_3V_2(PO_4)_3/C$，当在0.5 C下放电时，已经观察不到放电平台，说明Ni^{2+}掺杂使得材料的结构更加稳定。

根据第一性原理计算发现Mg^{2+}也容易掺进$Na_3V_2(PO_4)_3$晶格中[30]，Mg^{2+}掺杂富钠$Na_{3+x}V_{2-x}Mg_x(PO_4)_3/C$与$Ni^{2+}$掺杂类似，$Na_3V_2(PO_4)_3$也有两个位置可以被$Mg^{2+}$取代，一个是钠位，另一个是过渡金属位。李慧等[19]提出了一种非常有效确定掺杂位置的方法，这种方法主要针对磷酸盐类材料，与式（6-

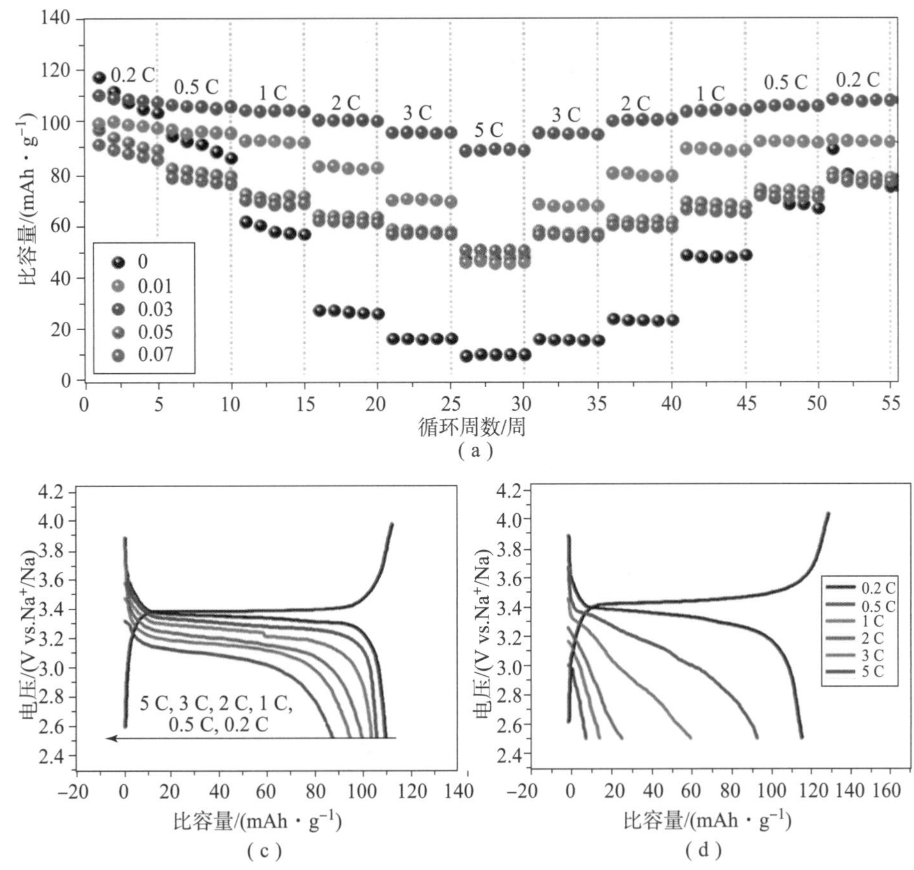

图 6.19　(a) $Na_{3+x}V_{2-x}Ni_x(PO_4)_3$ ($x=0$、0.01、0.03、0.05 和 0.07) 的倍率性能；
(b) $Na_{3.03}V_{1.97}Ni_{0.03}(PO_4)_3$/C 在不同倍率下的充放电曲线；
(c) $Na_3V_2(PO_4)_3$/C 在不同倍率下的充放电曲线[29]

4）计算相同，对于 Mg^{2+} 掺杂 $Na_3V_2(PO_4)_3$ 而言，计算得 $D_V=0.323$，$D_{Na}=0.528$。很显然，$D_{Na}>D_V$，因此，Mg^{2+} 更倾向于占据 V 位而不是 Na 位。

同理，Mg 掺杂也有利于提高 $Na_3V_2(PO_4)_3$/C 材料的多电子反应的转换。当在 1 C 下循环时，在循环前几周，未掺杂 $Na_3V_2(PO_4)_3$/C 和 Mg^{2+} 掺杂 $Na_3V_2(PO_4)_3$/C 具有相似的电化学性能，放电比容量约为 100 mAh·g^{-1}，材料发生 1.7 电子转移。但是 $Na_{3.05}V_{1.95}Mg_{0.05}(PO_4)_3$/C 和 $Na_{3.1}V_{1.90}Mg_{0.1}(PO_4)_3$/C 具有更好的多电子转移可逆性，循环 180 周后容量分别为 93.5 mAh·g^{-1} 和 90.5 mAh·g^{-1}，材料发生 1.6 和 1.54 电子转移。当充放电倍率提高到 10 C 时，未掺杂 $Na_3V_2(PO_4)_3$/C 和 Mg^{2+} 掺杂 $Na_3V_2(PO_4)_3$/C 的电子反应性能差距

更加明显。$Na_{3.05}V_{1.95}Mg_{0.05}(PO_4)_3/C$ 在 1 C、2 C、5 C、10 C、15 C 和 20 C 的放电容量分别为 100.7 mAh·g^{-1}、98 mAh·g^{-1}、97.5 mAh·g^{-1}、96.3 mAh·g^{-1}、95.5 mAh·g^{-1}和 92.1 mAh·g^{-1}，材料发生 1.72、1.67、1.66、1.64、1.63 和 1.57 电子转移反应，说明 Mg^{2+} 掺杂能够稳定 $Na_3V_2(PO_4)_3/C$ 晶体结构。而未掺杂 $Na_3V_2(PO_4)_3/C$ 在小倍率（如 1 C 和 2 C）时具有与 Mg^{2+} 掺杂 $Na_3V_2(PO_4)_3/C$ 相似的放电容量，但是在高倍率（如 20 C）下放电时，$Na_3V_2(PO_4)_3/C$ 仅有约 50 mAh·g^{-1}的放电容量，大约可以发生 0.85 电子转移，远远低于 Mg^{2+} 掺杂 $Na_3V_2(PO_4)_3/C$。

3. 纳米化和特殊形貌制备

纳米尺寸的材料作为电池电极材料时，表现出非常多的优势：①在充放电过程中，离子穿梭路径变短，因而有利于材料的倍率性能的提高；②纳米粒子具有较大的比表面积，因而增大了材料的反应界面；③聚集的纳米粒子之间存在间隙，为充放电过程中材料的体积变化提供了缓冲区域，进而可以提高材料的循环寿命；④纳米化材料具有较大的比表面积，因此具有更多的电子反应位点，可以提高材料的电子电导率。具有特殊形貌的材料也会表现出很好的电化学性能，如纳米纤维材料具有大的比表面积，使得电解液和活性材料的接触面积增大，因而有利于电化学反应的进行，同时，多孔结构材料的孔结构能够为钠离子脱嵌引起的体积变化提供缓冲空间，保持材料结构稳定等。目前，材料尺度纳米化和特殊形貌材料制备也是 $Na_3V_2(PO_4)_3$ 的研究热点之一。

6.4 其他聚阴离子多电子反应电极材料

6.4.1 氟磷酸盐类正极材料

由于聚阴离子基团的诱导效应，磷酸盐材料往往具有较高的电压，将部分磷酸根用电负性更强的氟离子取代，得到的氟化磷酸盐类正极材料的工作电压将进一步提高。正因为此，大量的氟化磷酸盐类正极材料被报道出来，如 Na_2FePO_4F、$NaVPO_4F$、$Na_3V_2O_{2x}(PO_4)_2F_{3-x}$等。其中，$Na_2FePO_4F$ 因为原材料丰富且理论容量较高（124 mAh·g^{-1}对应于 1 e 转移），并且在空气中超稳定、体积形变小、平均工作电压较高（约 3.2 V）等特点，从而被广泛关注。杨勇等[31]结合原位 XRD、非原位固体核磁和第一性原理计算，进一步证实 Na_2FePO_4F 的整个循环过程由两个两相转变过程组成，包括三个不同的结构变化：$Na_2FePO_4F(Pbcn)$、$Na_{1.5}FePO_4F(P2_1/c)$ 和 $NaFePO_4F(Pbcn)$，而且在整个循环过程中只有 Na2 位点的钠的迁移，而 Na1 位点的钠保持不变。

$Na_3V_2(PO_4)_2F_{3-2y}O_{2y}$（$0\leqslant y\leqslant 1$）体系是目前钠离子电池聚阴离子型正极材料研究的热门方向，其中，y 代表了材料中的氧含量。$Na_3V_2(PO_4)_2F_3$ 研究得最早，作为钠离子电池正极材料，具有约 3.75 V 的平均工作电压，以及 130 mAh·g^{-1}的理论容量，但是循环稳定性和倍率性都较差。研究表明，不同的氧含量将会影响材料在 4.5 V 的电压下钠离子的脱出量。当 $x=0$ 时，$Na_3V_2O_2(PO_4)_2F_3$ 最高的一个电压平台约为 5 V，对应于 V^{5+}/V^{6+} 氧化还原电对，而 V 通常很难被氧化为 V^{6+}；当 $0<x<1$ 时，$Na_3V_2O_{2x}(PO_4)_2F_{3-x}$中 V 的价态为混合的 V^{3+}/V^{4+}，当 $x=0.5$ 时，脱出第三个 Na 的电压最低，但是也在 4.5 V 以上，超过了目前大多数钠离子电池用电解液的分解电压。由此，可为选择合适 O/F 配比的该类电极材料提供依据。比如，Kang 等[32]合成的 V^{3+}/V^{4+}混合的 $Na_{1.5}VPO_{4.8}F_{0.7}$（$P4_2/mnm$ 空间群）新材料用作钠离子正极材料，发现理论上可以转移1.2 个电子，理论容量高达155.6 mAh·g^{-1}。在0.1 C 倍率下，能表现出129.7 mAh·g^{-1}可逆比容量，并且平均工作电压约为3.8 V，理论能量密度达到600 Wh·kg^{-1}。另外，Li 等[33]采用微波辅助溶剂热法合成了不同晶体构型的 $Na_3V_2(PO_4)_2O_{1.6}F_{1.4}$电极材料，空间群为 I4/mmm。通过原位固体核磁研究发现，该材料只能够转移2 个电子，对应于 V^{3+}/V^{4+}和 V^{4+}/V^{5+}的氧化还原过程，并且证实了在该过程中，V^{3+}转化为 V^{4+}的部分不会继续转化为 V^{5+}，而只有本体材料中 V^{4+}的部分会转化为 V^{5+}。

6.4.2　硅酸盐类正极材料

因为 Fe、Mn 和 Si 的原材料极其丰富且环境友好，因此硅酸盐类的正极材料 Na_2MSiO_4 吸引了大量的关注。而且，因为化学式中有两个 Na，对应于2 电子转移的理论比容量甚至可以超过278 mAh·g^{-1}。Na_2MnSiO_4 合成可通过溶胶凝胶法制备 Li_2MSiO_4 的过程中加入离子液体电解液而形成一种中间产物。然而，合成的 Na_2MnSiO_4 较低的相纯度以及离子液体较高的价格仍然限制了实际应用。为了进一步研究 Na^+在 Na_2MnSiO_4 中的扩散机制，研究者通过第一性原理计算研究了 $Na_xLi_{2-x}MnSiO_4(x=2, 1, 0)$ 化合物。尽管离子从 Li 转移至 Na，但是计算结果表明，离子扩散路径在 Na_2MnSiO_4 和 Li_2MnSiO_4 中是相似的。值得注意的是，钠离子在 Na_2MnSiO_4 中的扩散甚至比锂离子在同类型的

Li_2MnSiO_4 中扩散更快。杨勇课题组[34]首次通过固相法和溶胶凝胶法合成了 F43m 型 Na_2FeSiO_4 材料，在 1.5～4.0 V 的电压区间具有 106 mAh·g^{-1}的可逆容量，1.9 V 的电压平台对应于 Fe^{2+}/Fe^{3+}的氧化还原电对。在完全充电状态，该材料的体积形变仅为 0.9%，这远小于其他聚阴离子型电极材料，如 $LiFePO_4$ 体积形变约为 6.7%，而 $Na_4Fe_3(PO_4)_2P_2O_7$ 的体积形变约为 4%。对于钠离子电池硅酸盐类材料，需要注意的是，合成纯相的 Na_2FeSiO_4 不太容易，因为在合成过程中容易生成杂相 Na_2SiO_3，而且，材料中的 Fe^{2+}容易氧化为 Fe^{3+}。此外，Na_2FeSiO_4 的相反应机制目前仍然并不明确，弄清电化学机制有助于深入研究该类电极材料。但是，Na_2FeSiO_4 材料的低成本以及环境友好和零应变的特性与大规模能量存储的要求十分契合。

6.4.3 硫酸盐类正极材料

和其他聚阴离子型电极材料相比，硫酸盐类电极材料因为聚阴离子硫酸根更强的电负性，从而具有更高的氧化还原电对。因为 SO_4^{2-} 在高于 400 ℃下会热分解，所以硫酸盐材料往往需要在 350 ℃以下合成[35]。与传统的 NASICON 型结构不同，$Na_2Fe_2(SO_4)_3$ 形成一种独特的磷锰钠铁石矿型结构，其中 FeO_6 八面体共边，与 SO_4 单元结合在一起形成 3D 框架结构，并且在 c 轴方向具有较大的隧道结构。由于这种特殊的结构，该正极材料表现出 3.8 V 的平均工作电压，对应于 Fe^{3+}/Fe^{2+}的氧化还原电对。这是到目前为止报道的 Fe 基钠离子电池正极材料最高的工作电压。而且，在小电流密度下可以表现出 102 mAh·g^{-1}的理论容量，材料发生 1.74 电子转移。除了 $Na_2Fe_2(SO_4)_3$ 外，其他磷酸盐化合物如 $NaFe(SO_4)_2$ 也同样被报道用于钠离子电池正极材料。$NaFe(SO_4)_2$ 层状正极材料显示了可逆的单相反应，对应于 Fe^{3+}/Fe^{2+}的可逆氧化还原电对，平均工作电压约为 3.2 V（vs. Na^+/Na）。循环 80 周后，仍然有 78 mAh·g^{-1}的容量保持（理论比容量为 99 mAh·g^{-1}，基于 1 电子转移）。为了进一步研究异质元素掺杂对 $Na_{2+2x}Fe_{2-x}(SO_4)_3$ 结构的影响，研究发现，Mn 元素掺杂的 $Na_{2.5}(Fe_{1-y}Mn_y)_{1.75}(SO_4)_3$（$y=0$、0.25、0.5、0.75、1.0）固溶体能够增高 Fe^{3+}/Fe^{2+}的氧化还原电压[36]。然而，对于硫酸盐正极材料的研究仍然有许多需要注意的问题：①如何平衡在低温下材料合成的结晶度较低的问题和材料纯度的问题。因为通常情况下，400 ℃以下的热处理温度对于除掉所有的不纯物质是不够的，更不用说通过原位过程进行碳包覆来改性材料的电化学性能。②相对较高的电压需要更高电压窗口的电解液。③对于该类材料的电化学过程的理解至关重要，而目前的研究还都只是停留在材料的合成和表征方面。

6.4.4　焦磷酸盐类正极材料

从 $Li_2Fe_2P_2O_7$ 首次被报道作为锂离子电池正极材料以来，不同种类的焦磷酸盐被证实具有比磷酸盐更加优异的动力学性能[37]。基于钠的焦磷酸盐材料有 $NaMP_2O_7$（M = Ti、V、Fe）、$Na_2MP_2O_7$（M = Fe、Mn、Co）和 $Na_4M_3(PO_4)_2P_2O_7$（M = Fe、Co、Mn）等。$Na_2MP_2O_7$（M = Fe、Mn、Co）具有不同的晶体结构构型，如三斜晶系、单斜晶系和正方晶系。

在所有的这些结构中，$Na_2FeP_2O_7$ 是首次报道的钠离子电池焦磷酸盐材料，具有明显的隧道结构，作为钠离子电池正极材料，其具有 97 $mAh \cdot g^{-1}$ 的理论容量，可发生 1.66 电子转移反应。在 2.5 V 和 3 V 处有两个不同的电压平台，首周充电比容量达到 130 $mAh \cdot g^{-1}$，可发生 2.22 电子转移反应，甚至高于理论容量。然而，因为 Fe^{3+}/Fe^{4+} 氧化还原电对电极电势较高（约 5 V），在一般有机电解液电化学窗口下（<4.5 V），该材料只能脱出一个钠离子。另外一类混合磷酸盐材料 $Na_4M_3(PO_4)_2P_2O_7$（M = Fe、Co、Ni），因为体积变化小和好的循环性能，也是很有前景的一类钠离子电池正极材料。其中，最具代表性的混合磷酸盐类正极材料是 $Na_4Fe_3(PO_4)_2P_2O_7$。

Yamada 等[38]利用传统固相法成功制备了三斜结构的 $Na_2FeP_2O_7$，用作钠离子电池正极时，在 2.5 V 和 3.0 V 处有两个明显的放电平台，对应着 Fe^{3+}/Fe^{2+} 的氧化还原反应，理论容量约为 100 $mAh \cdot g^{-1}$，0.05 C 首次放电容量可达 82 $mAh \cdot g^{-1}$，可发生 1.4 电子转移反应，具有较好的电化学性能。此后，Yamada 组又对 $Na_2MnP_2O_7$ 和 $Na_2CoP_2O_7$ 进行了研究，发现 $Na_2MnP_2O_7$ 具有更好的电化学平台，在 3.6 V 处进行 Mn^{3+}/Mn^{2+} 的氧化还原反应，放电容量约为 80 $mAh \cdot g^{-1}$。$Na_2CoP_2O_7$ 在 3.0 V 处进行 Co^{3+}/Co^{2+} 的氧化还原反应。目前，研究最多的为 Fe 的焦磷酸盐化合物，如 $Na_4Fe_3(PO_4)_2(P_2O_7)$、$NaFeP_2O_7$、$Na_{2-x}(Fe_{1-y}Mn_y)P_2O_7(0<y<1)$ 等材料，合成方法也基本为较简单的固相法。但是由于 P_2O_7 的相对分子质量较大，所以其理论比容量不太高，目前报道的材料的容量约为 80 $mAh \cdot g^{-1}$，可发生 1.40 电子转移反应。

6.5　本章小结

聚阴离子型化合物由于较高的工作电压、具有 3D 的钠离子传输通道、稳定的空间结构、电化学循环的高稳定性及良好的热稳定性，被认为是潜在的二次电池正极材料。聚阴离子型材料磷酸钒钠和磷酸钒锂是钠离子电池和锂离子电池常见的电极材料，结构中含有大量的碱金属元素，在电化学充放电过程中，碱金属的脱出/嵌入量大于1，是典型的多电子反应电极材料，材料具有较高的能量密度。然而，在聚阴离子化合物结构骨架中，过渡金属价电子的电子云被孤立，从而阻碍了电子交换，加之电子在过渡金属离子间的传递被聚阴离子基团所阻碍，因此聚阴离子型正极材料的电子电导率普遍较低，从而限制了聚阴离子型正极材料的应用，因此，通过改性手段提升聚阴离子型正极材料，促进材料多电子反应是必要的，具体可以从以下几个方面考虑：

①表面包覆电子良导体材料、体相掺杂，可以调节电极材料的结构稳定性及材料的导电性。通过引入电子良导体的表面包覆源和引入，可以提高材料的多电子转移反应，并且可以提高聚阴离子型电极材料的电子转移稳定性。

②电解液分解及表面的分解产物的形成对电极材料的电子转移性能有关键的影响，加快开展宽电化学窗口电解液、高稳定性电解液等研究，使之与新型高效、低成本聚阴离子型正极材料相匹配。

③通过调控合成方法制备纳米化聚阴离子型电极材料，纳米化的电极材料具有更多的电子转移位点，不仅促进了更多的电子转移反应，还可以有效地提高电子转移反应的反应速度，提高材料的倍率性能。

④晶面调控择优生长有利于多电子反应的发生，提升材料的多电子反应动力学。通常，材料的活性晶面具备较高的表面能，在晶体成长的过程中，晶面表面能越高，原子堆积速度越快，材料的制备合成时会形成优势晶面。更多的优势晶面的暴露有利于提高材料的电化学性能，有利于多电子反应。

参考文献

[1] Ni Q，Bai Y，Wu F，et al. Polyanion – type electrode materials for sodium – ion batteries [J]. Advanced Science，2017，4 (3)：1600275 – 1600299.

[2] 倪乔. 二次电池聚阴离子型正极材料的研究 [D]. 北京：北京理工大学，2020.

[3] Ni Q，Zheng L，Bai Y，et al. An extremely fast charging $Li_3V_2(PO_4)_3$ cathode at a 4.8 V cutoff voltage for Li – ion batteries [J]. ACS Energy Letters，2020，5 (6)：1763 – 1770.

[4] 王联. 锂离子电池钒基正极材料的合成及性能研究 [D]. 北京：北京理工大学，2009.

[5] Feng W, Feng W, Wu C, et al. Electrochemical performance of $Li_3V_2(PO_4)_3$/C cathode material prepared by soft chemistry route [J]. Advanced Materials Research, 2010 (129-131): 521-525.

[6] 王峰. 高性能磷酸盐正极材料的制备及研究 [D]. 北京：北京理工大学，2011.

[7] Fu P, Zhao Y, Dong Y, et al. Low temperature solid-state synthesis routine and mechanism for $Li_3V_2(PO_4)_3$ using LiF as lithium precursor [J]. Electrochimica Acta, 2006, 52 (3): 1003-1008.

[8] Wang F, Wu F, Wu C, et al. The effects of citric acid on the performance of $Li_3V_2(PO_4)_3$/C [J]. Advanced Materials Research, 2012 (391-392): 1064-1068.

[9] Li N, Tong Y, Yi D, et al. Effect of Zr^{4+} doping on the morphological features and electrochemical performance of monoclinic $Li_3V_2(PO_4)_3$/C cathode material synthesized by an improved sol-gel combustion technique [J]. Journal of Alloys and Compounds, 2021 (868): 158771-158779.

[10] Dominko R, Bele M, Gaberscek M, et al. Porous olivine composites synthesized by sol-gel technique [J]. Journal of Power Sources, 2006, 153 (2): 274-280.

[11] Wu F, Wang F, Wu C, et al. Rate performance of $Li_3V_2(PO_4)_3$/C cathode material and its Li^+ ion intercalation behavior. Journal of Alloys and Compounds, 2012 (513): 236-241.

[12] Ni Q, Bai Y, Yang X, et al. Wet-chemical coordination synthesized $Li_3V_2(PO_4)_3$/C for Li-ion battery cathodes [J]. Journal of Alloys and Compounds, 2017 (729): 49-56.

[13] Sun S, Li R, Mu D, et al. Magnesium/chloride co-doping of lithium vanadium phosphate cathodes for enhanced stable lifetime in lithium-ion batteries [J]. New Journal of Chemistry, 2018, 42 (16): 13667-13673.

[14] Ahmani Ferdi C, Belaiche M, Iffer E. Investigation of tetravalent cation doping with ($M = Sn^{4+}$, Zr^{4+}, and Ge^{4+}) on the electrochemical properties of monoclinic $Li_3V_2(PO_4)_3$ using first-principles calculations [J]. Journal of The Electrochemical Society, 2021, 168 (7): 070518-070526.

[15] Lai C, Wu T, Wang Z. Sheet-like $Li_3V_2(PO_4)_3$ nanocomposite coated by

SiO_2 + C with better electrochemical properties for lithium – ion batteries [J]. Journal of Nanoparticle Research, 2016, 18 (1): 6 – 17.

[16] Cai G, Yang Y, Guo R, et al. Synthesis and low temperature electrochemical properties of CeO_2 and C co – modified $Li_3V_2(PO_4)_3$ cathode materials for lithium – ion batteries [J]. Electrochimica Acta, 2015 (174): 1131 – 1140.

[17] Wei S, Yao J, Shi B. 1D highly porous $Li_3V_2(PO_4)_3$/C nanofibers as superior high – rate and ultralong cycle – life cathode material for electrochemical energy storage [J]. Solid State Ionics, 2017 (305): 36 – 42.

[18] Liang S, Cao X, Wang Y, et al. Uniform $8LiFePO_4 \cdot Li_3V_2(PO_4)_3$/C nanoflakes for high – performance Li – ion batteries [J]. Nano Energy, 2016 (22): 48 – 58.

[19] 李慧. 钠离子电池正极材料 $Na_3V_2(PO_4)_3$ 的制备及其电化学性能研究 [D]. 北京: 北京理工大学, 2017.

[20] Li H, Wu C, Bai Y, et al. Controllable synthesis of high – rate and long cycle – life $Na_3V_2(PO_4)_3$ for sodium – ion batteries [J]. Journal of Power Sources, 2016, 326: 14 – 22.

[21] Li H, Bai Y, Wu F, et al. Na – rich $Na_{3+x}V_{2-x}Ni_x(PO_4)_3$/C for sodium ion batteries: controlling the doping site and improving the electrochemical performances. ACS Applied Materials & Interfaces, 2016, 8 (41): 27779 – 27787.

[22] Zhang L, Huang T, Yu A Carbon – coated $Na_3V_2(PO_4)_3$ nanocomposite as a novel high rate cathode material for aqueous sodium ion batteries [J]. Journal of Alloys and Compounds, 2015 (646): 522 – 527.

[23] Jian Z, Zhao L, Pan H, et al. Carbon coated $Na_3V_2(PO_4)_3$ as novel electrode material for sodium ion batteries [J]. Electrochemistry Communications, 2012, 14 (1): 86 – 89.

[24] Jian Z, Han W, Lu X, et al. Superior electrochemical performance and storage mechanism of $Na_3V_2(PO_4)_3$ cathode for room – temperature sodium – ion batteries [J]. Advanced Energy Materials, 2013, 3 (2): 156 – 160.

[25] Li H, Bi X, Bai Y, et al. High – rate, durable sodium – ion battery cathode enabled by carbon – coated micro – sized $Na_3V_2(PO_4)_3$ particles with interconnected vertical nanowalls [J]. Advanced Materials Interfaces, 2016, 3 (9): 1500740 – 1500748.

[26] Li H, Bai Y, Wu F, et al. Budding willow branches shaped $Na_3V_2(PO_4)_3/C$ nanofibers synthesized via an electrospinning technique and used as cathode material for sodium ion batteries [J]. Journal of Power Sources, 2015 (273): 784 - 792.

[27] Li H, Bai Y, Wu F, et al. $Na_3V_2(PO_4)_3/C$ nanorods as advanced cathode material for sodium ion batteries [J]. Solid State Ionics, 2015 (278): 281 - 286.

[28] Ni Q, Bai Y, Li Y, et al. 3D electronic channels wrapped large - sized $Na_3V_2(PO_4)_3$ as flexible electrode for sodium - ion batteries [J]. Small, 2018, 14 (43): 1702864 - 1702874.

[29] Li H, Tang H, Ma C, et al. Understanding the electrochemical mechanisms induced by gradient Mg^{2+} distribution of Na - rich $Na_{3+x}V_{2-x}Mg_x(PO_4)_3/C$ for sodium ion batteries [J]. Chemistry of Materials, 2018, 30 (8): 2498 - 2505.

[30] Li H, Yu X, Bai Y, et al. Effects of Mg doping on the remarkably enhanced electrochemical performance of $Na_3V_2(PO_4)_3$ cathode materials for sodium ion batteries [J]. Journal of Materials Chemistry A, 2015, 3 (18): 9578 - 9586.

[31] Li Q, Liu Z, Zheng F, et al. Identifying the structural evolution of the sodium ion battery Na_2FePO_4F cathode [J]. Angewandte Chemie International Edition, 2018, 57 (37): 11918 - 11923.

[32] Park Y, Seo D, Kwon H, et al. A new high - Eenergy cathode for a Na - Ion battery with ultrahigh stability [J]. Journal of the American Chemical Society, 2013, 135 (37): 13870 - 13878.

[33] Li C, Shen M, Hu B, et al. High - energy nanostructured $Na_3V_2(PO_4)_2O_{1.6}F_{1.4}$ cathodes for sodium - ion batteries and a new insight into their redox chemistry [J]. Journal of Materials Chemistry A, 2018, 6 (18): 8340 - 8348.

[34] Li S, Guo J, Ye Z, et al. Zero - strain Na_2FeSiO_4 as novel cathode material for sodium - ion batteries [J]. ACS Applied Materials & Interfaces, 2016, 8 (27): 17233 - 17238.

[35] Barpanda P, Oyama G, Nishimura S, et al. A 3. 8 V earth - abundant sodium battery electrode [J]. Nature Communications, 2014, 5 (1): 4358 - 4366.

[36] Wei S, Mortemard B, Oyama G, et al. Synthesis and electrochemistry of

$Na_{2.5}(Fe_{1-y}Mn_y)_{1.75}(SO_4)_3$ solid solutions for Na – ion batteries [J]. Chem Electro Chem, 2016, 3 (2): 209 – 213.
[37] Ming J, Ming H, Yang W, et al. A sustainable iron – based sodium ion battery of porous carbon – $Fe_3O_4/Na_2FeP_2O_7$ with high performance [J]. RSC Advances, 2015, 5 (12): 8793 – 8800.
[38] Leclaire A, Benmoussa A, Borel M, et al. Two forms of sodium titanium (Ⅲ) diphosphate: α – $NaTiP_2O_7$ closely related to β – cristobalite and β – $NaTiP_2O_7$ isotypic with $NaTiP_2O_7$ [J]. Journal of Solid State Chemistry, 1988, 77 (2): 299 – 305.

第7章

硅基电极材料的多电子反应

硅基电极材料由于具有较小的相对分子质量、较低的工作电压，充放电过程中可实现多电子转移，因此可以提供较高的可逆容量，是一类有潜力的负极材料。在目前的电池体系中，硅基电极材料主要应用于锂离子电池中，并且已经实现商业化应用，但在钠离子电池、铝二次电池等新型体系中应用较少。

本章讨论了硅基电极材料在锂离子电池中的多电子反应，其中涉及的硅基电极材料主要包括硅电极和氧化亚硅电极。本章主要论述了硅材料和氧化亚硅材料的多电子反应机理、硅基材料作为锂离子电池负极材料面临的主要问题、常用的制备方法、可行的改性策略以及产业化发展。本部分旨在帮助读者了解硅基电极的多电子反应原理，明确硅基电极材料在锂离子电池中的关键问题，例如硅材料导电性差、充放电过程中体积膨胀大、材料结构和界面稳定性差等，如图 7.1 所示。

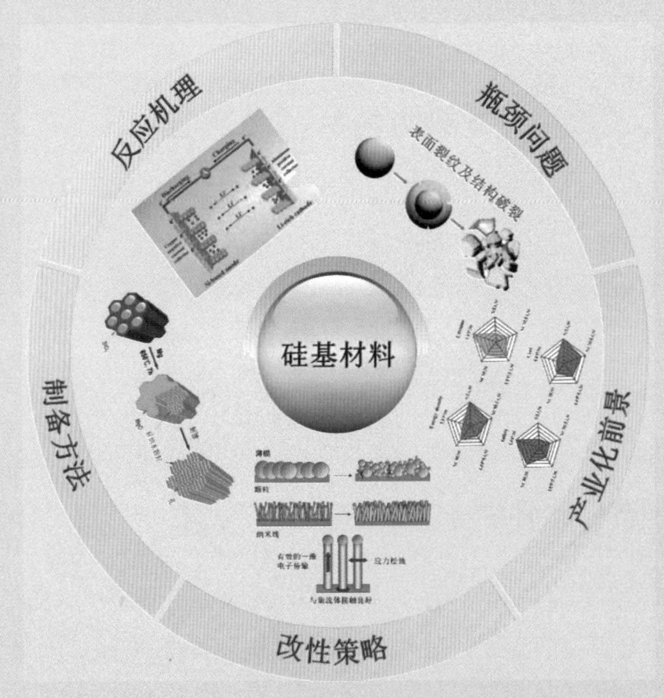

图 7.1　硅基电极材料的多电子反应

7.1　硅基材料多电子反应机理

目前，应用于锂离子电池的硅基材料主要包括单质硅材料与氧化亚硅材料，由于其多电子反应，均可提供较高的比容量，本节将对单质硅材料与氧化硅材料的多电子反应机理展开介绍。

7.1.1　硅（Si）的多电子反应机理

硅，化学符号为Si，原子序数为14，相对原子质量为28.085 5，其原子外壳有四个价电子，化学性质较稳定。硅是一种极为常见的元素，在自然界中的储量排在第八位；在地壳中的储量排名第二（26.4%），仅次于氧（49.4%）。晶体硅的原子结构如图7.2（a）所示，为金刚石立方密排晶体结构，晶格常数为5.431 Å。硅极少以单质的形式在自然界出现，而是以复杂的硅酸盐或二氧化硅的形式广泛存在于岩石、砂砾、尘土之中。

硅基材料是一类有潜力的锂离子电池负极材料。根据锂硅二元相图，通过热处理方法可以形成一系列的Si－Li合金相，这些合金相包括LiSi、$Li_{12}Si_7$、Li_7Si_3、$Li_{13}Si_4$、$Li_{15}Si_4$、$Li_{22}Si_5$等[2]。但锂硅相图只能给出一定的理论指导，基于热处理过程得出的相图在电化学过程中并不一定可以重现，许多理论上热力学稳定的两相物质在理论计算、原位或非原位测量的充/放电曲线中不存在。尽管相图的合金相均为晶相，但在电化学动力学的驱动下，硅的嵌锂反应的初始产物为一系列的非晶态的 Li_xSi，当实现锂离子的完全嵌入后，最终生成具有晶体结构的 $Li_{22}Si_5$。硅的电化学锂合金化/去合金化过程如图 7.2（b）所示。黑色曲线代表硅在450 ℃时的理论电压曲线，红色和绿色线分别代表室温下硅嵌、脱锂的理论电压曲线。室温下硅的导电性差导致存在较大的极化现象，使得室温下连续的嵌/脱锂曲线与高温（450 ℃）下的曲线不同，每个 Li_xSi 相对应的电位平台不同[2]。根据相图，硅颗粒在锂的嵌入、脱出过程中会发生一系列的相变，在电化学过程中会形成一系列合金相，随着 Li 含量的增加，平台电压逐渐降低。高温下，当嵌锂量 x 达到最大值 4.4 时，对应形成晶体的 $Li_{22}Si_5$ 合金相。而在室温下，充放电曲线为一个较长的平台，对应于晶体硅逐渐转变为非晶态的锂硅合金，每个硅原子可以结合多达 3.75 个锂原子，室温下硅嵌锂反应的最终产物是 $Li_{15}Si_4$[2]。室温下硅嵌锂的具体反应过程如下所示[3]：

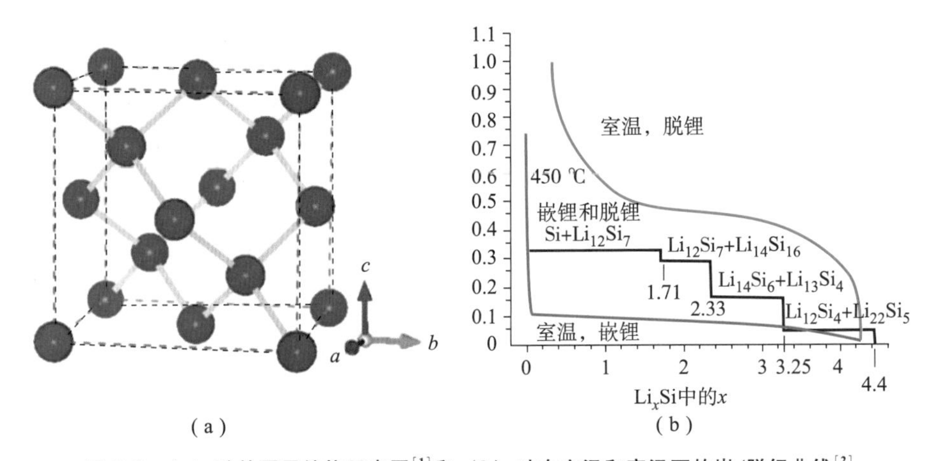

图 7.2 （a）硅的原子结构示意图[1]和（b）硅在室温和高温下的嵌/脱锂曲线[2]

首次嵌锂过程：

$$Si + xLi + xe^- \rightarrow Li_xSi + (3.75 - x)Li^+ + (3.75 - x)e^- \rightarrow Li_{15}Si_4 \quad (7-1)$$

首次脱锂过程：

$$Li_{15}Si_4 \rightarrow Si + yLi^+ + ye^- \quad (7-2)$$

后续嵌/脱锂过程：

$$Li_{15}Si_4 \rightleftharpoons Si + 3.75Li^+ + 3.75e^- \quad (7-3)$$

根据多电子理论原理，更大的电荷转移数和更小的物质摩尔质量可以有效提升材料的比容量和能量密度。对于硅材料而言，1 mol 硅发生电化学反应，其电荷转移数量高达 3.75 mol，并且硅具有较小的原子序数（14）、小的相对原子质量（28.08 g·mol^{-1}），是典型的轻元素多电子体系的一员，因此具有高比容量和能量密度。硅在室温和高温下形成的最终嵌锂产物为 $Li_{15}Si_4$ 和 $Li_{22}Si_5$，分别对应于 3 579 mAh·g^{-1}和 4 200 mAh·g^{-1}的超高理论比容量，远高于传统商业化石墨（372 mAh·g^{-1}）。硅的嵌锂电位高于石墨（<0.5 V vs. Li/Li^+），可以避免生成锂枝晶，安全性能较好；此外，硅储量丰富，且成本低、环境友好，因此硅在一定程度上被认为是可媲美石墨、极具潜力的下一代锂离子电池负极材料[4]。

7.1.2　氧化亚硅（SiO）的多电子反应机理

氧化亚硅材料（SiO）是最受关注的硅氧化物负极。氧化亚硅材料的微观结构一直存在争议。目前存在几种不同的微观结构模型，一种模型被称为无规律键合模型，该模型认为 SiO 是由随机分布的 Si—Si 和 Si—O 键组成的连续网络的均匀单相材料（图 7.5）[6]。另一种模型为无规律混合模型，其中 SiO 被认为是纳米级非晶态 Si 和 SiO_2 的混合物[7]。更真实的模型表明，氧化亚硅可能存在于 Si 和 SiO_2 结构之间的界面区域。由于传统表征技术空间分辨率的限制，直接实验观察 SiO 的局域原子结构是非常具有挑战性的。随着先进表征技术的发展，同步辐射 X 射线散射结果证明了无定型 Si 和 SiO_2 团簇的存在[8]。另外，由于 SiO 在原子尺度上的不均匀性，SiO 在热力学上是不稳定的，其易在加热条件下发生歧化反应，转变成 Si 和 SiO_2[9]。

2001 年，球磨 SiO/SnO 材料的储锂性能首次被报道[10]。研究表明，SiO 的电化学性能与氧含量密切相关，SiO 的容量随着氧含量的增加而下降，但是增大氧含量有助于改善材料的循环性能。了解 SiO 的嵌/脱锂机理对于进一步提高其电化学性能至关重要。普遍观点认为，SiO 基负极材料在第一次锂化过程中形成 Li_xSi 合金、锂硅酸盐（Li_4SiO_4）和 Li_2O。其中，Li_xSi 合金中锂离子的嵌入/脱出是可逆过程，而硅酸锂和氧化锂一般为不可逆产物，导致较低的首周库仑效率，但这二者的存在可以缓冲锂硅合金在脱/嵌锂过程中的体积变化，改善硅氧化物负极的循环性能。SiO 的脱/嵌锂反应过程如下所示[11]：

$$SiO + 2Li^+ + 2e^- \rightarrow Si + Li_2O \tag{7-4}$$

$$4SiO + 4Li^+ + 4e^- \rightarrow 3Si + Li_4SiO_4 \tag{7-5}$$

$$Si + 3.75Li^+ + 3.75e^- \rightleftharpoons Li_{3.75}Si \tag{7-6}$$

上述反应式认为 Li_4SiO_4 和 Li_2O 为 SiO 首次嵌锂中生成的电化学惰性成分，仅纳米 Si 微晶为后续反应的活性组分。然而，近年来一些研究报道提出 SiO 在首次嵌锂过程中会生成某些可逆的硅酸盐，这些硅酸盐组分在后续充、放电过程中也可以可逆地存储锂离子。SiO 放电产物组成十分复杂，已有研究表明，可以通过不同表征手段鉴定出三种硅酸锂物种（$Li_2Si_2O_5$、$Li_6Si_2O_7$ 和 Li_4SiO_4）。并且研究表明，在这些相中，只有 $Li_2Si_2O_5$ 相是可逆的，而 $Li_6Si_2O_7$ 和 Li_4SiO_4 相在循环过程中是不可逆的[12]。

由于 SiO 的主要活性组分为纳米 Si 团簇，由上述方程式可知，1 mol 氧化亚硅发生电化学反应，其电荷转移数量大于 1 mol，并且硅和氧均具有较小的原子序数，是典型的轻元素多电子反应，因此，SiO 具有较高的能量密度，并且相较于 Si 材料而言，其在锂化时生成硅酸锂和氧化锂，硅酸锂在锂化产物中是主导的基质组分，可以缓冲 Si 在锂化时的体积膨胀，提升材料的循环稳定性。虽然 Li_2O 在锂化 SiO 中的比例很小，但 Li^+ 在 Li_2O 中的扩散系数至少比锂硅酸盐高两个数量级。因此，其可以作为形成 Li_xSi 核的主要 Li^+ 传输通道，提高 SiO 的容量和倍率能力。目前，关于 SiO 的嵌/脱锂机制尚未有明确的定论，其在脱嵌锂过程中的产物种类及对应的反应可逆性均不确定，因此，未来针对 SiO 的脱/嵌锂机制仍需要进一步的研究。

7.2 硅基材料存在的问题及制备方法

7.2.1 硅和氧化亚硅材料存在的问题

硅虽然是一类具有高能量密度的负极材料，但是其在实际应用时面临许多关键问题，主要包括：

①硅在与锂合金化的过程中体积剧烈膨胀，脱锂后又急速收缩，前后体积变化超过 300%。巨大的体积变化导致电极结构坍塌，内部应力积累产生裂纹，导致电极粉化，活性材料与集流体分离，性能迅速衰减。

②颗粒的破碎会同时导致硅表面的固体电解质膜不稳定，持续的破裂以及再生会导致电解液的持续消耗。

③硅为半导体材料，导电性差，对倍率性能影响较大。

尽管氧化亚硅相对于单质硅具有更高的循环稳定性，但仍然存在以下问题：

①嵌锂过程中伴随的体积膨胀依然很大，限制其循环稳定性。

②导电性差，材料的电化学活性差。

③首次库仑效率较低，影响实际应用。

7.2.2 锂离子电池用硅基负极材料的制备方法

目前工业制备硅粉大多先采用碳热还原法将石英砂还原为粗硅，再经过一系列提纯工艺得到高纯度的硅，工业上 SiO 材料则主要是通过 Si 和 SiO_2 在高温真空条件下蒸镀合成，然而其苛刻的制备条件使得制备成本较高，不利于 SiO 商业化的推广。由于硅材料脱/嵌锂过程中会产生巨大的体积膨胀，传统方法制备的微米级的硅基材料难以直接用作锂离子电池负极材料。国内外研究人员针对硅基负极的体积效应问题进行了大量的深入研究，提出了创新性的解决方案，包括纳米化、复合化以及限域策略，具体策略及成果将在 7. 3. 1 节详细讨论。目前，锂离子电池用硅基负极材料的制备方法主要包括砂磨法、高能球磨法、物理气相沉积法、静电纺丝法、喷雾干燥法、化学沉积法、溶胶－凝胶法、金属热还原法等。

1. 砂磨法

砂磨法具有细化效果好、颗粒尺寸均匀、生产效率高等优点，是粉体材料的主要细化技术。砂磨法一般为湿磨，砂磨介质的参与可以提高物料在研磨过程中的分散性，克服传统干磨过程中因粉体沉降而导致的聚集结块等现象。不同砂磨介质显著影响硅基材料的电化学性能。范思嘉等[14]发现，相较于无水乙醇、异丙醇，含 10% 聚乙烯醇缩丁醛（polyvinyl butyral，PVB）的异丙醇溶液作为砂磨介质制备出的纳米硅材料电化学性能最佳，容量更高且更稳定。原因在于少量 PVB 可以作为表面防护剂来缓解纳米硅的团聚，提高硅的分散性。

2. 高能球磨法

高能球磨法也是一种常用的制备硅基复合材料的方法。在高速电动机驱动磨床的作用下，硅颗粒明显细化，有利于离子和界面电荷的迁移。将硅与碳材料混合，通过球磨法，然后进行碳化，可以获得核壳结构或封装结构的硅碳复合负极材料，该复合材料在提高电池容量、使用寿命和稳定性方面具有极大的潜力。高能球磨法按照球磨介质可分为干法球磨和湿法球磨。在高温高压下，干法球磨纳米硅、石墨、沥青可以制备出球形结构的硅碳复合材料，该材料具有较高的堆积密度、振实密度。而干法球磨法中，固体颗粒经研磨破碎后露出的新鲜表面化学亲和力强，因此会黏结在磨球、球磨腔内壁及分散盘表面，导致出粉率较低。高能球磨法工艺简单、成本低、产率高，是制备锂离子电池硅基复合负极常用的物理方法之一。同时，高能球磨法也存在易产生杂质、表面易氧化、结构不稳定、粒度分布不均等问题。

3. 物理气相沉积法

物理气相沉积法是用于制备硅基纳米材料的常用方法。物理气相沉积法（physical vapor deposition，PVD）是在真空状态下，采用蒸发或溅射等形式，把固体材料转化成原子、分子、离子态的气相材料，携带能量的蒸发粒子能够沉积于基体或零件表面并成膜的制备方法。制备硅基负极常见的 PVD 法包括电子束蒸发法、磁控溅射法等。电子束蒸发法可以制备具有纳米弹簧结构、螺旋结构以及多层薄膜结构的硅基复合材料，这些结构可以有效避免有害应力的积累导致体积膨胀后出现的碎裂，其抗断裂特性可以适应充/放电过程中的大幅体积变化。同时，纳米薄膜可以提供较高的比表面积及较短的离子扩散路径，多层结构设计可以提高电池的倍率和循环性能。溅射法可以用于制备具有分层缓冲结构的硅基复合负极材料，可以显著改善锂化过程中纳米颗粒的体积效应，维持电极在充、放电循环后的完整性。采用电子束蒸发法制备硅基复合负极材料时，膜层密度小，附着性差。溅射法制备的薄膜均匀性较差，但相较于电子束蒸发法，膜层密度大，气孔少，附着性好。

4. 静电纺丝法

静电纺丝法是一种广泛用于制备 Si/C 纳米复合材料的方法。实验中通常以聚丙烯腈（polyacrylonitrile，PAN）为碳源，经静电纺丝后，在随后的煅烧过程中碳化，以制备碳复合纳米纤维。此外，静电纺丝法也可制备不同结构的三元纤维基复合材料。对于复合纤维而言，为了充分发挥碳基质对硅基材料的包覆及缓冲作用，硅基材料必须均匀地分散并包埋在碳纤维基体中，因此纺丝条件对硅碳复合材料的电化学性能影响较大。陈瑶等[13]以 FeSi 合金与 PAN 为原料，利用静电纺丝技术结合后续高温热解的方法制备了 FeSi/C 纳米复合纤维，研究了纺丝条件（含纺丝液浓度、合金与 PAN 比例）对复合物性能的影响，并优化了复合纤维的制备条件，研究表明，8% 为最优纺丝液的浓度，纳米 FeSi 合金与 PAN 的配比为 1 : 0.5 即为最优原料配比。

5. 喷雾干燥法

喷雾干燥是一种通过加热气体对溶液进行快速干燥以获得干燥粉末的方法，使用雾化器将需要干燥的物料分散成雾滴，与热空气接触后迅速汽化得到干燥产品。喷雾干燥法的干燥效率高，通常干燥过程仅需数秒并且干燥后不必再粉碎和筛选，与普通干燥比较，其制备工序减少，但产物纯度相对提高，产物粒径、密度大多可控，可以连续进行干燥，有利于大规模合成与制备。范思嘉等[14]比较了喷雾干燥和旋蒸法制得的硅碳复合材料的电化学性能。喷雾干燥法制得的 Si/C 复合材料呈球形，形貌饱满规整，分散性良好，机械稳定性更高，因此制得的材料具有更加优异的循环稳定性和更高的循环库仑效率。然而喷雾干燥法所用设备热消耗大，存在成本高、占地面积大、清洗困难等问题。

6. 化学沉积法

化学沉积法包括化学气相沉积（chemical vapor deposition，CVD）、原子层沉积（atomic layer deposition，ALD）等，也常用于制备硅基薄膜。CVD 常用于制备硅基纳米线和多晶结构的硅基薄膜。通过 CVD 法可以制备均匀碳包覆的硅基材料，通常采用乙炔为碳前驱体，硅烷气体（SiH_4）作为硅前驱体。但硅烷气体具有爆炸性和剧毒，Zhu 等[15]报道了二甲基二氯硅烷可作为硅前驱体，在商用石墨微球（graphite microspheres，GMs）表面生长得到 Si/C 微棒。ALD 与化学气相沉积法相似，可用于在硅材料表面包覆电导率较差的氧化物。然而，在实际应用中，化学沉积法实验流程复杂，实验精度要求高，并且生产成本较高，目前大规模应用仍有难度。

7. 溶胶 - 凝胶法

在硅碳复合负极材料的合成中，溶胶 - 凝胶法具有广泛的应用前景。采用溶胶凝胶法可以制备“核 - 壳”“空心核 - 壳”以及“蛋黄 - 壳”结构的硅基复合材料。以间苯二酚和甲醛为前驱体，十六烷基三甲基溴化铵为表面活性剂，在水 - 乙醇 - 氨溶液中，通过简便的溶胶 - 凝胶法可以在硅颗粒表面包覆一层均匀的碳层[16]。另外，采用溶胶 - 凝胶法和纳米铸造法相结合的方法可以制备出介孔碳包裹的纳米硅的蛋黄 - 壳结构[17]。但溶胶 - 凝胶法目前仍存在若干问题：①用料昂贵且常用的有机溶剂对健康有害；②实验耗时长；③凝胶中存在的大量微孔会在干燥过程中逸出许多气体及有机物，并导致微孔产生收缩[17]。

8. 金属热还原法

金属热还原法按照还原剂分类，可分为镁热还原法、铝热还原法和钠热还原法等，常见的有镁热还原和铝热还原，分别是以镁和铝作为还原剂还原氧化硅。金属热还原法被认为是制备多孔硅的低成本且环保的方法。研究者通常选用成本低的原料（如沙粒和马尾草等），并采用镁热还原的方法制备硅基复合材料，这种策略将能效高、产率高的制备方法与资源丰富且经济的硅材料结合在一起，而且产物作为电极材料可以表现出优异的循环能力和倍率性能。目前，镁热还原方法生产多孔硅仍然存在一些挑战，一方面，需要在还原过程中保持二氧化硅模板的形态结构，得到结构稳定的硅材料；另一方面，需要控制反应程度，以完全还原二氧化硅，提高硅材料的产率，避免过度还原形成 Mg_2Si。

7.3 硅基材料的改性方法

7.3.1 硅的改性方法

1. 纳米化

降低硅的颗粒尺寸是提升硅负极的循环稳定性最直接有效的措施之一。较小的颗粒尺寸不仅能有效缩短锂离子的传输路径，提升硅的倍率性能，还能缓解颗粒内部的机械应力，保持颗粒结构完整性，有利于维持稳定的多电子反应。

（1）零维纳米化

纳米化可分为零维、一维和二维纳米化。

零维纳米化即制备纳米硅颗粒。Huang 等[19]首次提出了硅纳米颗粒的临界尺寸概念，即当硅颗粒尺寸低于该临界尺寸时，颗粒在首次嵌锂过程中不会出现开裂或粉化。该研究通过原位 TEM 的表征手段测试结果提出，硅颗粒在嵌锂过程中，颗粒内部的机械应力来源于原始硅内核和外层无定形 Li - Si 合金外层之间的一个两相界面的移动。该两相界面产生于原始硅颗粒表面，导致颗粒表面开裂，并在逐渐向颗粒内部移动的过程中，使颗粒开裂并粉化。该研究提出，当颗粒尺寸在临界尺寸 150 nm 以下时，由于颗粒晶界储存的能量不足以驱使裂纹扩张，因此颗粒能维持良好的结构稳定性，有利于维持稳定的多电子反应（图 7.3）。同时，Si 材料所承认的应力也与材料的几何形状有关。在相同体积的情况下，球形具有最小的表面积。而且，球形表面的应力为各向同性。但值得注意的是，当尺寸降至 100 nm 以下时，硅活性颗粒在充放电过程中很容易团聚，发生“电化学烧结”，反而加快了容量的衰减。而且硅纳米颗粒的比表面积较大，增大了与电解液的直接接触面积，导致副反应及不可逆容量增加，降低了库仑效率。

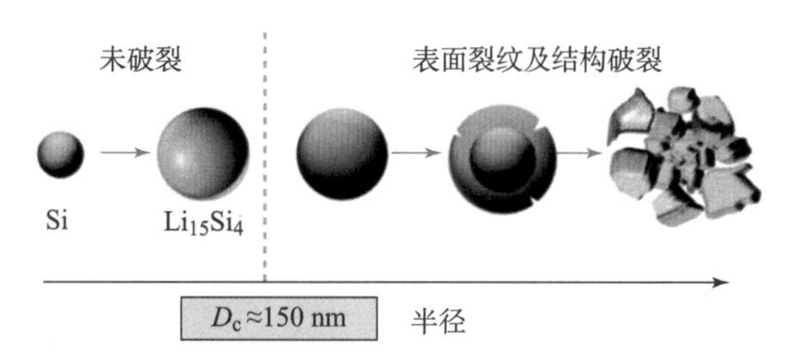

图7.3　Si纳米粒子的临界直径示意图[19]

（2）一维纳米化

常见的一维的硅纳米结构主要包括硅纳米线、硅纳米纤维和硅纳米管等。一维的硅纳米结构由于尺度较小，可以在很大程度上避免大块或者微米材料所存在的断裂问题，裂纹萌生和扩展的倾向可以显著降低，因为纳米尺度的晶界动力学控制着这些材料的断裂过程。

硅纳米线结构表现出优异的大应变和体积调节特性，对于压力和体积形变有较好的适应力。此外，使用纳米线作为电极对于理解硅材料中的锂离子输运、裂纹萌生和扩展等多个重要基本概念也具有重要意义。Cui[20]等用化学气相沉积方法制备了直径约为90 nm的硅纳米线，并在不锈钢衬底上垂直排列。图7.4显示了电化学循环过程中硅薄膜、颗粒和纳米线发生的形态变化示意图，其中，硅纳米线在循环后具有更好的结构稳定性。与硅纳米晶和薄膜相比，采用硅纳米线作为电极的电池的初始库仑效率显著提升至73%，循环稳定性也显著增强。电化学性能的提高归功于设计合理的硅纳米线电极结构，每根纳米线都与金属集流体之间存在电连接，因此所有的纳米线都对容量有贡献，并且相较于硅颗粒电极中颗粒间较小的电子传输区域，硅纳米线具有直接的一维电子路径，可以保障高效的电荷传输。此外，由于每根纳米线都连接到集流体，因此电极不需要添加额外的黏合剂或导电添加剂，使得总重量较低，能量密度进一步提高。并且，硅纳米线为较大的体积变化提供了足够的空间，纳米线结构可以有效抵抗体积膨胀引发的结构坍塌，有利于维持稳定的多电子反应。尽管硅纳米线作为锂离子电池负极有明显的优势，但硅纳米线易从金属衬底上脱落，以及表面存在大量SEI膜，易导致其循环性能和库仑效率不佳。

除了纳米线之外，硅纳米管（Si Nanotubes，SiNTs）也属于一维的硅材料。空心结构的硅纳米管是锂离子电池的一种有前景的负极材料。轴向空隙在嵌/脱锂过程中为硅的体积膨胀提供了额外的空间，从而防止了硅的粉化。此外，由于硅纳米管的内壁和外壁较薄，可以显著缩短锂的扩散距离[21]。纳米管的长度、外径、内径和壁厚决定了其力学性能并显著影响纳米管在嵌/脱锂过程

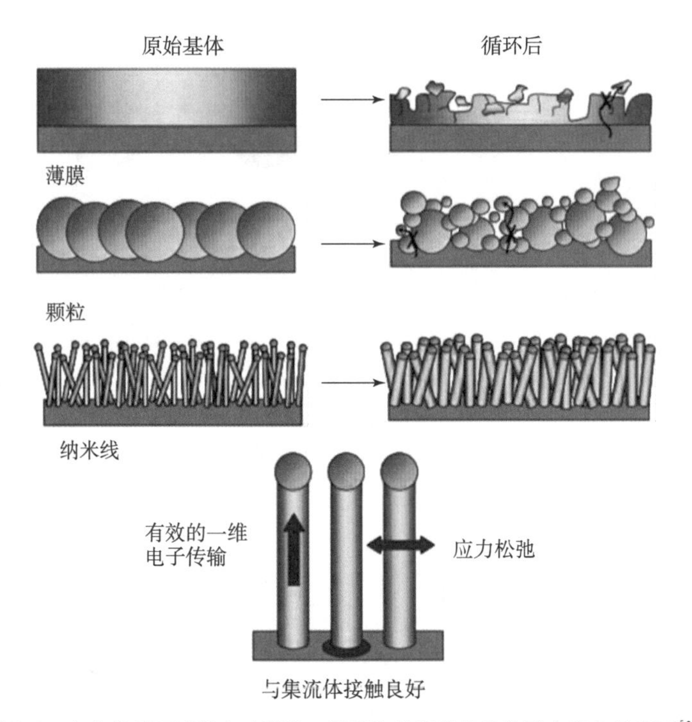

图 7.4 电化学循环过程中硅薄膜、颗粒和纳米线发生的形态变化示意图[20]

中的电化学性能。基于扩散诱导应力的计算，研究发现，半径较小且壁较薄的、长度较短的管有利于实现较长的循环寿命。

值得注意的是，硅和液体电解质界面的 SEI 稳定性是实现硅基负极材料长循环寿命的关键因素。由于硅材料在充放电过程中重复的体积膨胀和收缩，电极与电解质的界面并不是静态稳定的。如图 7.5 所示，在脱锂过程中，硅结构收缩，SEI 会破裂成单独的碎片，将新鲜的硅表面暴露在电解液中。在随后的循环中，新的 SEI 继续在新暴露的硅表面上形成，导致硅纳米线外部形成非常厚的 SEI 层。连续 SEI 形成过程中会消耗大量的电解质和锂离子，SEI 的电绝缘特性会削弱负极材料与集流体之间的电接触，锂在厚 SEI 中的扩散速率慢，以上问题导致硅纳米管电极的循环稳定性和库仑效率仍需进一步提升。Cui 等[22]设计得到了新型的双壁硅 - 硅纳米管（DWSiNT）负极，内壁是活性硅，外壁是起空间限制作用的 SiO_x，但外层 SiO_x 可以允许锂离子通过，通过在空心硅纳米管上设计机械约束层，可以防止硅在锂化过程中向外向电解质膨胀，从而可以建立一个薄而稳定的 SEI。根据结构表征与分析，在此材料中，电解液只接触外部表面，不能进入内部中空空间。嵌锂时，锂离子穿透外壁并与内壁的硅发生反应，由于外壁是机械刚性的，所以内壁的活性硅向内部中空空间膨胀，避免了结构坍塌。脱锂时，内壁的活性硅发生收缩，但是外壁不发生变化。因此，在脱嵌锂时，只有内壁发生变化，并且内壁不接触电解液，电解质界面则保持静止，有利于形成稳定的SEI膜。得益于以上优点，该双壁硅纳米管负极显示出优异的循环寿命，6 000次循环后，容量保持率为88%。另外，采用纳米压印光刻和金属辅助化学刻蚀相结合的方法也可以在硅衬底上制备垂直排列的硅纳米管，该电极的初始容量约为2 400 mAh·g^{-1}，实现了2.5电子转移[23]。然而，硅纳米管的制造成本高且工艺复杂，实现其规模化生产仍然是一个巨大的挑战。

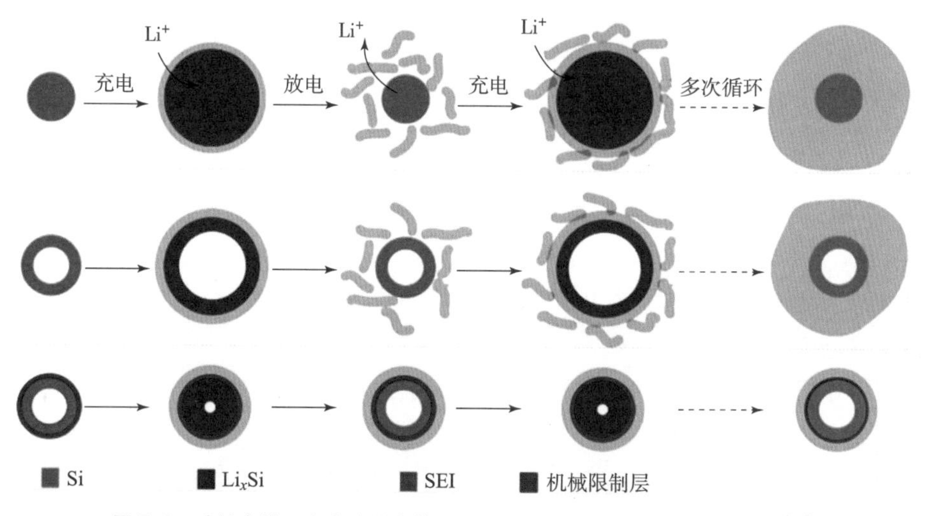

图7.5 硅纳米线、中空硅纳米管、双壁硅纳米管表面SEI形成示意图[22]

（3）二维纳米化

二维纳米结构硅基材料因其固有的快速离子、电子扩散动力学而成为负极材料的候选材料。二维硅基材料主要包括纳米片和纳米薄膜。

Park等[24]利用天然黏土合成了高质量的硅纳米片。与块状硅材料相比，硅纳米片和碳包覆的硅纳米片都表现出高的比容量（0.5 C时容量为865 mAh·g^{-1}）、优异的倍率性能（0.2~20 C的稳定性能）和出色的循环性能（0.5 C下500次循环后容量保持率为92.3%），这归因于改进的离子/电子扩散动力学和显著抑制了体积膨胀。

硅烯是一种具有硅基的二维层状材料（类似于石墨烯）。由于弯曲的层状结构，其具有高表面积和足够的空间来储存锂离子。关于锂在硅烯上吸附和迁移的初步理论研究表明，硅烯与锂的相互作用强于石墨烯，从而可以储存更多锂离子，计算表明，硅烯与锂发生反应可形成LiSi，硅烯的储锂比容量可以达到1 196 mAh·g^{-1}，发生1.25电子转移，并且不发生较大的体积膨胀和晶格断裂[25]。目前，可通过分子束外延沉积方法在各种衬底（如Ag(111)、ZrB_2(001）和MoS_2表面）上成功合成具有不同超结构的单层硅烯片，然而，合成的硅烯尺寸仅限于纳米级，很难从衬底上剥离，阻碍了硅烯的研究和应用。Liu等[26]通过液相氧化和剥离$CaSi_2$制备了独立少层硅烯纳米片。通过选择在室温下的氧化性较弱的I_2作为氧化剂，以及乙腈作为溶剂，可以获得单层厚度为0.6 nm的可分散结晶性硅烯纳米片。硅烯纳米片具有较高的储锂容量、超稳定的循环性能和独特的锂吸附/脱附机制，在0.1 A·g^{-1}电流密度下储锂容量为721 mAh·g^{-1}，并且1 800周循环后不发生容量衰减。

除了硅纳米片和硅烯外，二维硅薄膜也被认为是高能量锂离子电池有前景的负极材料。非晶硅和结晶硅（分别为a-Si和c-Si）均可用作锂离子电池负极材料。Graetz等[27]通过物理气相沉积制备了薄膜形式的纳米晶体硅颗粒（平均直径为12 nm）和连续非晶硅薄膜（100 nm厚）。纳米晶硅实现了1.1电子反应，比容量为1 100 mAh·g^{-1}，50次循环后容量保持率为50%。非晶薄膜电极的初始容量为3 500 mAh·g^{-1}，实现了3.66电子转移，50次循环后的稳定容量为2 000 mAh·g^{-1}，对应于2.1电子转移。这是由于对于晶体硅颗粒，其在从结晶相转变为锂化非晶相的反应过程中具有较慢的活化速率。另外，降低硅薄膜电极的厚度可以有效提升其循环稳定性。Ohara等[28]研究表明，降低硅薄膜厚度至50 nm，可以获得优异的电化学性能，在12 C倍率下循环1 000次后仍保持3 100 mAh·g^{-1}的比容量，约3.2电子反应，并且库仑效率为100%。

2. 结构限域

（1）多孔化

多孔材料根据平均孔径<2 nm、2~50 nm和>50 nm，可依次分为微孔、中孔和大孔。多孔材料具有比表面积大、活性位点多、扩散距离短等优点。在多孔硅材料中，多孔结构可以为硅的锂化提供膨胀空间，以适应循环过程中的体积变化，而不会开裂或粉化。此外，相互连接的孔结构可以为电解质的渗透和锂离子的迁移提供快速扩散通道[29]。因此，多孔化是改善硅基负极循环稳定性和倍率性能的有效途径之一。Yu等[30]通过一种简便的电沉积方法设计了一种孔隙率可控的集成多孔硅电极，其表面形貌如图7.6（a）所示。在多孔硅电极中，形成的3D通道促进了多孔硅电极的锂化动力学，分层的孔洞可以释放应力，缓解多孔硅颗粒的断裂，从而保证了多孔硅阳极在循环过程中的结构完整性。如图7.6（b）所示，作为负极时，硅电极的容量为1 200 mAh·g^{-1}，实现了1.2电子转移，循环230次后的剩余容量为1 000 mAh·g^{-1}（容量保持率约为83.3%）。并且，集成的多孔硅电极是无黏结剂和导电剂的，这有助于提高全电池的能量密度[31]。与纳米硅电极相比，微米多孔硅球具有显著提升的振实密度、循环寿命、比容量和倍率能力。虽然多孔硅结构的构建已经取得了很大的进展，但多孔硅电极的电子导电性差、振实密度低、体积容量小、质量能量密度低等问题限制了其应用。

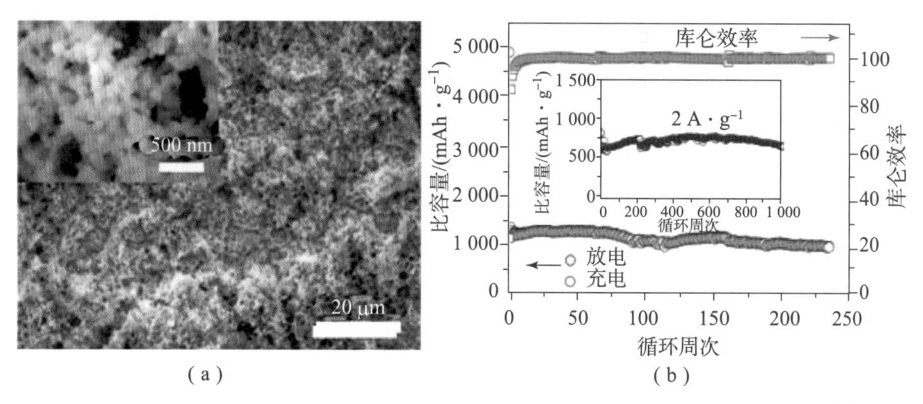

图7.6　(a) 集成多孔硅电极的SEM图像；(b) 集成多孔硅电极的电化学性能[30]

(2) 空心化

制备空心硅纳米结构是另一种提高硅负极循环稳定性的有效方法。硅的空心结构制备通常使用模板法，然后通过氢氟酸（HF）刻蚀或热处理去除内部体积[32,33]。与实心球相比，其最大拉应力大大降低，空心性质显著降低了扩散诱导应力，因此空心球能够容纳较大的体积膨胀，承受高的应力而不会发生结构破裂。几十纳米的外壳厚度可以促进锂的快速扩散和高倍率能力。前文可知，当直径大于300 nm时，实心Si纳米球容易破裂。相反，外径为350 nm的空心Si纳米球在完全锂化后仍然保持其初始结构。另外，与较小尺寸的硅纳米颗粒相比，空心硅结构可以减少固体电解质界面（SEI）的形成。据报道，纳米粒子的不可逆容量与活性物质和电解质之间的强烈副反应密切相关。空心球在结构内部有一个自由表面，理想情况下不会暴露在电解质中。与尺寸为10 nm的纳米颗粒相比，在相同体积空心硅球中，其特殊几何结构使暴露在电解液中的表面积减少了85%，这将降低副反应和减少SEI形成，从而提高材料的电化学性能。Huang等[34]以碳酸盐为模板合成了空心硅。该方法使用盐酸代替氢氟酸去除模板，操作简便，不含表面活性剂，对环境友好。所制备的硅材料的形貌包括空心立方体、球体、管状和花朵（图7.7）。上述空心硅材料作为锂离子电池负极具有优良的循环性能，尤其是花朵状硅负极在

4 800 mA·g^{-1}电流密度下的容量为 814 mAh·g^{-1}，700 次循环后仍保持 651 mAh·g^{-1}，可逆容量为 80%。相比之下，硅空心管在 200 次循环后仍保持 80% 的可逆容量；而在 100 次循环后，立方体和球体的可逆容量分别保持在 62.3% 和 75.8%。此外，考虑到许多碳酸盐的形貌和颗粒大小各不相同，以碳酸盐为模板的策略通常用于可控制备具有不同形貌和尺寸的空心硅。

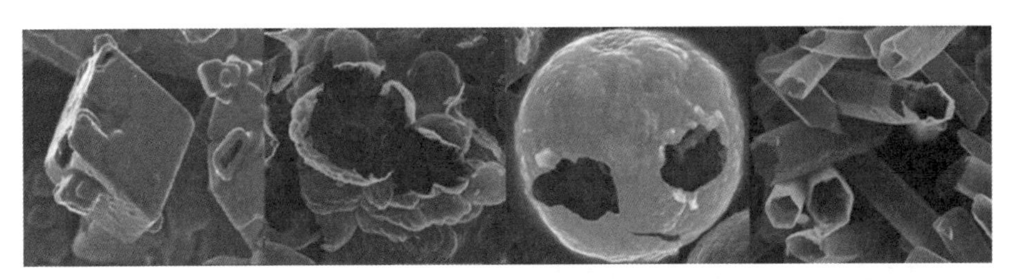

图 7.7　立方体、花朵、球体、管状空心硅的 SEM 图像[34]

3. 复合化

虽然纳米结构已经成功地延长了硅的循环寿命，但纳米结构电极也带来了新的挑战，包括更高的比表面积、更低的振实密度，以及由于更高的电阻而导致的不理想的电化学性能。高比表面积会增加与电解质的副反应，降低循环时的库仑效率。低的振实密度导致低的体积容量和高质量负荷下的厚电极，这使得在循环过程中很难维持电子和离子通道。最后，在循环过程中，纳米颗粒之间的电接触很容易因体积变化而改变或减小，严重降低了电极的循环寿命。纳米化和中空结构只是在一定程度上缓解了体积膨胀造成的结构不稳定问题，硅材料本征的导电性较差问题仍未得到解决。因此需要引入导电性好、体积效应小的活性或非活性缓冲基体，制备多相复合负极材料，通过增加导电性、体积限域等方式促进硅材料的多电子反应，提高材料的长期循环稳定性。根据与其复合材料的类别，可分为非金属复合材料与金属复合材料。

（1）非金属复合材料

该类复合材料体系中，硅颗粒作为活性物质，提供储锂容量；非金属相作为分散基体，缓冲硅颗粒嵌脱锂时的体积变化，保持电极结构的稳定性，并维持电极内部电接触。

- 硅－碳复合材料

碳材料由于其质量小、来源丰富、体积效应小（石墨约为 9%），因此是最常用的非金属复合材料基体之一。

范思嘉等[14]采用砂磨技术制备了纳米硅，并以酚醛树脂为碳源制备了硅碳复合材料。选择较为常见的酚醛树脂（phenolic resin，PF）为碳源，其原因在于，一方面酚醛树脂热解时产碳率较高，有利于形成相对致密的碳包覆层；另一方面，考虑到纳米硅表面均有一层氧化层，酚醛树脂所含酯基可能会与其发生相互作用，从而生成更加稳定的碳层。研究表明，通过高温煅烧和添加表面防护剂的方法可以在一定程度上优化纳米硅的性能；适度提高碳源含量可以提高碳包覆层的完整性，提高硅碳复合材料的循环稳定性和循环库仑效率。通过使用含10% PVA的异丙醇为砂磨溶剂，按Si与酚醛树脂的质量比2∶1加入酚醛树脂，采用喷雾法制备前驱体，随后在700 ℃下碳化，可以得到具有最佳的电化学性能的硅碳复合材料。其首周库仑效率为78.97%，初始容量为1 706.6 $mAh \cdot g^{-1}$；循环100周后的容量保持率为94.20%，循环库仑效率可达99.3%。

表面碳包覆能够增强材料电导率，缓解体积效应，并在一定程度上改善硅负极界面稳定性，提升硅材料的多电子反应能力。但简单的物理包覆层与硅核之间缺乏结合力，在硅核反复的体积变化的冲击下，容易从硅表面脱落，难以为硅核提供持久的保护。此外，热解碳杂乱的取向和多孔的结构也难以阻挡电解液的渗透，在改善硅负极循环库仑效率方面作用有限。相比于普通物理包覆，化学键合的表面包覆层能够为硅纳米内核提供更多、更持久的保护，显著改善硅负极的性能，维持稳定的多电子反应。因此，范思嘉等[35]采用具有大共轭平面结构的聚合物作为碳前驱体，利用其与硅表面悬空键的相互作用，将其键合到硅表面，形成致密、完整的包覆层，然后通过碳化，制得共价键合的硅碳复合材料，其制备工艺如图7.8（a）所示。具体而言，可以选择具有大共轭结构的聚围萘（poly-peri-naphthalene，PPN）为碳源，将微米硅颗粒和PPN采用干磨的方式共同混合细化。在硅球磨细化的过程中，颗粒破碎时产生的新鲜表面存在大量悬空键，该孤对电子容易和具有大π键结构的PPN形成共轭作用，使其吸附在硅颗粒的表面。再将该Si@PPN材料进行高温碳化，可以制备得到具有核壳结构的硅碳复合材料。得益于表面碳包覆层与纳米硅表面的强共价作用，该硅碳复合材料在循环过程中能够保持其结构完整性，表现出优异的循环稳定性、高的循环库仑效率和倍率性能。其初始可逆容量可达1 512.6 $mAh \cdot g^{-1}$，实现了1.6电子转移，首周库仑效率为78.7%，循环300周后的容量保持率为87.2%，并且可以达到99.5%的高循环库仑效率（图7.8（b））。

虽然上述研究所制备的硅碳复合材料展示出了较为稳定的循环性能，但简单的碳包覆难以有效解决硅负极表面SEI的稳定性问题，解决这一问题需要探索新的表面包覆结构和机制。Liu等[36]设计了一种稳定的、可伸缩的硅负极的

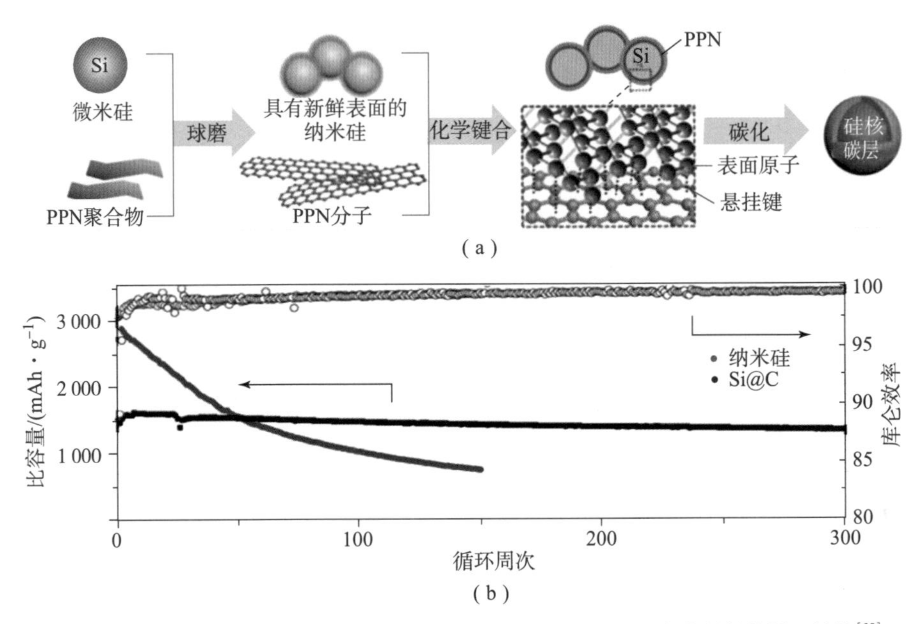

图 7.8 (a) Si@PPN 复合材料制备工艺示意图；(b) Si@PPN 复合材料的循环性能[35]

“蛋黄－壳”结构。该结构以硅纳米颗粒（约 100 nm）为“蛋黄”，以无定形碳（5～10 nm 厚）为“壳”，这种蛋黄壳结构具有较好的结构优势。碳壳可作为一个自支撑的骨架，硅纳米颗粒和碳壳之间控制良好的空隙允许硅纳米颗粒在锂化时膨胀，并且不会破坏碳壳结构。这可以允许稳定的 SEI 在碳壳的静态表面上生长，并防止 SEI 的持续破裂和重复生长。另外，蛋黄－壳结构硅碳复合电极在每个 Si 颗粒周围都有一个明确的空隙，可以允许每个颗粒在锂化时膨胀，并且不会使电极微结构变形，维持稳定的多电子反应。最终蛋黄－壳硅碳负极材料表现出优异的容量（0.1 C 时为 2 833 $mAh\cdot g^{-1}$，实现了 3 电子转移）、循环寿命（1 000 次循环，容量保持率为 74%）和库仑效率（99.84%）。随后，Liu 等[37]设计了一种新的石榴型硅负极结构。具体而言，在石榴形结构中，单个硅纳米颗粒被导电碳层包裹，并且硅颗粒与碳层中间预留了足够的膨胀和收缩空间。此外，这些混合纳米颗粒被一层更厚的碳层包裹，形成微米大小的球状颗粒，最外层的碳层可作为电解质屏障。在此种结构中，活性材料一次颗粒的纳米尺寸可以防止嵌锂时体积膨胀导致的材料破裂，而二次颗粒的微米尺寸增加了振实密度，减少了与电解液的接触面积。自支撑的导电碳骨架可以阻挡电解质，防止在二次颗粒内形成 SEI，同时促进锂离子在整个材料中的传输。每个一次颗粒周围的空隙大小合适，且均匀分布在每个纳米粒子周围，在不破坏碳壳或改变二次粒子大小的情况下，可以有效地适应硅的体积膨胀，不会引发材料的结构破坏，也保证了二次颗粒外部的SEI在循环过程中不会破裂。薄的、稳定以及受空间限制的SEI有助于提高库仑效率，改善循环稳定性，实现稳定的多电子反应。因此，如图7.9（d）所示，石榴形硅负极具有优异的循环性能（1 000次循环后容量保持率为97%）。此外，这种微结构降低了电极、电解液的接触面积，因此具有高的库仑效率（99.87%）和体积容量（1 270 mAh · cm^{-3}），即使当面积容量增加到商用锂离子电池的水平（3.7 mAh · cm^{-2}）时，也可以保持稳定的循环性能。目前，硅碳复合材料是锂离子电池最有前景的负极材料之一[38]。

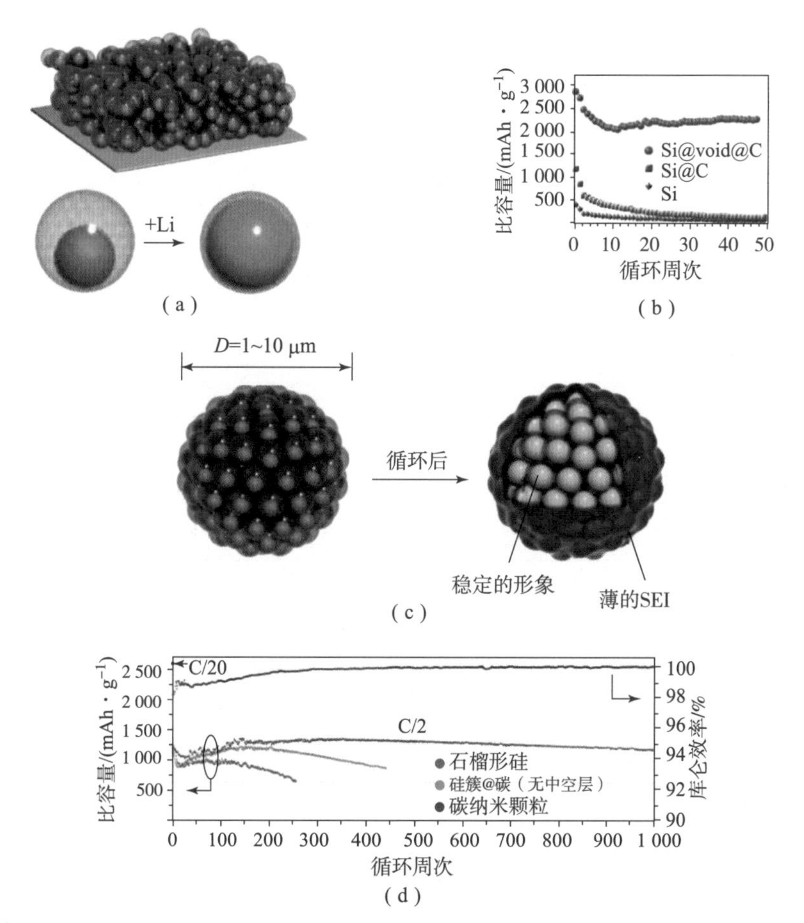

图7.9 （a）蛋黄－壳硅负极结构及储锂示意图；（b）蛋黄－壳硅负极的电化学性能[36]；（c）石榴形硅负极的结构及储锂示意图；（d）石榴形硅负极的电化学性能[37]

- 硅－聚合物复合材料

上述研究证实了致密而完整的碳包覆在改善硅基负极循环稳定性方面的重

要作用。但是，由于强度和韧性有限，碳作为表面包覆层时，要求其活性内核必须自身具备较为充分的缓冲机制，否则活性内核在锂化过程中的体积膨胀容易导致表面碳层的破裂，从而引起复合材料循环性能的快速衰退。然而，大量惰性基质材料的加入，不可避免地会带来硅基负极储锂容量的大幅降低。解决这一问题的可行途径是采用柔性材料代替碳作为表面修饰层。

鉴于导电聚合物良好的成膜性、柔韧性，以及结构的多样性和一定的电子导电性，基于聚合物包覆的硅基负极近年来受到了越来越多的关注。据报道，应用于硅基负极的聚合物修饰材料主要包括聚吡咯（polypyrrole，PPy）、聚苯胺（polyaniline，PANi）、聚丙烯腈（polyacrylonitrile，PAN），以及聚环氧乙烷（polyethylene oxide，PEO）等。然而，简单包覆的硅－聚合物复合负极难以表现出人们所预期的高循环稳定性。采用球磨混合和原位聚合所制备的纳米硅－聚吡咯复合物、聚苯胺原位包覆的纳米硅负极，循环寿命不佳。武汉大学艾新平课题组认为，其原因可能在于：与 p 型导电聚合物复合制备的复合材料的电子导电性较差；表面聚合物修饰层太薄，缓冲能力有限。上述两方面均会导致循环过程中电极容量的快速衰减。因此，可以通过采用具有锂离子传导性质的 n 型导电聚合物分散和包埋纳米单质硅，制备高循环稳定性硅基负极。根据该设计思想，所采用的电活性聚合物在硅的锂化电势附近必须具备高度可逆的 n－掺杂行为（即可逆还原掺杂性质）。n 型导电聚合物在其掺杂－脱杂过程中呈现出较好的锂离子传导性质，可以为包埋其中的硅提供锂离子的中继传输。另外，n 型导电聚合物具有较高的电子电导性。虽然其在本征的电中性状态时，电导率并不高，但发生还原掺杂后，因聚合物中形成了大量的孤子、极化子或双极化子，其电导率可以上升 4～6 个数量级，从而促进硅的多电子反应。

陈瑶等[39]选择聚对苯（polyparaphenylene，PPP）聚合物作为纳米 Si 粒子的包埋基质。PPP 作为一种电活性氧化还原聚合物，在常用的锂离子电池电解液中具有高度可逆的 n－掺杂/脱掺杂行为，其电位接近于 Si 的锂化电位，并且可以介导锂离子在电解液和活性硅颗粒之间的转移。PPP 聚合物基质良好的柔韧性为纳米单质硅合金化过程中的体积膨胀提供了有效的缓冲，保持了复合物结构的完整性；PPP 基质高度可逆的 n－掺杂/脱杂性质为纳米单质硅的合金化反应提供了足够高的电子电电导和离子电电导，保证了单质硅的电化学活性；聚合物的包埋作用有效避免了电解液与活性硅的直接接触，阻止了电解液在硅表面的持续还原，保持了 SEI 膜的稳定性，从而使 Si/聚合物复合材料具有高容量利用率、高倍率性能和长期循环稳定性。实验结果表明，所制备的 Si/PPP 复合材料可以实现 3.3 电子转移，比容量为 3 184 $mAh \cdot g^{-1}$，初始库仑效率为 78%，具有优异的倍率性能，即使在 16 $A \cdot g^{-1}$的高倍率下，也有 1 670 $mAh \cdot g^{-1}$

的容量，并且具有稳定的长循环性能，400 次循环容量保持率可达 60% 。

另外，PPP 型导电聚合物是由完全共轭的芳香环组成的，可以与 Si 纳米颗粒表面以平面取向结合，并且形成的平面取向聚合物包覆层可以防止电解质与硅纳米核的接触，提高硅基复合材料的循环稳定性。Zhang 等[40]采用了密度泛函理论计算了 PPP 在 Si 表面的取向和成键行为。结果表明，PPP 分子通过与表面 Si 原子的悬挂键电子之间的 π 电子键合，优先吸附在 Si 表面的平面取向上，同时产生表面晶格畸变。这样的化学键合使得 PPP 聚合物能够紧密地结合到 Si 表面。PPP 聚合物和表面硅原子之间有很强的成键作用，并且聚合度越高，PPP 分子与 Si 表面的结合越强，可以促进硅的多电子反应的发生。根据计算结果，可以通过 PPP 分子与新生成的 Si 粒子表面之间的力化学反应实现核 - 壳结构 Si/PPP 纳米粒子的制备（图 7. 10（a））。所制备的 Si/PPP 电极具有较高的可逆容量（0. 1 C 时为 2 387 mAh · g^{-1}，对应于 2. 5 电子转移反应）、稳定的循环性能（500 周循环后容量保持率为 88. 5%），以及高库仑效率（99. 7%），如图 7. 10（b）所示。

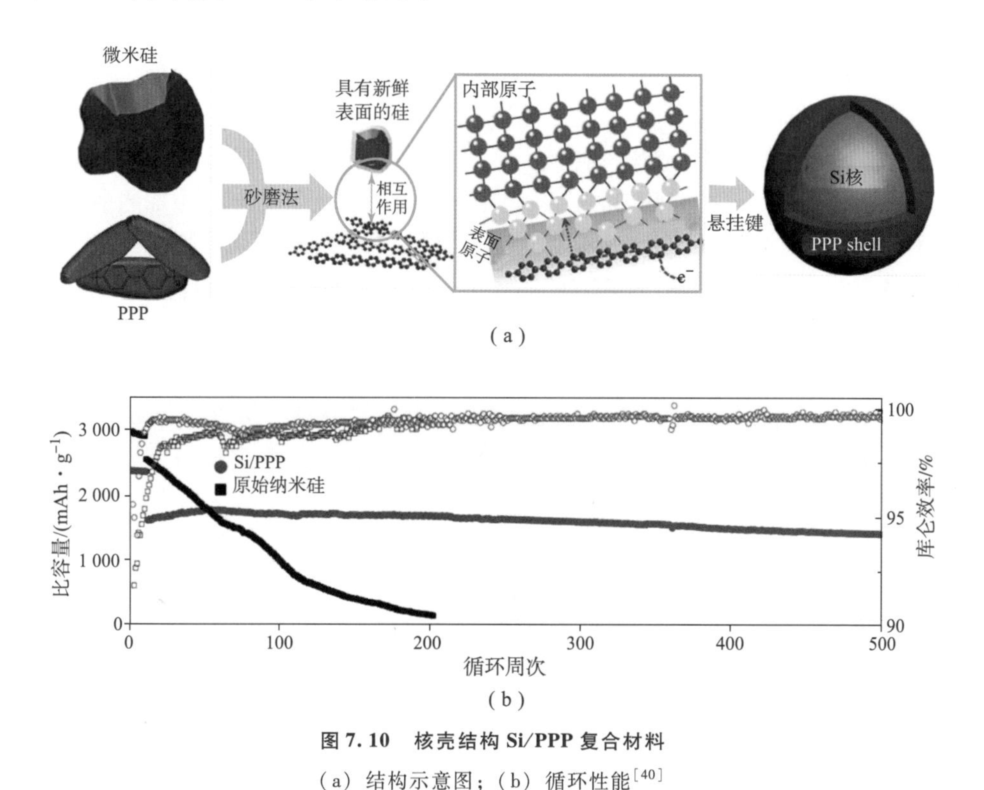

图 7. 10　核壳结构 Si/PPP 复合材料

（a）结构示意图；（b）循环性能[40]

- 硅-金属氧化物复合材料

由于部分金属氧化物具有良好的导电性，在硅基电极上涂覆金属氧化物是提高其电化学性能的另一种有效途径。

对于硅负极材料而言，电解质表面不稳定的 SEI 是导致其快速失效的原因之一。二氧化铈（CeO_2）具有良好的稳定性，已被用于正极材料的表面包覆层，可以有效保护活性材料，避免与电解质的直接接触。并且 CeO_2 具有良好的导电性，优于其他氧化物，可以促进电子的快速传输。白莹等[42]采用水热法和化学氧化聚合法分别合成二氧化铈（CeO_2）和聚苯胺（PANi）包覆层，对纳米硅进行包覆改性研究，得到聚苯胺/二氧化铈包覆纳米硅材料，以提升材料的电化学性能，并研究了不同包覆量和不同酸性介质掺杂对材料电化学性能的影响。结果表明，Ce 含量为 0.5%、PANi 含量为 30% 的复合材料表现出了优于其他材料的循环性能：首周库仑效率达到了 87.6%，首周放电比容量为 1 678.6 $mAh \cdot g^{-1}$，实现 1.76 电子反应；循环 20 周后，材料结构趋于稳定，比容量为 837.5 $mAh \cdot g^{-1}$；循环 100 周后，依然保有 774.8 $mAh \cdot g^{-1}$的容量，与首周相比，容量保持率为 46.2%。电化学性能显著提高的原因在于：聚苯胺可以利用自身的弹性结构为硅的体积变化提供足够的空间，减小对电极结构的破坏，有利于循环稳定性的提高；二氧化铈可以减少硅与电解液的接触，抑制副反应的发生，提高电极、电解液界面稳定性，从而提高其循环性能。另外，在用化学氧化聚合法合成聚苯胺的过程中，反应体系中加入酸性介质可以提供质子，以保证反应顺利进行所需的酸度。可以采用酸性较强的质子酸对聚苯胺进行掺杂，进一步提高其导电性，提升复合电极材料的电化学性能。汤洋[43]发现十二烷基苯磺酸掺杂的聚苯胺包覆层的稳定性优于盐酸掺杂的聚苯胺包覆层，对电极结构的保护性更好，具有更优的电化学性能。

此外，其他具有高离子电导率的电绝缘金属氧化物，如 TiO_2、Al_2O_3 等，也可以用作硅负极保护涂层，以减少 Si 核和电解质之间的副反应，并减轻由体积膨胀引起的大的机械应变。

（2）金属复合材料

虽然纳米化、多孔化等措施在一定程度上减小了硅的体积膨胀，改善了硅负极的循环性能，但与实际应用要求相比，硅负极的长期循环稳定性还有待提高。此外，硅负极的多孔化和薄膜化往往还涉及复杂的制备工艺，限制了硅负极的规模推广与应用。因此，寻求高效的缓冲机制、开发低成本的制备方法成为硅基负极发展的重点。在此背景下，硅-金属复合材料（硅基合金）受到较多关注。硅基合金除具备来源广泛、成本低廉等优势外，更为重要的是，自身具备良好的缓冲机制。由于活性硅颗粒高度分散在合金组分中，锂化过程中的体积膨胀可以得到有效缓解。合金化可以使硅基负极的循环稳定性得到明显提高，但由于合金相的缓冲能力有限，硅基合金负极的长期循环稳定性仍有待提高。

由于共轭芳香聚合物可以通过 π 电子与表面之间的共价相互作用紧密地锚定在硅材料的新鲜表面上，当聚合物具有大平面共轭结构时，可以获得完整的包覆层。由于聚萘（polynaphthalene，PN）具有较大的平面共轭结构，易于与 Fe－Si 合金表面发生共价键合，Wang 等[48]选取其作为碳层前驱体，以低成本的商用硅铁（Fe－Si）合金为活性相，通过砂磨辅助共价键合的方法制备了具有核－壳结构的 Fe－Si/C 纳米复合材料（图 7.11（a））。由于 Fe－Si 合金内核在锂化过程中的体积膨胀大大降低，以及外层碳壳提供稳定的界面，所制备的 Fe－Si/C 纳米复合材料在反复充放电循环中表现出较高的结构稳定性，可以实现稳定的多电子反应。实验结果表明，Fe－Si/C 复合负极的可逆容量达 1 316.2 $mAh \cdot g^{-1}$，对应于 1.37 电子转移，即使在 2 $A \cdot g^{-1}$ 的较高电流倍率下，循环稳定性也在 1 000 次以上，并且循环时库仑效率达 99.7%（图 7.11（b））。

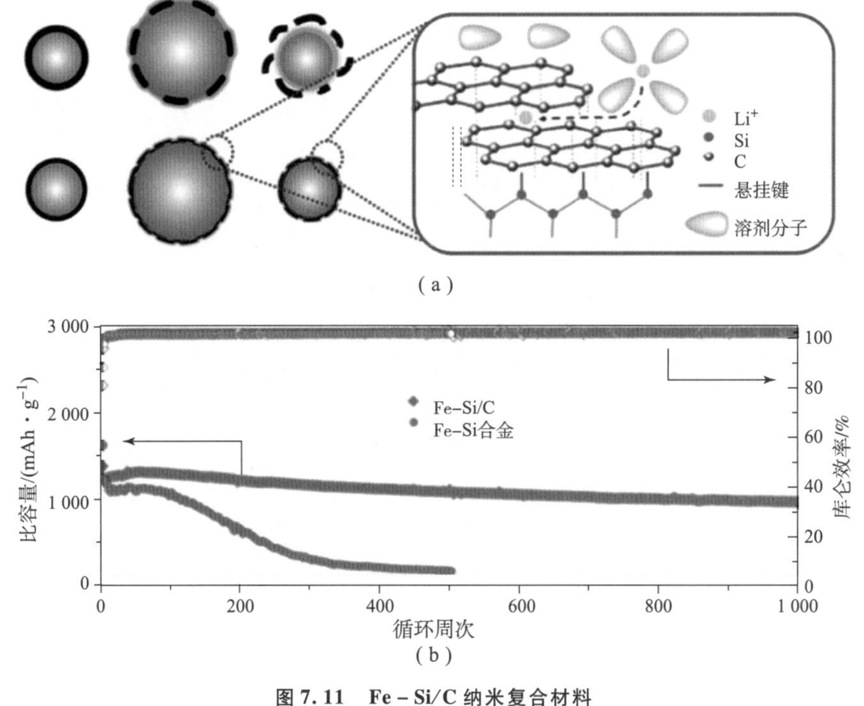

图 7.11　Fe－Si/C 纳米复合材料

（a）作用示意图；（b）循环性能[48]

7.3.2 氧化亚硅的改性方法

由于SiO材料在首周电化学锂化过程中，生成惰性的Li_2O和硅酸锂，此原位形成的惰性组分因能够有效缓冲活性硅簇在合金化、去合金化过程中的体积膨胀，因此，与Si相比，SiO在脱嵌锂期间的体积变化更小且循环稳定性显著增强。据报道，SiO嵌锂后的体积膨胀约为200%。较为剧烈的体积膨胀可能会使活性材料内部产生较强的应力，导致活性材料粉碎，电极结构破坏，以及重复生长的SEI膜，从而导致容量的剧烈衰减。此外，大量惰性基质的不可逆形成会大幅度降低SiO负极的首周库仑效率。SiO较低的本征电导率也会导致较差的倍率性能。实际应用中，SiO的循环稳定性、首周库仑效率和倍率性能仍需进一步提高。目前，SiO的改性方法主要包括复合化和预锂化，以提高SiO负极的电化学性能。

1. 复合化

在各种复合化策略中，SiO与导电碳的复合研究最为广泛。导电碳可以减小SiO负极材料的总体积变化，提高SiO的电导率，从而提高了循环稳定性和倍率性能。

陈瑶等[13]通过复合化策略实现了高循环稳定性的SiO负极，即首先利用惰性硬质SiC与微米级SiO球磨使之充分细化，继而通过行星球磨在SiO表面包覆一层石墨，得到具有核壳结构的SiC/SiO@C复合材料。受益于惰性SiC内核的分散作用和表面碳包覆层的改善作用，SiC/SiO@C复合材料展现出高的容量、优异的循环性能和倍率性能（图7.12）。该材料的可逆容量可达1 008 $mAh \cdot g^{-1}$，对应于1.05电子转移；循环200周后，容量保持率为85%；在2 000 $mA \cdot g^{-1}$的高电流密度下，仍具有64%的容量保持率。但其首周效率不高于65%，限制了SiC/SiO@C复合材料的应用。此外，作者分别采用蔗糖热解和PAN热解方法制备了SiO@C复合材料，研究了表面包覆碳与复合材料循环稳定性之间的构效关系。结果表明，PAN热解碳较为致密，能有效阻止电解液向内核的渗透，避免电解液在SiO表面的还原分解，从而显著提高材料的循环稳定性。除上述碳材料，石墨烯材料也被广泛应用于为SiO材料提供导电网络，以提高SiO负极的循环稳定性[49]。此外，氮掺杂碳、碳纳米纤维以及金属氧化物如SnO、Fe_2O_3等，也可用于与SiO复合，以提高其储锂性能。

2. 预锂化

氧化亚硅存在的问题中，最重要的是首次脱/嵌锂存在着大量的不可逆

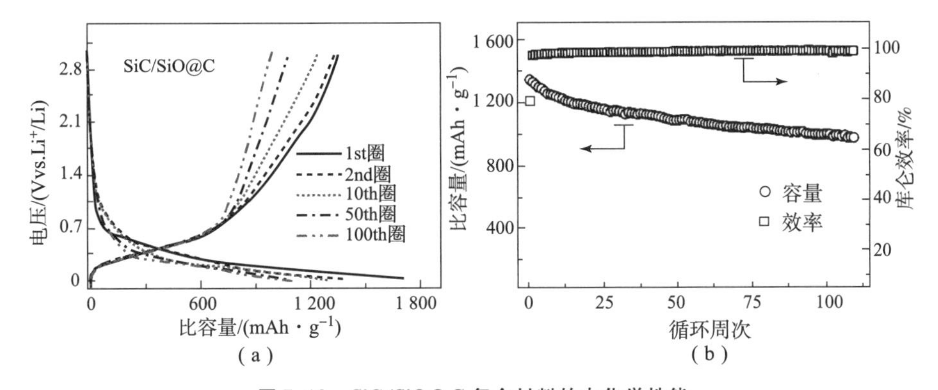

图 7.12　SiC/SiO@C 复合材料的电化学性能

（a）充放电曲线；（b）循环性能[13]

容量，也就是首次库仑效率较低。这主要是由以下三个方面导致的：氧化硅嵌锂生成的硅酸锂非可逆相、界面层嵌锂生成的氧化锂非可逆相、电极表面固体电解质（SEI）膜的生成。针对上述问题，预锂化策略是提高 SiO 材料库仑效率的有效方法。预锂化即在 SiO 负极组装电池之前对其提供额外的锂源，用来弥补首周的不可逆锂损失。目前，针对氧化亚硅预锂化的方案主要有 4 种：短路法、电化学法、化学法和预锂化添加剂法。短路法指把氧化亚硅和锂片在电解液存在的环境下直接接触，形成短路来进行预锂化[50,51]。电化学法是指把负极片与锂片组装成半电池，进行循环充放电后，拆开取出极片，再与正极重新组装成电池[52]。化学法预锂化是指利用含有锂的有机溶液来处理负极，将溶液中的锂嵌入负极材料，从而提高首周库仑效率[53]。预锂化添加剂法是在负极浆料制备过程中或者在极片表面添加含有锂的活性物质，目前比较常见的预锂化添加剂包括稳定的金属锂粉、Li_xSi 粉和 Li_xGe 粉等[54]。

电化学法是指把负极片与锂片组装成半电池，进行循环充放电后，拆开取出极片，再与正极重新组装成电池[52]。化学法预锂化是指利用含有锂的有机溶液来处理负极，将溶液中的锂嵌入负极材料，从而提高首周库仑效率。Tabuchi 等[53]采用了化学法预锂化，通过将萘和金属锂溶解在丁基甲醚中，制备了含有锂的有机溶液，然后将氧化亚硅极片浸泡在有机溶液中进行反应。由于萘是一种亲电子的物质，当其溶解在丁基甲醚中时，会夺取金属锂上的电子，从而使锂离子析出进入溶液中，生成含有锂的有机溶液。而且，萘获得的电子很容易在外加物质的存在下脱去，从而进入外加物质中，为了维持电荷的平衡，锂离子也随之嵌入材料中。因此，萘在此反应中相当于一种催化剂，把金属锂中的锂离子和电子转移到反应的材料中。并且随着反应时间的延长，极片的开路电压一开始急剧下降，表明锂离子已经嵌入极片中；当时间持续增加时，开路电压下降缓慢，并逐渐稳定于 0. 21 V 左右。处理时间在 48 h 时，首次脱锂容量达到了材料的理论脱锂容量；当超过 48 h 时，脱锂容量并没有明显的变化。因此，化学法预锂化可以根据反应的时间来控制预锂化的程度。

7.3.3 黏结剂优化

硅基负极的性能不仅与其活性材料本身的组成和结构有关，而且与极片的制作工艺密切相关。其中，黏结剂对硅基材料的电化学性能影响较大。相关研究表明，与硅材料表面存在相互作用的黏结剂，如羧甲基纤维素（carboxymethylcellulose，CMC）、聚丙烯酸（polyacrylic acid，PAA）、聚丙烯酸锂（polyacrylic acid lithium，PAALi）等，能够有效地改善硅基负极的电化学性能。

羧甲基化纤维素（CMC）黏结剂表面的羟基官能团可以与硅基材料化学结合，从而在一定程度上提高材料的循环稳定性。但具有单一功能的 CMC 黏结剂仍然无法缓冲硅基材料剧烈的体积膨胀，循环周数较多时，电极仍然失效。Liu 等[55]应用阿拉伯树胶（gumarabic，GA）聚合物作为双功能黏结剂，并利用纤维增强混凝土的思想制备锂离子电池电极。GA 中多糖的羟基保证了其与硅颗粒之间的强结合力。其次，与 FRC 的功能相似，长链糖蛋白进一步提供了对硅纳米颗粒体积膨胀的机械耐受性，有利于维持稳定的多电子反应。在所制备的 Si@ GA 阳极中，Si 纳米颗粒与集电体有很好的附着力，延展性好，并且可以承受 Si 的巨大体积变化（高达 300%），并防止电极在脱/嵌锂过程中发生物理断裂。基于 GA 黏结剂的硅基负极材料可以稳定循环 1 000 周，显示出优异的长循环稳定性。

由于硅负极失效原因之一在于体积膨胀导致结构坍塌，硅颗粒与导电添加剂之间失去电连接，使导电黏结剂具有黏结剂和导电添加剂的双重功能，可以在一定程度上解决体积膨胀下的电连接问题。将有高电子导电性和机械结合力的聚合物黏结剂用于硅负极，有望实现较大容量和稳定的长循环。Liu 等[56]提出通过调整聚合物导电状态的能级可以实现足够的电子导电性，开发了一种新的导电黏结剂 PFFOMB，在聚甲醛（PF）的基础上引入了羰基和甲基苯甲酸酯（$PhCOOCH_3$）（MB）两个关键官能团，分别用于调节最低未占分子轨道能级和改善聚合物的黏附性。所研制的聚合物具有较高的导电性和较强的机械结合力，既保持了电子导电性，同时能够承受硅的体积变化（图 7. 13）。基于 Si

颗粒和 PFFOMB 聚合物的复合电极，在不添加任何导电添加剂的情况下，可以实现大容量、长时间循环、低过电位充放电和良好的倍率性能。因此，开发新型导电聚合物黏结剂是目前提高硅基材料电化学性能的重要方向[57]。

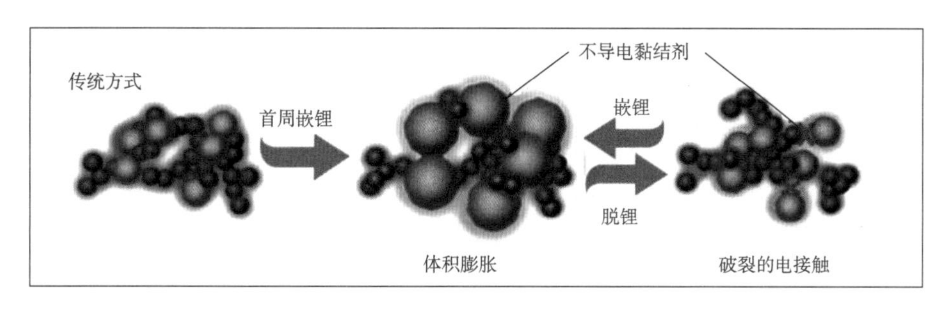

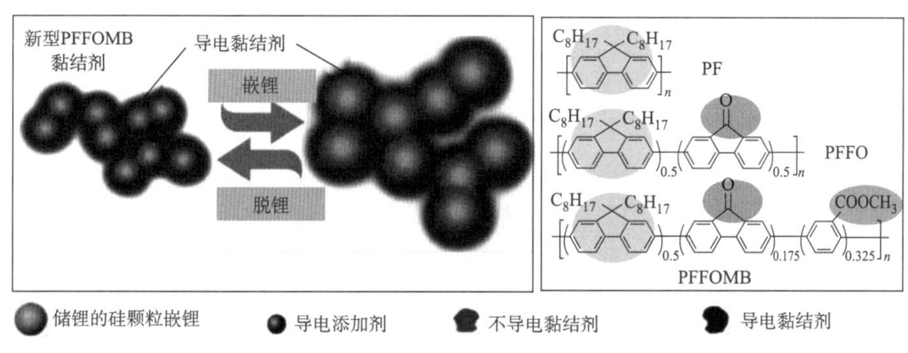

图 7.13　传统黏结剂与 PFFOMB 聚合物黏结剂作用示意图对比[56]

7.4　本章小结

由于储锂过程中的多电子反应，高容量的硅基电极材料是下一代高比能锂离子电池负极材料的有力候选者。然而，其较差的导电性、储锂时较大的体积膨胀、较差的材料结构稳定性和界面稳定性，导致硅基电极材料具有较低的库仑效率以及不佳的循环稳定性和倍率性能，阻碍了硅基电极材料的进一步应用。目前，硅基材料的常用制备方法包括砂磨法、高能球磨法、物理气相沉积法、静电纺丝法、喷雾干燥法、化学沉积法、溶胶 - 凝胶法、金属热还原法等。为提高硅材料的循环稳定性和倍率性能，常用的改性方法包括纳米化、结构限域、复合化等。为提高氧化亚硅材料的库仑效率和储锂性能，常用的改性策略包括复合化和预锂化。除了电极材料的制备与改性外，非电极材料如黏结剂等也极大地影响硅基电极材料的电化学性能。

目前，硅基负极和三元正极材料是高比能锂离子电池的关键材料。大容量、高电压的锂离子电池系统的安全性是目前的研究热点。李立敏[58]研究了锂离子电池的正负极材料的热稳定性，发现硅基负极的热稳定性较好，而正极材料的释氧反应以及其与电解液的反应的热值更大，因此对电池的热稳定性的影响更大。虽然硅基负极材料的研究已取得较大进展，但相较于碳基负极而言，硅基电极的技术相对不成熟，仍未实现大规模的实际应用。为了加速硅基负极的商业化，可以从以下几个方面进行考虑[59]：①降低原材料成本和研发简单的制造工艺，以降低硅基材料制造成本促进其实际应用。②将纳米化和复合化策略结合，同时提高电极的体积能量密度、库仑效率和循环稳定性。③探索硅基复合负极材料中合适的硅占比，以实现高能量密度和长循环稳定性。④通过预锂化、结构设计、表面/界面工程以及电解质/黏结剂的优化来提高硅基负极的初始库仑效率和平均库仑效率。⑤探索有效的黏结剂和电解质添加剂，以实现电极的长循环稳定性。⑥研究无集流体的和无黏结剂的自支撑电极，可以有效地提高电池的面积容量和能量密度，同时，有利于在柔性电子产品中的应用。总而言之，全球对更高能量密度电池的需求将推动对包括硅基负极在内的多种轻元素多电子材料的进一步研究和创新。这些创新的进步将继续完善负极设计，克服硅基材料的“瓶颈”问题。一旦实现实用化，高能量密度的硅基电池可能会成为推动世界进入后化石燃料时代的关键一环。

参考文献

[1] Gu M, He Y, Zheng J, et al. Nanoscale silicon as anode for Li – ion batteries: The fundamentals, promises, and challenges [J]. Nano Energy, 2015 (17): 366 – 383.

[2] Gu M, Wang Z, Connell JG, et al. Electronic origin for the phase transition from amorphous Li_xSi to crystalline $Li_{15}Si_4$ [J]. ACS Nano, 2013, 7 (7): 6303 – 6309.

[3] Wang F, Chen G, Zhang N, et al. Engineering of carbon and other protective coating layers for stabilizing silicon anode materials [J]. Carbon Energy, 2019, 1 (2): 219 – 245.

[4] Xu Q, Wang Q, Chen D, et al. Silicon/graphite composite anode with con-

strained swelling and a stable solid electrolyte interphase enabled by spent graphite [J]. Green Chemistry, 2021 (23): 4531 - 4539.

[5] Okamoto H. The Li - Si (lithium - silicon) system [J]. Bulletin of Alloy Phase Diagrams, 1990, 11 (3): 306 - 312.

[6] Philipp H. Optical properties of non - crystalline Si, SiO, SiO_x and SiO_2 [J]. Journal of Physics and Chemistry of Solids, 1971, 32 (8): 1935 - 1945.

[7] Brady G W. A study of amorphous SiO [J]. The Journal of Physical Chemistry, 1959, 63 (7): 1119 - 1120.

[8] Hirata A, Kohara S, Asada T, et al. Atomic - scale disproportionation in amorphous silicon monoxide [J]. Nature communications, 2016, 7 (1): 1 - 7.

[9] Hass G. Preparation, structure, and applications of thin films of silicon monoxide and titanium dioxide [J]. Journal of the American Ceramic Society, 1950, 33 (12): 353 - 360.

[10] Yang J, Takeda Y, Imanishi N, et al. SiO_x - based anodes for secondary lithium batteries [J]. Solid State Ionics, 2002 (152): 125 - 129.

[11] Liu Z, Yu Q, Zhao Y, et al. Silicon oxides: a promising family of anode materials for lithium - ion batteries [J]. Chemical Society Reviews, 2019, 48 (1): 285 - 309.

[12] Yu B C, Hwa Y, Park C M, et al. Reaction mechanism and enhancement of cyclability of SiO anodes by surface etching with NaOH for Li - ion batteries [J]. Journal of Materials Chemistry A, 2013, 1 (15): 4820 - 4825.

[13] 陈瑶. 高循环稳定性储锂硅基负极 [D]. 武汉: 武汉大学, 2014.

[14] 范思嘉. 储锂硅负极的表面改性与包覆 [D]. 武汉: 武汉大学, 2020.

[15] Zhu X, Chen H, Wang Y, et al. Growth of silicon/carbon microrods on graphite microspheres as improved anodes for lithium - ion batteries [J]. Journal of Materials Chemistry A, 2013, 1 (14): 4483 - 4489.

[16] Luo W, Wang Y, Chou S, et al. Critical thickness of phenolic resin - based carbon interfacial layer for improving long cycling stability of silicon nanoparticle anodes [J]. Nano Energy, 2016 (27): 255 - 264.

[17] Yang J, Wang Y X, Chou S L, et al. Yolk - shell silicon - mesoporous carbon anode with compact solid electrolyte interphase film for superior lithium - ion batteries [J]. Nano Energy, 2015 (18): 133 - 142.

[18] Jia H, Gao P, Yang J, et al. Novel three - dimensional mesoporous silicon for high power lithium - ion battery anode material [J]. Advanced Energy Materials,

2011, 1 (6): 1036 - 1039.

[19] Liu X H, Zhong L, Huang S, et al. Size - dependent fracture of silicon nanoparticles during lithiation [J]. ACS Nano, 2012, 6 (2): 1522 - 1531.

[20] Chan C K, Peng H, Liu G, et al. High - performance lithium battery anodes using silicon nanowires [J]. Nature Nanotechnology, 2008, 3 (1): 31 - 35.

[21] Song T, Xia J, Lee J H, et al. Arrays of sealed silicon nanotubes as anodes for lithium ion batteries [J]. Nano Letters, 2010, 10 (5): 1710 - 1716.

[22] Wu H, Chan G, Choi J W, et al. Stable cycling of double - walled silicon nanotube battery anodes through solid - electrolyte interphase control [J]. Nature Nanotechnology, 2012, 7 (5): 310 - 315.

[23] Kim Y Y, Kim H J, Jeong J H, et al. Facile fabrication of silicon nanotube arrays and their application in lithium - ion batteries [J]. Advanced Engineering Materials, 2016, 18 (8): 1349 - 1353.

[24] Ryu J, Hong D, Choi S, et al. Synthesis of ultrathin Si nanosheets from natural clays for lithium - ion battery anodes [J]. ACS Nano, 2016, 10 (2): 2843 - 2851.

[25] Xu S, Fan X, Liu J, et al. Adsorption of Li on single - layer silicene for anodes of Li - ion batteries [J]. Physical Chemistry Chemical Physics, 2018, 20 (13): 8887 - 8896.

[26] Liu J, Yang Y, Lyu P, et al. Few - layer silicene nanosheets with superior lithium - storage properties [J]. Advanced Materials, 2018, 30 (26): 1800838.

[27] Graetz J, Ahn C, Yazami R, et al. Highly reversible lithium storage in nanostructured silicon [J]. Electrochemical and Solid State Letters, 2003, 6 (9): 194.

[28] Ohara S, Suzuki J, Sekine K, et al. Li insertion/extraction reaction at a Si film evaporated on a Ni foil [J]. Journal of Power Sources, 2003 (119): 591 - 596.

[29] Cho W C, Kim H J, Lee H I, et al. 5L - scale magnesio - milling reduction of nanostructured SiO_2 for high capacity silicon anodes in lithium - ion batteries [J]. Nano Letters, 2016, 16 (11): 7261 - 7269.

[30] Li W, Guo X, Lu Y, et al. Amorphous nanosized silicon with hierarchically porous structure for high - performance lithium ion batteries [J]. Energy

Storage Materials, 2017 (7): 203 - 208.

[31] Jia H, Zheng J, Song J, et al. A novel approach to synthesize micrometer - sized porous silicon as a high performance anode for lithium - ion batteries [J]. Nano Energy, 2018 (50): 589 - 597.

[32] Yao Y, McDowell M T, Ryu I, et al. Interconnected silicon hollow nanospheres for lithium - ion battery anodes with long cycle life [J]. Nano Letters, 2011, 11 (7): 2949 - 2954.

[33] Gao P, Huang X, Zhao Y, et al. Formation of Si hollow structures as promising anode materials through reduction of silica in $AlCl_3$ - NaCl molten salt [J]. ACS Nano, 2018, 12 (11): 11481 - 11490.

[34] Huang X, Yang J, Mao S, et al. Controllable synthesis of hollow si anode for long - cycle - life lithium - ion batteries [J]. Advanced Materials, 2014, 26 (25): 4326 - 4332.

[35] Fan S, Wang H, Qian J, et al. Covalently bonded silicon/carbon nanocomposites as cycle - stable anodes for Li - ion batteries [J]. ACS Applied Materials & Interfaces, 2020, 12 (14): 16411 - 16416.

[36] Liu N, Wu H, McDowell M T, et al. A yolk - shell design for stabilized and scalable Li - ion battery alloy anodes [J]. Nano Letters, 2012, 12 (6): 3315 - 3321.

[37] Liu N, Lu Z, Zhao J, et al. A pomegranate - inspired nanoscale design for large - volume - changc lithium battery anodes [J]. Nature Nanotechnology, 2014, 9 (3): 187 - 192.

[38] Chen S, Shen L, van Aken P A, et al. Dual - functionalized double carbon shells coated silicon nanoparticles for high performance lithium - ion batteries [J]. Advanced Materials, 2017, 29 (21): 1605650.

[39] Chen Y, Zeng S, Qian J, et al. Li^+ - conductive polymer - embedded nano - Si particles as anode material for advanced Li - ion batteries [J]. ACS Applied Materials & Interfaces, 2014, 6 (5): 3508 - 3512.

[40] Zhang J, Fan S, Wang H, et al. Surface - bound silicon nanoparticles with a planar - oriented N - type polymer for cycle - stable Li - ion battery anode [J]. ACS Applied Materials & Interfaces, 2019, 11 (14): 13251 - 13256.

[41] Zeng S, Liu D, Chen Y, et al. Enabling a high capacity and long cycle life for nano - Si anodes by building a stable solid interface with a Li^+ - conducting polymer [J]. Journal of Materials Chemistry A, 2015, 3 (18): 9938 -

9944.
[42] Bai Y, Tang Y, Wang Z, et al. Electrochemical performance of Si/CeO_2/Polyaniline composites as anode materials for lithium ion batteries [J]. Solid State Ionics, 2015 (272): 24 - 29.
[43] 汤洋. 聚苯胺/二氧化铈包覆纳米硅材料的制备及电化学性能 [D]. 北京：北京理工大学，2015.
[44] He Y, Wang Y, Yu X, et al. Si - Cu thin film electrode with Kirkendall voids structure for lithium - ion batteries [J]. Journal of The Electrochemical Society, 2012, 159 (12): A2076.
[45] Choi J A, Kim D W, Bae Y S, et al. Electrochemical and interfacial behavior of a $FeSi_{2.7}$ thin film electrode in an ionic liquid electrolyte [J]. Electrochimica Acta, 2011, 56 (27): 9818 - 9823.
[46] Chen Y, Qian J, Cao Y, et al. Green synthesis and stable Li - storage performance of $FeSi_2$/Si@ C nanocomposite for lithium - ion batteries [J]. ACS Applied Materials & Interfaces, 2012, 4 (7): 3753 - 3758.
[47] 姜博仑. 具有多重缓冲机制的锂离子电池硅基负极 [D]. 武汉：武汉大学，2017.
[48] Wang H, Fan S, Cao Y, et al. Building a cycle - stable Fe - Si alloy/carbon nanocomposite anode for Li - ion batteries through a covalent - bonding method [J]. ACS Applied Materials & Interfaces, 2020, 12 (27): 30503 - 30509.
[49] Shi L, Pang C, Chen S, et al. Vertical graphene growth on SiO microparticles for stable lithium ion battery anodes [J]. Nano Letters, 2017, 17 (6): 3681 - 3687.
[50] Liu N, Hu L, McDowell MT, et al. Prelithiated silicon nanowires as an anode for lithium ion batteries [J]. ACS Nano, 2011, 5 (8): 6487 - 6493.
[51] Kim H J, Choi S, Lee S J, et al. Controlled prelithiation of silicon monoxide for high performance lithium - ion rechargeable full cells [J]. Nano Letters, 2016, 16 (1): 282 - 288.
[52] Varzi A, Bresser D, von Zamory J, et al. $ZnFe_2O_4$ - C/$LiFePO_4$ - CNT: A novel high - power lithium - ion battery with excellent cycling performance [J]. Advanced Energy Materials, 2014, 4 (10): 1400054.
[53] Tabuchi T, Yasuda H, Yamachi M. Li - doping process for Li_xSiO - negative active material synthesized by chemical method for lithium - ion cells [J].

Journal of Power Sources, 2005, 146 (1 - 2): 507 - 509.

[54] Zhao J, Lu Z, Liu N, et al. Dry - air - stable lithium silicide - lithium oxide core - shell nanoparticles as high - capacity prelithiation reagents [J]. Nature Communications, 2014, 5 (1): 1 - 8.

[55] Ling M, Xu Y, Zhao H, et al. Dual - functional gum arabic binder for silicon anodes in lithium ion batteries [J]. Nano Energy, 2015 (12): 178 - 185.

[56] Liu G, Xun S, Vukmirovic N, et al. Polymers with tailored electronic structure for high capacity lithium battery electrodes [J]. Advanced Materials, 2011, 23 (40): 4679 - 4683.

[57] Park S J, Zhao H, Ai G, et al. Side - chain conducting and phase - separated polymeric binders for high - performance silicon anodes in lithium - ion batteries [J]. Journal of the American Chemical Society, 2015, 137 (7): 2565 - 2571.

[58] 李丽敏. NCA/Si - C 锂离子电池热效应机理研究 [D]. 北京: 北京理工大学, 2017.

[59] Ge M, Cao C, Biesold G M, et al. Recent advances in silicon - based electrodes: from fundamental research toward practical applications [J]. Advanced Materials, 2021, 33 (16): 2004577.

第 8 章

硫电极材料的多电子反应

硫基电池是基于多电子反应，以第ⅥA族元素单质（S_8）作为正极材料的二次电池。在电化学反应中，S元素通过转化反应得到两个电子，形成S_2^-。由于每个硫的元素序数低，并且每个元素可转移的电子较多，硫基材料都具有极高的理论比容量。而硫基材料本身为固体，与已商业化的锂离子电池的正极材料更为接近，这有利于硫电池的商业化。

本章主要围绕金属－硫电池的多电子反应展开讨论，其中涉及的金属－硫电池体系主要包括锂硫电池、铝硫电池、钾硫电池、钠硫电池、镁硫电池和钙硫电池（图8.1）。本章主要论述了不同金属－硫电池的多电子反应机制（工作原理）、硫正极多电子反应的现存问题和优化策略、金属负极的多电子反应特性和金属－硫电池多电子反应的未来发展。本部分旨在帮助读者理解硫电极的多电子反应工作原理，明确目前金属－硫电池体系中存在的关键问题，如硫单质导电性差、硫及其产物的体积差异、多硫化物的“穿梭效应”和金属负极的高反应活性等。同时，使读者能够知晓缓解上述“瓶颈”问题的解决方案，以促进金属－硫电池体系的未来发展。

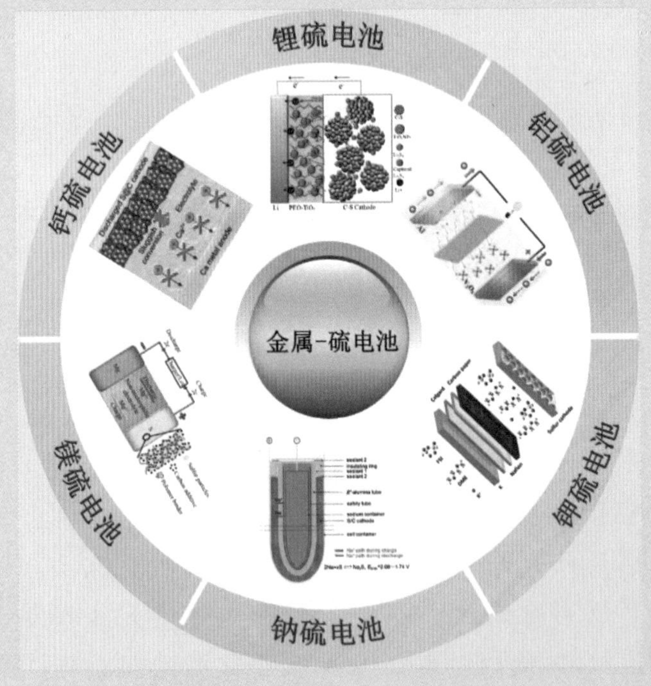

图 8.1　金属－硫电池体系

8.1　硫电极材料的多电子反应机制

硫基电池是基于多电子反应，以第ⅥA 族元素单质（S_8）作为正极材料的二次电池。不同于锂离子电池的插层、脱嵌反应机理，金属硫电池的电化学反应是转化反应。由于硫可以形成多种不同链长的多硫化物的离子，故金属和硫的转化反应过程十分复杂。研究发现，锂硫电池的充放电过程总是存在一定的电位差，这种电位差和锂硫电池充放电过程的不对称性有关。如图 8.2 所示，锂硫电池在充放电过程中会出现多种不同链长的多硫化物，并且长链多硫化物和短链多硫化物之间存在许多歧化、缔合反应。这些歧化、缔合反应始终伴随着电化学过程，导致了锂硫电池充放电过程的不对称性[1]。在众多非电荷转移反应中，S_6^{2-} 和 S_3^- 之间的转化反应（$S_6^{2-} \rightleftharpoons 2S_3^-$）起着关键性的调节作用。如图 8.2 所示，金属硫电池中，S_6^{2-} 和 S_3^- 在充放电反应中维持着 $S_6^{2-} \rightleftharpoons 2S_3^-$ 的平衡，并且在不同的电位下二者含量不同，在高电位（>2.1 V）下，S_6^{2-} 更多，而在低电位（$\leqslant 2.1$ V）下，S_3^- 更多。S_3^- 在充电前需要先将 Li_2S 等多种不溶性的多硫化物“活化”，才能进行充电反应。这种充放电反应的不对称性导致了充放电电位差，还会造成电池发热和能量浪费。以 S_8 为正极材料活性物质，理论上每个硫原子在第一个放电平台可以获得 0.5 个电子，还原生成 Li_2S_4；在第二个充放电平台，长链的多硫化物会再接收 1.5 个电子，进一步还原成硫化锂和二硫化锂。具体反应如下：

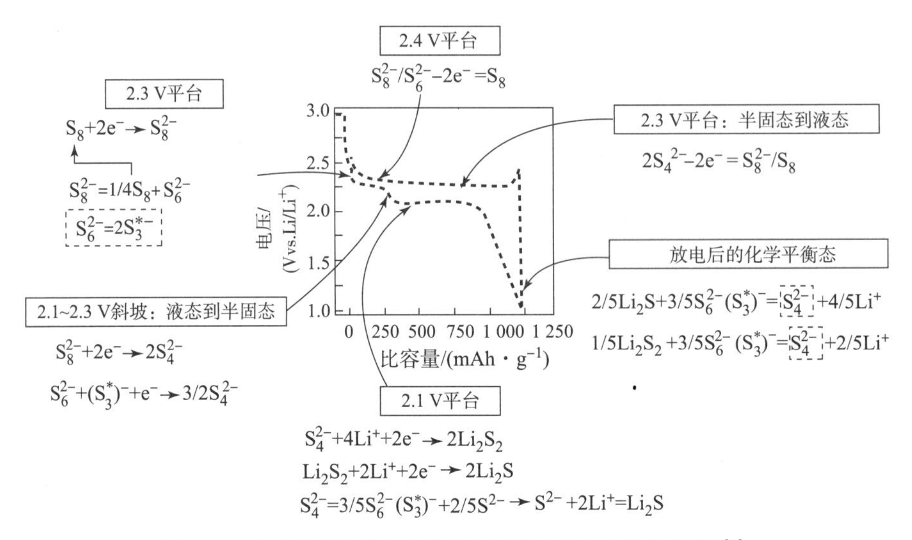

图 8.2　金属硫电池的多电子反应机制（以锂硫电池为例）[2]

$$S_8^0+4e^- \rightleftharpoons 2S_4^{2-} \tag{8-1}$$

$$S_4^0+6e^- \rightleftharpoons 2S^{2-}+S_2^{2-} \tag{8-2}$$

通过计算，第一步反应中每个硫原子接收 0.5e^-；第二步反应中，每个硫原子接收 1.5e^-。所以，锂与单质硫的完全反应可实现 2 电子反应。

8.2　锂硫电池的构建及其关键材料

8.2.1　锂硫电池的概述

锂硫电池是锂电池的一种，是以硫元素作为正极，金属锂作为负极的一种锂电池。单质硫在地球中储量丰富，具有价格低廉、环境友好等特点。利用硫作为正极材料的锂硫电池，材料理论比容量和电池理论比能量较高，分别达到 1 675 mAh · g^{-1}和 2 600 Wh · kg^{-1}，远远高于商业上广泛应用的钴酸锂电池的容量，是未来极具前景的新型储能装置[3]。

8.2.2　锂硫电池的多电子反应机理

锂硫电池正极材料一般由硫和高导电性材料复合而成，这主要是因为硫本身不导电。锂硫电池放电时，负极反应为锂失去电子变为锂离子，正极反应为硫与锂离子及电子反应生成硫化物，正极和负极反应的电势差即为锂硫电池所提供的放电电压。在外加电压作用下，锂硫电池的正极和负极反应逆向进行，即为充电过程。根据单位质量的单质硫完全变为 S_2^- 所能提供的电量，可得出硫的理论放电质量比容量为 1 675 mAh · g^{-1}，同理，可得出单质锂的理论放电质量比容量为 3 860 mAh · g^{-1}。锂硫电池的理论放电电压为 2.287 V，当硫与锂完全反应生成硫化锂（Li_2S）时，相应锂硫电池的理论放电质量比能量为 2 600 Wh · kg^{-1}。锂硫电池充放电曲线如图 8.3（a）所示。

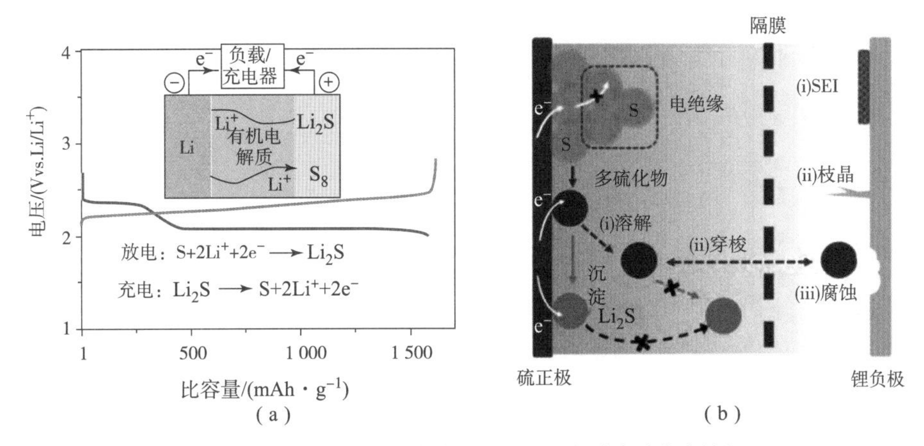

图 8.3　（a）锂硫电池充放电曲线；（b）锂硫电池存在的问题

从放电曲线来看，锂硫电池存在两个放电平台，高电压平台在 2.4 V 左右，低电压平台在 2.1 V 左右，但是容量却非常高。这个过程中存在很多的中间产物，如 Li_2S_8、Li_2S_6、Li_2S_4。这些中间产物的存在给硫正极带来很多的问题，如穿梭效应、溶解性的问题，而且最终的产物是电子绝缘体，降低了反应的动力学速率和电池的倍率性能。硫的密度比产物 Li_2S 要大，因此 Li_2S 比 S 堆积更易蓬松，体积更易膨胀，同样带来诸多问题。锂硫电池目前存在的问题如图 8.3（b）所示，①单质 S 导电性差及体积膨胀，电池倍率性能低，容量衰减快。②多硫化物（PS）存在“氧化还原穿梭效应”。③金属锂枝晶、粉化和体积变化大，高比容量硫引发的大容量锂的不均匀沉积造成安全隐患。

8.2.3　硫正极多电子反应存在的问题和优化策略

硫（S_8）是典型的阴离子变价的转换反应正极材料，缺点是电化学反应的中间态多硫化锂产物（如 Li_2S_6、Li_2S_4 等）极易溶于醚类电解液，穿梭到金属锂负极发生不可逆的电化学沉积，这一“穿梭效应”是限制锂硫电池循环寿命的最重要原因[4,5]。同时，在放电过程中，液态的多硫化锂会形成 Li_2S 绝缘层覆盖在正极表面，阻碍电子和离子的传导，使电池的倍率性能下降。与此同时，硫导电性非常差，不利于电池的高倍率性能。此外，由于单质硫和 Li_2S 的密度差异（单质硫 2.03 $g \cdot cm^{-3}$，Li_2S 1.67 $g \cdot cm^{-3}$），导致硫电极在循环过程中出现明显的体积变化，这也易使电极材料在循环过程中发生破碎，进而破坏电极骨架的导电网络[6,7]。醚基电解液中存在的可溶性和高反应性的多硫化物中间体，破坏了锂金属负极表面的传质传核稳定性，加剧了锂枝晶的生成、金属锂粉化、体积变化以及高比容量硫引发的大容量锂的不均匀沉积，增加了电池内部短路和安全隐患。

为了改善锂/硫电池的循环稳定性并提高硫活性物质的利用率，近年来的研究重点主要集中在硫正极方面，包括各种形式的硫分散固定化方式，如硫－碳复合、硫－聚合物复合、硫－氧化物复合以及硫－碳－聚合物多重复合等。其中，引入的基质材料一般应具有三种功能：一是具有良好的导电性；二是具有一定的机械强度或弹性，并且活性物质可在基质材料上高度分散，以确保活性物质的高利用率，同时，减缓循环过程中由于体积膨胀导致的电极失效；三是基质材料要对活性物质具有良好的固定化作用。有些基质材料表面具有一定的官能团，表现出部分化学相互作用（如氧化石墨烯）[8]。除此之外，无论是单质硫还是放电产物硫化锂，都是绝缘体，为了有效传递电子和锂离子，通常需要添加导电载体负载或导电剂包覆来构建导电复合硫正极。另外，需要尽量提高正极材料中硫的含量，以保持高比容量，这个矛盾目前还未得到完全解决。硫在脱/嵌锂过程中，体积变形程度比较大（最多可达到 80%），多次充放电后，易导致电极产生裂纹，破坏硫与导电载体材料之间的有效接触，因此，抑制硫体积的膨胀对于改善硫正极的稳定性极为重要。

从未来实用化电池体系的开发角度出发，需要尽可能采用可大量制备、来源稳定的基质材料和骨架材料，最好是商业化的材料，如导电炭黑。在确保电极中活性物质的利用率方面，还应考虑设计良好的界面结构，选择适当的黏结剂，构筑相互交织、稳定的 $e^-/S_8/Li^+$ 三相网络的电极骨架结构，使参与反应的锂离子与电子能与硫充分接触及反应，从而提高硫活性物质的利用率。同时，锂硫电池正极材料单质硫在放电过程中伴随着电化学反应，还同时发生多种化学反应，经历从固相单质硫到液相多硫化锂，再从液相多硫化锂到固相硫化锂两次相变。单质硫从高氧化态逐渐降低到低氧化态，过程极其复杂，反应机理仍不明确，难以有效调控，需深入探究内在机理。

8.2.4　金属锂负极的多电子反应特性和保护策略

锂硫电池使用金属锂作为负极材料，金属锂以极高的理论比容量（3 860 mAh · g^{-1}）和最负的电势（ −3.04 V vs. 标准氢电极）受到了广泛关注[9]。然而，金属锂的高反应活性利弊共存，强氧化还原电势促进了电池的高能量密度，但也加剧了锂与电解质之间的副反应。因此，深入研究多电子反应下金属锂的反应特性，寻求金属锂负极的保护对锂硫电池的发展至关重要。

锂金属二次电池的发展主要受以下几个因素的制约（图 8.4）：

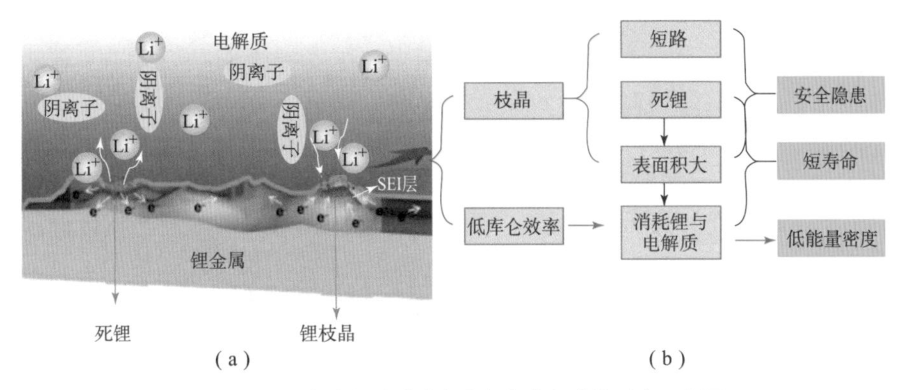

图 8.4　（a）锂金属电池中锂负极与电解液的反应示意图；（b）锂枝晶的典型形态以及与枝晶和低库仑效率有关的主要问题[11]

①金属锂的化学不稳定性。金属锂具有高化学反应活性和低熔点等特点，这使得金属锂几乎可以与任何有机溶剂、电解质盐、添加剂和电解液中的杂质发生反应，生成各种热力学和动力学不稳定产物附着在金属锂负极表面，在电池中造成可逆或不可逆的容量损失和电池库仑效率的降低。这些物质的存在也增加了电极界面的复杂性，不仅为相关研究增加了难度，也增加了电极表面成分组成的多样性。

②金属锂负极表面的沉积形貌是不均匀的。与锂离子电池嵌入型负极不同的是，锂离子在金属锂负极表面获得电子被还原，沉积到金属锂负极的表面，在放电过程中失去电子，从负极表面剥落。受电解液成分的影响，金属锂在负极表面的沉积形貌也不同，包括树枝状、棒状、纤维状、苔藓状和无定型等。电极表面电流分布受"尖端效应"的影响，使得金属锂更倾向于沉积到表面的小突起上，从而形成枝晶状的形貌[10]。当枝晶生长足够长时，尖锐的枝晶会刺穿隔膜，容易引发电池内部短路，继而引发电池爆炸，存在安全隐患。

③枝晶的生长增大了负极的比表面积，与电解液的副反应更加强烈，电极

与电解液的不断消耗造成不可逆的活性物质的损失。在放电过程中，与沉积过程相反，位于节点处的锂首先发生溶解，金属锂的不断溶解有时会导致枝晶从根部脱离负极。固态电解质膜的包覆使得脱落的锂枝晶形成绝缘的死锂，从而降低电池的容量和库仑效率。

④由于金属锂的高反应活性，金属锂极易与空气及水分发生反应，因此锂金属电池的装配对气氛的要求更高，对生产工艺的要求更高。

近年来，已经开发了多种新兴策略来抑制锂枝晶的生长，提高电池的安全性和使用寿命。目前对金属锂负极保护的研究主要集中于以下几方面（图8.5）：①设计有机电解液和固液界面。通过使用电解液添加剂（如硝酸锂、多硫化物、硝酸铯等），能够有效提升金属锂负极表面固体电解质界面膜的均匀性和稳定性，从而抑制锂负极与电解液发生副反应；此外，一些改性电解液，如高浓度盐的引入，能够在负极表面形成稳定的缓冲层，诱导锂离子的均匀分布。②设计具有合金化结构的负极骨架。将锂以离子态的形式存于骨架中，大大降低了金属锂的反应活性，从而抑制枝晶生长。③金属锂负极的结构化设计。构建具有高比表面、良好电子导电性和亲锂性的三维骨架作为锂负极的框架，能够显著降低锂成核电位，有利于调控锂离子的沉积行为。④固态电解质。固态电解质包括高分子聚合物电解质、无机电解质以及复合固态电解质等。这类电解质由于具有较高的机械模量，能够有效抑制枝晶生长，从而提高电池的安全性能。

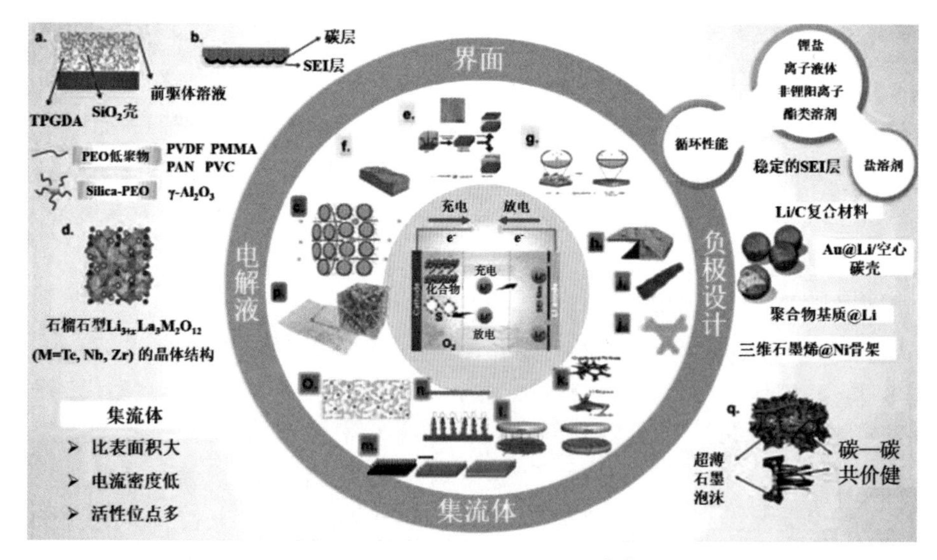

图 8.5　金属锂负极的保护策略[11]

通过分析金属锂负极面临的主要问题与挑战，以及对金属锂负极表面 SEI 膜性质的研究，解决上述问题依赖于构建具有高化学稳定性、高机械强度、高弹性和高电导率的界面。为了优化对金属锂负极界面的设计，袁颜霞等[10]做了如下几项研究：第一，在金属锂表面构建多孔氟化锂颗粒层，诱导锂鳞片状沉积。目前已有大量研究表明，富含氟化锂的人造 SEI 膜有利于抑制枝晶的生长。氟化锂是原始 SEI 膜中的成分之一，具有一定的化学惰性，与电解液中有机溶剂接触也不会发生化学反应，同时，通过第一性原理计算，证明氟化锂具有较高的表面能和较低的锂离子扩散能垒，因此，在充放电过程中，锂离子能够在富含氟化锂的 SEI 膜中实现均匀分布，从而达到抑制枝晶生长的目的。另外，袁颜霞等[9]还进一步优化了氟化锂保护层的厚度，可控合成了具有超薄结构的氟化锂保护层。基于上述对氟化锂的研究可知，具有高表面能低锂离子扩散能垒的材料均有潜力用于优化金属锂负极界面。

8.2.5　锂硫电池多电子反应的未来发展

近年来，锂/硫电池凭借高能量密度和逐步改善的电化学性能，成为最具竞争力的高能量密度电池体系，但仍然面临着许多问题与挑战。目前报道的正极制备技术仍摆脱不了基质材料与硫的高温复合或液相化学沉积，不利于电极活性物质的均一化控制和电极材料的规模化生产。在硫电极的反应机制方面，还有很多基础工作需要进一步探索，如硫活性物质及放电中间产物在电解液中的溶解问题，这也涉及锂/硫电池的长期储存性能。另外，对硫活性物质的固定化方式也有不同的看法，即硫和锂多硫化物（Li_2S_8）在有机电解液中的溶解是不可避免的，如何固定或是否需要固定这些可溶物，还需要从反应机制和应用需求上进一步研究和论述。

从实际应用角度看，虽然报道的锂/硫电池的重量能量密度已较高（大于 300 $Wh \cdot kg^{-1}$），但体积能量密度仍不具有竞争性。只有当锂/硫电池的重量能量密度达到400～500 $Wh \cdot kg^{-1}$，体积能量密度才可与目前商业化锂离子电池相竞争。其作为纯电动汽车的电源使用，不仅需要实现能量密度的突破，还必须实现电池的长寿命，如至少实现500周的循环，这对基于溶解－沉积反应的锂/硫电池体系而言是一项更为艰巨的挑战。

8.3 铝硫电池的构建及其关键材料

8.3.1 铝硫电池的概述

目前以锂离子电池（LIBs）为代表的二次电池体系作为主要的储能装置发挥了重要的作用。但一方面，随着消费电子以及动力电池等方面大规模的使用，使得锂、钴、锰等元素大量消耗，造成了金属原材料资源短缺和价格上涨，限制了 LIBs 继续大规模使用；另一方面，可充电二次电池最基本的参数——锂离子电池的能量密度已经接近上限（约 300 $Wh \cdot kg^{-1}$），迫切需要新的电极和基于丰富且经济高效的金属元素的系统来突破这些障碍。锂硫（Li - S）电池作为研究和应用最为广泛的金属硫电池，因锂金属资源短缺等问题而受到诸多限制。相比之下，当与硫正极匹配时，轻质多价金属可以提供更高的理论比容量，例如镁（Mg）、铝（Al）、钙（Ca）等，其中，镁硫（Mg - S）和铝硫（Al - S）电池的体积能量密度甚至超过 Li - S 电池，并且 Al - S 电池特别适用于固定储能和智能电网调节系统[12-16]。同时，铝硫（Al - S）电池中的铝金属负极的理论质量比容量达到 2 980 $mAh \cdot g^{-1}$，在金属中位居第二，仅次于锂[17,18]。体积比容量为 8 040 $mAh \cdot cm^{-3}$，是目前已知金属电极材料中最高的[19]。铝也是地壳中储量最丰富的金属元素，具有质量小、成本低、价格低廉等优点，因而 Al - S 二次电池体系正负极兼具有轻元素多电子反应的特点，是未来低成本、高比能金属硫电池的重要发展方向[20,21]。

8.3.2 铝硫电池的多电子反应特性

相较于其他金属硫电池的探索，Al - S 电池的探索一直处于初始阶段。在水系电解质反应条件下，Al - S 电池主要发生如下反应：

$$2Al + 9OH^- \rightarrow 2Al(OH)_3 + 6e^- + 3OH^- \tag{8-3}$$

$$3S + 3H_2O + 6e^- \rightarrow 3HS^- + 3OH^- \tag{8-4}$$

在室温离子液体电介质中主要发生：

$$2Al + 14AlCl_4^- \rightarrow 8Al_2Cl_7^- + 6e^- \tag{8-5}$$

$$8Al_2Cl_7^- + 6e^- + 3S \rightarrow Al_2S_3 + 14AlCl_4^- \tag{8-6}$$

2016 年，Wang 等[22]提出 Al - S 电池的全反应是一个固相反应过程，不涉及多相反应过程。Manthiram 等[23]证明，如果 S_x^{2-}（$1 \leqslant x < 6$）在 Al - S 体系中

的 x 小于6，它将不溶于 EMICl/$AlCl_3$(1∶1.3) IL 电解质，否则，S_x^{2-} 是可溶的，具体检测流程如图8.6（a）所示。这说明通过优化电解液可以控制长链硫在电解液中的溶解，通过物理限制和化学键合来抑制短链硫的穿梭，可以提高 Al-S 电池的电化学可逆性[24,25]。同时，硫的导电性差、动力学速度慢也是阻碍电池稳定循环的重要因素。Xia 等[28]开发了一种新型的 $Et_3NHCl/AlCl_3$ IL 电解质，并通过添加1,2-二氯乙烷（DCE）、二氯甲烷（DCM）和其他添加剂对性能进行了优化，但放电比容量仅为理论容量的1/10，这与硫正极侧较低的硫利用率和较差的导电性有关，故正极材料的优化对于体系容量的改善具有重要作用。

8.3.3 铝硫电池用硫正极的改性和优化策略

单质硫较低的电子导电性和多电子的反应特性使得 Al-S 电池电化学动力学较差，同时，硫的穿梭效应会破坏铝金属界面的稳定性，导致电池库仑效率降低，体系循环寿命衰减，因此，合适的 Al-S 电池正极设计对体系性能的优化有重要意义。与其他金属硫电池类似，使用碳材料和硫黄复合是提高导电性和硫元素利用率的最常用途径。

2015年，Archer 团队[29]第一次提出了以非水系离子液体为电解液的可充电 Al-S 电池。该体系正极由硫元素与炭黑混合制成，如图8.6（b）（c）所示，在经过6次循环后，放电比容量依旧高达1 300 mAh·g^{-1}，表明 Al-S 电池具有良好的可逆性。Wang 等[22]优化了电解液配比，将硫与活性炭布（ACC）混合，在155 ℃下将硫升华蒸镀到 ACC 碳孔中（孔直径为2 nm）。通过这些措施，电池可以实现20次的稳定循环，并且20周后循环容量超过1 000 mAh·g^{-1}，如图8.6（d）所示。当体系温度升高到50 ℃时，电池极化大大降低至0.5 V（图8.6（e）~（g）），这对减小电池极化、提升正极材料电化学性能具有借鉴意义。Manthiram 等[23]设计了一种新型的硫正极结构，并将 S/Al[EMI]Cl_4 浆料分散至碳纳米纤维材料上，构建了自组装正极材料。这种结构可以最大限度地与电解液中的活性物质接触，促进氧化还原动力学过程。除硫碳复合材料外，金属纳米粒子、硫基材料和自组装体系等新型复合材料是提高多硫化物导电性、抑制多硫化物穿梭的潜在方向。

Al-S 电池中的集流体和黏结剂也是正极材料的重要组成部分之一。由于 Al-S 电池中的电解液是腐蚀性很强的咪唑盐类 IL，因此，集流体的稳定性对体系的循环稳定性有重要影响。在这种情况下，由于集流体会与电解液发生副反应，传统的铝箔、铜箔和不锈钢箔无法使用，需要使用钼箔和钛箔等防腐蚀集流体。使用钼箔和钛箔等防腐蚀集流体时，黏结剂性能的好坏对体系循环性

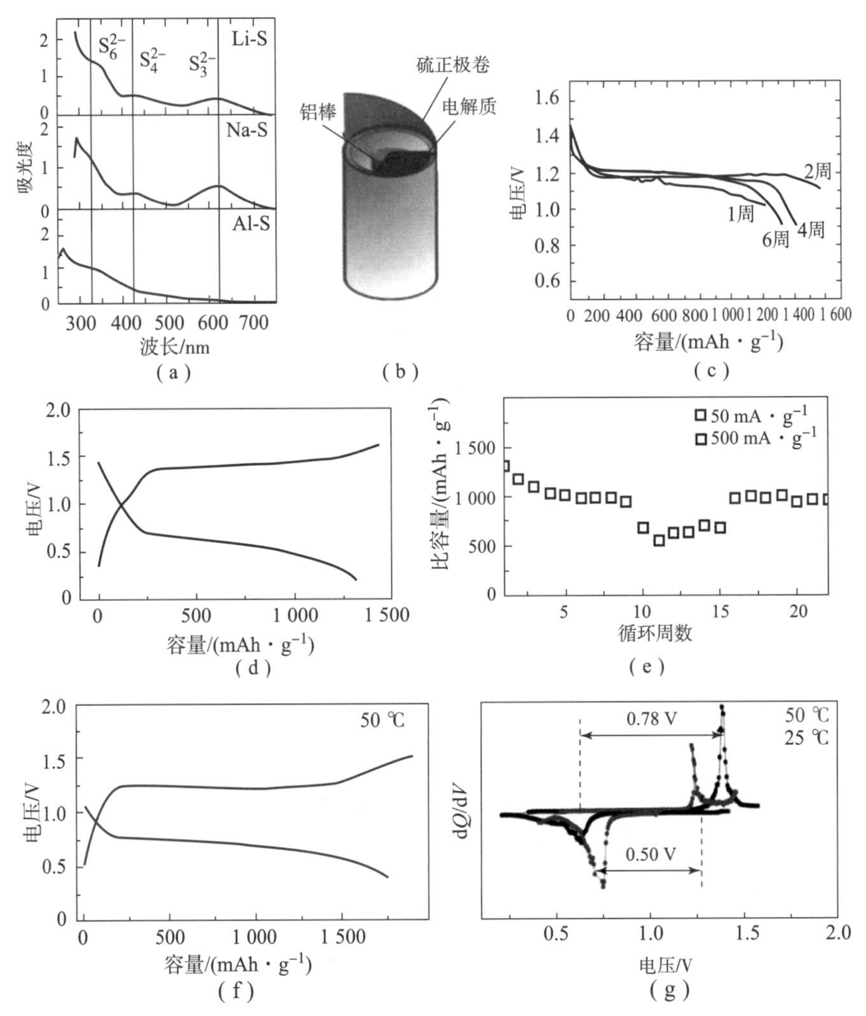

图 8.6 (a) Li-S、Na-S 和 Al-S 电池放电硫正极 UV-vis 光谱图[23]；(b) 第一个以离子液体为电解质的 Al-S 电池示意图；(c) 在 50 mA · g^{-1}时的 Al-S 电池放电曲线[26]；(d) 以 ACC/S 为正极的 Al-S 电池在电流密度为 50 mA · g^{-1}时的充放电曲线；(e) 以 ACC/S 为正极的 Al-S 电池在 50 mA · g^{-1}和 500 mA · g^{-1}下的循环性能；(f) 50 ℃时的 Al-S 电池充放电曲线；(g) 不同温度下的 dQ/dV 容量电压微分曲线[27]

能有重要影响，普通的黏结剂例如 PVDF 和 PTFE 可能会造成活性物质从防腐蚀性集流体脱落的情况，因此，选择合适的黏结剂对提升 Al-S 电池性能有重要影响。

8.3.4　金属铝负极的多电子反应特性和存在问题

虽然铝金属很早就被人们应用于能量存储领域方面的研究，但一直没有像后来锂离子电池一样大规模的使用，这与铝的化学性质有重要的关系。新鲜的铝金属表面在暴露于空气中时会形成一层氧化膜，造成实际的电极电位低于理论值。铝金属在酸性介质中氧化膜被腐蚀，发生析氢反应，从而无法实现正常的电化学性能；而在碱性介质中，铝容易生成不溶性物质，导致电解质电导率下降并且增加体系极化。由于铝的两性性质，大多数电解液无法实现铝的沉积和溶解。目前铝离子电池体系电解液的快速发展，促进了室温 Al－S 电池体系的发展。值得注意的是，基于 $AlCl_3$ 型离子液体能够可逆地沉积铝，但 Al－S 体系也面临着一些根本性的问题，如：①单质硫的电子导电性差；②硫正极和多价金属负极都发生了多电子反应，电化学动力学较差，以及副反应严重；③硫的穿梭效应破坏了界面的稳定性，导致库仑效率降低，并缩短了使用寿命。

8.3.5　铝硫电池用电解质材料的改性和优化策略

目前 Al－S 电池系统的典型特点是极化电压大（0.8～1 V），电化学动力学过程缓慢，表现为高电压滞后和循环稳定性差。同时，铝负极表面的氧化膜也不利于稳定循环。Al－S 电池性能的优化离不开电解质的改性。2015 年，Archer 等[29]通过调整 EMICl 和 $AlCl_3$ 的不同比例，研究了 Al－S 电池的电化学行为。当 EMICl 和 $AlCl_3$ 的摩尔比为 1∶1.5 时，体系可获得 1.2 V 的稳定放电平台。此外，在金属硫电池中加入锂盐添加剂是电解液优化的有效途径。Manthiram 等[33]在电解液中引入锂离子，促进了可溶性多硫化物的形成，降低了多硫化铝还原或氧化的电化学动能垒（图 8.7（b））。X 射线光电子能谱（XPS）分析和密度泛函（DFT）计算结果表明，锂离子的存在抑制了放电过程中 Al—S 键的形成，促进了硫化物物种的再活化，从而极大地提高了电化学可逆性。该电解质体系首次放电比容量可达 1 000 $mAh \cdot g^{-1}$ 以上，50 次循环后仍能保持 600 $mAh \cdot g^{-1}$ 的高放电比容量（图 8.7（c））。另外，较高的核电荷密度是多价态 Al－S 电池的另一个比较突出的缺陷。较高的核电荷密度可导致其他一些问题，例如电化学动力学过程缓慢、放电容量低等。Li 等[34]使用 $Al_2Cl_6Br^-$ 代替 $Al_2Cl_7^-$ 作为解离剂。DFT 计算表明，由于解离能垒的大大降低（图 8.7（d），（e）），$Al_2Cl_7^-$ 与 Al^{3+} 在界面上的解离反应被取代，解离反应速度提升约 15 倍。此外，在 251 $mA \cdot g^{-1}$ 的高放电电流密度条件下，首次循环可提供超过 1 500 $mAh \cdot g^{-1}$ 的放电容量（图 8.7（f））。此外，用 N－丁基－N－甲基哌啶离子（$NBMP^+$）取代 Al－S 电池中的所有 EMI^+，这种结构可实现很高的硫利用率，并在20次循环后保持600 mAh · g^{-1}的放电容量（图8.7（g））。

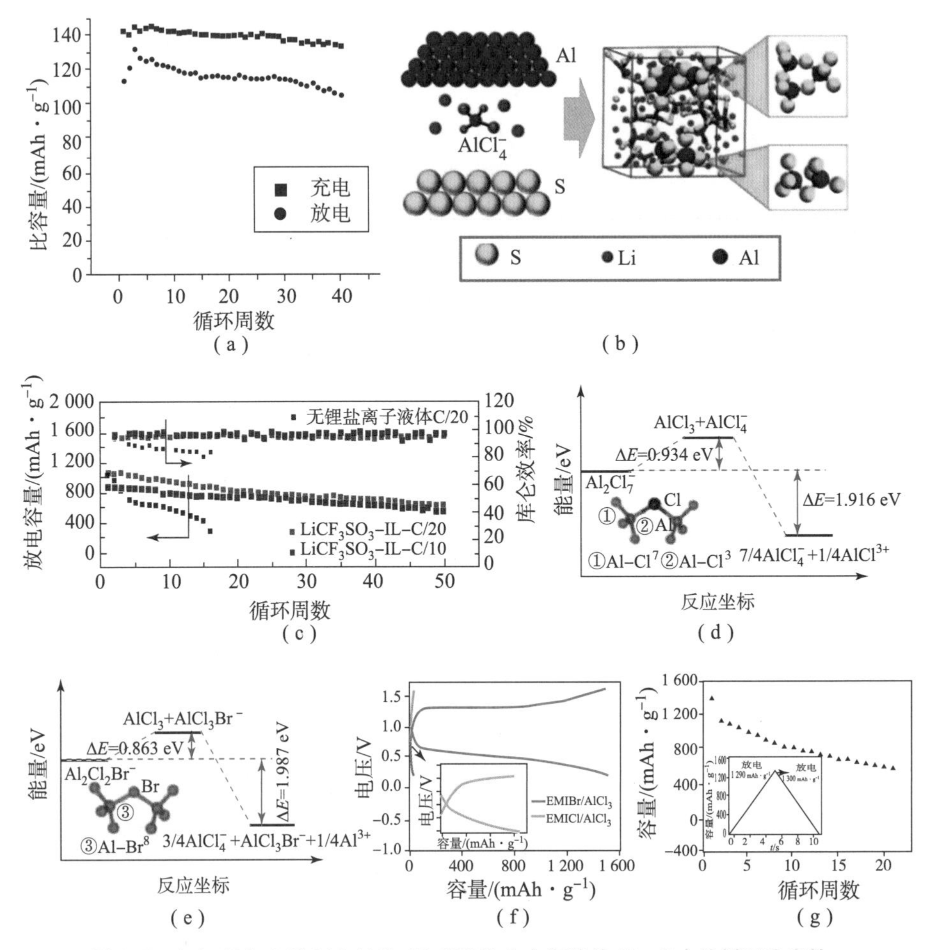

图8.7 （a）添加DCM以$AlCl_3/Et_3NHCl$为电解液的Al－S电池循环稳定性；（b）改善Al－S电池可逆性的原理示意图；（c）添加锂盐与否的Al－S电池的循环稳定性和库仑效率示意图；（d），（e）$Al_2Cl_7^-$和$Al_2Cl_6Br^-$解离反应的能量分布图；（f）用EMIBr/$AlCl_3$和EMICl/$AlCl_3$（插图）电解液的Al－S电池在251 mA · g^{-1}下的充放电曲线；（g）以NBMPBr/$AlCl_3$为电解质的Al－S电池循环性能及首次充放电容量随时间变化[34]

8.3.6 铝硫电池多电子反应的未来发展

在经济全球化大大加快的今天，大力发展新能源产业是缓解不可再生资源短缺和环境问题的有效手段。以Al－S电池为代表的多价金属硫电池的开发，可以有效拓宽二次电池储能装置的选择。Al－S电池的正负极兼具轻元素和多电子的反应优势，并且该体系具有高的理论能量密度和低成本的特点，具有广阔的应用前景。然而作为一个新兴的金属硫电池研究方向，目前依旧存在着许多问题。黏结剂改善了正极侧活性物质黏结性差和分布不均的缺点，提升了体系的循环性能。进一步地，在正极侧引入修饰隔膜，减小体系极化并抑制多硫化物的迁移，使得体系具有优异的循环稳定性。修饰层可以有效地阻碍多硫化物的自由移动，在优化了正极结构的同时，还有效地对铝金属负极起到了保护作用。这些研究成果展示了一种简单而有效的功能性电极材料改性策略，可以有效地提高体系的稳定性和可逆性，对将来 Al－S 电池的发展有很强的借鉴意义。但是作为新兴储能体系，还有许多亟待解决的问题，在将来的工作中应该对 Al－S 电池机理进行更加深入的研究，从电化学机理角度出发改善体系极化大且循环性能较差的问题，推动 Al－S 电池将来商业化的进程。

8.4　钾硫电池的构建及其关键材料

相比于锂硫和钠硫电池，钾硫电池的研究仍然处于初始阶段，目前钾硫电池的报道和研究远少于锂硫、钠硫等电池。但是钾硫电池仍然具有独特的优势。由于钾金属具有较低的标准电极电势（－1.29 V vs. HER），在众多常见的金属硫电池中，钾硫电池具有仅次于锂硫的理论放电电位（1.88 V）[38]。钾硫电池原料储量丰富，分布范围广泛，成本低廉。和锂硫及钠硫体系不同的是，钾硫体系中存在多个室温下稳定的固态钾硫化合物 K_2S_n（$n=1$，2，3，4，5，6），而锂硫中稳定的固相化合物只有 Li_2S，钠硫中只存在 Na_2S_n（$n=1$，2，4，5）[39]。钾硫化合物的多样性可能是钾硫电池的电化学性能不同于锂硫和钠硫的原因，同时这也给通过纯相的钾硫化合物研究金属硫电池的电化学机理提供给了可能性。

8.4.1　钾硫电池的多电子反应机理

由于硫元素具有相对原子质量低、可进行多电子反应的特点，金属硫电池具有极高理论比容量（1 675 $mAh \cdot g^{-1}$），并且金属硫电池体系比金属空气电池更接近已有的锂离子电池体系，更有希望工业化[40]。在多种金属－硫电池中，钾硫电池（K－S 电池）具有极高的理论能量密度（914 $Wh \cdot kg^{-1}$）和原料储量丰富、价格低廉的优势，是一种极具开发前景的储能体系[38]。

K－S 电池的电化学反应机制如图 8.8 所示。在 K－S 电池放电时，K_2S_3 由于低溶解度，在正极上沉积，K_2S_3 形成后的放电反应主要为固相 - 固相之间的转化反应[41]。由于固相之间的转化反应动力性能差，电池会产生极高的过电位，使得反应终止，最终导致 K - S 电池无法达到理论容量。在充电时，放电产物通过歧化反应生成少量可溶性的多硫化物 S_4^{2-}、S_5^{2-} 和 S_6^{2-}，这些多硫化物经过氧化电流作用产生 S_6^{2-} 和 S_8^{2-}，S_6^{2-} 和 S_8^{2-} 与低溶解度的短链多硫化物发生缔合反应，产生可溶的 S_4^{2-}，再发生电化学反应被进一步氧化。

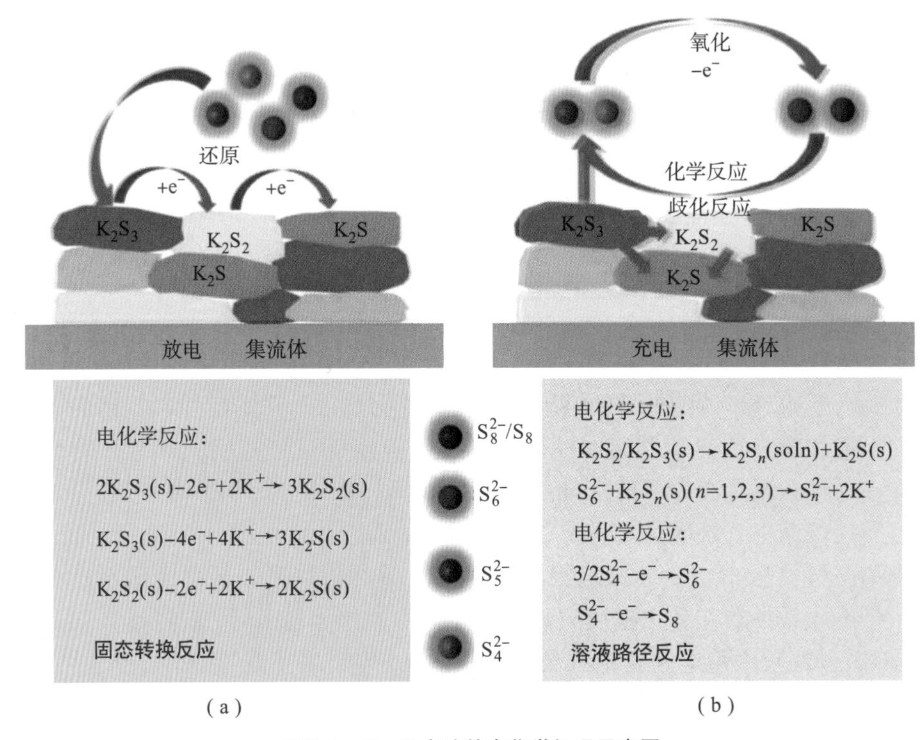

图 8.8　K - S 电池的电化学机理示意图

(a) 放电过程主要为固相转化反应；(b) 充电主要依赖“溶解路径”[42]

8.4.2　钾硫电池的存在问题和优化策略

钾硫电池系统的研究目前还处在非常初级的阶段，在开发研究的路上还面临着一系列的挑战。包括：①硫和硫化物/多硫化物低的电导率，一方面，导致活性材料的利用率低，另一方面，在循环过程中，正极/负极表面析出，造成了电极钝化，造成容量损失。②K_2S_3 转换成 K_2S 的还原动力学缓慢。由于 K_2S_3 较之 K_2S 具有相对比较稳定的热力学稳定性，导致硫很难被完全还原为

K_2S。一方面，硫的不完全还原导致了理论容量密度降低，另一方面，需要更大的过电位将 K_2S_3 还原为 K_2S[43]。③由于钾离子的尺寸比较大，导致了钾化过程中的大的体积膨胀，从而导致电极粉化和结构破坏，不利于获得长时间的循环稳定性。④多硫化物的穿梭效应。和锂硫电池类似，穿梭效应也是钾硫电池获得高的能量密度和长的循环寿命的关键挑战。⑤由于钾金属非常活泼，会与电解液反应形成 SEI 膜，SEI 膜不稳定导致低的库仑效率和差的循环稳定性。⑥金属钾在电镀和剥离的过程中会造成钾枝晶的生长，造成 SEI 膜的剥离和重新形成，进一步消耗钾金属和电解液。另外，枝晶可能会穿透隔膜，造成电池短路，引起严重的安全隐患。

目前 K－S 电池的研究主要集中在正极材料的改进上，尽管通过复合碳材料、制备多孔碳集流体等改进正极材料的方法可以有效提高 K－S 电池的电化学性能，K－S 电池仍然存在循环性能差、容量较低的缺点。此外，K－S 电池的放电容量极限尚存在争议。由于金属硫电池的放电产物通常是混合物，并且对空气敏感，K－S 电池放电产物的直接鉴定存在难度，K_2S_3、K_2S_2 和 K_2S 都曾被鉴定为 K－S 电池的放电产物，这三种放电产物所代表的容量却相差很大。不明确 K－S 电池的放电产物就无法明确 K－S 电池的容量极限，也无法理解 K－S 电池的电化学机理。

通常，钾和硫反应可以得到一系列 K_2S_n（$n=1$，2，3，4，5，6），这使得通过化学方法合成 K－S 电池放电关键产物成为可能。K－S 电池的构造如图 8.9（a）所示，谷思辰等在正极和全氟磺酸阳离子交换膜－K^+ 之间添加了一层碳纸作为“前集流体”，以提高正极材料的利用率和电化学性能[44,45]。K－S 电池的恒流充放电性能如图 8.9（b）所示，首周放电容量为 720 mAh·g^{-1}，基于放电产物理论容量的计算，放电产物应该为 K_2S_3（理论容量为 558 mAh·g^{-1}）和 K_2S_2（838 mAh·g^{-1}）之间。K－S 电池的容量衰减十分严重，5 周后放电容量仅为 184 mAh·g^{-1}。由于使用了全氟磺酸阳离子交换膜－K^+，多硫化物的“穿梭效应”已经被抑制，K－S 电池出现的容量衰减现象只可能来源于正极材料的退化或者电解液的分解。对 K－S 电池的首周和第二周的充放电过程进行了恒电流间歇滴定测试，结果如图 8.9（c）（d）所示，首周放电的开路电位有 2.40 V 和 2.22 V 两个明显的平台，说明放电主要分为两个过程。然而充电只有一个 2.48 V 的平台，充放电的开路电位之间有 0.25 V 的电位差，这说明充放电过程并不对称。充放电反应的不对称性可能是导致电池的充电容量小于放电容量的原因，也可能是造成电池容量衰减的原因。

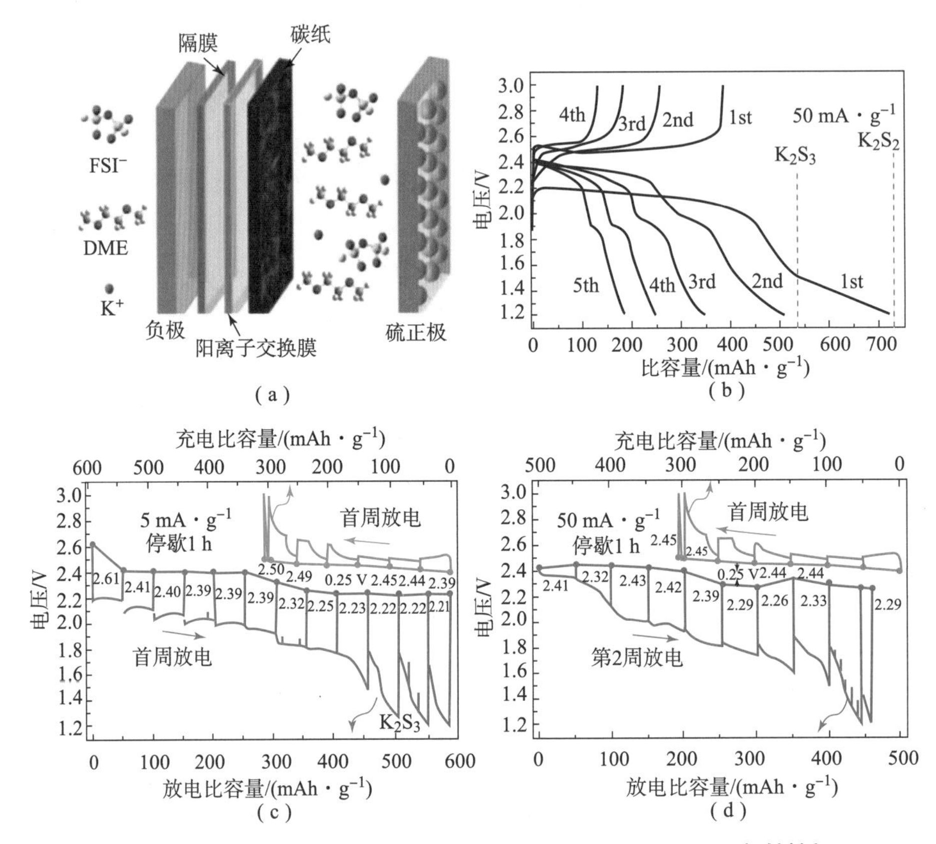

图 8.9 （a）K－S 电池的组装示意图；（b）使用 70S/30CNT 正极材料和 KFSI－DME（0.5 mr）电解液的 K－S 电池的前 5 周充放电曲线；（c）K－S 电池的首周的 GITT；（d）首次充电和第二周放电的 GITT[42]

8.4.3 钾硫电池多电子反应的未来发展

目前钾硫电池的研究较少，理论容量尚不明确，钾硫电池循环性能差且容量衰减严重，这些问题都阻碍了高钾硫电池电化学性能的进一步提升。硫/碳复合正极结构优化、钾负极界面表征和保护、集流体材料选择、隔膜改性修饰等均是改善 K－S 电池综合性能的重要因素。目前 K－S 电池还处于初期发展阶段，尤其在基础问题方面，依然缺乏足够的认识和理解。例如，硫正极在不同电解液体系下最终放电产物的认证、钾负极界面层成分的表征、多硫化物在氧化还原反应过程中的路径、电池失效机制等。未来需要应用更多更精细的表征技术进行更加细致的研究分析。

8.5　钠硫电池的构建及其关键材料

8.5.1　钠硫电池的多电子反应机理

钠硫电池的正极为液态（熔融）的硫，负极为钠，在一定的温度下，钠离子和硫可以在电解质中发生可逆反应，就可以对产生的能量进行释放或者储存。电解质只允许正钠离子通过和硫结合形成多硫化物，放电时，带正电的钠离子通过电解质，而电子通过外部电路流动产生大约 2 V 的电压。充电时，整个过程逆转，多硫化钠释放正钠离子，反向通过电解质重新结合为钠。

目前钠硫电池包括高温钠硫电池和室温钠硫电池。高温钠硫电池是一种钠和硫作为电池负极和正极活性材料、钠离子导电的固体电解质 β″-Al_2O_3 同时作为电解质和隔膜的高温二次电池。它的电池形式如下：（-）Na(l) | β″-Al_2O_3 | S/Na_2S_x(l) | C(+)，基本的电池反应为 $2Na + xS \rightarrow Na_2S_x$ ($x = 3 \sim 5$)。图 8.10（a）所示为钠硫电池的结构和工作原理示意图[46]。钠硫电池一般设计为中心钠负极的管式结构。图 8.10（b）显示了 Na_2S_x 的相图，图中上部蓝色曲线为电池 300 ℃下的理论放电曲线，虚线对应了不同放电深度反应产物的熔点。Na_2S_4 作为正极主要放电产物，温度高于 400 ℃时，正极熔体气化，导致电池内压上升，影响电池安全运行。钠硫电池放电时，负极金属钠失去电子，

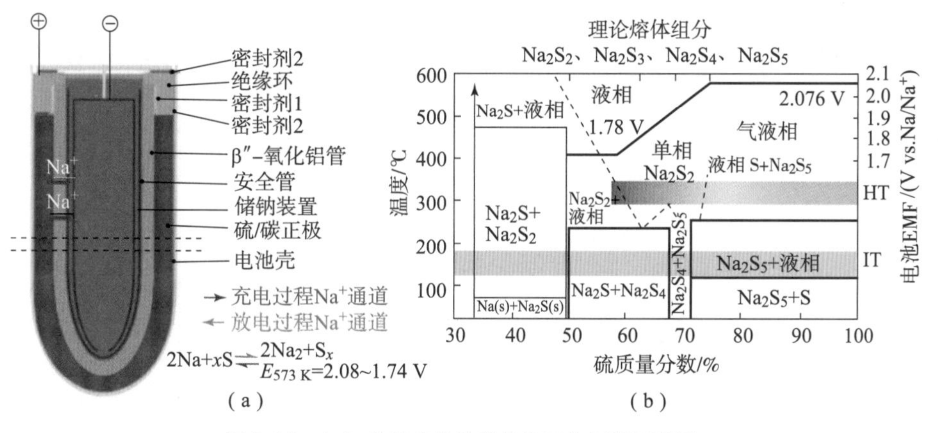

图 8.10　（a）钠硫电池的结构和工作原理示意图；
（b）Na_2S_x 相图与钠硫电池的理论放电曲线[46]

变为 Na^+，Na^+通过 $\beta''-Al_2O_3$ 固体电解质迁移至正极，与硫离子反应生成多硫化钠，同时，电子经外电路到达正极，使硫变为硫离子。为了解决传统的高温钠硫电池由高温使用条件引起的可燃性、爆炸性和能量损失相关的问题，现在大多数研究集中在室温钠硫电池的开发上。

8.5.2 钠硫电池的存在问题和优化策略

钠硫电池因具有钠硫资源丰富、无毒环保和低成本等优点而越来越受到人们的关注。高温钠硫电池在功率和能量密度、温度稳定性、充放电循环效率等方面具有明显优势，超出了电网储能应用的规模和成本要求。目前商用高温钠硫电池由于多硫化物的形成，放电容量仅达到理论容量的 1/3。由于高温钠硫电池在移动场合下的使用条件比较苛刻，在存放空间和电池安全性方面有一定的局限性，所以尚未得到大规模应用。

基于液态电解质的室温钠硫电池，与锂硫电池存在相似性，同样存在着硫导电性差、体积膨胀严重以及多硫化物“穿梭效应”等问题。锂硫电池中缓解充放电中的体积膨胀、提高硫导电性以及抑制多硫化物穿梭的策略，可为室温钠硫电池的发展提供可供参考的研究思路。国际上已经开展对于高比能室温钠硫电池的研究，但电池的循环稳定性较差，一直未取得突破。鉴于锂硫电池与室温钠硫电池之间的相似性，Guo 等[48]与研究团队开创性地将小硫分子正极应用于钠硫电池中，并配合钠负极和碳酸酯电解液组装出室温下即可工作的原型电池。由于该链状小硫分子室温下具有非常高的对钠电化学活性，放电过程中可完全被还原为 Na_2S，从而使得基于硫质量计算的正极首周放电容量高达 1 610 $mAh\cdot g^{-1}$，是传统高温钠硫电池中硫正极材料的理论容量的 3 倍。此外，Huang 等[49]结合原位透射电镜及微机电系统加热装置等技术，构筑了热－电－化学多场耦合的原位电镜测试平台，来实时监测电池的倍率和循环性能，实时揭示了循环过程中瞬态多硫化物的形成和演化过程。

8.5.3 钠硫电池多电子反应的未来发展

高温钠硫电池只有在 300 ~ 350 ℃之间才可以正常工作，会造成一些使用工况的不便，电池工作时，需要一定的加热保温。钠和硫这两种化学物质会发生反应，然后产生电能，钠硫电池本身会把电能进行储存，以供使用。比如电网，电网必须要使用钠硫电池，一些新能源用来发电太过不稳定，而钠硫电池的性能相对更稳定。要从根本上解决钠硫电池的安全性问题，应更加关注降低电池的运行温度和限制瞬时参与反应的电极材料的质量等方面的研究工作。降低运行温度涉及电池材料和结构的创新，例如新型的具有优异低温离子导电性能的固体电解质材料的研发，提高硫极利用率的结构设计等。同时，质量高度可控的液流化高温钠硫电池将可能成为新一代高安全性钠硫电池的研发重点之一。原位研究不仅为多硫化物电化学提供了新的认识，而且为提高钠硫电池的容量和循环性以及在电网存能应用中的性能提供重要的科学依据。

8.6　镁硫电池的构建及其关键材料

金属镁是一种非常有潜力的多价态电池负极材料。与金属锂相比较，金属镁负极具有诸多的优势[50]：①体积比容量高，3 833 $mAh \cdot cm^{-3}$，约为金属锂（2 062 $mAh \cdot cm^{-3}$）的两倍，这意味着未来商业化的镁电池占用的空间可以更加小；②储量丰富，价格低廉，有助于降低未来电池的生产成本；③暴露在空气或者水中具有更高的安全性；④镁离子具有较低的扩散系数，使得镁在电沉积的过程中并不容易生成枝晶形貌，无明显的安全隐患。相比较于 Al－S 电池体系，Mg－S 电池在很早就受到研究者的关注。但是该体系一直受到镁离子扩散缓慢和与硫正极兼容的高电压电解液不可用的限制。因此，Mg－S 电池的可逆容量和循环寿命较差。研究表明，电解液的调节对 Mg－S 电池的成功研制起着重要作用。同时，寻找合适的新型高电压镁电解液，是改善电池可逆容量低、循环寿命差的关键。

8.6.1　镁硫电池的多电子反应机理

镁硫电池通常由镁负极、电解液、隔膜以及硫正极四部分组成。其中，镁硫电池的电解液一般要求具有非亲核性，否则它会与亲电性的硫发生化学反应而导致电池失效。硫正极材料的制备则与锂硫电池正极材料相似。镁硫电池能够工作主要是基于金属镁和非金属硫之间的氧化还原反应。理想状态下，放电时，镁负极一端发生氧化反应，失去两个电子并形成镁离子，随后，电子和镁离子分别通过外电路和电解液迁移至正极，与硫结合，发生还原反应，生成硫化镁；充电过程则与之相反，镁离子被还原，重新沉积到镁负极，硫化镁则被氧化，重新回到硫的状态。

如图8.11（a）所示，Mg 金属负极、S/C 复合材料正极以及可高效传导离子的有机电解液组成 Mg－S 二次电池体系。Mg－S 电池的工作原理可简化为反应式①～③：正极：$Mg \rightleftharpoons Mg^{2+} + 2e^-$①；负极：$S + Mg^{2+} + 2e^- \rightleftharpoons MgS$②；总反应：$Mg + S \rightleftharpoons MgS$③。理想情况下，当电池放电时，负极的 Mg 失电子，被氧

化成 Mg^{2+}，并通过电解液和隔膜迁移至正极[51,52]。与此同时，金属镁失去的电子通过外部电路转移到硫正极，被还原的 S^{2-} 与 Mg^{2+} 生成固体放电产物 MgS。充电过程则与放电过程相反，MgS 中的 S^{2-} 失电子变回硫单质，Mg^{2+} 在电场作用下移动至负极表面并得电子沉积下来。在电池充放电过程中，中间产物 MgS_x（$2<x\leqslant 8$）很容易溶解在电解液中产生穿梭效应，造成库仑效率降低和活性物质的损失[53]。实际工作的 Mg-S 电池反应过程复杂，仅有少数研究工作试图揭示 Mg-S 电池的具体反应机理。

Xu 等[51]利用原位 XAS 系统研究了 Mg-S 电池的具体反应路径，如图 8.11（b）所示。结果表明，Mg-S 电池放电中间产物 Mg_3S_8 比 MgS_8 的 S—S 键长短 0.037 nm，这与 Li-S 电池中多硫化锂的 S—S 键长均为 0.200 nm 结构不同。密度泛函理论（DFT）计算显示，稳定结构的多硫化镁 MgS_x（$x=1$，2，3，8）是无定形的，提出了 Mg-S 电池放电过程的 3 个阶段：首先 S_8 分子被还原成高阶多硫化物（MgS_8、MgS_4），随后高阶多硫化镁进一步还原为 Mg_3S_8，最后是 Mg_3S_8 到 MgS 的缓慢固相转换。充电时，由于 MgS 和 Mg_3S_8 的电化学惰性无法可逆转换为高阶多硫化镁和硫单质，造成了电池过充和循环性能的降低。

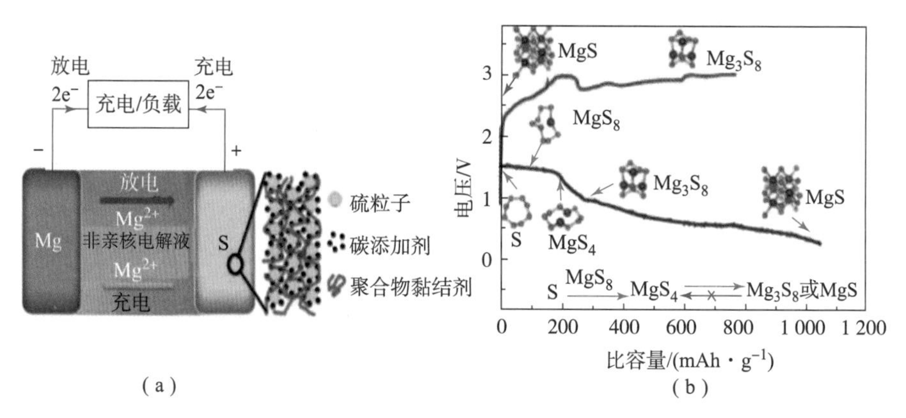

图 8.11　镁硫电池的结构示意图和反应机理图[51]

8.6.2　镁硫电池存在的问题和优化策略

可充电镁硫（Mg-S）电池凭借着高体积能量密度、高安全性、低成本等优点，成为下一代储能技术的候选之一。然而，在实际生产中，制备高效的硫正极和镁负极并寻找与之相匹配的电解液仍面临着巨大的挑战。在 Mg-S 电池中，镁多硫化物的形成过程与锂多硫化物的形成过程相似。然而，镁多硫化物的溶解度、电化学活性、镁离子在镁多硫化物中的迁移速率等性质的不同，使得 Mg-S 电池的电化学性能不同于 Li-S 电池。常用的碳酸酯基溶剂与镁金属不相容，必须开发与镁、硫均相容的新型电解液。在 Mg-S 电池中，镁电极上会因电解液分解产生钝化层或 SEI 层，钝化层阻碍 Mg^{2+} 的迁移，使镁负极具有极高的阻抗，影响电池的整体性能。

因此，改善固体钝化层对 Mg^{2+} 的传导能力成为 Mg 负极研究的热点之一。镁/电解液界面固体层离子电导率高于电子电导率时，固体层作为钝化层，产生较大的过电位。当在 Mg 电极施加一个小的负电位时，Mg^{2+} 仍然能够通过固体层发生迁移，此时固体层具备 SEI 功能。结合镁负极/电解液界面动力学，可探索可靠性镁基盐的设计（有机镁盐中的阳离子/阴离子设计，无机镁盐的优化和简单镁盐的选择）、合适的溶剂选择，以及解决电解液腐蚀性问题的策略。

为了避免二价镁离子在晶格内缓慢迁移的问题，Li 等[54]开发了锂驱动多硫化物正极转换反应的大容量双盐镁基电池，同时，提出了阴离子嵌入激活、反应中心外露的镁基电池体系，以实现镁硫电池的倍率和循环性能的显著升级。镁硫电池优异的电化学性能受益于多重因素的协同作用，如异质掺杂有利于镁硫电池在充放电过程中多硫化物的吸附和催化分解，在非亲核性镁电解液中添加锂盐和氯离子有利于抑制镁负极表面钝化和提高电解液活性，充放电模式调节和隔膜修饰有利于缓减和控制多硫化物的损失，抑制穿梭效应。

8.6.3　镁硫电池多电子反应的未来发展

目前报道的 Mg-S 电池性能包括可实现的电容量、循环寿命、能量效率等，都远低于 Li-S 电池。基于目前 Mg-S 电池的发展现状以及存在的问题和挑战：①提高 Mg 多硫化物的溶解性问题，开发新的溶剂配方和设计功能添加剂；②控制负极固体层问题，开发以硼为中心的阴离子基镁（BCM）电解液，抑制镁负极上形成的固体层，解决过电位问题；③动力学方面的改进问题，重点寻找提高 MgS_2 以及 MgS 活性和溶解性的方法。不同类型的电解液具有各自独特的化学性质和优势，但也存在各自的不足之处。开发同时具有成本低、电化学稳定、无腐蚀性、性能优异的 Mg-S 电池电解液仍是关键挑战。此外，硫/碳复合正极结构优化、镁负极界面表征和保护、集流体材料选择、隔膜改性修饰等均是改善 Mg-S 电池综合性能的重要因素。虽然 Mg-S 电池已经取得了许多突破性进展，但目前 Mg-S 电池还处于初期发展阶段，尤其在基础问题方面依然缺乏足够的认识和理解。为了深刻理解 Mg-S 电池的电化学本质，未来需要应用更多更精细的表征技术进行更加细致的研究分析。

8.7 钙硫电池的构建及其关键材料

8.7.1 钙硫电池的多电子反应机理

在多价离子电池中，钙离子电池具有以下特点：钙的标准还原电位（2.87 V vs. SHE）与金属锂（3.04 V vs. SHE）最接近，钙负极的体积比容量为 2 072 mAh · mL^{-1}，质量比容量为 1 337 mAh · g^{-1}[55]，如图 8.12 所示。钙是地壳中储量第 5 高的元素，比锂元素高 2 500 倍，在全球范围内分布广泛。此外，由于 Ca^{2+} 的电荷密度和极化强度都小于 Al^{3+}、Mg^{2+} 和 Zn^{2+}，因此，与其他多价金属离子相比，Ca^{2+} 表现出更好的扩散动力学和更高的功率密度[56]。目前，钙离子电池的研究尚处于起步阶段，在传统有机电解液中，钙金属表面易形成钝化层，导致钙离子的可逆沉积难以实现，并且研究稳定的储钙电极材料也比较困难，因此，开发高性能储钙电极材料对发展具有重要意义。与单离子电池相比，多价金属的多电子过程有望进一步提升二次电池能量密度的极限。

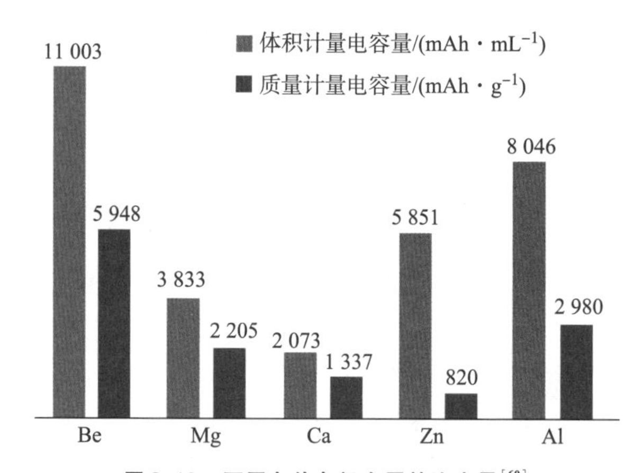

图 8.12　不同多价负极金属的比容量[60]

1991 年，Aurbach 等[57]研究了溶剂（乙腈、四氢呋喃、γ - 丁内酯和碳酸丙烯酯）、金属盐［$Ca(ClO_4)_2$、$LiClO_4$ 等］与气体（O_2、N_2、CO_2 等）环境对形成 SEI 膜所造成的影响，并发现钙的电化学行为和锂的类似，也是由 SEI 膜所控制。在该究中，发现 Ca^{2+} 在 SEI 膜中的迁移能力差，因此认为实现钙的沉积是不可能的。随后钙电池的研究陷入停滞，直至 2015 年才有实质性突破。Ponrouch 等[58]报道了金属钙在 $Ca(BF_4)_2$/碳酸乙烯酯（EC）- 碳酸丙烯酯（PC）电解液中，在高温条件下实现了沉积与溶解。2017 年，Wang 等[59]进一步发现，在 $Ca(BH_4)_2$/四氢呋喃电解液中以及在常温的条件下便可以实现金属钙的电化学沉积。通过 X 射线衍射分析（XRD）、红外、同位素标记法以及次级离子质谱，发现钙发生沉积的同时也形成了 CaH_2，而且 CaH_2 主要存在于表面，此 CaH_2 层有效防止了钙负极与电解液的直接接触，避免了副反应，这为钙基二次电池发展奠定了基础。虽然金属钙实现了可逆的沉积/溶解，但是机理还很是模糊，另外，库仑效率也较低，未能达到实际应用的要求，因此需要科研工作者们的进一步研究。

8.7.2　钙硫电池现存问题及未来发展

相比于镁，钙不仅储量大，而且氧化还原电势（-2.87 V）及密度更低[61]。然而，钙金属电池相比其他多价电池得到的关注依然较少，主要原因在于非质子电解液中钙金属表面形成的钝化层无法有效传导 Ca^{2+}，进而导致相应的沉积过程难以实现。同时，稳定的储钙电极材料的研究也成为钙金属电池进一步发展的另一挑战。

目前对 Ca-S 电池的研究主要集中在电解液的优化以及相应的机理上。2013 年，Seshadri 等[62]首次报道了在乙腈中使用 $Ca(ClO_4)_2$ 电解液的 Ca-S 电池。电池在第一次循环中可以提供 600 $mAh \cdot g^{-1}$ 的放电比容量，但是钙电极表面形成的 SEI 层限制了可逆性，阻碍了循环稳定性。Manthiram 等[63]提出了以四甘醇二甲醚为溶剂的 $Ca(CF_3SO_3)_2$ 和 $LiCF_3SO_3$ 混合电解液组成的可逆 Ca-S 电池体系，协同改善了电极反应的可逆性，提高了硫正极的利用率。机理分析表明，Li^+ 在降低 Ca-S 电池阻抗的同时，起到了中介离子的作用，促进了 SEI 层的离子电荷转移，从而促进了反应的电荷转移。目前钙金属电池的研究仍在起步阶段，尚存在许多亟待解决的科学问题，一方面，要找到合适的电解液，使金属钙表面形成可以有效传导 Ca^{2+} 的 SEI 膜或者对钙电极进行界面保护；另一方面，要继续探索循环效率优异且比容量高的电极材料。Ca-S 电池距离可以满足循环性能和能量密度的要求还有很长的路要走。

8.8　本章小结

综上所述，本章主要介绍了基于多电子反应，低成本硫正极与多种金属负极（如锂、钠、钾、镁、钙和铝）相耦合的“金属-硫”体系。金属硫电池领域中，实现多硫化物在硫正极中的有效限域，抑制多硫化物的穿梭是提高电池容量和稳定性的关键之一。目前金属-硫电池体系主要面临以下挑战：

①硫正极的有效利用。

②硫的绝缘性导致电池阴极反应动力学缓慢。

③不同的多硫化物在有机电解液或镁/铝硫研究中使用的离子液体电解质中不可逆的穿梭问题。

④在碱金属体系中，金属负极强反应性导致的副反应问题。钠金属和钾金属负极具有比锂更强的反应性，导致更严重的枝晶形成、负极/电解质不稳定性和材料损耗。同时，镁金属和铝金属负极的电荷更大，与电解质的相互作用更强。

⑤溶剂化效应加剧了硫正极反应动力学的缓慢，导致了电压极化和电化学可逆性差。

基于以上问题，必须采取有效措施使金属离子平稳扩散，确保氧化还原反应可逆，同时，防止聚多硫化物的穿梭以及金属负极的副反应。锂硫电池的电化学发展路线可以作为其他金属硫电池的基础。然而，新出现的金属硫电池通常将面临锂硫电池遇到的问题，但可能更加严重和复杂。因此，研究者需从金属-硫电池应用实际出发，深入了解电池内部缓慢的反应动力学、电解质相容性和金属负极的稳定性，以促进金属硫电池的未来发展。

参考文献

[1] Li Y, Wang W, Liu X, et al. Engineering stable electrode - separator interfaces with ultrathin conductive polymer layer for high - energy - density Li - S batteries [J]. Energy Storage Materials, 2019 (23): 261 - 268.

[2] Wang Q, Zheng J, Walter E, et al. Direct observation of sulfur radicals as reaction media in lithium sulfur batteries [J]. Journal of the Electrochemical Society, 2015, 162 (3): A474.

[3] Liu B, Bo R, Taheri M, et al. Metal - organic frameworks/conducting polymer hydrogel integrated three - dimensional free - standing monoliths as ultrahigh loading Li - S battery electrodes [J]. Nano Letters, 2019, 19 (7): 4391 - 4399.

[4] Hu M, Ma Q, Yuan Y, et al. Grafting polyethyleneimine on electrospun nanofiber separator to stabilize lithium metal anode for lithium sulfur batteries [J]. Chemical Engineering Journal, 2020 (388).

[5] Zhu J, Zhu P, Yan C, et al. Recent progress in polymer materials for advanced lithium - sulfur batteries [J]. Progress in Polymer Science, 2019 (90): 118 - 163.

[6] Pei F, Fu A, Ye W, et al. Robust lithium metal anodes realized by lithiophilic 3D porous current collectors for constructing high - energy lithium - sulfur batteries [J]. ACS Nano, 2019, 13 (7): 8337 - 8346.

[7] Wang L, Ye Y, Chen N, et al. Development and challenges of functional electrolytes for high - performance lithium - sulfur batteries [J]. Advanced Functional Materials, 2018, 28 (38): 1800919.

[8] 胡菁菁，李国然，高学平. Current status, problems and challenges in lithium - sulfur batteries [J]. 无机材料学报，2013, 28 (11): 1181 - 1186.

[9] Yuan Y, Wu F, Chen G, et al. Porous LiF layer fabricated by a facile chemical method toward dendrite - free lithium metal anode [J]. Journal of Energy Chemistry, 2019 (37): 197 - 203.

[10] Yuan Y, Wu F, Bai Y, et al. Regulating Li deposition by constructing LiF - rich host for dendrite - free lithium metal anode [J]. Energy Storage Materials, 2019 (16): 411 - 418.

[11] Wu F, Yuan Y X, Cheng X B, et al. Perspectives for restraining harsh lithium dendrite growth: Towards robust lithium metal anodes [J]. Energy Storage Materials, 2018, 15 (15): 148 - 170.

[12] Zhou X, Tian J, Hu J, et al. High rate magnesium - sulfur battery with improved cyclability based on metal - organic framework derivative carbon host [J]. Advanced Materials, 2018, 30 (7): 1704166.

[13] Wang X, Tan G, Bai Y, et al. Multi - electron reaction materials for high - energy - density secondary batteries: current status and prospective [J]. Electrochemical Energy Reviews, 2021, 4 (1): 35 - 66.

[14] Zhang X, Lv R, Tang W, et al. Challenges and opportunities for multivalent metal anodes in rechargeable batteries [J]. Advanced Functional Materials, 2020, 30 (45): 2004187.

[15] Robba A, Mežnar M, Vizintin A, et al. Role of Cu current collector on electrochemical mechanism of Mg - S battery [J]. Journal of Power Sources, 2020

(450): 227672.
[16] Hong X, Mei J, Wen L, et al. Nonlithium metal – sulfur batteries: steps toward a leap [J]. Advanced Materials, 2019, 31 (5): 1802822.
[17] Wang H, Bai Y, Chen S, et al. Ambient temperature rechargeable aluminum batteries and their key materials [J]. Progress in Chemistry, 2013, 25 (8): 1392.
[18] Rani J V, Kanakaiah V, Dadmal T, et al. Fluorinated natural graphite cathode for rechargeable ionic liquid based aluminum – ion battery [J]. Journal of the Electrochemical Society, 2013, 160 (10): A1781.
[19] Wu Y, Gong M, Lin M C, et al. 3D graphitic foams derived from chloroaluminate anion intercalation for ultrafast aluminum – ion battery [J]. Advanced Materials, 2016, 28 (41): 9218 – 9222.
[20] Bai Y, Wu C, Wu F, et al. Investigation of FeB alloy prepared by an electric arc method and used as the anode material for alkaline secondary batteries [J]. Electrochemistry Communications, 2009, 11 (1): 145 – 148.
[21] Wu F, Wu C. New secondary batteries and their key materials based on the concept of multi – electron reaction [J]. Chinese Science Bulletin, 2014, 59 (27): 3369 – 3376.
[22] Gao T, Li X, Wang X, et al. A rechargeable Al/S battery with an ionic – liquid electrolyte [J]. Angewandte Chemie, 2016, 128 (34): 10052 – 10055.
[23] Yu X, Manthiram A. Electrochemical Energy Storage with a Reversible Nonaqueous Room – Temperature Aluminum – Sulfur Chemistry [J]. Advanced Energy Materials, 2017, 7 (18): 1700561.
[24] Ren W, Ma W, Zhang S, et al. Recent advances in shuttle effect inhibition for lithium sulfur batteries [J]. Energy Storage Materials, 2019 (23): 707 – 732.
[25] Kolosnitsyn V, Karaseva E. Lithium – sulfur batteries: Problems and solutions [J]. Russian Journal of Electrochemistry, 2008, 44 (5): 506 – 509.
[26] Pang Q, Liang X, Kwok C Y, et al. Advances in lithium – sulfur batteries based on multifunctional cathodes and electrolytes [J]. Nature Energy, 2016, 1 (9): 1 – 11.
[27] Gao T, Li X, Wang X, et al. A rechargeable Al/S battery with an ionic – liquid electrolyte [J]. Angew Chem Int Ed Engl, 2016, 55 (34): 9898 –

9901.

[28] Xia S, Zhang X－M, Huang K, et al. Ionic liquid electrolytes for aluminium secondary battery: Influence of organic solvents [J]. Journal of Electroanalytical Chemistry, 2015 (757): 167－175.

[29] Cohn G, Ma L, Archer L A. A novel non－aqueous aluminum sulfur battery [J]. Journal of Power Sources, 2015 (283): 416－422.

[30] Guo Y, Jin H, Qi Z, et al. Carbonized－MOF as a sulfur host for aluminum－sulfur batteries with enhanced capacity and cycling life [J]. Advanced Functional Materials, 2019, 29 (7): 1807676.

[31] Guo Y, Hu Z, Wang J, et al. Rechargeable aluminium－sulfur battery with improved electrochemical performance by cobalt－containing electrocatalyst [J]. Angewandte Chemie, 2020, 132 (51): 23163－23167.

[32] Chu W, Zhang X, Wang J, et al. A low－cost deep eutectic solvent electrolyte for rechargeable aluminum－sulfur battery [J]. Energy Storage Materials, 2019 (22): 418－423.

[33] Yu X, Boyer M J, Hwang G S, et al. Room－temperature aluminum－sulfur batteries with a lithium－ion－mediated ionic liquid electrolyte [J]. Chem, 2018, 4 (3): 586－598.

[34] Yang H, Yin L, Liang J, et al. An aluminum－sulfur battery with a fast kinetic response [J]. Angewandte Chemie, 2018, 130 (7): 1916－1920.

[35] Lampkin J, Li H, Furness L, et al. A Critical Evaluation of the Effect of Electrode Thickness and Side Reactions on Electrolytes for Aluminum－Sulfur Batteries [J]. Chem Sus Chem, 2020, 13 (13): 3514.

[36] Hu Z, Guo Y, Jin H, et al. A rechargeable aqueous aluminum－sulfur battery through acid activation in water－in－salt electrolyte [J]. Chemical Communications, 2020, 56 (13): 2023－2026.

[37] Zheng X, Tang R, Zhang Y, et al. Design of a composite cathode and a graphene coated separator for a stable room－temperature aluminum－sulfur battery [J]. Sustainable Energy & Fuels, 2020, 4 (4): 1630－1641.

[38] Medenbach L, Adelhelm P. Cell concepts of metal－sulfur batteries (metal Li, Na, K, Mg): strategies for using sulfur in energy storage applications [J]. Electrochemical Energy Storage, 2019: 101－125.

[39] Jung Y, Kim S. New approaches to improve cycle life characteristics of lithium－sulfur cells [J]. Electrochemistry Communications, 2007, 9 (2): 249－

254.
[40] Hwang J Y, Myung S T, Sun Y K. Recent progress in rechargeable potassium batteries [J]. Advanced Functional Materials, 2018, 28 (43): 1802938.
[41] Lu X, Bowden M E, Sprenkle V L, et al. A low cost, high energy density, and long cycle life potassium – sulfur battery for grid – scale energy storage [J]. Advanced Materials, 2015, 27 (39): 5915 –5922.
[42] Gu S, Xiao N, Wu F, et al. Chemical synthesis of K_2S_2 and K_2S_3 for probing electrochemical mechanisms in K – S batteries [J]. ACS Energy Letters, 2018, 3 (12): 2858 –2864.
[43] Hwang J Y, Kim H M, Sun Y K. High performance potassium – sulfur batteries based on a sulfurized polyacrylonitrile cathode and polyacrylic acid binder [J]. Journal of Materials Chemistry A, 2018, 6 (30): 14587 –14593.
[44] Jin Y, Zhou G, Shi F, et al. Reactivation of dead sulfide species in lithium polysulfide flow battery for grid scale energy storage [J]. Nature Communications, 2017, 8 (1): 1 –9.
[45] Su Y S, Manthiram A. Lithium – sulphur batteries with a microporous carbon paper as a bifunctional interlayer [J]. Nature Communications, 2012, 3 (1): 1 –6.
[46] Yingying H, Xiangwei W, Zhaoyin W. Progress and prospect of engineering research on energy storage sodium sulfur battery—Material and structure design for improving battery safety [J]. Energy Storage Science and Technology, 2021, 10 (3): 781.
[47] Wang Y, Zhang Y, Cheng H, et al. Research progress toward room temperature sodium sulfur batteries: a review [J]. Molecules, 2021, 26 (6): 1535.
[48] Xin S, Yin Y X, Guo Y G, et al. A high – energy room – temperature sodium – sulfur battery [J]. Advanced Materials, 2014, 26 (8): 1261 –1265.
[49] Li Y, Tang Y, Li X, et al. In Situ TEM Studies of Sodium Polysulfides Electrochemistry in High Temperature Na – S Nanobatteries [J]. Small, 2021: 2100846.
[50] Lu Y, Wang C, Liu Q, et al. Progress and perspective on rechargeable magnesium – sulfur batteries [J]. Small Methods, 2021, 5 (5): 2001303.
[51] Xu Y, Ye Y, Zhao S, et al. In situ X – ray absorption spectroscopic investigation of the capacity degradation mechanism in Mg/S batteries [J]. Nano Let-

ters, 2019, 19 (5): 2928 - 2934.

[52] Robba A, Vizintin A, Bitenc J, et al. Mechanistic study of magnesium - sulfur batteries [J]. Chemistry of Materials, 2017, 29 (21): 9555 - 9564.

[53] Gao T, Ji X, Hou S, et al. Thermodynamics and kinetics of sulfur cathode during discharge in $MgTFSI_2$ - DME electrolyte [J]. Advanced Materials, 2018, 30 (3): 1704313.

[54] Zhang Y, Xie J, Han Y, et al. Dual - salt mg - based batteries with conversion cathodes [J]. Advanced Functional Materials, 2015, 25 (47): 7300 - 7308.

[55] Gummow R J, Vamvounis G, Kannan M B, et al. Calcium - ion batteries: current state - of - the - art and future perspectives [J]. Advanced Materials, 2018, 30 (39): 1801702.

[56] Melemed A M. Identifying interface - dominated behavior and cell configuration effects on the electrochemistry of calcium foil anodes [D]. City: Massachusetts Institute of Technology, 2021.

[57] Aurbach D, Skaletsky R, Gofer Y. The electrochemical behavior of calcium electrodes in a few organic electrolytes [J]. Journal of the Electrochemical Society, 1991, 138 (12): 3536.

[58] Ponrouch A, Frontera C, Bardé F, et al. Towards a calcium - based rechargeable battery [J]. Nature Materials, 2016, 15 (2): 169 - 172.

[59] Wang D, Gao X, Chen Y, et al. Plating and stripping calcium in an organic electrolyte [J]. Nature Materials, 2018, 17 (1): 16 - 20.

[60] Wuhai Y, Jingwen Z, Cunguo W, et al. Research progress of calcium battery [J]. Energy Storage Science and Technology, 2019, 8 (1): 26.

[61] Zhou D, Tang X, Zhang X, et al. Multi - ion strategy toward highly durable calcium/sodium - sulfur hybrid battery [J]. Nano Letters, 2021, 21 (8): 3548 - 3556.

[62] See K A, Gerbec J A, Jun Y S, et al. A high capacity calcium primary cell based on the Ca - S system [J]. Advanced Energy Materials, 2013, 3 (8): 1056 - 1061.

[63] Yu X, Boyer M J, Hwang G S, et al. Toward a reversible calcium - sulfur battery with a lithium - ion mediation approach [J]. Advanced Energy Materials, 2019, 9 (14): 1803794.

第9章

金属氧电极的多电子反应

本章围绕金属氧电极的多电子反应，主要讨论了锂-氧电池、锌-氧电池、铝-氧电池、镁-氧电池等电池体系的充放电机制，对氧电极材料的发展与现状、金属负极的防护和电解质的优化等方面进行了详细的梳理，并针对这几个电池体系所存在的“瓶颈”问题提出了相应的解决策略及未来展望。本章能够使读者对金属-氧气电池有宏观的认知与了解，激发读者对新材料的设计与开发献言献策。

9.1　金属氧电极的多电子反应机制

同硫基电池体系类似，金属 - 空气电池（图 9.1）是基于空气电极（氧电极）的多电子反应机制，并且负极多为轻元素金属，因此大多金属 - 空气电池具有比商用锂离子电池更高的理论能量密度，并获得了全球能源科学家的广泛关注。总的来说，金属 - 空气电池的电极反应与电解质的类型有关。例如，在水性电解质（以碱性电解质为例）环境中，金属 - 空气电池的电极反应如下[1]：

金属负极：$$M \rightleftharpoons M^{n+} + ne^- \tag{9-1}$$

氧电极：$$O_2 + 4e^- + 2H_2O \rightleftharpoons 4OH^- \tag{9-2}$$

在以上电化学反应中，M 代表锌（Zn）、铝（Al）、镁（Mg）等金属，n 代表相应金属离子的电荷转移数。一般来说，金属 M 释放 n 个电子形成 M^{n+}，氧气分子（O_2）得到 4 个电子并结合水分子形成 OH^-，然后 M^{n+} 结合 OH^- 反应生成放电产物 $M(OH)_n$，从而实现放电过程，此外，放电过程也被称作氧还原反应（oxygen reduction reaction，ORR）。相反，$M(OH)_n$ 分解生成 M^{n+} 和 O_2 为充电过程，也被称作氧析出反应（oxygen evolution reaction，OER）。

然而，对于锂（Li）、钠（Na）和钾（K）等活泼型金属，遇水会发生剧烈反应，因此一般主要应用于非水电解质中，并且放电产物为金属超氧化物或过氧化物，电极反应如下所示：

金属负极：　$M \rightleftharpoons M^+ + e^-$　(9-3)

氧电极：　$xM^+ + O_2 + xe^- \rightleftharpoons M_xO_2$（$x=1$ 或 2）　(9-4)

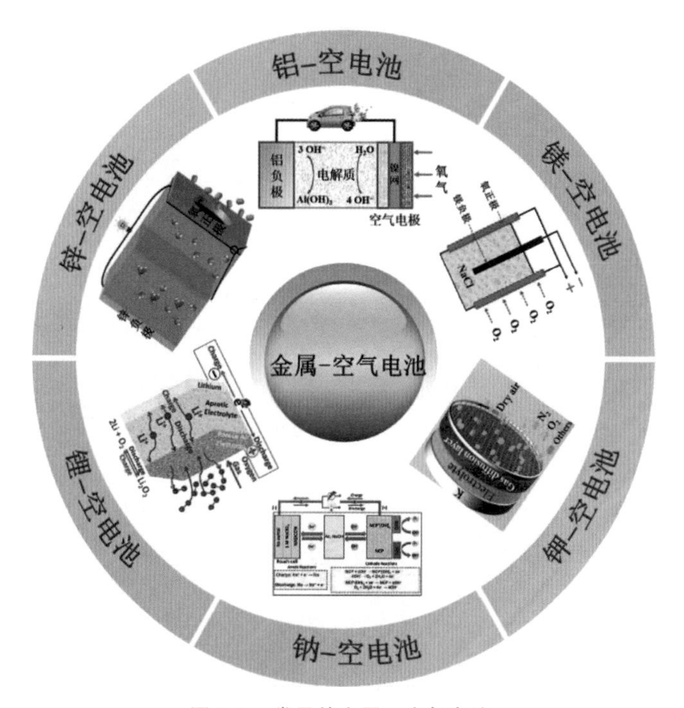

图 9.1　常见的金属-空气电池

由式（9-3）可知，金属负极在放电过程中，M 失去 1 个电子，生成 M^+。O_2 分子在氧电极上被还原为超氧根离子（O_2^-），然后与 M^+ 结合生成放电产物 M_xO_2。根据硬软酸碱理论（hard-soft-acid-base，HSAB）可知，锂离子（Li^+）是一种具有较小离子半径的路易斯硬酸，在超氧根离子（O_2^-）环境中非常不稳定[2]。因此，在锂-氧电池中，所形成的超氧化锂（LiO_2）会进一步发生歧化反应，转化为过氧化锂（Li_2O_2），这也是目前非水锂-氧电池中的主要放电产物[6]。然而，对于 Na^+、K^+ 等，由于离子半径逐渐增大，并且与 O_2^- 结合生成的超氧化物也会逐渐稳定存在，因而在放电产物中，超氧化物比例逐渐增多[7]。充电反应就是沉积在氧电极上的超氧化物和过氧化物分解为金属离子与氧气的电化学过程。由此可见，非水金属-空气电池的充放电机制与水性体系相比明显不同。

考虑到空气中水分（H_2O）和二氧化碳（CO_2）等杂质对 Li、Na 和 K 等金属的影响，这类金属-空气电池通常在高纯氧气中测试，因此这类电池体系也表示为锂-氧电池、钠-氧电池和钾-氧电池。特此说明，在本章中，金属-

空气电池即指金属－氧电池。基于轻元素多电子反应实现更高比能金属－氧电池体系的理念，本章主要介绍锂－氧电池、锌－氧电池、镁－氧电池、铝－氧电池等体系的多电子反应及其关键电极材料。图9.2罗列了经典的金属－空气电池研究进展时间表[8-26]。

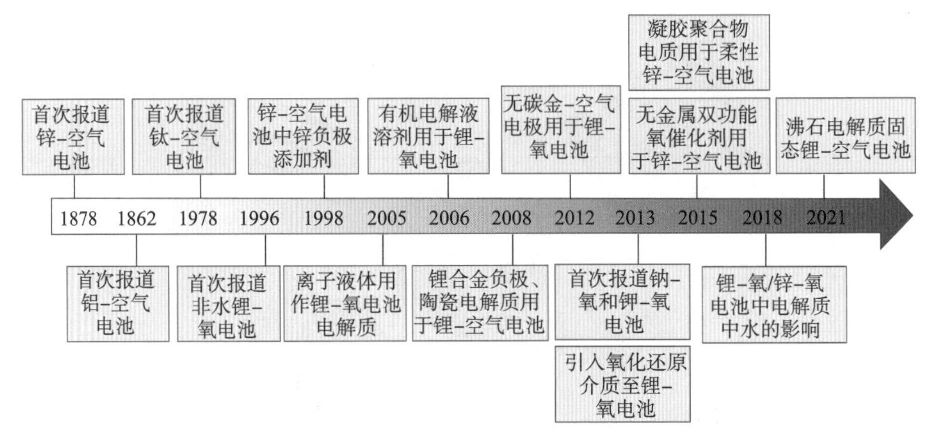

图9.2　金属－空气电池研究进展时间表[8-26]

9.2　锂－氧电池多电子反应及关键材料

9.2.1　锂－氧电池概述

1974年，Littauer和Tsai[27]提出了锂－空气电池的概念，当时采用碱性水溶液作为电解液，并且本质上为一次电池。1996年，Abraham和Jiang[11]报道了以聚合物为电解质的非水二次锂－氧电池体系，从根本上解决了锂金属遇水腐蚀的问题，从此，锂－氧电池才真正意义上获得了全球能源科学家的广泛关注与大量研究。

一般来说，锂－氧电池是一种以空气中 O_2 为正极反应物的新电池体系。其中，非水锂－氧电池理论能量密度高达11 680 $Wh \cdot kg^{-1}$（图9.3），几乎媲美汽油燃料（13 000 $Wh \cdot kg^{-1}$），未来应用潜力很大[2]。

锂－氧电池之所以获得全球众多科研工作者的青睐，除了超高的理论能量密度外，还包含以下两个原因[28]：

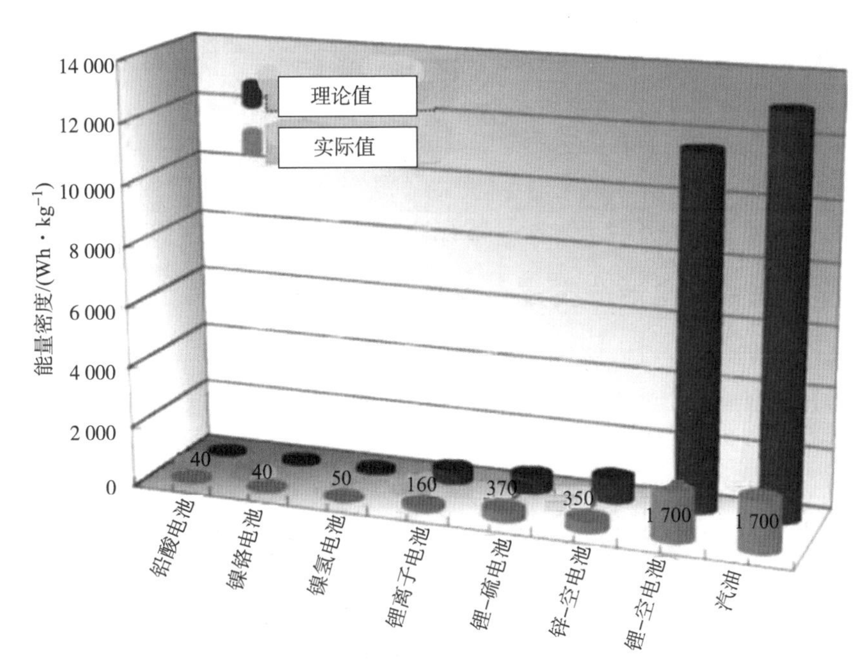

图 9.3　常见的电池体系能量密度对照图[2]

①采用轻元素锂作为电池负极。在所有的电池负极材料中，金属锂具有最低的密度（相对原子质量 = 6.94 g · mol^{-1}，密度 d = 0.534 g · cm^{-3}）、高的电压（ −3.045 V vs. H^+/H_2）、良好的电导率及最高的电化学当量。

②正极活性物质氧气可以直接从周围空气中获得，取之不尽，用之不竭，并且无须储存在电池中，降低电池自重，从而提高能量密度。

因此，锂 − 氧电池具有比商用锂离子电池高出 10 倍多的理论比能量。然而，锂 − 氧电池从概念提出到研究发展已过去了几十年，虽然具有超高的理论能量密度值，但在充放电机制、正极材料和电解液稳定性等方面仍存在诸多问题，这极大地阻碍了锂 − 氧电池的发展。以非水锂 − 氧电池体系来说，目前最核心的问题就是由于放电产物 Li_2O_2 具有难溶和绝缘的物理属性，从而导致较慢的动力学进程，尤其是 Li_2O_2 分解的充电过程。缓慢的动力学导致在充放电过程中具有高的过电位，进一步影响锂 − 氧电池的循环寿命及循环稳定性，这是目前制约锂 − 氧电池发展的主要障碍。

围绕以上问题，近些年全球科研工作者一直以提升动力学过程为目的，展开了诸多方面的探索与研究。主要有以下几点：

①设计与制备多孔/多隧道结构的正极材料，确保高效、快速的 O_2 补给与 Li^+ 传输，并且能够为 Li_2O_2 的临时堆积提供充足的空间。

②优化正极与 Li_2O_2 的界面属性，改善界面导电性，加速充放电进程。

③对锂金属表面进行修饰与防护，可以有效地抑制锂枝晶的生长，从而确保锂 - 氧电池的长循环过程。

④开发或设计高效且稳定的电解质等。

本小节主要围绕锂 - 氧电池不同体系的充放电机制、正极材料、电解液等研究现状展开论述，并对未来发展提出建议。

9.2.2 锂 - 氧电池分类及多电子反应机制

锂 - 氧电池根据电解液的不同种类，主要分为非水锂 - 氧电池、水系锂 - 氧电池、混合锂 - 氧电池及固态锂 - 氧电池等四类[6]，其结构配置如图 9.4 所示。

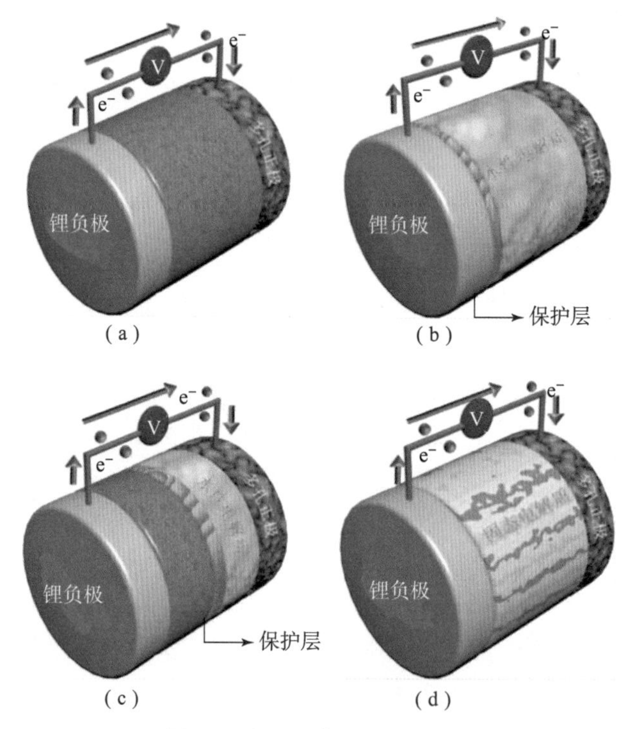

图 9.4 锂 - 氧电池结构配置图

(a) 非水体系；(b) 水性体系；(c) 混合体系；(d) 固态体系[6]

1. 非水锂 - 氧电池

非水锂 - 氧电池主要由金属锂负极、非水质子型电解液（溶于锂盐的有机溶剂）以及多孔氧电极组成，结构配置如图9.4（a）所示。酯类、醚类、离子液体等非水电解液，由于其电化学窗口宽，配置简单，安全系数较高，因此被多数科研工作者所接受，也是锂－氧电池体系研究的重点与热点[6]。截至目前，非水锂－氧电池反应机制虽然还有较大争议，但被大多数科学家所认可的充放电原理主要是基于 O_2 与 Li_2O_2 之间的可逆氧化还原过程，反应式见式（9－5）：

$$O_2 + 2Li^+ + 2e^- \rightleftharpoons Li_2O_2 \tag{9-5}$$

显然，该反应为2电子转移过程[29]。尽管整个反应看起来简单，但实际的氧化还原过程却较为复杂，因为不论是ORR还是OER，均发生在涉及固态氧电极、液体电解质和气态 O_2 分子的三相界面处。一般来说，非水锂－氧电池在放电过程中，O_2 首先会得到1个电子还原为 O_2^-，然后与 Li^+ 结合形成 LiO_2。由于 LiO_2 不能稳定存在，因此会进一步发生歧化反应生成 Li_2O_2。此外，还有一个途径，即 LiO_2 结合1个电子和 Li^+ 形成 Li_2O_2。电极反应如下：

锂负极：

$$Li \rightleftharpoons Li^+ + e^- \tag{9-6}$$

氧电极：

$$O_2 + e^- \rightarrow O_2^- \tag{9-7}$$

$$Li^+ + O_2^- \rightarrow LiO_2 \tag{9-8}$$

$$2LiO_2 \rightarrow Li_2O_2 + O_2 \tag{9-9}$$

$$LiO_2 + e^- + Li^+ \rightarrow Li_2O_2 \tag{9-10}$$

2. 水系锂－氧电池

一般地，水系锂－氧电池主要采用酸性或碱性溶液作为电解质，电池结构配置如图9.4（b）所示。事实上，关于水系电解液应用于空气电池的研究最早始于20世纪早期[30]。在水系锂－氧电池中，电解质溶剂不是电化学性能的限制因素，这也是它相比非水体系的主要优势。此外，水系电解液的不燃性很大程度上也避免了有机电解液的安全隐患，因此水系电解液被作为理想的替代选择，放电反应如下：

$$4Li + O_2 + 4H^+ \rightarrow 4Li^+ + 2H_2O \text{（酸性溶液）} \tag{9-11}$$

$$4Li + O_2 + 2H_2O \rightarrow 4LiOH \text{（碱性溶液）} \tag{9-12}$$

电解液为酸性水溶液时，电池在放电过程中，O_2 是在空气电极上被还原，即发生ORR反应。然而，电解液中的溶剂水也参与了电化学反应。同样地，在给二次的水系锂－氧电池充电时，OER反应在空气电极上发生，释放 Li^+ 和 O_2，并失去电子。

在碱性溶液中，通过消耗金属锂、水和 O_2 产生LiOH，以实现放电过程，并且锂金属表面生成的保护膜阻碍了腐蚀反应的发生。总体来说，水系锂-氧电池中，电解液廉价，具有不燃性，并且放电产物 LiOH 在溶剂水中溶解度良好，因此不会在氧电极表面堆积。但锂负极的防护不容忽视，在开路和低功率状态下，金属锂的自放电率相当高，并伴随着锂的腐蚀反应，反应见式（9-13）：

$$2Li + 2H_2O \rightarrow 2LiOH + H_2 \tag{9-13}$$

由于锂盐在水系电解液中具有更高的离子传导，并且相比酸性环境，碱性环境可以在宽的电压窗口下表现出更佳的电化学可逆性。因此，碱性锂-氧电池的 ORR 和 OER 反应主要基于以下 4 电子反应[31]：

$$2H_2O + O_2 + 4e^- \rightarrow 4OH^- \tag{9-14}$$

$$Li^+ + OH^- + H_2O \rightarrow LiOH \cdot H_2O \tag{9-15}$$

然而，由于电化学反应机理不同，水系锂-氧电池的容量远低于非水体系。

3. 混合锂-氧电池

混合锂-氧电池，即电解液采用水系和非水电解液两种。如图 9.4（c）所示，锂金属负极一侧使用疏水性电解液，用于阻隔水对锂金属的腐蚀作用。另外，氧电极一侧使用水性电解液，用于确保更高的离子电导率。放电机制如下所示：

锂负极：
$$Li \rightarrow Li^+ + e^- \tag{9-16}$$

氧电极：
$$O_2 + 2H_2O + 4e^- \rightarrow 4OH^- \tag{9-17}$$

总反应：
$$4Li + O_2 + 2H_2O \rightarrow 4LiOH \tag{9-18}$$

由以上反应式可知，混合锂-氧电池的氧正极主要基于 4 电子反应，并且放电产物是可溶的 LiOH，不会堵塞正极表面孔结构，因此动力学进程较快，可以实现更高比能量，这也是混合体系重要的优势之一。此外，非水电解质又能从根源上避免锂金属的安全隐患。由此可见，混合锂-氧电池具有较高的研究与应用潜力，有望实现安全且高效的锂-氧电池目标。

4. 固态锂-氧电池

以有机液态溶液为电解质的非水锂-氧电池具有相对稳定的电化学性能，进而必然拥有相对较大的市场空间。然而，不可否认，有机液态电解质不仅存在可燃性、毒性、液体泄漏和挥发等问题，而且在电池循环过程中，锂枝晶的生长也会导致电池内部发生短路，从而产生起火或电池爆炸等安全隐患[32]。更为严重的是，在充电过程中经常伴随着有机电解质的分解，并伴随大量副产物的产生，从而过电位升高，甚至导致电池循环终止。此外，空气中水分、二氧化碳等杂质会腐蚀锂金属负极，也会引发一系列复杂的问题。正是由于液态电解质存在以上“瓶颈”障碍，近些年科学家们开始在无机、聚合物等固态电解质方面展开研究，并匹配固态锂-氧电池，结构配置如图9.4（d）所示。此类电池可以从根源上规避液态电解质的一些问题及隐患，并且固态电解质与Li_2O_2更相容，因此被认为是液态电解质最有力的替代品[33]。然而，低的离子电导率和复杂的界面问题限制了固态电解质研究与发展，因此可以优先开发凝胶或聚合物电解质来实现低风险高性能锂-氧电池[34]。

9.2.3　锂-氧电池电极材料研究

由上文可知，要想实现高比能长循环的锂-氧电池，过电位及循环性能是首先要解决的问题。近些年，科学家们主要从电极材料的设计与开发，以及电解质的优化等方面工作来实现。本小节主要介绍锂-氧电池中电极材料的相关研究进展，包括正极材料及锂金属负极的防护等。

1. 正极材料

在金属-空气电池中，多孔正极材料主要用来承载空气（氧气）并发生ORR和OER反应，因此，正极材料也被称作空气电极或氧电极。一般来说，一个完整的氧电极主要由多孔集流体、黏结剂及电催化剂组成。碳基材料具有优良的导电性、高的比表面积、丰富可调的孔结构，并且资源丰富、成本不高，因此在锂-氧电池的研究中备受关注[35]。图9.5总结了锂-氧电池中常用的碳基材料，主要包括碳基集流体、纳米碳及生物质衍生碳等碳材料，这些碳材料在锂-氧电池的电极材料研究和发展中至关重要。

碳纸（carbon papers，CPs）和碳布（carbon cloths，CCs）由于具有集成碳纤维组成的交错结构，因此常被用作氧电极的集流体。最近，Kwon等[36]调查研究了CPs作为OER催化剂的电催化性能。此外，Cheng等[37]也曾经研究了CCs作为氧电极在金属-空气电池中的电催化活性。Zhang等[38]通过在CPs上原位生长MnO_2纳米片作为锂-氧电池正极，获得了良好的循环寿命和循环稳定性。由此可见，CPs和CCs是锂-氧电池的优良的集流体基材。

近年来，碳纳米管（carbon nanotubes，CNTs）[39,40]、碳纳米纤维（carbon nanofibers，CNFs）[41,42]和石墨烯（graphene）[43,44]等纳米碳由于具备特殊的结构特性，已被广泛用作锂-氧电池正极材料。CNTs是由单层或多层石墨片绕中心卷制而成的无缝中空纳米管，因为具有优异的导电性、快速的导热性及良好的机械性能，已在储能领域广为应用[45]。事实上，CNTs基碳材料的电化学活性受到CNTs的疏电解质表面特性和石墨烯层之间强的范德华力的限制[46]。为了解决这些问题，科学工作者在CNTs的功能化或修饰方面做了大量探究性

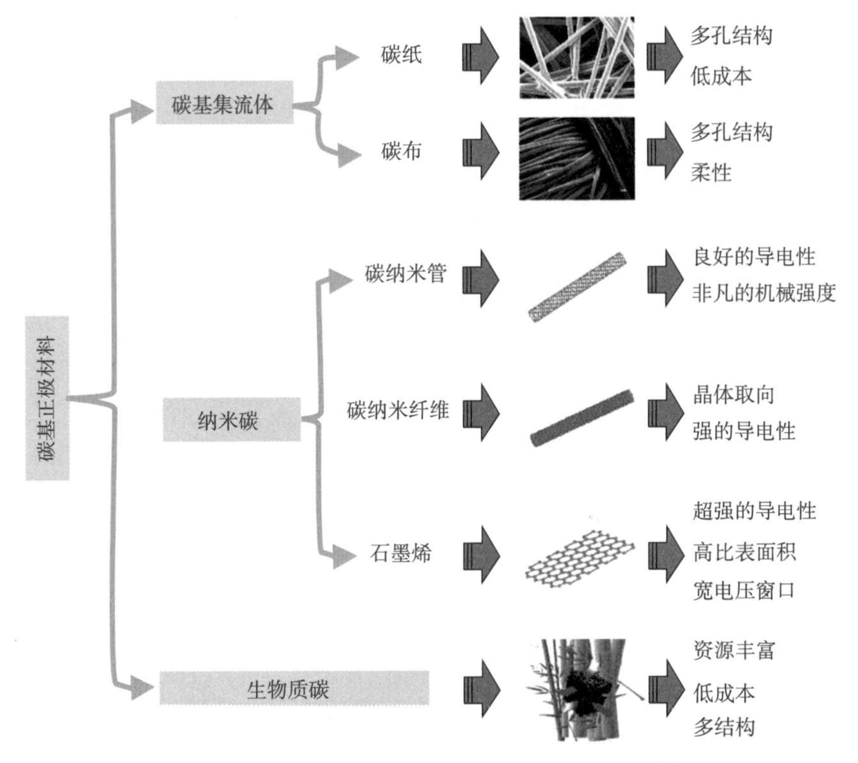

图 9.5　锂 - 氧电池中常用的碳材料基本性质总结[6]

工作[47]。CNFs 作为一维固体碳材料，具有较高的晶体取向性和良好的导电性，因此也成为常用的氧正极材料[48]。此外，石墨烯也是众多锂 - 氧电池的良好的正极材料之一[49]。从微观角度来说，石墨烯是一种以 sp^2 杂化连接的碳原子紧密堆积成单层二维蜂窝状晶格结构的新材料。与其他碳材料相比，二维石墨烯显示出特定的电子结构和丰富的催化位点，可以将大量氧气吸附到石墨烯的两侧，因此能在锂 - 氧电池中实现高容量的存储[50]。然而，在实际电化学测试中，石墨烯基正极材料总是表现出相对较高的过电位及较差的循环性能。主要原因是石墨烯片径较大，容易诱发同方向的堆叠效应，因此暴露出的有效活性面非常小，并且较大片径的石墨烯难以构建三维通道或多孔结构，从而不能保证高效的 Li^+ 传输和 O_2 扩散。因此，通常将石墨烯小片径化或与 CNTs、CNFs 等一维材料复合构建三维骨架来避免堆叠效应，从而提高有效孔结构并改善锂 - 氧电池电化学性能。

由上文可知，纳米碳材料在锂 - 氧电池中一般都表现出良好的电化学性能，然而，大规模应用仍受到较高的成本和复杂的制造工艺所限制[51]。最近，生物质衍生碳材料作为常规碳材料的替代品得到了广泛关注[35,52]。一般来说，生物质衍生碳材料主要来自木材、植物壳、废物及动物分泌物等。截至目前，生物质衍生碳已广泛应用于燃料电池[53]、超级电容器[54]和可充电锂电池[55]等储能器件。

然而，虽然碳材料相对容易获取并且资源丰富，但不可否认，碳材料本身电催化性能并不出色，因此无法满足锂－氧电池的长循环要求。因此开发并负载高效电催化剂是锂－氧电池近些年的研究重点。尤其是具有优异催化活性、耐高温、抗氧化、耐腐蚀等优点的贵金属催化剂，目前已被广泛应用于各种高精端设备的储能器件。图9.6总结了近些年贵金属催化剂在锂－氧电池正极材料中的应用[56－58]。主要包含钌（Ru）、钯（Pd）及铂（Pt）基催化剂等。由图9.6可知，这些贵金属催化剂在锂－氧电池中能大大提升放电比容量、降低过电位和改善循环性能[6]。

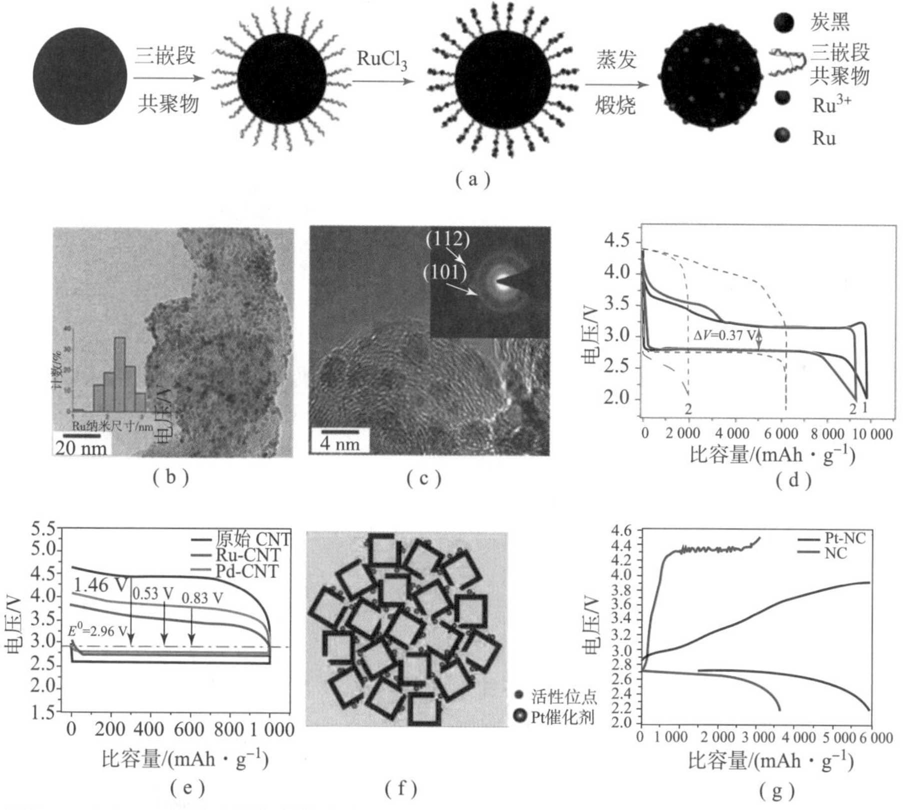

图9.6 （a）Ru基纳米催化剂的合成路线图；（b）Ru基纳米催化剂的TEM图像和晶体尺寸分布；（c）Ru基纳米催化剂的HRTEM图像和SAED图（插图）；（d）Ru基纳米催化剂在锂－氧电池中的电压曲线[56]；（e）原始CNT、Ru－CNT、Pd－CNT电极材料在锂－氧电池的首周充放电曲线对照[57]；（f）Pt基中空石墨烯纳米笼活性位点的示意图；（g）Pt基中空石墨烯纳米笼与石墨烯中空纳米笼的深度充放电曲线对照[58]

如上文所示，贵金属催化剂在锂－氧电池中可以显著改善过电位，这主要归因于贵金属超强的电子导电性，可以大幅提高 Li_2O_2 与氧电极之间的界面导电属性，从而加速 Li_2O_2 的分解，并提升其电化学反应动力学。但是贵金属材料成本较高且制备条件苛刻，因此大力开发过渡金属氧化物、钙钛矿等相对经济的材料可能是未来的主要研究方向。然而，鱼和熊掌不可兼得，过渡金属、钙钛矿等材料虽然经济绿色，但较差的导电性是制约这类材料发展的核心问题，因此，改变或优化材料的电子特性是实现过渡金属、钙钛矿等新生代材料的研究重点与难点。

基于以上方面的考虑，一般认为，氧正极结构工程是优化材料导电性、提升电催化活性、稳定孔结构的有效策略，主要包括多孔/隧道结构的诱导形成[59,60]、晶相调控[29,61]、杂原子掺杂[62,63]等，如图 9.7 所示。多孔/隧道结构是锂－氧电池氧电极材料设计的首要考量因素，其关系到氧气的持续性补给、Li^+的快速传输、电解液的均匀渗透及 Li_2O_2 的临时性堆积，这些动力学行为会直接影响锂－氧电池的电化学过电位及循环性能。晶面调控也是材料设计与

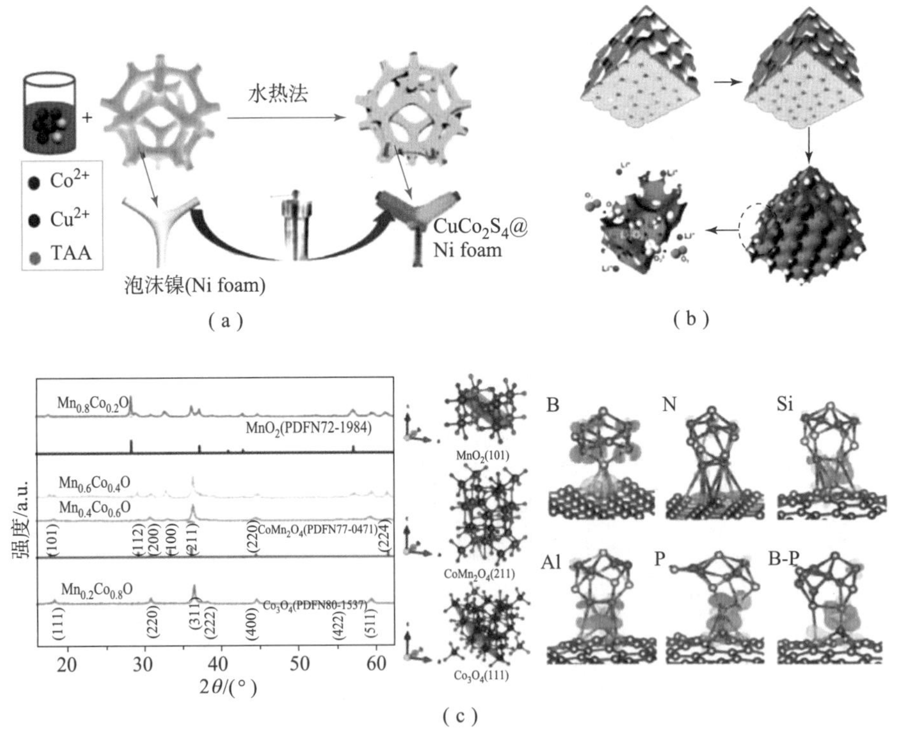

图 9.7　锂－氧电池中的氧正极结构工程

(a) 框架诱导[59,60]；(b) 晶相调控[29]；(c) 杂原子掺杂[63]

优化的范畴，在不同的实验条件下，或者受不同的环境影响，能够暴露出更多有利于 Li_2O_2 分解与析出的活性晶面，从而确保最高效能的充放电反应进行，并实现低过电位、高比能的锂－氧电池。杂原子掺杂是通过改变材料电子特性，来优化 Li_2O_2 与氧电极之间的界面导电属性，从而改善电化学性能。

2. 锂负极

为了实现高比能长循环的锂－氧电池，除了设计高效的多孔正极外，获得稳定的锂金属负极对于实现多电子电化学行为也至关重要。一般来说，锂金属负极主要存在不均匀的锂沉积、体积膨胀、不可控的枝晶生长等问题，这些现象都会直接导致电池库仑效率降低、循环寿命变短，甚至造成一定的安全隐患，因此严重阻碍了锂金属电池的发展与推广[64,65]。锂－氧电池作为锂金属电池中重要的一类电池体系，除了以上常规问题以外，还将面临由于开放体系属性所带来的空气中水分、二氧化碳等杂质对锂金属负极的威胁，这对于锂－氧电池的长期安全发展也是致命的。因此，目前关于锂－氧电池中锂金属方面的研究主要集中在锂金属的防护等方面[6]。Liao 等[64]在电池组装之前，将锂片在 $GeCl_4$－THF 蒸气中保持几分钟，使得锂金属表面上产生由 Ge、GeO_x、Li_2CO_3、LiOH、LiCl 和 Li_2O 等形成的保护层。结果如图 9.8（a）（b）（g）所示，组装在锂对称电池和锂－氧电池中的锂负极可以长时间稳定循环，尤其是在潮湿电解质和潮湿的氧气环境中。事实上，纳米碳材料与锂金属的结合也是开发稳定负极的方法。Guo 等[66]通过将锂金属浸泡在多孔 CNT 微球阵列中，并被十八烷基膦酸的自组装单层钝化作为人工 SEI，从而形成 Li－CNT 复合材料，并用作锂－氧电池的替代负极（图 9.8（c））。Li－CNT 复合材料的高比表面积降低了局部电流密度，从而抑制了电池循环过程中锂枝晶的形成（图 9.8（e）（f））。此外，人工 SEI 可以有效地将 Li－CNT 复合材料与电解质阻隔，以防进一步分解（图 9.8（d））。再之，Guo 等[67]也证明了 Li－Al 合金负极抑制副反应和氧穿梭效应，从而实现超长循环寿命的锂－氧电池。此外，基于生物质的人工海藻酸盐 SEI 层也被用于锂金属负极，并且表现出理想的枝晶抑制效果[68]。可见，这些工作为高性能锂金属负极的稳定提供了新的防护思路。

9.2.4　锂－氧电池电解质材料的研究

电解质是电池的重要组成部分，主要用于正负极之间的离子传导。在锂－氧电池中，电解质也决定了电池电压，因此电解质的稳定性对电池电化学行为至关重要[6]。

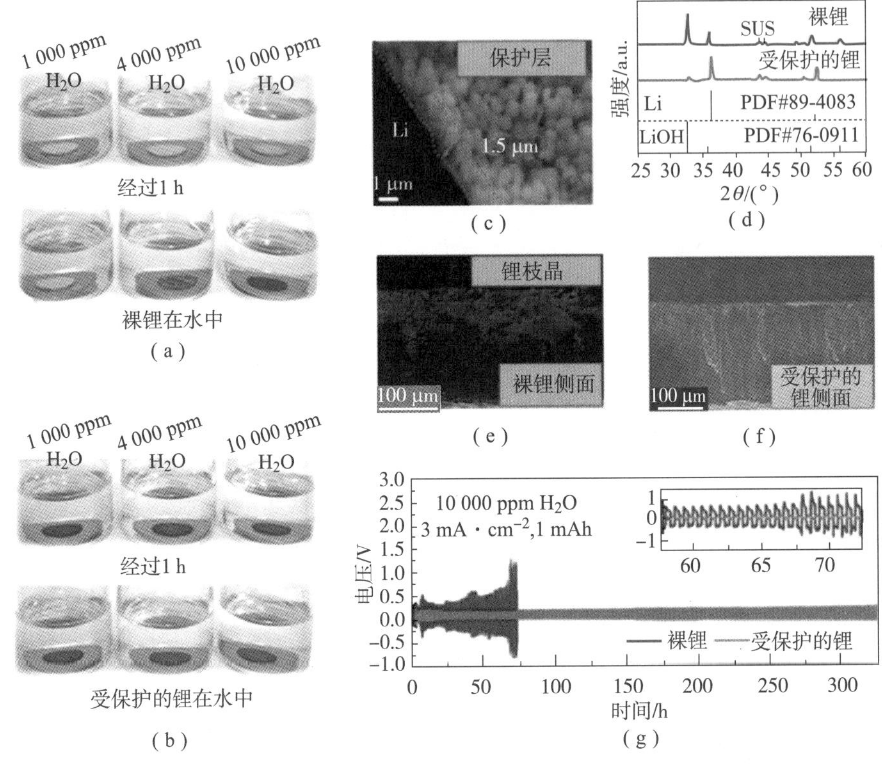

图 9.8 （a）裸锂在含有不同水量的溶液中的外观变化；（b）经过 $GeCl_4$ – THF 蒸气处理之后的锂片在含有不同水量的溶液中的外观变化；（c）受保护锂片 SEM 图像；（d）裸锂和经保护处理之后的锂金属在潮湿的 O_2 中循环之后的 XRD 图；（e，f）分别在相对较干燥的电解质中循环后的裸锂和保护锂的 SEM 图像；（g）恒电流循环性能和部分电压曲线[64]

一般来说，水性电解质在锂 – 氧电池体系中没有正极孔道堵塞的问题，并且 O_2 在水性电解质中的溶解度和扩散速率相对较高，为高倍率放电提供了理论支持。然而，水性电解质中使用的 LATP（$Li_{1.4}Al_{0.4}Ti_{1.6}(PO_4)_3$）膜在碱性环境中不稳定，并且在电池正常运行温度下，LiOH 在水中的溶解度较高，并且深度放电时会有 LiOH 固体析出，这是该电池体系的不足之处[28]。非水锂 – 氧电池多采用非质子型电解质，如酯类、醚类、砜基、离子液体及其混合物等。酯类电解质，特别是碳酸丙烯酯（propylene carbonate，PC），目前主要用于非水锂 – 氧电池中。与其他类型的电解质相比，PC 基电解质具有宽的电化学窗口、低挥发性和宽液体温度范围等优点。然而，在 O^{2-}、O_2^{2-}、LiO_2 和 LiO^{2-} 等高活性物质存在的情况下，此类电解质非常不稳定。目前科研人员已将注意力集中在寻找其他溶剂上，这些溶剂不仅要满足在还原氧物种攻击时的稳定性，还要避免可能的溶剂分解。

醚类溶剂，如1,2－二甲氧基乙烷（DME）和四乙二醇二甲醚（TEGDME），这类溶剂的超氧自由基和氧化电位具有相对较高的电化学稳定性（>4.5 V vs. Li/Li^+），并且成本较低。因此，醚类电解质目前已广泛用于锂－氧电池。然而，在大多数情况下，电解质的分解在电化学反应过程中是难以避免的，尤其是在锂－氧电池中。目前关于醚类电解质的改性也展开了多方面的研究，主要包括引入添加剂或氧化还原介质等来实现[6]。

9.2.5 锂－氧电池发展现状及应对策略

锂－氧电池在现有的电池体系中具有最高的理论能量密度，具备替代汽油并最终组装全电动汽车的潜力。然而，目前锂－氧电池还处于研究初始阶段，依然存在很多技术上的难点，急需克服。总而言之，主要是 Li_2O_2 的绝缘性和难溶性造成了较慢的充放电动力学进程，从而造成高的过电位，导致较差的循环性能。

针对以上问题，目前科学家们主要展开以下几方面的工作：设计结构稳定的氧电极材料，尤其是发展纳米结构的复合电极材料，丰富隧道结构，为放电产物的沉积提供足够的空间；寻找具有高电导率、低黏度、高氧溶解性和宽电化学窗口的电解质体系，对于目前研究较多的非水系锂－氧电池，需要寻找一种新材料，以防止电池内部结构中副产物的碳酸盐化；开发性价比更高的多功能电催化剂，以降低充放电过程中的过电位，改善充放电循环效率以及电池寿命。

9.3 锌－氧电池多电子反应及关键材料

9.3.1 锌－氧电池概述

锌－空气（Zn－air）电池的概念是由Smee在1840年提出的[5]。19世纪后期，锌－空气原电池被引入科学界，并于1932年进入大众市场[69]。在常见的金属－空气电池中，由于锌－空气电池具有高的理论能量密度、较低的成本及安全环保等优点，被认为是储能设备良好的选择[70,71]。具体来说，锌－空气的理论能量密度为高达1 086 $Wh \cdot kg^{-1}$，运营成本较低，相比锂离子电池来说优势巨大[72]。图9.9所示为典型的锌－空气电池的基本结构配置，主要由锌负极、多孔空气正极和高浓碱性电解质组成，本质上是一种半蓄电池半燃料电池。一般情况下，锌 - 空电池都是基于纯氧环境测试，因此也被称作锌 - 氧 ($Zn-O_2$) 电池。

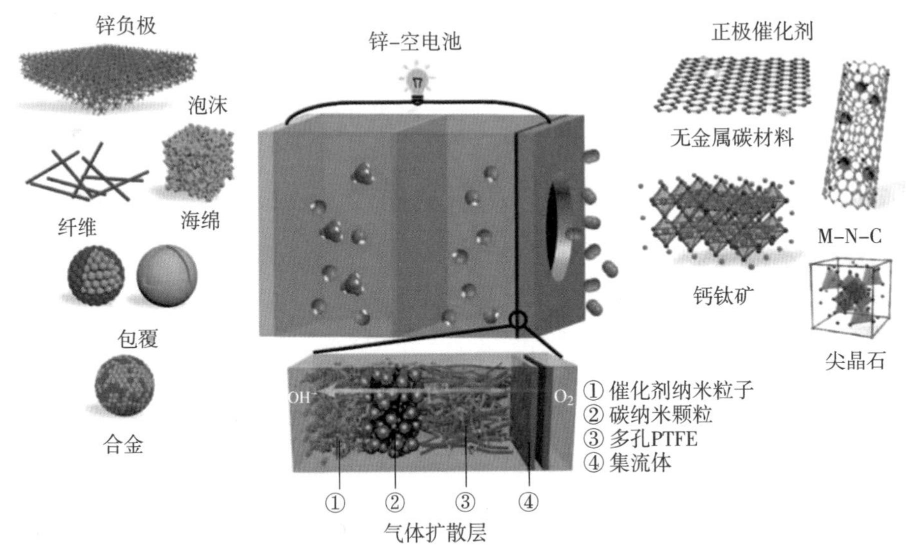

图 9.9　锌 - 氧电池的结构示意图（包括气体扩散层、正极电催化剂和锌负极材料等[5]）

目前，一次锌 - 氧电池已是一项成熟的技术，并已成功应用于助听器、医疗、导航和铁路信号等设备。事实上，二次锌 - 氧电池主要通过双功能空气电极及电催化剂来实现的[73]。本小节主要介绍锌 - 氧电池的发展现状及多电子反应机制。

9.3.2　锌 - 氧电池多电子反应机制

根据电解液的酸碱度不同，锌 - 氧电池目前主要分为碱性锌 - 氧电池与中性锌 - 氧电池两种。本小节主要介绍碱性锌 - 氧体系中的多电子反应机制。在放电过程中，周围空气中的 O_2 会通过多孔正极扩散，并在电催化剂表面还原。同时，锌负极会氧化成可溶性锌酸离子 ($Zn(OH)_4^{2-}$)，并在电催化剂的存在下实现锌 - 氧电池的可逆充电过程。

碱性锌 - 空电池中，各电极中的放电反应如下：

锌负极：
$$Zn + 4OH^- \rightarrow Zn(OH)_4^{2-} + 2e^- \tag{9-19}$$

$$Zn(OH)_4^{2-} \rightarrow ZnO + H_2O + 2OH^- \tag{9-20}$$

氧正极：
$$O_2 + 2H_2O + 4e^- \rightarrow 4OH^- \tag{9-21}$$

总反应：
$$2Zn + O_2 \rightarrow 2ZnO \tag{9-22}$$

显然，无论是锌负极还是空气正极，放电反应均基于多电子反应机制。可见锌 - 氧电池具有高的能量密度不仅是因为锌负极具有较小的密度，而且也与发生多电子转移反应有关。

9.3.3　锌 - 氧电池电极材料的研究

1. 正极材料

空气正极在锌 - 氧电池中属于性能限制电极，换句话说，也就是锌 - 氧电池的电化学性能主要由正极决定。一般地，锌 - 氧电池的空气正极主要通过将电催化剂均匀涂覆在多孔聚四氟乙烯（poly tetra fluoroethylene，PTFE）上来作为气体扩散层（gas diffusion layer，GDL）。良好的 GDL 具有均衡的疏水和亲水性能，允许氧气的快速渗透，并为大电流密度条件下的 ORR 反应提供丰富的三相界面。因此，负载在 GDL 的电催化剂是影响 ORR 和 OER 反应快慢的核心组件，直接影响其整体的电化学性能。

通常来说，贵金属（Pt、Ru、Ir 等）及合金一般被认为是良好的 ORR 和 OER 催化材料，然而其高昂的成本大大限制了其大规模应用[74]。截至目前，锌 - 氧电池一般采用过渡金属及其氧化物（如 MnO_2 等）作为正极催化剂。但这类催化剂的活性和稳定性也存在一定的问题，这是限制锌 - 氧电池能量密度的主要原因。因此，近些年关于锌 - 氧电池的研究集中在寻找合适且稳定的氧电催化剂。为了推动锌 - 氧电池的商业化，开发经济可行、资源丰富、活性高且稳定的非贵电催化材料是主要方向，例如，氮掺杂在石墨层中的过渡金属复合材料是有效的电催化材料，这些催化剂的催化活性主要归因于石墨层表面的电子结构[75]。此外，单原子催化剂、过渡金属氧化物、过渡金属氢氧化物和硫化物，这些材料在性能、成本及环境友好性质上都属于良好的选择，成为锌 - 氧电池的发展方向[76]。

2. 锌负极

由于锌金属具有平衡电势低、体积比能量高、资源丰富、价格低廉、无环境污染等优势，目前已被广泛用作一次或二次电池的负极材料。锌负极的应用研究主要集中改善锌电极的腐蚀、溶解、钝化和提升二次锌电极的循环性能等方面。对于一次锌基电池来说，影响性能的主要因素是锌的自腐蚀现象。而对于二次锌基电池来说，负极结构形变和枝晶生长是主要影响因素。针对以上问题，目前主要通过加入添加剂、隔膜改性或借助非常规充电方式来实现锌基电池的稳定充放电循环。一般来说，电极添加剂是对锌电极用添加剂进行表面包覆或预处理，或是在制备锌电极时，将添加剂直接加入电极活性物质中。而电解液添加剂则是对电解液的常规性修饰，这与其他电池体系类似。总之，锌负极添加剂及其作用机理的研究会对锌电极性能的优化和锌－氧电池的性能提升提供新的技术和新的方法。

9.3.4 锌－氧电池电解质材料的研究

在锌－氧电池体系中，电解质的作用是通过提供大量的离子流以便高效地传导离子。其电解质的组分与实际配比又会直接影响正负极之间的电化学行为和电化学性能。目前，锌－氧电池的电解质一般分为液态、固态和凝胶三种。

（1）液态电解质

一般是在20%～40%的KOH溶液中加入羧甲基纤维素钠、聚丙烯酸盐等稠化剂和添加剂，再将电解液与锌粉直接制成锌膏状态，这个锌膏整体作为电池的负极。这种液态电解质导电率高，锌粉填充密度大，因此锌－氧电池的容量也相对较高。

（2）固态电解质

将KOH、增稠剂和高分子导电聚合物混合成型并进一步烘干，从而形成固态电解质。常用的高分子导电聚合物主要有聚氧化乙烯（polyethylene oxide，PEO）、无规则的聚环氧丙烷（poly[oxy(methyl－1,2－ethanediyl)]，PPO）等。一般来说，固态电解质可以通过制备成固态电解质膜，并代替液态电池中的隔膜和电解液，从而起到隔离正、负极和传导离子的双重作用，同时，固态电解质可以降低电池的泄漏率。然而，这类固态电解质的电导率一般为10^{-7}～10^{-4} $S \cdot cm^{-1}$，比常规液态电解质低很多，因而大电流输出能力较差，目前尚未达到实用价值。

（3）凝胶电解质

将可溶性的聚合物（如PEO、聚丙烯腈（polyacrylonitrile，PAN）、聚丙烯酸（polyacrylic acid，PA）等）加入液态电解质中，通过增大黏度形成凝胶电解质；或直接将含聚合物单体的液态电解质原位聚合，形成凝胶电解质。由于这类电解质聚合物骨架中包含可“流动”的溶剂分子，提升了离子的流动性，因而可将电导率提高至10^{-3}～10^{-2} $S \cdot cm^{-1}$。因此，凝胶电解质兼顾了液体电解质高导电率和固态电解质低流动性的优点，是锌－氧电池中一类理想的电解质体系。

9.3.5 锌－氧电池主要存在的问题及解决策略

和锂－氧电池体系类似，锌－氧电池除了具有高的理论比容量等优势外，锌金属还有一些锂金属无法比拟的天然优势，如资源丰富、价格低廉、无环境污染等，这些也是锌-氧电池成为新电池体系热点的重要因素。然而，尽管锌-氧电池起步更早，但目前远远没有发挥该体系的全部潜力。主要有以下两方面的原因：

①氧电极上的ORR和OER均涉及多个质子耦合电子转移，动力学过程非常缓慢，导致较大的电极极化。

②锌负极的腐蚀和不可控的枝晶生长会导致锌负极的循环能力变差[7,77]。

为了应对以上技术性挑战，目前大量的研究工作都集中在开发高效稳定的氧电极结构或者引入氧电极催化剂等，关于锌负极方面的研究相对较少。

另外，锌-氧电池属于开放电池体系，很容易接触空气中的CO_2，使得电解液发生碳酸化，导致电导率降低，同时，碳酸盐沉淀也会堵塞空气电极的孔道，阻碍O_2的持续性补给及锌离子的传输等，从而直接导致较差的电化学性能。针对这种情况，一般采用化学吸附法，从源头上降低CO_2的浓度，或者通过减少正极外壳气孔的数量与直径也可以缓解CO_2对电池体系的影响。针对空气中水分的控制，主要通过限制气体流量或安装空气扩散管理器来实现。这种设计方式既保证了电池大电流的输出能力，同时又限制了气体交换，延长了电池使用寿命。此外，电池密封和防漏等问题也限制了锌-氧电池的商品化进程。从理论上来说，使用含有OH^-的固态电解质和凝胶电解质可以从根源上避免泄漏的危险性，从而降低密封条件和要求，提高电池合格率与安全系数。

9.4　铝-氧电池多电子反应及关键材料

9.4.1　铝-氧电池概述

铝-空气（Al-air）电池，顾名思义，就是以铝负极、电解质及空气正极组装的一种新型电池体系（电池配置如图9.10所示）。考虑到空气中水分、二氧化碳等对电池体系的影响，目前的研究主要基于纯

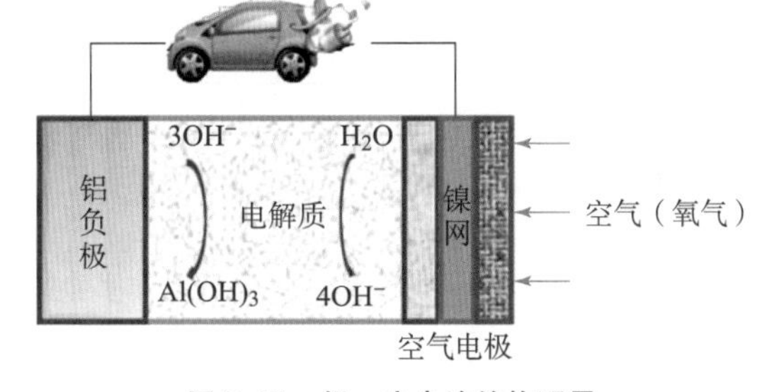

图9.10　铝-空电池结构配置

氧环境，因此也被叫作铝-氧（Al-O_2）电池。事实上，铝-氧电池具有 8 100 Wh·kg^{-1}的理论能量密度，实际能量密度比锂离子电池高出很多[78]。1962 年，Zaromb 等[79]报道了铝-氧电池体系的可行性，并指出该电池具有高比能量和高比功率的特点。70 年代以后，又掀起了一股铝-氧电池的研究热潮。2003 年，Zhang 等[6]报道，通过每 400 km 更换一次电解液的方式，铝-氧电池驱动下的电动汽车也可续航超过 1 600 km，此外，通过更换铝负极来实现长续航的铝-氧电池也被广泛关注。

事实上，国内对铝-氧电池的研究起步相对较晚。1980 年，哈尔滨工业大学 Shi 等[80]展开了对铝-氧电池的研究，该团队成功地研制了新型五元铝合金负极材料，大大降低了铝负极的自腐蚀反应，从而提高了铝负极的利用率。20 世纪 90 年代初，该团队又成功地研制出 3 W 中性电解液的铝-氧电池模组。并于 1993 年，通过对 1 000 W 循环电解液碱性铝-氧电池的研发，成功运用到短途军用运输机器人电池的供应系统中[81]。几乎同时期，天津大学相关团队也研制出了 200 W 中性铝-氧电池，并且目前已实现小功率产品化，车用大功率铝-空电池的研发设计也在逐步推进。此外，中科院宁波材料技术与工程研究所动力锂电池工程实验室也先后于 2017 年和 2018 年开发出了 1 000 W 和 3 000 W 的新型石墨烯基铝-氧电池[81]。由此可见，国内关于铝-氧电池的研究虽然起步较晚，但有厚积薄发之势，有望在未来将铝-氧电池的研发水平提升至国际先进水平。

9.4.2 铝-氧电池多电子反应机制

一般来说，铝-氧电池的放电机制主要由电解液种类决定。首先在碱性电解液环境中，铝负极会与电解液中的 OH^- 生成 $Al(OH)_3$，并失去 3 个电子。O_2 分子在空气电极上得到 4 个电子，转变为 OH^-。总反应见式（9-25）。当电解液为中性时，铝负极会直接转变为 Al^{3+} 并失去 3 个电子。氧电极方面，主要通过得到 4 个电子，实现 O_2 分子到 OH^- 的转化。总反应见式（9-28）。

碱性体系：

铝负极：$$Al + 3OH^- \rightarrow Al(OH)_3 + 3e^- \quad (9-23)$$

氧电极：$$O_2 + 2H_2O + 4e^- \rightarrow 4OH^- \quad (9-24)$$

总反应：$$4Al + 3O_2 + 6H_2O \rightarrow 4Al(OH)_3 \quad (9-25)$$

中性体系：

铝负极：$$4Al - 12e^- \rightarrow 4Al^{3+} \quad (9-26)$$

氧电极：$$3O_2 + 6H_2O + 12e^- \rightarrow 12OH^- \quad (9-27)$$

总反应：$$4Al + 3O_2 + 6H_2O \rightarrow 4Al(OH)_3 \quad (9-28)$$

显然，无论是在碱性体系还是中性体系中，氧电极都是通过发生多电子反应而完成放电过程的，因此，铝－氧电池具有较高的能量密度。然而，铝－氧电池作为一类新生代电池系统，要想早日推广并应用，还存在一些技术性的难题需要攻克，以下将从电极材料等方面去展开讨论。

9.4.3　铝－氧电池电极材料的研究

1. 正极材料

同其他金属－空气电池类似，铝－氧电池的氧电极一般也是由多孔催化层、导电集流体和防水透气层组成的[82]。其中，多孔催化层是 ORR 与 OER 的主要场所，导电集流体主要承载电子传导和机械支撑电催化剂的作用。防水透气层一般具有疏松多孔憎水的结构，既为催化层提供反应所需的气体来源，又防止电解液将气体扩散通道所淹没。

截至目前，关于铝－氧电池氧电极的研究，也基本围绕贵金属催化剂材料、钙钛矿型氧化物、其他过渡金属氧化物及金属螯合物等。一般来说，贵金属催化剂具有高效的 ORR 与 OER 催化特性，但易中毒、制备条件苛刻且成本高等劣势直接限制了大规模应用。过渡金属、钙钛矿型催化剂是近些年的研究热点，主要是归结于良好的电化学催化效能、价格低廉、容易制备等优点，更符合绿色可持续发展理念。相关制备与研究和其他体系类似，本小节不详细展开。

2. 铝负极

铝是地壳中丰度最高的金属元素，相对密度较低，具有高的理论能量密度。然而，在铝－氧电池体系中，铝金属负极存在严重的自腐蚀现象，很大程度上限制了铝金属电池的发展。因此，要想最终实现铝－氧电池的实际应用，铝金属负极的自腐蚀问题必须解决，设计并开发一种相对稳定的铝金属负极或者铝合金负极已成铝－氧电池体系研究中的重点问题。近些年，利用铝合金来应对铝负极的自腐蚀问题，已获得了可观的电化学性能的改善与提升。

9.4.4　铝－氧电池电解质材料的研究

在铝－氧电池体系中，电解质是最重要的成分之一。截至目前，铝－氧电池主要采用中性盐或者强碱溶液作为电解液。中性电解液体系中，铝负极的自腐蚀现象较弱，但铝金属表面会发生严重的钝化现象，使得电池工作电压偏低，功率剂电流密度降低。此外，放电产物氢氧化铝 $Al(OH)_3$ 也会发生沉降现象，堵塞空气电极孔道，因此，中性铝－氧电池目前只适用于小功率输出设备。然而，强碱性铝－氧电池体系铝金属的钝化虽然减弱，但铝的自腐蚀非常严重，并放出大量的氢气（H_2），使得电池功率输出及负极利用率降低。针对以上问题，目前主要是通过更换电解液或者引入添加剂来解决。此外，针对铝合金在强碱性电解质中析氢速率过大的问题，缓蚀剂也被广泛研究。目前主要有：无机缓蚀剂，通过将金属无机盐溶解－再沉积来提高负极析氢过电位，降低腐蚀；有机缓蚀剂，如有机酸、氨基酸、季铵盐等，主要通过将含 N、S、P、O 的有机官能团吸附在铝负极表面，形成保护膜，缓解铝负极的自腐蚀现象。除此之外，无机－有机复合缓蚀剂主要通过协同作用来提高铝负极的防腐蚀能力。

9.4.5 铝－氧电池现状分析

铝－氧电池因为固有的成本及环境优势，已经逐渐成为新能源领域的研究热点。近些年，国内关于铝－氧电池的研发如火如荼，但要实现商业化，难度非常大。主要因为关键技术未取得突破，如空气电极的极化和 $Al(OH)_3$ 沉降等问题是影响铝－氧电池向市场化推进的重要障碍。此外，国内企业研制铝－氧电池的相对较少，无法形成一条健康完备的产业链，因此目前还不具备铝－氧电池商业化的条件。

9.5 镁－氧电池多电子反应及关键材料

9.5.1 镁－氧电池概述

镁－空气（Mg－air）电池作为一类新生代电池，具有较高的理论电压（3.1 V）和能量密度（6 800 $Wh \cdot kg^{-1}$），在电化学储能领域具有很高的应用潜力[83]。如图 9.11 所示，镁－空气电池是由镁合金负极、空气正极及氯化钠盐电解液组成的。同本章所讨论的其他空气电池一样，目前镁－空气电池主要在纯氧中进行测试，因

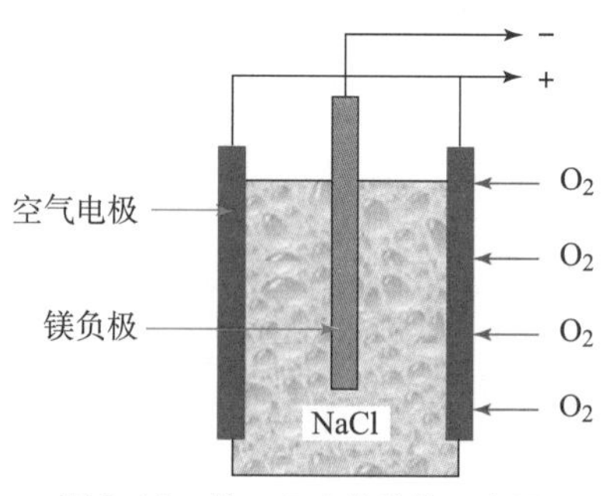

图 9.11 镁－氧电池结构示意图

此也被叫作镁－氧（$Mg-O_2$）电池。

同铝（Al）类似，镁（Mg）也属于轻金属，密度小（1.74 g·cm^{-3}），储量丰富，理论比能量高达2 220 mAh·g^{-1}，是一种绿色能源材料。因此，镁金属负极材料在能量存储方面具备很大的潜力[84]。然而，人们对镁－氧电池的关注却很少。镁－氧电池目前为一次电池，不能可逆充电，但其安全性良好，镁－氧电池作为电动汽车备用电源，具有尚佳的商业前景。特别是通过更换镁负极来机械式充电的水系镁－氧电池特别具备吸引力，该电池可以在盐溶液条件下工作，并输出较高的工作电压。此外，镁金属在电解质中几乎不存在自放电现象，因此，镁－氧电池被认为是传统锂离子电池的理想替代品。

早在19世纪60年代，Hamlen等[85]就开展了关于镁－氧电池的研究。近年来，由于能源环境危机日益加重，以及人们对于高性能电源的迫切需求，镁－氧电池才真正得到空前的发展。特别是中国科学院大连化学物理研究所曾经推出的镁－氧电池概念性产品，已在汶川地震中得以应用[86]。此外，中国科学院宁波材料技术与工程研究所成功研制出了1000 Wh的镁－氧电池样机，据报道，该镁－氧电池能量密度可达430 Wh·kg^{-1}，最大输出功率可达80 W[86]。

9.5.2 镁－氧电池多电子反应机制

由于镁及镁合金在氯化钠（NaCl）溶液中具有较负的电极电位，以NaCl为电解质的镁－氧电池具有较高的工作电压，因此，目前常用NaCl水溶液作为镁－氧电池的电解质，电极反应如下所示：

镁负极：
$$Mg \rightarrow Mg^{2+} + 2e^- \tag{9-29}$$

氧正极：
$$O_2 + 2H_2O + 4e^- \rightarrow 4OH^- \tag{9-30}$$

总反应：
$$2Mg + O_2 + 2H_2O \rightarrow 2Mg(OH)_2 \tag{9-31}$$

由以上反应式可知，在放电过程中，氧气会在三相界面上被电催化剂还原为OH^-，同时，镁负极通过失去2个电子发生氧化反应，生成Mg^{2+}，最后Mg^{2+}与OH^-反应生成$Mg(OH)_2$，由此完成放电过程。由此可知，镁－氧电池在放电时发生的是多电子反应，又因为镁金属具有较小的密度，因此，可以实现较高的放电比容量。

9.5.3 镁－氧电池现状分析

截至目前，镁－氧电池的研发尚处于萌芽阶段，但镁金属固有的优势使得镁－氧电池在未来储能应用中展示出一定的应用潜力与空间。首先，镁金属质量较小，并且氧电极发生多电子反应，有较高的比能量，因此非常适用于便携式电源、野外作业电源等。此外，镁－氧电池的放电产物为 $Mg(OH)_2$，无毒无污染，经过煅烧与还原，又可以重新制成镁锭，便于循环利用。然而，镁－氧电池目前还属于一次电池范畴，主要靠更换镁负极来实现充电过程。并且镁负极的自腐蚀又会造成容量损失、利用率降低、电压损耗变大等问题，因此，在短时间内，镁负极的改性与修饰依然是镁－氧电池研究的重点。

9.6 本章小结

金属－氧气电池作为一类新生代电池体系，一般采用轻元素金属作为负极，因此有着其他电池体系不可比拟的能量密度。此外，空气中的氧气作为正极反应物，取之不尽，用之不竭，并且无二次环境污染，因此普遍被认为是未来电动汽车最重要的能量来源。然而，常见的金属－氧气电池目前都基本处于研发初期，距离真正大规模应用还有很长的路要走，目前还存在以下问题：

①锂－氧电池中，主要存在锂枝晶的不可控生长、电解液溶剂的分解及电解液活性组分对放电产物的亲核攻击、正极孔结构退化等问题。

②锌－氧电池中，主要存在锌负极的腐蚀和不可控的枝晶生长等问题。

③铝－氧电池中，主要存在空气电极的极化和 $Al(OH)_3$ 沉降等问题。

④镁－氧电池中，主要是镁负极的自腐蚀所引发的容量损失、电压损耗等问题。

以上都是现阶段金属－氧气电池发展的主要“瓶颈”问题，这些会直接影响电池的容量、循环寿命及循环稳定性。可见，要想实现长循环、高比能的金属－氧气电池，电极材料的设计与制备、电解液的稳定性、金属负极防护等方面还需要继续攻坚克难。

参考文献

[1] Wang H－F, Xu Q. Materials design for rechargeable metal－air batteries [J]. Matter, 2019, 1 (3): 565－595.

[2] Lu J, Li L, Park J B, et al. Aprotic and aqueous Li－O_2 batteries [J]. Chemical Reviews, 2014, 114 (11): 5611－5640.

[3] Senthilkumar B, Irshad A, Barpanda P. Cobalt and nickel phosphates as multi-functional air - cathodes for rechargeable hybrid sodium - air battery applications [J]. ACS Applied Materials & Interfaces, 2019, 11 (37): 33811 - 33818.

[4] Qin L, Xiao N, Zhang S, et al. From K - O_2 to K - air batteries: Realizing superoxide batteries on the basis of dry ambient air [J]. Angewandte Chemie International Edition, 2020, 59 (26): 10498 - 10501.

[5] Zhang J, Zhou Q, Tang Y, et al. Zinc - air batteries: Are they ready for prime time? [J]. Chemical Science, 2019, 10 (39): 8924 - 8929.

[6] Cao D, Bai Y, Zhang J, et al. Irreplaceable carbon boosts Li - O_2 batteries: From mechanism research to practical application [J]. Nano Energy, 2021 (89): 106464.

[7] Li Y G, Lu J. Metal - air batteries: Will they be the future electrochemical energy storage device of choice? [J]. ACS Energy Letters, 2017, 2 (6): 1370 - 1377.

[8] Liu H, Liu Q, Wang Y, et al. Bifunctional carbon - based cathode catalysts for zinc - air battery: A review [J]. Chinese Chemical Letters, 2022, 33 (2): 683 - 692.

[9] Zaromb S. The use and behavior of aluminum anodes in alkaline primary batteries [J]. Journal of The Electrochemical Society, 1962, 109 (12): 1125 - 1130.

[10] Öjefors L, Carlsson L. An iron - air vehicle battery [J]. Journal of Power Sources, 1978, 2 (3): 287 - 296.

[11] Abraham K M, Jiang Z. A polymer electrolyte - based rechargeable lithium - oxygen battery [J]. Journal of the Electrochemical Society, 1996, 143 (1): 1 - 5.

[12] Müller S, Holzer F, Haas O. Optimized zinc electrode for the rechargeable zinc - air battery [J]. Journal of Applied Electrochemistry, 1998, 28 (9): 895 - 898.

[13] Kuboki T, Okuyama T, Ohsaki T, et al. Lithium - air batteries using hydrophobic room temperature ionic liquid electrolyte [J]. Journal of Power Sources, 2005, 146 (1 - 2): 766 - 769.

[14] Ogasawara T, Débart A, Holzapfel M, et al. Rechargeable Li_2O_2 electrode for lithium batteries [J]. Journal of the American Chemical Society, 2006, 128 (4): 1390 - 1393.

[15] Read J. Ether - based electrolytes for the lithium/oxygen organic electrolyte battery [J]. Journal of The Electrochemical Society, 2005, 153 (1): A96 - A100.

[16] Imanishi N, Hasegawa S, Zhang T, et al. Lithium anode for lithium - air secondary batteries [J]. Journal of Power Sources, 2008, 185 (2): 1392 - 1397.

[17] Peng Z, Freunberger S A, Chen Y, et al. A reversible and higher - rate Li - O_2 battery [J]. Science, 2012, 337 (6094): 563 - 566.

[18] Ren X, Wu Y. A low - overpotential potassium - oxygen battery based on potassium superoxide [J]. Journal of the American Chemical Society, 2013, 135 (8): 2923 - 2926.

[19] Hartmann P, Bender C L, Vračar M, et al. A rechargeable room - temperature sodium superoxide (NaO_2) battery [J]. Nature Materials, 2013, 12 (3): 228 - 232.

[20] Chen Y, Freunberger S A, Peng Z, et al. Charging a Li - O_2 battery using a redox mediator [J]. Nature Chemistry, 2013, 5 (6): 489 - 494.

[21] Li B, Geng D, Lee X S, et al. Eggplant - derived microporous carbon sheets: Towards mass production of efficient bifunctional oxygen electrocatalysts at low cost for rechargeable Zn - air batteries [J]. Chemical Communications, 2015, 51 (42): 8841 - 8844.

[22] Zhang J, Zhao Z, Xia Z, et al. A metal - free bifunctional electrocatalyst for oxygen reduction and oxygen evolution reactions [J]. Nature Nanotechnology, 2015, 10 (5): 444 - 452.

[23] Park J, Park M, Nam G, et al. All - solid - state cable - type flexible zinc - air battery [J]. Advanced Materials, 2015, 27 (8): 1396 - 1401.

[24] Dong Q, Yao X, Zhao Y, et al. Cathodically stable Li - O_2 battery operations using water - in - salt electrolyte [J]. Chem, 2018, 4 (6): 1345 - 1358.

[25] Wang F, Borodin O, Gao T, et al. Highly reversible zinc metal anode for aqueous batteries [J]. Nature Materials, 2018, 17 (6): 543 - 549.

[26] Chi X, Li M, Di J, et al. A highly stable and flexible zeolite electrolyte solid - state Li - air battery [J]. Nature, 2021, 592 (7855): 551 - 557.

[27] Littauer E L, Tsai K C. Anodic behavior of lithium in aqueous - electrolytes: 1. Transient passivation [J]. Journal of The Electrochemical Society, 1976, 123 (6): 771 - 776.

[28] 李慧，吴川，吴锋，等．超高比能量锂－空气电池最新研究进展［J］．稀有金属材料与工程，2014，43（6）：1525－1530.

[29] Cao D，Zheng L，Li Q，et al. Crystal phase－controlled modulation of binary transition metal oxides for highly reversible Li－O_2 batteries［J］. Nano Letters，2021：5225－5232.

[30] Blurton K F，Sammells A F. Metal/air batteries：Their status and potential－A review［J］. Journal of Power Sources，1979，4（4）：263－279.

[31] Danner T，Horstmann B，Wittmaier D，et al. Reaction and transport in Ag/Ag_2O gas diffusion electrodes of aqueous Li－O_2 batteries：Experiments and modeling［J］. Journal of Power Sources，2014（264）：320－332.

[32] Liu Y，He P，Zhou H. Rechargeable solid－state Li－air and Li－S batteries：Materials，construction，and challenges［J］. Advanced Energy Materials，2018，8（4）：1701602.

[33] Li F，Kitaura H，Zhou H. The pursuit of rechargeable solid－state Li－air batteries［J］. Energy & Environmental Science，2013，6（8）：2302.

[34] Xiao L，Li E－W，Yi J－Y，et al. Enhanced performance of solid－state Li－O_2 battery using a novel integrated architecture of gel polymer electrolyte and nanoarray cathode［J］. Rare Metals，2018，37（6）：527－535.

[35] Deng J，Li M，Wang Y. Biomass－derived carbon：Synthesis and applications in energy storage and conversion［J］. Green Chemistry，2016，18（18）：4824－4854.

[36] Kwon S，Lee H E，Han D，et al. Low－temperature fabrication of crystalline MnCoO spinel film on porous carbon paper for efficient oxygen evolution reaction［J］. Chemical Communications，2021，57（29）：3595－3598.

[37] Cheng N，Liu Q，Tian J，et al. Acidically oxidized carbon cloth：A novel metal－free oxygen evolution electrode with high catalytic activity［J］. Chemical Communications，2015，51（9）：1616－1619.

[38] Zhang L，Zhang F，Huang G，et al. Freestanding MnO_2@ carbon papers air electrodes for rechargeable Li－O_2 batteries［J］. Journal of Power Sources，2014（261）：311－316.

[39] Jian Z，Liu P，Li F，et al. Core－shell－structured CNT@ RuO_2 composite as a high－performance cathode catalyst for rechargeable Li－O_2 batteries［J］. Angewandte Chemie International Edition，2014，53（2）：442－446.

[40] Yang C，Wong R A，Hong M，et al. Unexpected Li_2O_2 film growth on carbon

nanotube electrodes with CeO_2 nanoparticles in Li – O_2 Batteries [J]. Nano Letters, 2016, 16 (5): 2969 – 2974.

[41] Yoon K R, Shin K, Park J, et al. Brush – like cobalt nitride anchored carbon nanofiber membrane: Current Collector – catalyst integrated cathode for long cycle Li – O_2 batteries [J]. ACS Nano, 2018, 12 (1): 128 – 139.

[42] Liu G, Zhang L, Wang S, et al. Hierarchical $NiCo_2O_4$ nanosheets on carbon nanofiber films for high energy density and long – life Li – O_2 batteries [J]. Journal of Materials Chemistry A, 2017, 5 (28): 14530 – 14536.

[43] Lee G – H, Sung M – C, Kim J – C, et al. Synergistic effect of $CuGeO_3$/graphene composites for efficient oxygen – electrode electrocatalysts in Li – O_2 batteries [J]. Advanced Energy Materials, 2018, 8 (36): 1801930.

[44] Chen Y, Zhang Q, Zhang Z, et al. Two better than one: Cobalt – copper bimetallic yolk – shell nanoparticles supported on graphene as excellent cathode catalysts for Li – O_2 batteries [J]. Journal of Materials Chemistry A, 2015, 3 (34): 17874 – 17879.

[45] Luo S, Luo Y, Wu H, Li M, et al. Self – assembly of 3D carbon nanotube sponges: A simple and controllable way to build macroscopic and ultralight porous architectures [J]. Advanced Materials, 2017 (29): 1603549.

[46] Dou Y, Wang X – G, Wang D, et al. Tuning the structure and morphology of Li_2O_2 by controlling the crystallinity of catalysts for Li – O_2 batteries [J]. Chemical Engineering Journal, 2021 (409): 128145.

[47] Cho Y S, Kim H, Byeon M, et al. Enhancing the cycle stability of Li – O_2 batteries via functionalized carbon nanotube – based electrodes [J]. Journal of Materials Chemistry A, 2020, 8 (8): 4263 – 4273.

[48] Huang J, Zhang B, Xie Y Y, et al, Electrospun graphitic carbon nanofibers with in – situ encapsulated Co – Ni nanoparticles as freestanding electrodes for Li – O_2 batteries [J]. Carbon, 2016 (100): 329 – 336.

[49] Geim A K, Novoselov K S. The rise of graphene [J]. Nature Materials, 2007, 6 (3): 183 – 191.

[50] Zhang P, Wang R, He M, et al. 3D hierarchical Co/CoO – graphene – carbonized melamine foam as a superior cathode toward long – life lithium oxygen batteries [J]. Advanced Functional Materials, 2016 (26): 1354 – 1364.

[51] Shah K A, Tali B A. Synthesis of carbon nanotubes by catalytic chemical vapour deposition: A review on carbon sources, catalysts and substrates [J]. Materi-

als Science in Semiconductor Processing, 2016 (41): 67 - 82.

[52] De S, Balu A M, Van Der Waal J C, et al. Biomass - derived porous carbon materials: Synthesis and catalytic applications [J]. Chem Cat Chem, 2015, 7 (11): 1608 - 1629.

[53] Kim M - J, Park J E, Kim S, et al. Biomass - derived air cathode materials: Pore - controlled S, N - co - doped carbon for fuel cells and metal - air batteries [J]. ACS Catalysis, 2019 (9): 3389 - 3398.

[54] Cong G, Wang W, Lai N C, et al. A high - rate and long - life organic - oxygen battery [J]. Nature Mateials, 2019 (18): 390 - 396.

[55] Wang M, Yao Y, Tang Z, et al. Self - nitrogen - doped carbon from plant waste as an oxygen electrode material with exceptional capacity and cycling stability for lithium - oxygen batteries [J]. ACS Applied Materials &Interfaces, 2018, 10 (38): 32212 - 32219.

[56] Wu F, Xing Y, Zeng X, et al. Platinum - coated hollow graphene nanocages as cathode used in lithium - oxygen batteries [J]. Advanced Functional Materials, 2016, 26 (42): 7626 - 7633.

[57] Ma S, Wu Y, Wang J, et al. Reversibility of noble metal - catalyzed aprotic Li - O_2 batteries [J]. Nano Letters, 2015, 15 (12): 8084 - 8090.

[58] Sun B, Munroe P, Wang G. Ruthenium nanocrystals as cathode catalysts for lithium - oxygen batteries with a superior performance [J]. Scientific Reports, 2013 (3): 2247.

[59] Kim J G, Noh Y, Kim Y, et al. Fabrication of three - dimensional ordered macroporous spinel $CoFe_2O_4$ as efficient bifunctional catalysts for the positive electrode of lithium - oxygen batteries [J]. Nanoscale, 2017, 9 (16): 5119 - 5128.

[60] Long J, Hou Z, Shu C, et al. Free - standing three - dimensional $CuCo_2S_4$ nanosheet array with high catalytic activity as an efficient oxygen electrode for lithium - oxygen batteries [J]. ACS Applied Materials &Interfaces, 2019, 11 (4): 3834 - 3842.

[61] Yao W, Yuan Y, Tan G, et al. Tuning Li_2O_2 formation routes by facet engineering of MnO_2 cathode catalysts [J]. Journal of the American Chemical Society, 2019, 141 (32): 12832 - 12838.

[62] Wu F, Xing Y, Li L, et al. Facile synthesis of boron - doped rGO as cathode material for high energy Li - O_2 batteries [J]. ACS Applied Materials &Inter-

faces, 2016, 8 (36): 23635 - 23645.

[63] Ren X, Wang B, Zhu J, et al. The doping effect on the catalytic activity of graphene for oxygen evolution reaction in a lithium - air battery: A first - principles study [J]. Physical Chemistry Chemical Physics, 2015, 17 (22): 14605 - 14612.

[64] Liao K, Wu S, Mu X, et al. Developing a "water - defendable" and "dendrite - free" lithium - metal anode using a simple and promising $GeCl_4$ pretreatment method [J]. Advanced Materials, 2018: 1705711.

[65] Li Q, Zhu S, Lu Y. 3D porous Cu current collector/Li - metal composite anode for stable lithium - metal batteries [J]. Advanced Functional Materials, 2017, 27 (18): 1606422.

[66] Guo F, Kang T, Liu Z, et al. Advanced lithium metal - carbon nanotube composite anode for high - performance lithium - oxygen batteries [J]. Nano Letters, 2019, 19 (9): 6377 - 6384.

[67] Guo H, Hou G, Li D, et al. High current enabled stable lithium anode for ultralong cycling life of lithium - oxygen batteries [J]. ACS Applied Materials & Interfaces, 2019, 11 (34): 30793 - 30800.

[68] Zhong Y, Chen Y, Cheng Y, et al. Li alginate - based artificial SEI layer for stable lithium metal anodes [J]. ACS Applied Materials & Interfaces, 2019, 11 (41): 37726 - 37731.

[69] Gu P, Zheng M, Zhao Q, et al. Rechargeable zinc - air batteries: A promising way to green energy [J]. Journal of Materials Chemistry A, 2017, 5 (17): 7651 - 7666.

[70] Liu X, Yuan Y, Liu J, et al. Utilizing solar energy to improve the oxygen evolution reaction kinetics in zinc - air battery [J]. Nature Communications, 2019, 10 (1): 4767.

[71] Li Y, Dai H. Recent advances in zinc - air batteries [J]. Chemical Society Reviews, 2014, 43 (15): 5257 - 5275.

[72] Toussaint G, Stevens P, Moureau F, et al. Development of a rechargeable zinc - air battery [J]. ECS Transactions, 2010, 28 (32): 25 - 34.

[73] Pei P, Wang K, Ma Z. Technologies for extending zinc - air battery's cyclelife: A review [J]. Applied Energy, 2014 (128): 315 - 324.

[74] Wu H, Zeng M, Li Z, et al. Coupling FeNi alloys and hollow nitrogen - enriched carbon frameworks leads to high - performance oxygen electrocatalysts for

rechargeable zinc – air batteries [J]. Sustainable Energy & Fuels, 2019, 3 (1): 136 – 141.

[75] Xiao M L, Zhu J B, Feng L G, et al. Meso/macroporous nitrogen – doped carbon architectures with iron carbide encapsulated in graphitic layers as an efficient and robust catalyst for the oxygen reduction reaction in both acidic and alkaline solutions [J]. Advanced Materials, 2015, 27 (15): 2521 – 2527.

[76] 曹余良. 锌空电池体系发展的若干应用基础和制备技术研究 [D]. 武汉: 武汉大学, 2003.

[77] Fu J, Cano Z P, Park M G, et al. Electrically rechargeable zinc – air batteries: Progress, challenges, and perspectives [J]. Advanced Materials, 2017, 29 (7): 1604685.

[78] Katsoufis P, Mylona V, Politis C, et al. Study of some basic operation conditions of an Al – air battery using technical grade commercial aluminum [J]. Journal of Power Sources, 2020 (450): 227624.

[79] Zhang X, Yang S H, Knickle H. Novel operation and control of an electric vehicle aluminum/air battery system [J]. Journal of Power Sources, 2004, 128 (2): 331 – 342.

[80] 王振波, 尹鸽平, 史鹏飞. 铝电池用合金阳极的研究进展 [D]. 哈尔滨: 哈尔滨工业大学, 2003.

[81] 谢佳栋. 双电解质结构铝空气电池性能的数值建模预测和参数敏感性分析 [D]. 镇江: 江苏大学, 2020.

[82] 熊亚琪, 刘常青, 周敏嘉. 铝 – 空气电池的研究进展 [J]. 电池, 2014, 44 (2): 116 – 117.

[83] Yang H, Bin L, Wu L, et al. Effects of texture and discharge products on the discharge performance of mg anodes for Mg – air batteries [J]. Journal of The Electrochemical Society, 2020, 167 (13): 130528.

[84] Xia S J, Yue R, Rateick R G, et al. Electrochemical studies of AC/DC anodized Mg alloy in NaCl solution [J]. Journal of The Electrochemical Society, 2004, 151 (3): B179 – B187.

[85] Hamlen R P, Jerabek E C, Ruzzo J C, et al. Anodes for refuelable magnesium – air batteries [J]. Journal of The Electrochemical Society, 1969, 116 (11): 1588.

[86] 赵炎春. 镁负极微观结构和含氧阴离子缓蚀剂对镁空气电池性能的影响 [D]. 重庆: 重庆大学, 2016.

第 10 章

轻元素多电子反应的多离子效应

本章旨在介绍轻元素多电子反应多离子效应的反应机制以及引发机制。本章从三个方面对轻元素多电子反应的多离子效应材料进行阐述，分别为层状富锂材料、钠离子电池层状正极材料以及其他可发生轻元素多电子反应的多离子效应的电极材料。同时，以典型的层状富锂材料和钠离子电池层状氧化物正极材料为例，详细论述了层状氧化物正极材料轻元素多电子反应的多离子效应的发展历程，对层状氧化物正极材料进行分类，深入剖析了不同层状氧化物正极材料轻元素多电子反应过程中不同的电化学行为，介绍了富锂材料及钠离子电池层状氧化物正极材料的合成方法及促进可逆多电子反应的改性机制。此外，本章初步介绍了多离子效应引发的载体变化，相应的多电子反应会受到多离子变化的影响。本章能够使读者熟悉轻元素多电子反应的多离子效应的反应机制及引发机制，了解富锂层状正极材料及钠离子电池层状正极材料的结构特征及多电子反应机制。

10.1　轻元素多电子反应的多离子效应机制

电极材料在充放电过程中，有多种离子发生氧化还原反应来补偿材料脱出/嵌入的离子，从而达到电中性，例如层状氧化物、硫化物、磷化物等，阴阳离子都可以发生氧化还原反应来提供电子，这个现象称为多离子效应。层状正极氧化物是锂离子电池和钠离子电池正极材料的研究热点之一，材料来源广泛，具有较高的能量密度。在层状正极氧化物中，传统的观点认为，材料中的过渡金属离子氧化还原提供电子。但是近年来，越来越多的实验研究和理论计算表明，层状过渡金属氧化物中的阴离子氧也可以通过发生氧化还原耦合来提供电子。通常，层状过渡金属氧化物中氧的氧化还原电位比过渡金属的氧化还原电位高，并且在过渡金属变价提供容量的基础上，可以获得额外容量，提高电极材料的能量密度和功率密度。图 10.1 简要罗列本章所涉及的轻元素材料分类。

10.1.1　轻元素多电子反应多离子效应的发展历程

层状过渡金属氧化物（$ATMO_2$，A：碱金属离子，如 Li、Na，TM：过渡金属离子）是锂离子二次电池和钠离子二次电池最有发展前景的正极材料。然而，传统的层状正极材料的电荷补偿都是基于过渡金属的氧化还原反应实现的，例如，Ni、Fe、Mn 及 Co 元素等，并且正极材料的能量密度受限于可变价

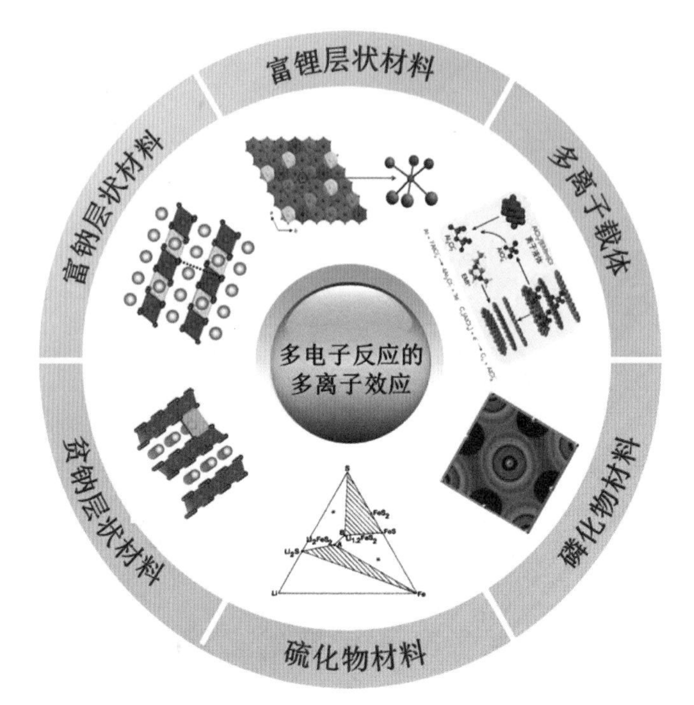

图 10.1　轻元素材料的分类

的过渡金属的含量。一般来说，层状过渡金属氧化物充放电过程中的电荷补偿主要依赖于阳离子氧化还原反应，因为第三周期（3d）过渡金属中 d 轨道的电子比阴离子氧的 p 轨道的电子更容易被氧化。

然而，在早期的硫化物化学研究中，一些文献已经研究和报道了 Li/MeS_2（Me = Fe、Mo、Ti、Cr、Nb）上的阴离子氧化还原活性，S^{2-} 和 $(S_2)^{2-}$ 的阴离子氧化还原耦合反应是通过硫化物中 S－S 的二聚反应实现的[1-3]。然而，虽然早期的研究学者在硫化物中检测到硫可以发生氧化还原耦合，但是氧的共价性低于硫化物，因此，早期的层状氧化物的阴离子氧化还原还没有实现。直到 $LiCoO_2$ 成为早期商用锂离子电池最有希望的正极材料，层状材料重新吸引了大量的关注，层状过渡金属氧化物正极材料的阴离子氧氧化还原才重新唤醒。为了更加直观地了解发展历史，图 10.2 展示了阴离子氧化还原反应的重要时间节点。

$LiCoO_2$ 的理论容量为 272 $mAh \cdot g^{-1}$，但实际容量仅为 150 $mAh \cdot g^{-1}$（大约脱除 0.5 mol 的 Li，发生 0.5 电子反应），如果进一步充电脱出 Li，材料的结构会遭到破坏，容量衰减加快。Sawatzky 等[4]用 X 射线光电子能谱、X 射线吸收谱和同步辐射等色谱研究了 Co_3O_4 和 $Li_xCo_{1-x}O_2$ 的电子结构。发现 $LiCoO_2$ 材料在深度充电过程中，O 周围的电子结构发生变化，推测在充电过程中氧发

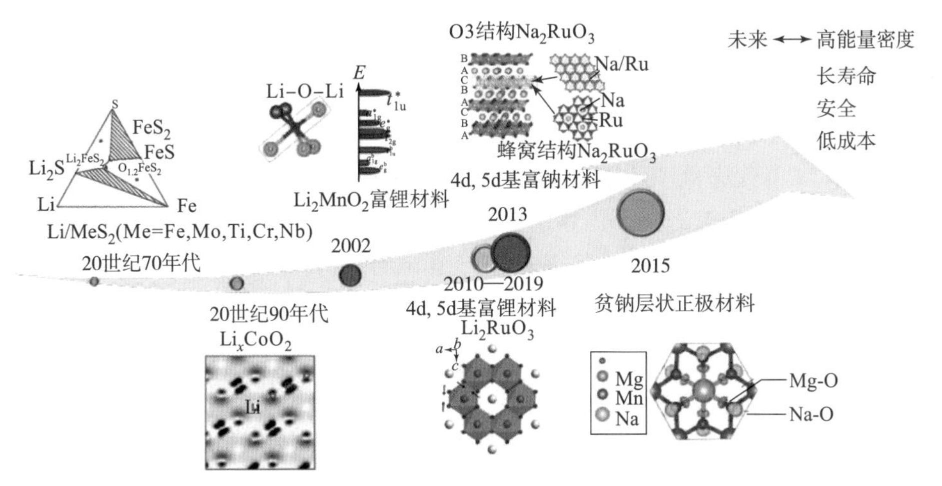

图 10.2　轻元素多电子反应的发展历程

生氧化还原提供电子。Ceder 等[5]通过理论计算发现，$LiCoO_2$ 材料中的阴离子氧在充放电过程中起着重要的作用。

除了 $LiCoO_2$ 材料发现阴离子的氧化还原提供电子以外，Li_2MnO_3 结构中的 Mn^{4+} 与氧是八面体配位的，初步认为 Li_2MnO_3 没有电化学活性。然而，当充电到 4.5 V 时，Li_2MnO_3 的过剩容量为 400 $mAh \cdot g^{-1}$。由于 Mn^{4+} 不能被氧化超过 +4 价态，在活化过程中，锂离子可以从 Li_2MnO_3 材料中去除。为了理解 Li_2MnO_3 的电化学活性超过了 Li_2MnO_3 中的 TM 氧化还原极限，Bruce 等[6]提出，Li_2MnO_3 在非水电解液中的电化学活性来自 Li^+/H^+ 的交换。后来，Bruce 等进一步揭露了锂离子的脱出与氧气损失有关联，并且涉及电解液的氧化分解和 H^+ 的提取。根据一系列的实验和理论结果，尽管 Li_2MnO_3 电极材料的电荷补偿机制仍存在争议，但阴离子氧的氧化还原反应是公认的。需要注意的是，Li_2MnO_3 活化引起的阴离子氧的氧化还原会导致过渡金属离子不可逆迁移，导致充放电过程中电压和容量急剧衰减，这大大限制了进一步实际应用。

为了解决上述问题，研究学者对富锂材料 Li_2MnO_3 进行了大量的研究，如 Li_2MnO_3 衍生材料及 4d、5d 富锂正极材料等，以实现高的可逆容量和稳定的阴离子氧氧化还原反应。通常，利用 Li_2MnO_3 和 $LiMeO_2$（Me = Ni、Co、Al）之间的固溶体相，如 $0.5Li_2MnO_3 \cdot 0.5LiMn_{0.42}Ni_{0.42}Co_{0.16}O_2$ 等是提高电极和金属间化合物可逆性的有效方法。因此，因此，还提出了其他含有 4d、5d 周期元素的富锂过渡金属氧化物，4d、5d 周期金属与氧结合具有较高共价性，具有更稳定的氧的氧化还原性质，如 Li_2RuO_3、Li_3RuO_4、Li_2MoO_3 和 Li_3NbO_4。此外，深入的理论计算和先进的表征对于理解轻元素阴离子氧的氧化还原机理和探索高性能正极材料具有重要意义。在过去的十年中，关于轻元素氧的氧化还原的一些表征已经被提出，包括 X 射线吸收精细结构测量谱（XAFS）、X 射线吸收光谱（XAS）、中子衍射（ND）、电子顺磁共振（EPR）、电子能量损失谱（EELS）、X 射线光电子能谱（XPS）等。

近年来，由于化石能源的不断消耗及对新能源的大量需求，钠离子电池备受关注。许多钠离子电池的正极材料与锂的正极材料有相似之处。由于富锂层状过渡金属氧化物的成功研发，富钠层状过渡金属氧化物正极材料（如 Na_2RuO_3、Na_3RuO_4、$Na_2Mn_3O_7$ 和 Na_2IrO_3）也受到了广泛的关注，又称 $Na[Na_{1/3}Me_{2/3}]O_2$，一般具有较高的容量性能。Yamada 等[7]用传统的固相法成功地合成了 Na_2RuO_3，首次展示了 Na_2RuO_3 的电化学性能，在可逆钠离子脱出/嵌入过程中，比容量为 140 mAh · g^{-1}，平均电位为 2.8 V。和锂离子电池层状过渡金属氧化物不同的是，除了富钠层状氧化物外，研究学者发现在缺 Na 的 P2 型 $Na_{0.78}Ni_{0.23}Mn_{0.69}O_2$ 层状氧化物正极材料中，晶格氧离子在第一次充电过程中提供了一个额外的平台，在高压下具有过剩的容量[8]。用软 X 射线吸收光谱（SXAS）和电子能谱（EELS）证明了过渡金属氧化态在晶体结构中的不均匀分散与氧空位的形成有关。Yabbuhi 等[9]成功地合成了 P2 - $Na_{2/3}[Mg_{0.28}Mn_{0.72}]O_2$ 正极材料，发现材料中的 Mn 的氧化态接近 +4，在 Na 电池中提供了超过 200 mAh · g^{-1}的可逆比容量，这已经超过了基于阳离子 Mn^{3+}/Mn^{4+}对的理论容量。这种异常大的可逆比容量被认为源于第一次充电时的氧的氧化还原反应。在接下来的循环中，Mn^{4+}在放电时被还原为 Mn^{3+}，反之亦然。

10.1.2 轻元素多电子反应多离子效应引发机制

在电化学氧化还原反应中，阴阳离子之间的竞争依赖于过渡金属的 d 轨道电子能量与轻元素氧阴离子的 p 轨道的能量之间的关系，材料多种元素发生氧化还原反应提供电子，生成多种离子的过程称为轻元素多电子反应的多离子效应。在层状过渡金属氧化物正极材料的充电过程中，低于费米能级占据态的元素将优先发生氧化还原反应来补偿电子，从而平衡由于锂/钠离子的脱出而保持电荷/电子平衡。一般情况下，位于元素周期表左侧的过渡金属电负性较低，与氧的共价键较弱，如 Ti、V、Cr 等，导致阳离子 d 轨道能级的能量高于轻元素氧阴离子 p 轨道的能级。过渡金属离子比轻元素氧阴离子优先发生氧化反应，提供电子。相反，位于元素周期表右侧的过渡金属具有较高的电负性，与氧结合会形成较强的共价键，如 Co、Ni 和 Cu，导致过渡金属的 d 轨道和 O 的 p 轨道之间的轨道重叠较大。在这种情况下，轻元素氧氧化还原优先被触发，氧的 2p 轨道能量跃迁到费米能级附近。值得注意的是，从氧化物到电负性更弱的硫化物、硒化物和碲化物，元素的 sp 阴离子带的能量逐渐增加。也就是说，硒化物和碲化物比氧更容易参与氧化还原过程，因为硒化物和碲化物的轨道与金属 d 轨道有更大的重叠。

对于层状过渡金属氧化物，其能带结构是由过渡金属 d 轨道和氧 p 轨道之间的轨道重叠组成的，产生强配体成键（M—O）和金属性反键（M—O）*。根据 Zaanen - Sawatzky - Allen 理论，成键（M—O）和反键（M—O）*之间的能量差被称为电荷转移项 Δ，由金属决定。换言之，当 S 取代 O 时，电荷转移项 Δ 会减小，甚至更低的电负性 Se 替代 O 后，电荷转移项 Δ 会更小，表明金属与阴离子之间存在较高的共价性。U 也称为 d - d 库仑相互作用项。在 Mott - Hubbard 理论中，离域电子将部分填充的（M—O）*带，分成两个单独的带：充满电子的低的 Hubbard 带（LHB）和没有电子填充的高 Hubbard 带（UHB）。库仑相互作用项 U 是 LHB 和 UHB 之间的能量差，与轨道体积成反比，取决于金属 d 轨道。因此，元素周期表的 U 从左到右增大，从 3d 减小到 5d。

基于上述理论，可以归类为以下三种情况，如图 10.3 所示。

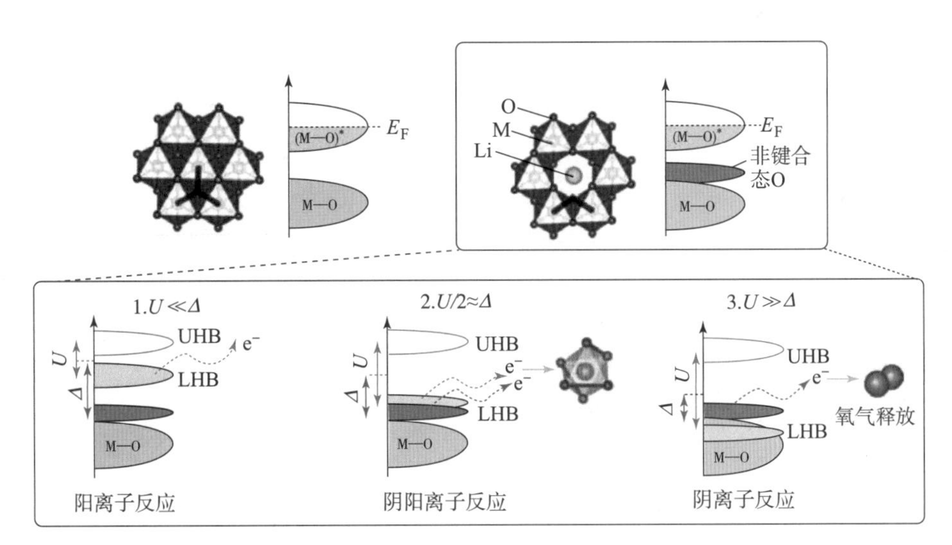

图 10.3　键结构及材料的阴阳离子氧化还原竞争性示意图

（1）$U << \Delta$

这种情况往往出现在氧化物或者氟化物这类具有高离子性的配体材料中，电荷补偿由被填充的 LHB 能带提供（传统的阳离子氧化还原反应）。

（2）$U >> \Delta$

这种情况仍是单能带提供电荷补偿，但是位于 LHB 的 O 2p 非键合能带与第一种情况相反。这类材料中，局部非键合的 O 2p 上方电子能非常容易转变成化学活性很高的离域电子，然后进一步和电解液反应重新得到电子，脱离原始配位环境并以氧气或者二氧化碳的形式释放出来。该过程是不可逆的，也是一些材料（如 Li_2MnO_3 或其他富锂材料）的氧离子的氧化还原是部分不可逆的原因。需要注意的是，在放电末态同时失去了 Li 和 O 之后，富锂材料的初始能带结构会发生改变，而可逆的阴离子氧化还原部分则可能被保留了下来。

（3）$U/2=\Delta$

这种情况处于前两种情况之间，这种情况下，LHB 和 O 2p 非键合能带是有交叠的，也就是说，在这种情况下，这两个能带都是可以参与电荷补偿的。但是在这种情况下，在电子减少后，费米能级会变得不稳定。而为了避免这种不稳定性，通过姜泰勒效应或者结构扭曲可以消除简并性，进而提高材料结构稳定性。

10.2 层状富锂材料

目前，已商业化的层状 $LiCoO_2$、尖晶石 $LiMn_2O_4$、橄榄石 $LiFePO_4$ 以及层状三元材料 $LiNi_xCo_yMn_{1-x-y}O_2$ 比容量基本不高于 200 mAh · g^{-1}，难以匹配性能稳定且容量在 350 mAh · g^{-1} 的石墨负极。现阶段电动汽车的长续航需求对锂离子电池提出了更高的要求，高能量密度的硅碳负极现已进入实际应用阶段，然而这四类正极材料很难实现“十三五”规划对于单体电池能量密度达到 300 Wh · kg^{-1} 的既定目标，因此，研发高能量密度且性能稳定的锂电正极材料迫在眉睫。层状富锂材料具有更多的碱金属锂，具有较高的能量密度和功率密度，是锂离子电池正极材料研究的热点[10]。

10.2.1 层状富锂材料的晶体结构

从富锂材料的化学通式可以看出，材料分为 $LiMO_2$ 和 Li_2MnO_3 两部分，晶体结构如图 10.4 所示。$LiMO_2$ 的晶体结构与 $LiCoO_2$ 相同，为 α - $NaFeO_2$ 型层状结构，隶属六方晶系，R3m 空间群，由过渡金属层、氧层、锂层、氧层等重复堆垛形成，过渡金属层原子占位如图 10.4（a）、（b）所示，所含过渡金属 M 随机占据图 10.4（a）、（b）中每个灰色的原子网点。而 Li_2MnO_3 的晶体结构与之有一定差别，结构类型由 α - $NaFeO_2$ 层状结构演变而来。一般来说，Li_2MnO_3 可写作 $Li[Li_{1/3}Mn_{2/3}]O_2$，其中 O 呈立方紧密堆积，α - $NaFeO_2$ 结构中的 Na 位由 Li 占据，Fe 位由 1/3 的 Li 和 2/3 的 Mn 同时占据，形成 $LiMn_2$ 层，

层中 Li^+ 与 Mn^{4+} 在层间形成 3×3 的 $LiMn_6$ 超晶格，使晶胞对称性发生改变，由六方晶系变成单斜晶系，因而 Li_2MnO_3 组分属于单斜晶系，C2/m 空间群，晶体结构如图 10.4（c）、（d）所示，由 $LiMn_2$ 层、氧层、锂层、氧层重复堆垛形成，过渡金属层原子占位如图 10.4（c）、（d）所示，S_1 为 Li 原子，S_2 为 Mn 原子。由上可以看出，富锂材料结构极其复杂，针对这一材料属于两相固溶体还是属于纳米尺度上的复合材料，一直存在争议。Li_2MnO_3 过渡金属层形成超晶格有序结构，材料整体由于原子和电子配位的变化导致晶体结构对称性发生变化，成为单斜晶系 C2/m。尽管两组分对称性不同，但在 Li_2MnO_3（001）晶面和 $LiMO_2$（003）晶面的密堆积层中，晶面距离均为 4.7 Å。如果 Li_2MnO_3 中的 Mn^{4+} 能够与 $LiMO_2$ 中过渡金属离子在过渡金属层均匀无序分布，则密堆积层的兼容性允许 Li_2MnO_3 和 $LiMO_2$ 在原子尺度上相溶，形成固溶体。因此，富锂材料过渡金属层中的阳离子有序排列与否决定了这一材料是否为固溶体。2011 年，Jarvis 等[11]提出采用 XRD 和 ED 等测试并不能准确判断材料结构，结合像差校正 STEM、STEM 模拟及 DSTEM 技术得出 $Li[Li_{0.2}Ni_{0.2}Mn_{0.6}]O_2$ 是由 C2/m 单斜相与多平面缺陷构成的固溶体。总之，学者对富锂材料的结构并未达成较为统一的认识，对结构的研究仍在探索中。

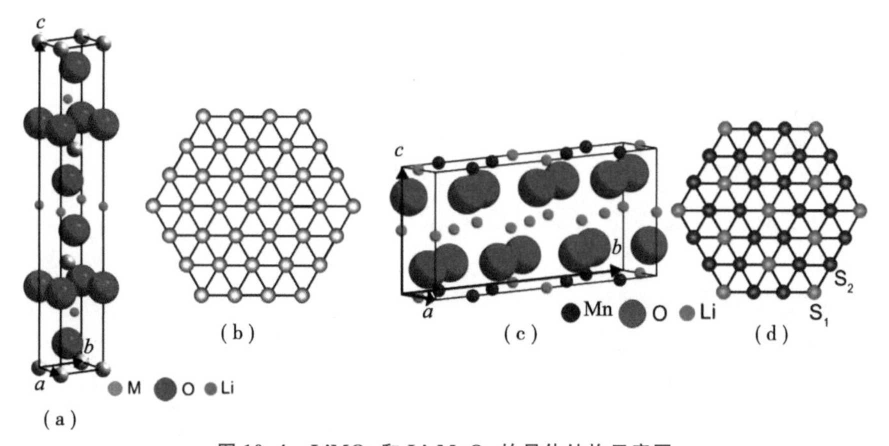

图 10.4　$LiMO_2$ 和 Li_2MnO_3 的晶体结构示意图

（a）三方晶系 $LiMO_2$ 的晶胞；（b）$LiMO_2$ 中过渡金属层的原子占位；

（c）单斜晶系 Li_2MnO_3 的晶胞；（d）Li_2MnO_3 中过渡金属层的原子占位

10.2.2　层状富锂材料的制备工艺

1. 固相法制备富锂材料

制备正极材料最常用的方法就是高温固相法，首先按特定的比例将反应物混合研磨均匀，然后置于马弗炉中，在一定的气氛或者空气氛围下煅烧，即可得到所需的材料产物。高温固相法容易实现工业化生产，但是该方法所需要的煅烧时间长且煅烧温度高，使得能耗过大，另外，产物均匀性和重现性均比较差。Pasero 等[12]通过高温固相法制备 Li_2MnO_3 锂离子电池层状正极材料。首先将一定化学计量比的 Li_2CO_3 和 MnO_2 在玛瑙研磨和砂浆中紧密研磨，在空气中烧成，最初在 650 ℃下燃烧 2 h，然后在 900 ℃煅烧 3 天，中间包含间歇研磨，然后重新加热，最终制备成 Li_2MnO_3 锂离子电池层状正极材料。

2. 溶胶凝胶法制备富锂材料

以 $Li_{1.2}Mn_{0.54}Ni_{0.13}Co_{0.13}O_2$ 层状正极材料为例子，溶胶凝胶法的制备流程为：按照一定化学计量比将 $C_4H_6MnO_4 \cdot 4H_2O$、$C_4H_6NiO_4 \cdot 4H_2O$、$C_4H_6COO_4 \cdot 4H_2O$ 和 $C_2H_3O_2Li \cdot 2H_2O$ 完全溶解在 100 mL 蒸馏水中；然后将柠檬酸溶液滴加到上述溶液中，以螯合过渡离子[13]；用 $NH_3 \cdot H_2O$ 控制溶液的 pH；同时，将反应溶液在加热下保持剧烈搅拌直至制备凝胶；在真空干燥烘箱中干燥 24 h 后，将前体先预烧后煅烧，而后制备 $Li_{1.2}Mn_{0.54}Ni_{0.13}Co_{0.13}O_2$ 层状正极材料。

3. 共沉淀法制备富锂材料

共沉淀法是目前合成三元材料前驱体最常用的一种方法[13,14]。但由于镍、钴和锰三种元素的氢氧化物沉淀溶度积较小，晶体非常容易成核，形成沉淀的速度较快，并且相对于镍和钴来说，锰的氢氧化物溶度积比镍和钴的大两个数量级，因此，在反应时难以实现三种元素按计量比同时均匀沉淀。反应阶段需要对应物的浓度、溶液的 pH、加氨量、反应釜中的气氛、反应温度、反应时间和实验搅拌速度进行控制，以得到具有均匀形貌的前驱体。其中氨水主要起到络合的作用，以使三种离子能够共同沉淀出来。氨水量过少时，则产物的结构会比较稀疏；过多时，则会造成反应原料中的镍和钴不能完全沉淀出来，从而得不到想要的镍钴锰比例的生成物质[14]。只有适量的氨水才有利于合成振实密度高的三元产物。反应过程中，反应溶液的 pH 会直接影响前驱体的形貌的生成及粒径的分布。当 pH 过低时，生成的沉淀物会严重团聚，造成二次颗粒不均一，颗粒的粒径差别很大；当 pH 过高时，则会由于氢氧根过多而造成沉淀物比较松散，一次颗粒不能有效团聚。只有适中的反应溶液 pH，才会形成分布比较均匀的二次颗粒球形结构。但同时整个反应过程中 pH 应当恒定，反应过程中 pH 的波动会严重影响生成沉淀的质量。因为 Mn^{2+} 在碱性环境下很容易被环境中的氧气氧化为高价态的离子，从而影响合成出的前驱体的质量，得不到符合要求的产物，因此，在反应过程中应该严格控制反应气氛，使反应在惰性气氛中进行。此外，反应温度也会影响材料的合成，一般在实验过程中使用恒定的反应温度会得到比较均一的产物。

4. 水热法制备富锂材料

李雨等[15]通过 PVP – 辅助的水热法结合热处理合成球形分级微纳富锂材料 $Li_{1.2}Ni_{0.2}Mn_{0.6}O_2$(LNMO – PVP)，合成示意图如图 10. 5 所示。将一定化学计量比的 $Ni(CH_3COO)_2 \cdot 4H_2O$ 和 $Mn(CH_3COO)_2 \cdot 4H_2O$ 溶于去离子水中，待二者完全溶解，加入适量结构导向剂 PVP 粉末并持续搅拌。随后，以尿素∶过渡金属离子摩尔比为 1. 5∶1 的量加入尿素，继续在室温条件下搅拌，形成透明均匀的溶液后，转移至水热反应釜中反应。反应结束后，将胆内沉淀物离心洗涤，去离子水洗涤 3 次，乙醇洗涤 3 次，并置于真空干燥箱中干燥，得前驱体 $Ni_{0.2}Mn_{0.6}(CO_3)_{0.8}$。将前驱体与 5% 过量的 $LiOH \cdot H_2O$ 混合研磨后，在马弗炉中进行预烧后，煅烧合成球形分级微纳富锂材料 $Li_{1.2}Ni_{0.2}Mn_{0.6}O_2$。

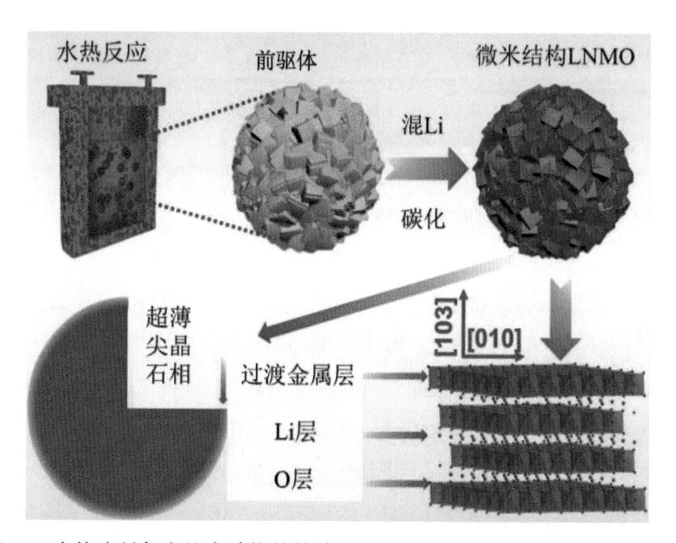

图 10. 5　水热法制备由纳米砖构筑的球形分级微纳富锂锰基正极材料示意图[15]

通过水热法制备出纺锤形分级微纳形貌的 $Li_{1.2}Ni_{0.2}Mn_{0.6}O_2$ 富锂材料，制备流程如图 10. 6 所示[16]。通过加入一定量的乙酸镍、乙酸锰、尿素和 PVP 作为初始材料，溶于水溶液中，搅拌得到混合均匀的绿色溶液。为使所得材料的形貌不是球形，故大幅降低过渡金属离子的浓度至仅为 0.02 mol · L^{-1}，这是由于离子浓度越高，通常晶体的成核和生长更趋于球形。尿素的物质的量为过渡金属离子的 2 倍，不仅作为沉淀剂，经水解后沉淀过渡金属离子，并且尿素的极性官能团—NH_2 和 PVP（约 1 g）能够共同调控颗粒形貌。

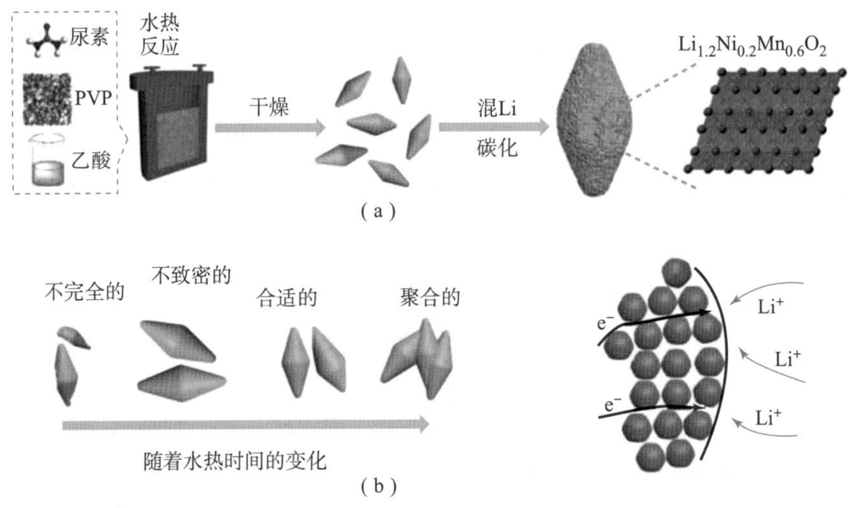

图 10.6 （a）$Li_{1.2}Ni_{0.2}Mn_{0.6}O_2$ 的合成示意图；（b）$Li_{1.2}Ni_{0.2}Mn_{0.6}O_2$ 晶体的成长过程示意图；（c）循环过程中锂离子和电子的迁移示意图[16]

5. 其他合成方法

除上述合成方法以外，喷雾干燥法、冰模板法、燃烧法、聚合物热解等也可以被用来制备富锂层状材料。

李雨等采用冰模板法结合共沉淀技术制备三维（3D）分级介孔富锂锰基正极材料 $Li[Li_{0.2}Ni_{0.2}Mn_{0.6}]O_2$，其中，在共沉淀过程中采用碳酸盐作为沉淀剂使形成的前驱体为球形的微/纳结构，随后对前驱体进行冷冻干燥，以冰为模板造孔，也就是将碳酸盐前驱体快速冷冻，在一次纳米颗粒间隙形成冰，冷冻干燥以后，冰逐渐升华，而一次颗粒间的空间得以保留。这样，经随后的热处理成功制备了微/纳介孔富锂材料 $Li[Li_{0.2}Ni_{0.2}Mn_{0.6}]O_2$[17]。冰模板法结合共沉淀技术制备流程图如图 10.7 所示。

10.2.3 富锂材料多电子反应的多离子效应存在的问题及改性方法

尽管富锂材料比容量较高，但仍存在两大制约产业发展的难题，即容量衰减和电压衰退。主要原因是：①过渡金属离子在高电压下因受到电解液的腐

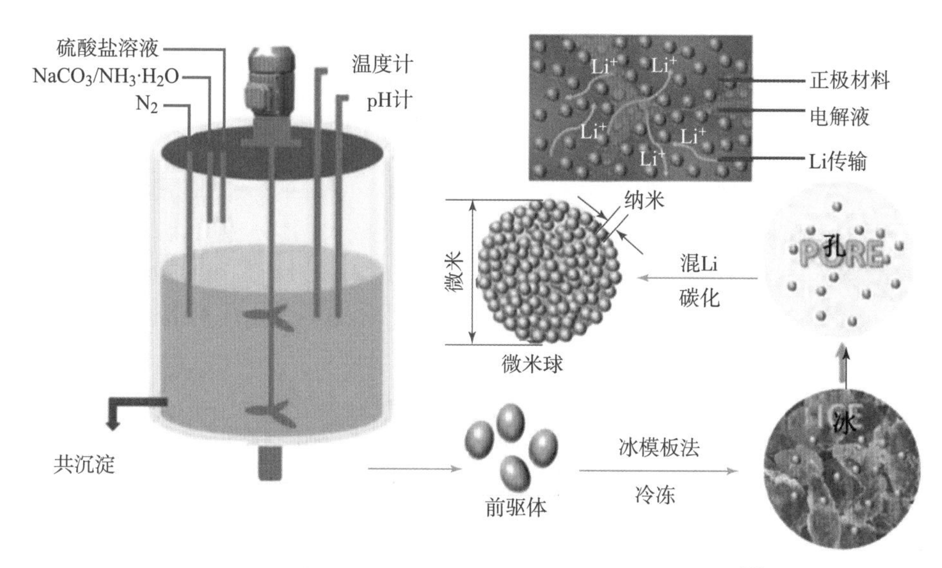

图 10.7　冰模板法制备分级介孔富锂锰基正极材料示意图[17]

蚀，溶于电解液中，造成结构改变，活性物质减少，容量衰减；②Li_2MnO_3 组分的激活能够提供高比容量的同时，也带了一系列问题，首周充电过程氧流失，导致过渡金属离子从表面向体相迁移占据锂、氧空位，引发材料表面结构重组，晶体结构逐渐由层状结构向尖晶石结构转化，锂离子迁移阻力增大，造成电压衰退以及容量衰减。

为解决这两大难题，研究者们通过体相掺杂、表面包覆、材料纳米化以及晶面调控等手段改善富锂材料的电化学性能。

1. 体相掺杂改性富锂材料

体相掺杂是提高电极材料电化学性能的一种有效手段，能够显著提高材料的结构稳定性和倍率性能。通常选择与所替换元素的离子半径相近的元素对富锂材料进行掺杂改性，能够有效改善材料的导电性，增大晶胞参数，形成更强的 M—O 键，促进锂离子迁移。掺杂形式有阳离子掺杂、阴离子掺杂以及阴阳离子共掺杂，目前已报道的掺杂元素包括 Na、K、Mg、Al、Ti、Mo、Y、Nb、Cr、Fe、Ru、Zn、Zr、Sn、F、B 等，此外，还有聚阴离子掺杂，如 BO_3^{3-}、PO_4^{3-}、SiO_4^{4-}、SO_4^{2-} 等[18]。Nayak 等[19]制备了 Al 掺杂的 $Li_{1.2}Ni_{0.16}Mn_{0.57}Co_{0.02}O_2$ 层状正极材料，材料在循环 100 周后容量保持率为 96%。而对比没有 Al 掺杂的层状正极材料，层状正极的容量保持率仅为 68%。这种掺杂具有表面稳定作用，拉曼光谱表明，Al 掺杂可以稳定晶体结构，因此材料的电化学性能大幅度提升了。

2. 表面包覆改性富锂材料

表面包覆能够有效保护电极材料，减少材料与电解液的副反应，防止锰离子溶解。同时，表面包覆能够在一定程度上阻挡氧气的释放，保留锂、氧空位，稳定材料层状结构，提高首周可逆容量以及改善循环性能。目前报道的表面包覆材料包括碳包覆、导电聚合物包覆（PEDOT、PPy、PI、PANI）、氧化物（Al_2O_3、TiO_2、SiO_2、MnO_2、ZrO_2、MgO、CeO_2、RuO_2、MoO_3、Sm_2O_3、V_2O_5）、氟化物（AlF_3、NH_4F、LiF/FeF_3）、磷酸化物（$AlPO_4$、Li_3PO_4）等。

王辉等[13]制备 ZrO_2 包覆三元 $LiNi_{0.8}Co_{0.1}Mn_{0.1}O_2$ 正极材料。图 10.8 所示为材料在透射电镜下的图像。从 10.8（a）中可以看出，材料的一次颗粒表面比较光滑，说明材料结晶程度较好；图 10.8（b）为包覆 ZrO_2 质量分数为 1% 的 $LiNi_{0.8}Co_{0.1}Mn_{0.1}O_2$ 三元材料，可以明显看出材料的表面有一薄层 ZrO_2 的包覆层。

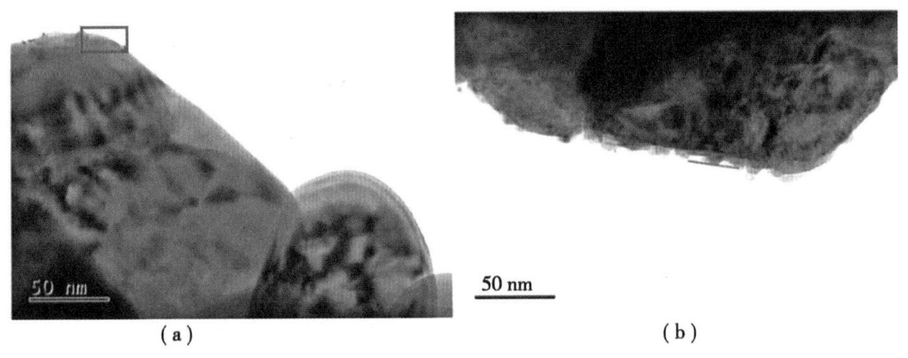

图 10.8 （a）未包覆时样品的透镜图；（b）包覆质量分数为 1% 的 ZrO_2 的样品的透镜图[13]

3. 材料纳米化

富锂材料的颗粒尺寸和形貌一定程度上也会影响电化学性能，将材料粒径纳米化，不仅能够充分与电解液浸润，充分激活 Li_2MnO_3 组分，并且缩短锂离子扩散路径，降低锂离子迁移阻力，显著提高材料的倍率性能。Yu 等[20]采用聚合物热解法制备了 $Li[Li_{0.12}Ni_{0.32}Mn_{0.56}]O_2$ 纳米材料，颗粒的尺寸为 70～100 nm，所得材料具备良好的倍率性能。2.5～4.8 V 电压区间，大电流密度 400 $mA \cdot g^{-1}$下，容量可达 147 $mAh \cdot g^{-1}$。

李雨等[17]用冰模板法结合共沉淀技术制备三维（3D）分级介孔富锂锰基

正极材料 $Li[Li_{0.2}Ni_{0.2}Mn_{0.6}]O_2$。其中，在共沉淀过程中，采用碳酸盐作为沉淀剂，使形成的前驱体为球形的微/纳结构。冰模板法制备的样品表现为二次颗粒呈现出均匀有序的球形形貌且微米球分布更为均匀。冰模板法制备的样品的表面呈现界限分明的纳米初级颗粒，而真空干燥法制备的样品的初级颗粒发生明显团聚，几乎在二次颗粒表面看不到空隙的存在。对比冷冻干燥和常规的真空干燥对富锂锰基正极材料 $Li[Li_{0.2}Ni_{0.2}Mn_{0.6}]O_2$ 的电化学性能的影响，发现冷冻干燥材料具有更好的循环性能和倍率性能。

图 10.9 所示为冰模板法制备的样品前三周的循环伏安曲线。首周充电过程中，4.0 V 左右的阴极峰对应的是 Ni^{2+} 的氧化；4.6 ~ 4.7 V 的强峰为 Li_2MnO_3 组分的不可逆电化学激活过程，生成 MnO_2，此过程为富锂正极材料典型的首周充放电不可逆机制。首周放电过程中，位于 3.7 V 和 3.3 V 的阳极峰分别对应 Ni^{4+} 和 Mn^{4+} 的还原。由第二周和第三周的循环伏安曲线可观察到所有的阴、阳极峰都很好地重合，说明冰模板法制备的样品具备良好的电化学可逆性。在 0.1 C(1 C = 200 mA · g^{-1}) 电流密度下的循环性能对比说明，冰模板法制备的样品和真空干燥法制备的样品的首周放电容量分别为 280.1 mAh · g^{-1} 和 243.4 mAh · g^{-1}，经 80 周充放电循环后，冰模板法制备的样品的容量保持率为 85.4%，远高于真空干燥法制备的样品的 72.9%。冰模板法制备的样品具备更高的容量保持率、库仑效率以及较低的首周不可逆容量，这主要得益于稳定的微纳结构，其不仅能够抵抗电解液的腐蚀，而且同时提供畅通的离子和电子穿梭通道。

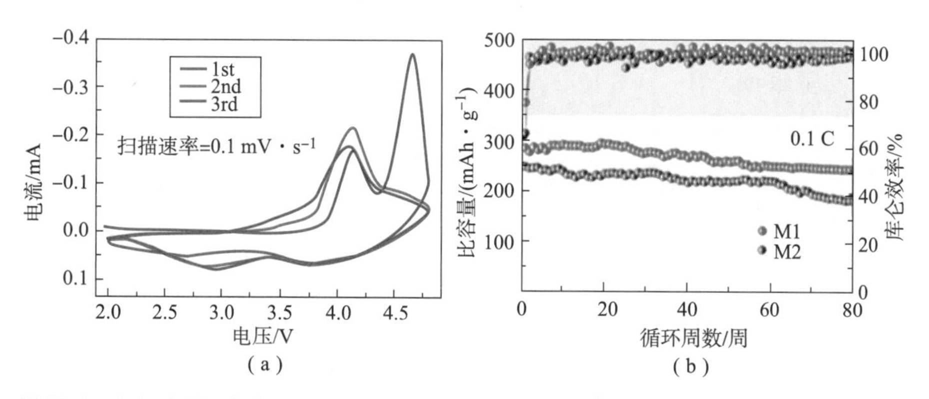

图 10.9 （a）电压区间为 2.0 ~ 4.8 V，扫速为 0.1 mV · s^{-1} 条件下，冰模板法制备的样品的 CV 曲线；（b）冰模板法制备的样品和真空干燥法制备的样品的循环性能；（c）首周充放电曲线；（d）不同倍率下的循环性能；（e）倍率性能；（f）不同倍率下的放电曲线[17]

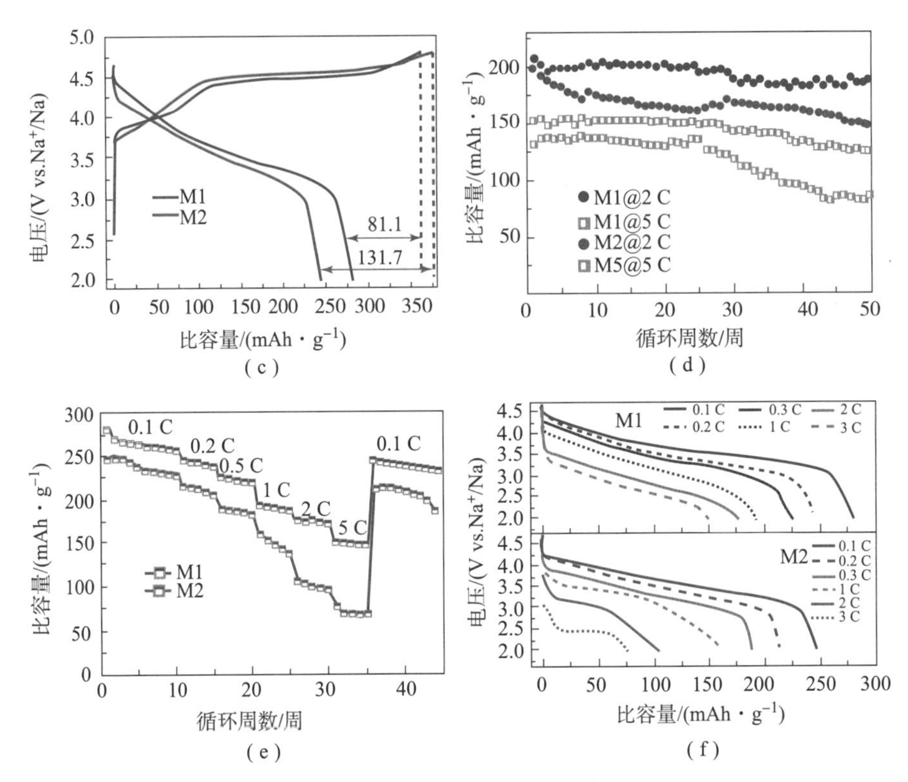

图 10.9 (a) 电压区间为 2.0~4.8 V，扫速为 0.1 mV · s^{-1}条件下，冰模板法制备的样品的 CV 曲线；(b) 冰模板法制备的样品和真空干燥法制备的样品的循环性能；(c) 首周充放电曲线；(d) 不同倍率下的循环性能；(e) 倍率性能；(f) 不同倍率下的放电曲线[17] (续)

通过水热法，以尿素作为沉淀剂，PVP 作为结构导向剂合成由纳米砖组装而成的前驱体 $Ni_{0.2}Mn_{0.6}(CO_3)_{0.8}$微米球，对前驱体进行梯度热处理，得到具备相同形貌的锂离子电池 $Li_{1.2}Ni_{0.2}Mn_{0.6}O_2$ 富锂材料[15]。如图 10.10 所示，$Li_{1.2}Ni_{0.2}Mn_{0.6}O_2$ 富锂材料的前驱体的表面由方向随机的纳米砖组装而成，一次颗粒纳米砖表面光滑，平均粒径约为 800 nm。

在室温条件下，电压区间为 2.0~4.8 V，以 0.1 C(20 mA · g^{-1}) 电流密度对样品进行恒电流充放电测试。如图 10.11 所示，使用水热法制备 $Li_{1.2}Ni_{0.2}Mn_{0.6}O_2$ 富锂材料时，循环性能良好且无须冗长的电极材料活化过程，首周放电容量高达 298.5 mAh · g^{-1}，200 周循环后，容量仍维持在 243.0 mAh · g^{-1}，容量保持率为 81.4%。此外，与共沉淀法制备的 $Li_{1.2}Ni_{0.2}Mn_{0.6}O_2$ 富锂材料相对比，尽管共沉淀样品的首周放电容量有 271.4 mAh · g^{-1}，但衰减很快，50 周循环后容量保持率仅为 54.7%。可见，分级微纳结构的 $Li_{1.2}Ni_{0.2}Mn_{0.6}O_2$ 富锂材料具备更好的电化学性能。

(a)　　　　　　　　　　(b)

图 10.10　水热法制备 $Li_{1.2}Ni_{0.2}Mn_{0.6}O_2$ 富锂材料的 SEM 图[15]

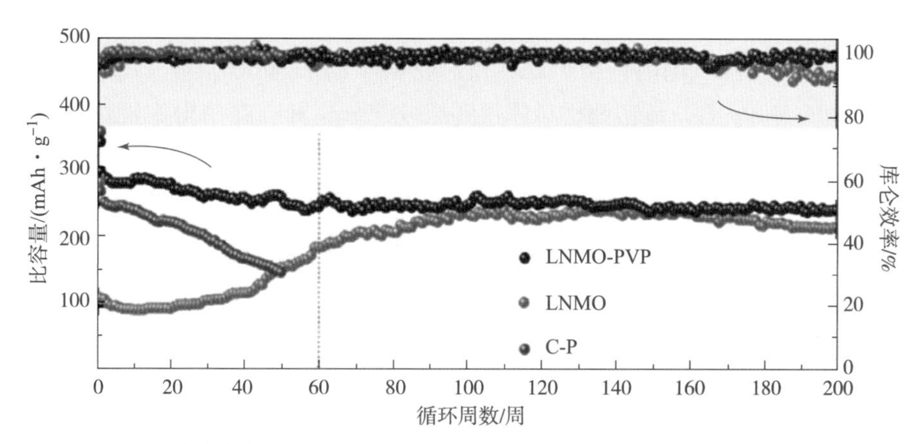

图 10.11　0.1 C 电流密度下，PVP 导向剂水热法制备的 $Li_{1.2}Ni_{0.2}Mn_{0.6}O_2$ 富锂材料（LNMO－PVP）、不含 PVP 导向剂水热法制备的 $Li_{1.2}Ni_{0.2}Mn_{0.6}O_2$ 富锂材料（LNMO）、共沉淀法制备的 $Li_{1.2}Ni_{0.2}Mn_{0.6}O_2$ 富锂材料（C－P）的循环性能[15]

10.2.4　晶面调控改性富锂材料

富锂材料的活性晶面（010）择优生长，有助于锂离子扩散，大幅提升体相锂离子的脱嵌动力学性能。通常，材料的活性晶面具备较高的表面能，在晶体成长的过程中，晶面表面能越高，原子堆积速度越快，则垂直于该晶面方向的生长越快，这样一来，高表面能的晶面在生长中趋近于消失，而晶体主要沿着垂直于晶面的方向生长。

李雨等[16]通过水热法制备出纺锤形分级微纳形貌的 $Li_{1.2}Ni_{0.2}Mn_{0.6}O_2$ 富锂

材料。相比于球形材料，纺锤这种特殊的几何构型更为稳定，纵横比和比表面积较球形的更高，因此可能带来更好的电化学性能。通过尿素和聚乙烯吡咯烷酮（PVP）的加入协同调控晶体的成长，尿素中的极性官能团—NH_2 在晶体成核过程中起到调和作用，同时，结构导向剂 PVP 能够改变晶体的表面能，促进晶体的各向异性生长，这样在一定程度上，抑制了高能活性晶面的消失，使得所得富锂材料活性晶面（110）能够择优生长。

图 10.12 所示为不同水热反应时间得到的前驱体的 XRD 图，所有特征峰均对应 $NiCO_3$ 和 $MnCO_3$ 相。而反应 2 h 得到的前驱体对应的 $NiCO_3$ 的特征峰微弱，这是由于反应时间短，部分尿素水解生成的 CO_2 仍处于气态，并滞留在二次颗粒中。图 10.12（b）所示为不同水热反应时间得到的富锂材料的 XRD 图，所有样品的特征峰均对应典型的 $\alpha-NaFeO_2$ 层状结构，隶属 R3m 空间群。在 $2\theta=20°\sim25°$ 处，观察到一处微弱的衍射峰，局部放大置于图 10.12（b）右方，这是由于 Li 和 Mn 在过渡金属层形成了短程有序超晶格衍射峰，是富锂锰基正极材料所独有的特征衍射峰，对应材料中的 Li_2MnO_3 组分，隶属 C/2m 空间群。Li_2MnO_3 组分是富锂材料的重要组成部分，其存在使得富锂锰基正极材料超出了理论比容量。计算所得的晶胞参数 $I(110)/I(108)$ 的峰强比越高，说明材料沿（110）晶面择优生长，有利于提高锂离子的迁移速度，样品富锂锰基正极材料反应 10 h 的 $I(110)/I(108)$ 的峰强值最高，可能会表现出良好的倍率性能。

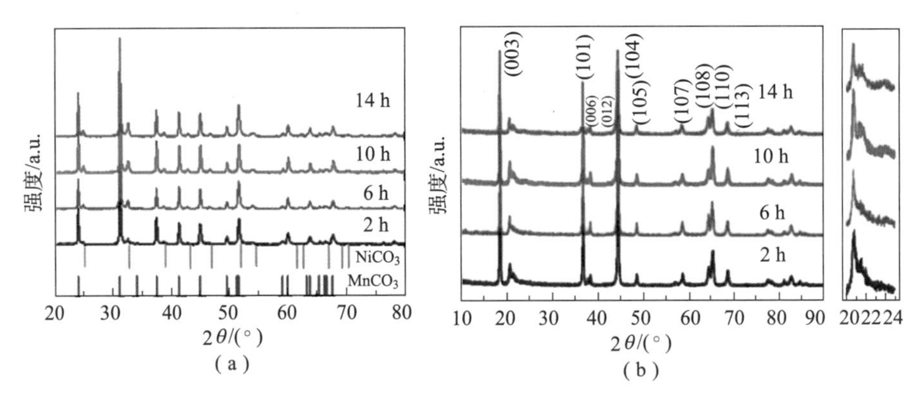

图 10.12　不同水热反应时间所得到的（a）前驱体和（b）$Li_{1.2}Ni_{0.2}Mn_{0.6}O_2$ 富锂材料的 XRD 图[16]

对不同水热反应时间得到的样品进行恒电流充放电测试，电流密度为 $20\ mA\cdot g^{-1}(0.1\ C)$，电压区间为 2.0～4.8 V。如图 10.13 所示，很明显，反应时间为 10 h 的 $Li_{1.2}Ni_{0.2}Mn_{0.6}O_2$ 富锂材料循环性能明显优于其他三个样品，首周放电容量为 286.9 mAh · g^{-1}，50 周循环以后，容量保持率为 95.68%。良好的电化学性能主要得益于良好的晶体结构以及纺锤形分级微纳结构。

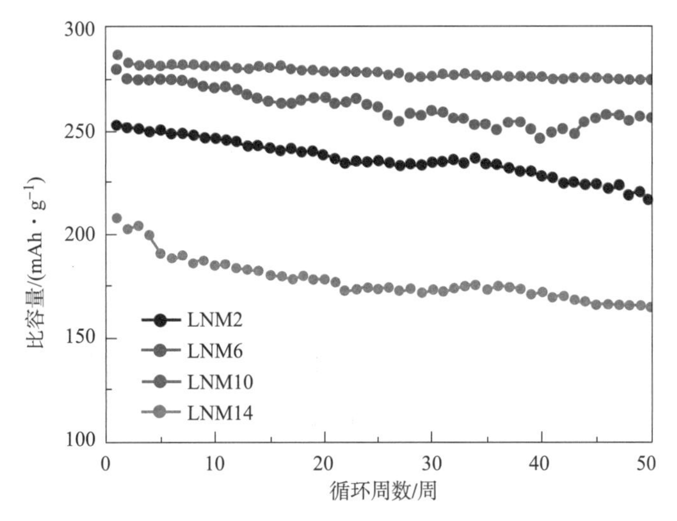

图 10.13　不同水热反应时间所得到的 $Li_{1.2}Ni_{0.2}Mn_{0.6}O_2$ 富锂材料的循环性能[16]

反应时间为 10 h 的 $Li_{1.2}Ni_{0.2}Mn_{0.6}O_2$ 富锂材料经 100 周循环后，几乎观察不到电压衰退的现象。富锂材料随循环的进行，能量密度降低的主要原因就是电压降问题，在一定程度上限制了富锂材料的产业化发展。随着充放电循环的进行，层状结构向尖晶石结构的转变是电压衰退的罪魁祸首。首周充电以后，Li_2O 从材料中脱出，使得过渡金属向 Li 位迁移，诱发尖晶石结构的形成。纺锤形分级结构 $Li_{1.2}Ni_{0.2}Mn_{0.6}O_2$ 富锂材料的电压衰退得到了有效抑制，究其原因，有如下三点（图 10.14）：①稳定的几何构型。随着循环的进行，二次颗粒的结构将会产生裂缝甚至坍塌，导致电极和电解液的接触面积变大，因而在固液界面更易发生副反应，电极极化增强，引发电压衰退。纺锤形的形貌由三角支架构成，几何构型稳定，颗粒不易被粉化，降低了固液接触界面，从而抑制了电压衰退。②均匀的元素分布。高温的水热反应使得前驱体在原子尺度上元素分布更为均匀，文献表明，Ni/Mn 的阳离子排位在层状结构稳定性上起到了决定性作用[21]。倘若富锂材料中镍锰元素分布不均，则会大大削弱镍－锰之间的相互作用，Mn 的氧化态将不能维持在 +3 以上，这会导致 Mn 极易被还原，从而引发电压衰退。③紧致的二次颗粒。原则上，随着充放电循环的进行，层状结构向尖晶石结构的演化会逐渐延伸到颗粒内部。最终，层状结构完全被破坏。由于纺锤形分级结构 $Li_{1.2}Ni_{0.2}Mn_{0.6}O_2$ 富锂材料由紧实的纳米颗粒堆垛而成，在二次颗粒表面生成的尖晶石相很难扩散至材料内部，因此，这个特征在一定程度上能够减缓层状结构坍塌的速度，进而抑制电压衰退。

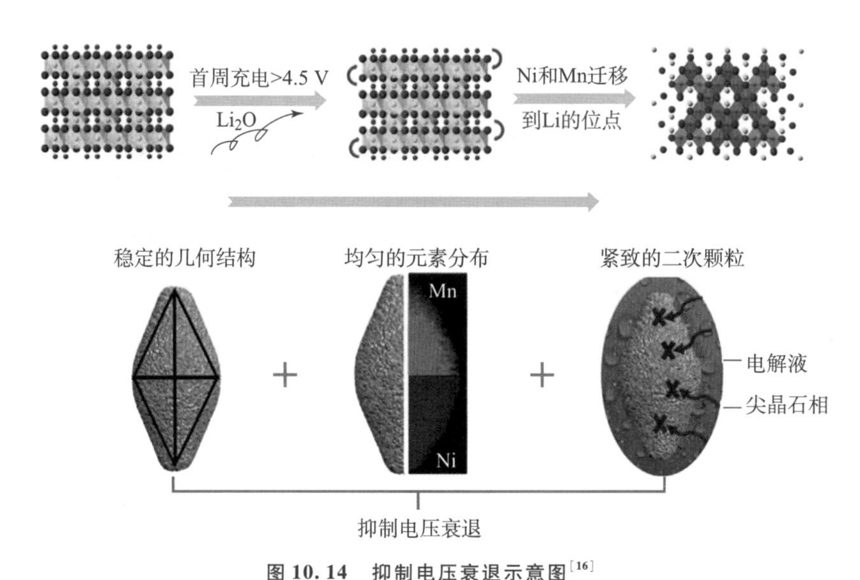

图 10.14 抑制电压衰退示意图[16]

10.3 钠离子电池中多电子反应的多离子效应

10.3.1 富钠层状正极材料

和富锂层状氧化物的轻元素阴离子氧的氧化还原反应相似，富钠层状氧化物也会发生类似的反应。富钠层状氧化物的结构通式可写为 Na_2MO_3，具有 C2/c 或 C2/m 的空间组，以及三种结构，分别为 O3、O1 和 O1′。Jung 等[22]研究了 38 种富含 Na_2MO_3 的电化学相位稳定性，其中，M 元素包括 3d、4d、5d 的过渡金属，如图 10.15 所示。结果表明，Pt、Mo、Tc、W、Ir、Ru、Rh 和 Pd 材料可以合成稳定的钠离子电池富钠基层状氧化物，在充放电过程中发生普遍的相转变 O3 - O1′ - O1。虽然预计 4d 和 5d 基的富钠金属氧化物表现出更稳定的结构和阴离子氧化还原反应，考虑到 3d 基金属的氧化物的地壳含量和经济效益，仍需要进一步探索 3d 基过渡金属（Fe、Mn、Cu、Cu 等）氧化物。

由于 Li_2MnO_3 具有特殊的电化学性能，其中，Mn^{4+} 在充电过程中没有明显

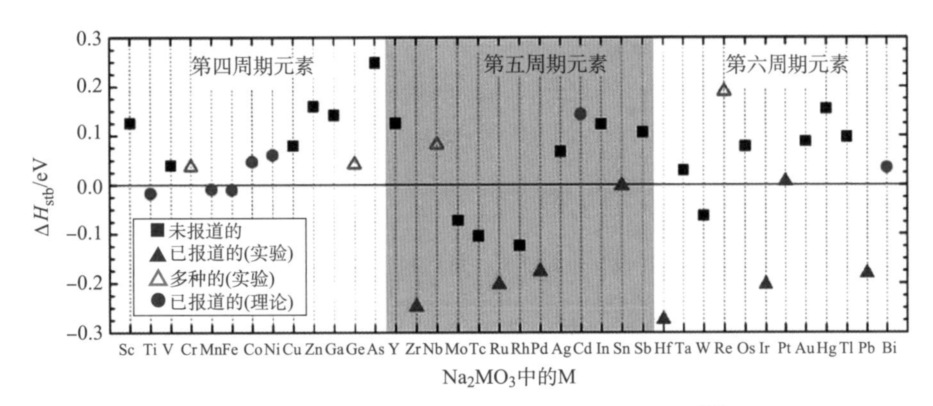

图10.15 层状 Na_2MO_3 材料的相稳定性（ΔH_{stb}）[22]

氧化，电荷通过阴离子氧化还原反应补偿。Na_2MnO_3 也被认为通过发生阴离子氧氧化还原反应提供额外的 Na^+，是一个有前景的钠离子电池正极材料。遗憾的是，由于 Mn^{4+} 的半径（0.53 Å）和 Na^+ 的半径（1.02 Å）尺寸匹配问题，目前尚未发现纯的 Na_2MnO_3 发生阴离子氧氧化还原方法。到目前为止，仅通过计算模拟证明了 Na_2MnO_3 材料在充电过程中的晶体结构和电荷转移机制。理论计算可以证明 Na^+ 可以从 Na_2MnO_3 中脱出[23]，根据第一原理计算 Na 在材料中的迁移能为 0.68 ~ 0.75 eV。同时，由于 Na 在过渡金属层和氧原子之间低的能量，Na_2MnO_3 展现出较好的倍率性能和结构稳定性。根据第一原理计算，Na_2MnO_3 阴极可以达到 315 mAh · g^{-1} 的可逆比容量。基于部分阴离子氧氧化还原反应，Na_2MnO_3 阴极可以在脱出 1.75 mol 的 Na^+ 后仍可保持原始结构。

在实际应用中，Na_2MnO_3 的合成是困难的，这是因为只有 3d 过渡金属离子参与时，过渡金属的 3d 轨道和氧的 2p 轨道之间的重叠是不足的，这可能会产生不可逆的氧气释放。富钠过渡金属氧化物材料中的过渡金属是 4d 和 5d 周期的元素时，由于金属和氧之间过量的重叠，阴离子氧氧化还原反应比 3d 基阴极更稳定。实验研究和理论研究表明，4d 和 5d 的金属通过构筑更强的共价 M—O 键，有效地降低了氧气的释放概率。Na_2MO_3 型氧化物电化学性质的研究始于 Yamada 小组报道的化合物 Na_2RuO_3 材料[7]，在 2.8 V 的平均电压下可提供 135 mAh · g^{-1} 的可逆比容量。蜂窝有序的 Na_2RuO_3 电极每单位（180 mAh · g^{-1}）提供 1.3 电子，而无序的 Na_2RuO_3 每单位仅提供 1.0 电子（140 mAh · g^{-1}）。Tarascon 的小组[24]报道了富钠层状氧化物 $Na_2Ru_{1-y}Sn_yO_3$ 样品的制备方法和电化学性能，与富锂类似物相似，$Na_2Ru_{1-y}Sn_yO_3$ 具有较大的可逆比容量，这是由阴离子氧氧化还原过程贡献的。电化学活性的 Ru^{4+} 被非活性的 Sn^{4+} 取代，有利于避免常规 Ru^{4+}/Ru^{5+} 氧化还原反应的贡献，获得 140 $mAh \cdot g^{-1}$ 的可逆比容量，容量是由阳离子（Ru^{4+}/Ru^{5+}）在 2.8 V 和阴离子（O^{2-}/O_2^{n-}）分别在 2.8 V、3.8 V 的氧化还原反应产生的。

10.3.2 贫钠层状正极材料

富锂氧化物材料中的 Li – O – Li 和富钠氧化物材料中的 Na – O – Na 构型使得氧容易被氧化，以补偿电荷，这是因为未杂化的 O 2p 显示出更高的接近费米能级的能量。到目前为止，在贫 Na 的层状氧化物中，也可以发现阴离子氧的氧化还原反应，激发贫 Na 的层状氧化物中氧的氧化还原的主要方法是实现 Na – O – X 和空位 – O – X 结构，其中，X 代表非活性元素，包括没有 d 电子的非过渡金属元素，如 Li、Mg、Zn 等。与富锂和钠的层状氧化物结构相比，在大多数缺锂和钠的层状氧化物中可以发现两个明显的不同：贫钠材料中，有钠填充的位点是 Na – O – TM 结构，无钠的位点的结构就是空位 – O – TM 结构（□ – O – TM），与富锂和钠的氧化物中 A – O – A 构型相反。在这种情况下，晶格氧的氧化还原反应优先发生在空位 – O – TM、空位 – O – 空位、Na – O – 空位、Na – O – TM 上。

贫钠层状正极材料在结构上主要可分为 P2、P3 和 O3 三种相结构。英文字母 P 和 O 代表 Na 处于三棱柱和八面体位置，2 和 3 代表最小的氧的重复单元数。

1. P2 相层状正极材料

在 P2 型钠基层状氧化物中，Na^+ 有两种排列形式：一种是和 MeO_6 八面体共用边即 Nae，另一种是和 MeO_6 八面体共用面即 Naf。两种形式的排列取决于 Na^+ 含量的多少，以及 Na^+ 与 Me 及 Na^+ 与 Na^+ 间的静电斥力间的竞争关系。因为 Nae 与过渡金属离子间的静电斥力小，因此 Nae 较 Naf 更稳定，有更好的支撑层状结构的作用。两种 Na^+ 的占位比例由位能和静电斥力共同决定。这两种形式的排列最小化了上述两种静电斥力，达到了稳定 P2 相结构的效果。

贫钠的 P2 – $Na_{2/3}Ni_{1/3}Mn_{2/3}O_2$ 层状氧化物因空气稳定性差、实际容量高（173 $mAh \cdot g^{-1}$）和高平均电位而被广泛研究，是一种很有前途的钠离子电池层状正极材料。然而 P2 – $Na_{2/3}Ni_{1/3}Mn_{2/3}O_2$ 层状氧化物的电荷补偿机制有所不同。通常在低电压区间，电子的补偿是由 Ni 的氧化还原提供的，然而 Risthaus 等[25]通过 XAS 表征发现 P2 – $Na_{2/3}Ni_{1/3}Mn_{2/3}O_2$ 层状氧化物电极材料在高于 4 V 后，体系的电荷补充由过渡金属转变为轻元素阴离子氧的氧化还原反应。同时发现，更换常规的碳酸脂类电解液为离子液体电解液，材料的循环稳定性有所提升。

赵丽香等[26]探究了氨水对 P2 - $Na_{2/3}Fe_{1/2}Mn_{1/2}O_2$ 层状正极材料的影响。用 $NaNO_3$、$Mn(AC)_2 4H_2O$ 和 $Fe(NO_3)_3 9H_2O$ 为原材料，柠檬酸和氨水为络合剂。先将硝酸盐按一定比例（摩尔比 Na∶Fe∶Mn = 2/3∶1/2∶1/2）溶解在蒸馏水中，搅拌至完全溶解。然后将混合均匀的硝酸盐加入已完全溶解的柠檬酸溶液中，并置于马弗炉内在不同温度（700 ℃、800 ℃、900 ℃、1 000 ℃）下煅烧 15 h，分别记作 NFMO - 700、NFMO - 800、NFMO - 900、NFMO - 1000。其中未添加氨水、煅烧温度为 900 ℃的样品记作 NFMO - 900B，如图 10.16（a）所示。

从图 10.16（b）可以看出，随着充放电的不断进行，NFMO - 900 的循环性能优于 NFMO - 900B 的现象逐渐明显。二者的初始放电比容量分别为 126.3 $mAh \cdot g^{-1}$、134.5 $mAh \cdot g^{-1}$；充放电循环 30 周后，放电比容量分别为 95.8 $mAh \cdot g^{-1}$和 52.4 $mAh \cdot g^{-1}$，NFMO - 900 的容量保留率为 75.9%，明显高于 NFMO - 900B。样品 NFMO - 900B 容量下降较快的原因同上。同时还可以看出，NFMO - 900 的库仑效率在添加氨水的情况下也明显高于 NFMO - 900B，这也主要源于氨水的添加不仅可以使柠檬酸水解出更多的羧酸根，使过渡金属离子充分分散到混合溶液中。同时，氨水的添加还可以形成均匀的 $[Mn_{1/2}Fe_{1/2}(NH_3)_n^{2+}]$，从而形成过渡金属离子均匀分布的 $MnFe(OH)_2$ 氢氧化物。

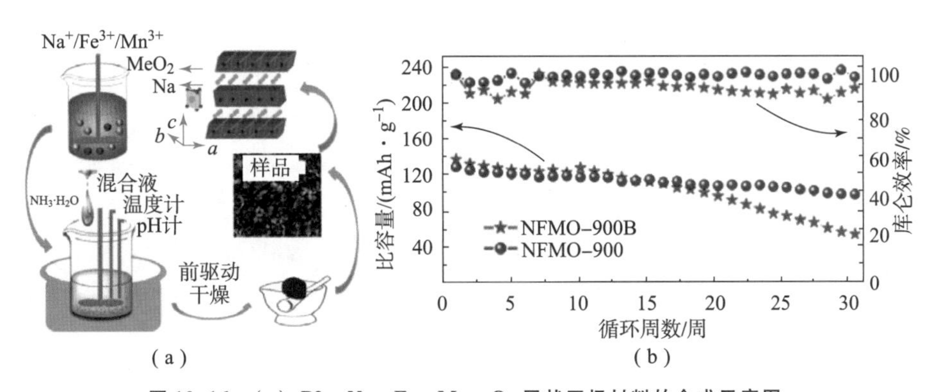

（a）　　　　　　　　　　（b）

图 10.16 （a）P2 - $Na_{2/3}Fe_{1/2}Mn_{1/2}O_2$ 层状正极材料的合成示意图；（b）NFMO - 900 和 NFMO - 900B 的充放电循环及库仑效率[26]

2. O3 相层状正极材料

Sathiya 等[28]基于 O3 相的 $NaCoO_2$，用溶胶凝胶法法对原有过渡金属进行掺杂，合成了 $NaNi_{1/3}Mn_{1/3}Co_{1/3}O_2$。并对晶体结构进行研究，晶型为斜方六面体的 R - 3m 空间群。电压范围为 2 ~ 3.75 V 时，NaNi1/3Mn1/3Co1/3O2 可以脱出

0.5 个 Na，同时，材料具有较好的容量保持率，为 120 mAh · g^{-1}（0.1 C）。对循环后的电极材料和原活性材料的 XRD 图进行比对，发现在 Na^+ 的脱嵌过程中，由于 MeO_6 框架的形变，发生 O3→O1→P3→P1 相之间较复杂的相变。

O3 - $NaFeO_2$ 层状正极材料是钠离子电池最有前途的正极候选者之一，受到广泛关注。然而，O3 - $NaFeO_2$ 存在结构稳定性差和电化学性能差的问题。陈立泉课题组[29]通过 STEM 测试和 XAS 测试表征发现，在充电过程中，O3 - $NaFeO_2$ 会发生 Fe 元素从过渡金属层迁移到 Na 层，同时伴随着轻元素阴离子氧的氧化还原反应，这种不可逆的 Fe 元素的迁移会导致 $NaFeO_2$ 从 O3 相到 R - 3M 再到 C2/m 的相结构转变，并在高电压时会发生结构坍塌和破坏。同时，阳离子 Fe 和阴离子 O 氧化还原可以根据 XPS 和软 XAS 发现 Fe 和阴离子 O 均可以发生氧化还原补偿电荷。当充电到 3.5 V 时，大约一半的 Fe^{3+} 被氧化为 Fe^{4+}（忽略电解质分解），并且 Fe^{4+} 的含量在进一步充电至 4.4 V 后由 XANES 表征发现会减少。Susanto 等[30]提出，$NaFeO_2$ 的电荷补偿仅来源于阴离子氧的氧化还原反应而不是由 Fe^{3+}/Fe^{4+} 提供，因为在 Fe K - Edge 特征中没有观察到从低能量到高能的明显移位。当脱出 0.5 个 Na^+ 时，Fe_3O_4 产物形成，并且发生不可逆转的氧释放。在充电过程中，观察到 O3′六边形（O3），原始 O3H 逐渐消失。随着进一步脱出，当钠含量大于 0.35 个 Na 时，O3′六边形转化为 O3′单斜（O′3M）结构。

3. P3 相层状正极材料

不同的氧堆积（如 ABBA、ABBCCA、ABCABC 和 ABABAB）会导致层间距的明显差异，并影响电化学性能，其中 P3 型结构材料的烧结温度低于 P2 型材料，因此 P3 型结构材料更环保。Goodenough 等[31]首次报道了 P3 型 $Na_{0.6}Li_{0.2}Mn_{0.8}O_2$ 作为钠离子电池的正极材料，由于 Mn^{4+} 在 3.5 ~ 4.5 V 下不太可能被进一步氧化，因此阴离子氧的氧化还原提供了良好的电化学性能。同时，由于过渡金属半径和钠半径的大小不同，Li/Mn 很难迁移。胡勇胜课题组[32]发现，阴离子氧氧化还原反应促进了 O—O 距离的减小，相当于过氧型 O—O 二聚体，合成了 P3 型 $Na_{2/3}Mg_{1/3}Mn_{2/3}O_2$，可逆容量超过 190 mAh · g^{-1}，电荷补偿机制来源于阴离子氧的氧化还原反应。值得注意的是，用其他与氧之间结合能更强的元素替代 TM 离子将更容易激发阴离子氧的氧化还原反应。

10.3.3 钠电多电子反应的多离子效应稳定性调控

尽管阴离子氧氧化还原被认为是突破锂离子电池和钠离子电池电化学容量

限制的一种有前途的策略，但阴离子氧化还原反应的参与通常会导致层状正极材料主体的不可逆结构转变、过渡金属离子迁移、氧气损失、电化学性能退化。因此，激发和稳定可逆阴离子氧氧化还原的有效策略被认为是实现高容量阴极材料的关键因素。与3 d基过渡金属相比，4 d、5 d基金属和O2p轨道之间有更多的重叠，稳定还原耦合机制的可逆阴离子氧氧化还原。基于上述理论，研究了4 d、5 d金属，如锡、钌、钇、铌、锆、铱等对阴离子氧活性的影响，考虑到原材料成本，3 d基过渡金属氧化物还需要进一步探索，通过合理的人工调制来提高阴离子氧氧化还原的稳定性和可逆性。迄今为止，已经提供了几种策略来解决阴离子氧反应的演化和可逆性。最常见的方法是调节TM成分的组成，如具有s轨道、p轨道、d轨道或空位的全电子的非过渡金属，形成未杂化的O 2p轨道。此外，表面改性调整了阴离子氧氧化还原化学和晶体结构，提高了阴极/电解质界面的稳定性（CEI）。此外，从结构上看，晶体结构中未杂化的O 2p轨道的空间分布和取向对阴离子氧氧化还原反应有重要影响。因此，多维框架或有序/无序结构的设计有助于稳定可逆的阴离子氧氧化还原反应。需要进一步探索更有效的策略，实现高能量密度、长时间循环的阴离子氧氧化还原反应阴极材料。

1. 离子掺杂

近年来，阴离子氧化还原的常见策略是使用阴极材料中的A－O－A′构型，其中A代表碱金属，A′代表与O没有共价键相互作用的物种，包括具有d0或d10轨道的Li、Mg、Zn等，构建非键氧2p态参与循环上的电荷补偿。Llave等[33]报道了P2－$Na_{0.6}Li_{0.2}Mn_{0.8}O_2$层状正极材料，在2.0～4.6 V的电压区间内循环100次，可逆容量为190 $mAh \cdot g^{-1}$，与不含锂的电极材料（$Na_{0.6}MnO_2$）相比，表现出改善的电化学性能。根据DFT计算，由于Na空位的存在，锰离子周围氧离子的局部配位是不同的。$Na_{0.6}MnO_2$阴极锰离子的氧化态由50%的Mn^{3+}、40%的Mn^{3+}和Mn^{4+}之间的氧化态、10%的Mn^{4+}组成。在$Na_{0.6}Li_{0.2}Mn_{0.8}O_2$阴极材料中，锰离子都处于$Mn^{4+}$的氧化态。因此，由于部分锂取代，平均锰氧距离从2.03 Å减小到1.94 Å，表明结构稳定性提高。通过原位XRD和OEMS测量可以检测从碱层中脱出锂离子和氧损失过程。郭玉国课题组[34]揭示了在充/放电时，锂取代对O3型$Na_{0.85}Li_{0.1}Ni_{0.175}Mn_{0.525}Fe_{0.2}O_2$层状过渡金属氧化物正极材料的晶体结构和电极－电解质界面演化的双重稳定作用。锂的加入可以减轻镍离子在脱出钠离子过程中的Jahn－Teller畸变，抑制O3－P3相变，产生平滑的结构演化。此外，过渡金属层中取代的锂离子易于与氟离子结合并与溶剂分子配位，防止过渡金属离子的损失，稳定电解质-阴极界面。因此，O3 型 $Na_{0.85}Li_{0.1}Ni_{0.175}Mn_{0.525}Fe_{0.2}O_2$ 层状过渡氧化物正极表现出160 mAh·g^{-1}的改善的高压容量，在1 C下100次循环后，仍保持88%的初始比容量。

大量富锂或富钠过渡金属氧化物作为高容量阴极，凭借阴离子氧氧化还原反应提供的额外容量而被广泛研究。然而，由于碱金属和氧之间弱的电子轨道重叠，导致不可避免的 O_2 气体损失。因此，有必要探索非碱金属进入 TM 位点，以实现阴离子氧化还原，抑制相变。对比 P2-$Na_{0.67}Mg_{0.28}Mn_{0.72}O_2$ 正极材料和 $Na_{0.78}Li_{0.25}Mn_{0.75}O_2$ 正极材料，0.4e^-在充电至4.5 V期间从氧离子中去除，两个正极均未显示氧损失[35]。然而，在 $Na_{0.78}Li_{0.25}Mn_{0.75}O_2$ 阴极中，Li^+从过渡金属位置迁移到碱金属位置，导致 TM 空位。进一步充电至5 V，Na^+和 Li^+从 $Na_{0.78}Li_{0.25}Mn_{0.75}O_2$ 正极材料中被脱出，导致未杂化氧和表面局部氧气损失（约10 nm）。而对于 $Na_{0.67}Mg_{0.28}Mn_{0.72}O_2$ 材料，Mg 保持在 TM 位置，并且材料具有稳定的阴离子氧结构。镁的存在代替锂抑制氧的损失，由于镁的电负性（1.33）高于锂（0.98），因此镁取代锂可以提高材料氧还原的稳定性。然而，长期循环的结构退化、大电压滞后和电解质的稳定性限制了在实际系统中的实施。

此外，Zn、Cu、Ti、Sn 等与氧轨道重叠多的金属元素也可以稳定氧的稳定性，提高轻元素阴离子氧的可逆氧化还原，加强材料的电化学性能。

2. 引入空位

对于贫钠正极材料，阳离子金属位置的空位可以被认为是激发阴离子氧氧化还原的关键特征之一，因为□-O 构型周围的局部电子结构完全位于非成键氧离子上。Tarascon 等[36]报道混合空位/Mg 层状 $Na_{0.63}[\square_{0.036}Mg_{0.143}Mn_{0.82}]O_2$ 层状氧化物正极认为电荷补偿依赖于阳离子 Mn 和阴离子 O 的氧化还原反应，同时，可以发现镁和空位掺杂在电压及可逆方面刺激了两个不同的阴离子氧氧化还原过程。在充电过程中（高于4 V），$Na_{0.72}[Mg_{0.31}Mn_{0.69}]O_2$ 表现出一个对应于阴离子氧氧化还原的电压平台（4.2 V）与127 mAh·g^{-1}(0.44 Na^+) 的超大容量。然而，$Na_{0.63}[\square_{0.036}Mg_{0.143}Mn_{0.82}]O_2$ 正极在4 V以上充电期间显示两个电压平台（4.1 V和4.35 V），输送容量为34 mAh·g^{-1}(0.12 Na^+) 和 36 mAh·g^{-1}(0.13 Na^+)。位于4.1 V的电压平台随第二电荷消失，表明空位引发了不可逆的阴离子氧氧化还原，这可能是由于局部扭曲的结构和不可逆的相变导致的空位的去除。因此，空位和掺杂的 TM 离子的分布似乎调节了该过程的可逆性。将基于阳离子和阴离子氧化还原反应的样品与发生纯阳离子氧化还原反应的样品进行比较，前者显示了在低钠含量部分扩展的 P2 相结构的稳定性，这表明了由于氧氧化引起的缓冲排斥氧氧效应，并稳定了磷型结构。

典型的缺锰层状化合物 $Na_2Mn_3O_7$ 也可以命名为 $Na_{4/7}[\square_{1/7}Mn_{6/7}]O_2$，在 3.0～4.7 V 电压下，阴离子氧的氧化还原反应可提供 1.0 个 Na 的可逆脱嵌。由于 $Na_{4/7}[\square_{1/7}Mn_{6/7}]O_2$ 结构中与空位结合的 O 2p 态低于费米能级，因此材料中的氧化还原反应主要由氧提供。

$Na_{4/7}[\square_{1/7}Mn_{6/7}]O_2$ 材料在 1.5～4.4 V 的电压区间内可提供 220 $mAh \cdot g^{-1}$ 的可逆比容量，约为 0.76 个钠离子，同时，材料的结构几乎不发生改变。通过 XPS 和 XANES 测试可以证明，在 1.5～2.3 V 的电压范围内，材料中的 Mn 离子发生氧化还原反应（Mn^{3+}/Mn^{4+}），在 2.3～4.4 V 的电压范围内，材料中的轻元素氧发生氧化还原反应，补偿电荷。通过理论计算可以发现，$Na_{4/7}[\square_{1/7}Mn_{6/7}]O_2$ 材料中的空位会诱导不对称的 Mn—Mn 和 Mn—O 键，不仅有利于提高材料晶体结构的稳定性，而且有利于提高材料氧的氧化还原反应的可逆性。因此，层状正极材料中引入适量的空位对促进晶格氧的氧化还原反应和提高结构稳定性有一定的作用。

3. 表面包覆

层状过渡氧化物阴极的表面稳定性对产生长期循环寿命至关重要。表面改性已被证明是稳定表面结构和抑制电解质分解、改善电化学性能的有效方法。典型的，Jae 等[38]报道了离子导电磷酸钠（$NaPO_3$）改性了 P2 - $Na_{2/3}Ni_{1/3}Mn_{2/3}O_2$ 层状氧化物的表面，在 300 次循环后，显示出 73% 的提高的容量保持率。表面涂层纳米层有效清除电解液分解的氟化氢和 H_2O，并通过减少副产物的形成来降低电池电阻。此外，alucone 作为界面包覆层是一种有效的方法，可以增强界面行为和稳定晶体结构，以获得安全、稳定的高压钠阴极材料（>4.45 V）。alucone 和 Al_2O_3 涂层都可以提高电化学性能，但 alucone 涂层的性能优于 Al_2O_3 涂层，后者在高工作电压（2.0～4.5 V）下循环 100 次后，仍能保持 86% 的电化学性能[39]。表面掺杂明显防止了相变并抑制了电压降，改善了电化学性能。通过引入强 M—O 键来钝化表面氧和整合表面结构，对于增强层状过渡金属氧化物的结构和性能具有重要意义。表面涂层和表面掺杂的结合为改善可逆阴离子氧氧化还原和稳定电极/电解质界面打开了一扇新的大门。

10.4 其他轻元素多电子反应的多离子效应

10.4.1 硫化物

锂电池中最早使用的电极是 $LiTiS_2$，用于锂离子电池正极材料，放电时形成 Li_xTiS_2。这种层状二硫化物 MX_2 包括二硫化钼、二硫化硼和二硫化钒，已被证明可通过 M^{4+}/M^{3+} 氧化还原来补偿可逆的锂离子嵌入/脱出[40]。过渡金属三卤化物和四卤化物，如 TiS_3 和 $NbSe_4$，在锂嵌入时通过断裂（S—S）$_2^-$ 或（Se—Se）$_2^-$ 至 S_2 或 Se_2 进行电荷补偿。硫化物与氧化物有些不同，因为有更多稳定的中间硫价态，多硫化物的存在就证明了这一点。这可能有利于在电化学过程中检测硫化物的电子结构变化。

Li_2FeS_2 是另一种常见的硫化物正极，由六边形紧密堆积的硫离子和四面体铁离子构成。Li_2FeS_2 的脱锂可以被认为有两个步骤，每个步骤对应于一个锂离子的脱出。$LiFeS_2$ 的第一次脱锂是由 Fe^{3+}/Fe^{2+} 氧化还原进行电荷补偿的，而 S^{2-}/S^- 是补偿进一步充电过程中锂脱出的主要氧化还原过程[41]。除了层状 LMS_2 之外，还提出了 Li_2MS_3 和 Li_3MS_4，例如 Li_2TiS_3 和 Li_3NbS_4，形成无序的立方体结构。Fm3m 型 Li_2TiS_3 在第一个循环中可提供超过 300 $mAh \cdot g^{-1}$ 的可逆比容量，尽管氧化还原过程尚未讨论。电荷转移必须由硫离子补偿，因为四价钛不能释放任何电子。

10.4.2 磷化物

Doublet 等提出了[42]三元相 Li_xMPn_4（M = Ti、V、Mn 等，Pn = N、P、As 等）作为一种新型的锂离子电池正极材料，但是，具有插入机制而不是转化反应。锂离子位于磷氮面心立方晶胞的四面体位置，并形成 Li_7MPn_4。额外的锂离子可以在约 1 V 的电压下进一步嵌入可用的阳离子空位中，从而提供高容量。理论计算表明，Li_xMPn_4 基质在锂嵌入/脱嵌时非常稳定，由于 M(d) 态和 Pn(p) 态之间的大范围杂化，非键 Pn—Pn 带能够存储许多电子。进一步的研究还证明了$(MPn_4)_x$ 阴离子实体的“呼吸”特征，包括 M—Pn 键的伸长/收缩，由涉及 Pn—Pn 非键水平的氧化还原过程引起。

10.5　多离子效应引发的电荷载体变化

除了 Li^{+}、Na^{+}、K^{+}化学涉及由基于单价电荷载体的插层化合物组成的电池之外，多价电荷载体如 Mg^{2+}、Ca^{2+}和 Al^{3+}由于高理论容量、低成本、资源丰富和环境友好性，也显示出在高能应用中的巨大潜力[43]。此外，电池化学被认为是多电子反应，这是因为 Mg^{2+}、Ca^{2+}和 Al^{3+}可以通过多价电荷载体的传输实现多电子转移。例如，与所有其他金属相比，金属铝可提供与锂相当的 2 980 $mAh \cdot g^{-1}$的高质量容量和 8 050 $mAh \cdot cm^{-3}$的最佳体积容量，其中，类似于锂离子电池的嵌入机制，铝离子电池的典型电化学过程包括将可移动的多价客体离子（例如 Al^{3+}）嵌入主体材料的晶格结构中。这里反应类型可以根据主体材料和嵌入材料之间的混溶性的关系，分为“固溶体”和“相变”反应，并且可以用热力学确定与离子插入浓度相关的电压变化。比如林等报道了在阴离子液体（IL）基电解质（[EMIm]Cl/$AlCl_3$）中，Al($Al^{3+} \rightleftharpoons Al_xCl_y$）在石墨中的配位效应，其中 Al^{3+}可以四面体键合到 Cl^{-}上形成 Al_xCl_y（图 10.17）。

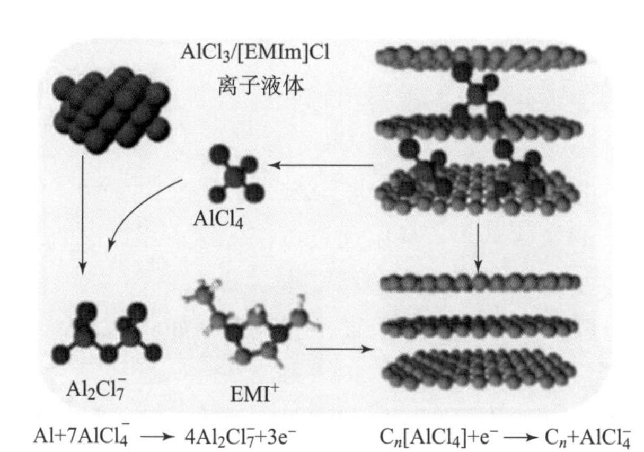

图 10.17　$AlCl_3$/Cl^{-}液体电解质最佳组合的铝/石墨电池放电示意图

杨浩一等[44]还提出了 IL 电解质中几种可能的阴极反应过程，包括与转移数相关的复杂离子通量、Al^{3+}插入的 Al—Cl 键分裂能量损失以及阳离子和阴离子的综合电荷补偿。此外，研究人员报道了 V_2O_5 在三氯化铝基离子液体电解质中的 Al^{3+}存储过程，发现存在 Cl^{-}、$AlCl_4^{-}$、$Al_2Cl_7^{-}$ 和 Al^{3+}多种离子的脱嵌，该材料的多电子反应存在多种离子的效应。尽管铝电解质界面反应很复杂，但铝电解质对可充电铝电池中的电荷载体转变和多电子反应的促进至关重要。基于这些机制，铝离子的运动可以在外部电路中诱导三价电荷转移作为补偿，因此，人们为铝离子的高可逆性付出了巨大的努力。更重要的是，由于在循环过程中的结构稳定性，在锂离子电池应用中常见的嵌入阴极材料被认为也适用于具有高可逆性的铝离子电池。例如，研究人员研究了以范德华间隙作为 Al^{3+} 宿主的层状材料，其中 Archer 等[47]证明了 Al^{3+} 在 V_2O_5 电极材料中具有 305 $mAh \cdot g^{-1}$ 的首周可逆比容量。尽管如此，其他研究人员已经通过用镍或钼代替铁作为集流体，相继证明了 V_2O_5 在 AIBs 中的电化学活性[48]。

10.6　本章小结

轻元素多电子反应可转移多个电子，为材料带来更高的可逆比容量。在锂离子电池和钠离子电池的层状氧化物中，轻元素阴离子氧的可逆氧化还原反应突破了传统的阳离子变价提供电子的电荷补偿机制，打破了正极材料的电化学存储“瓶颈”，同时，轻元素阴离了氧的氧化还原通常发生在较高的电压区间，材料具有较高的能量密度和功率密度。然而，不可避免的是，轻元素多电子反应仍存在很多问题，如相结构的转变、体积膨胀、过渡金属迁移、较高的钠离子扩散能垒等，因此，有必要采用有效的手段来解决轻元素多电子反应的不可逆性质，如：

①从轻元素多电子材料的设计角度考虑，材料是由多种元素多种离子共同组成的，每种元素的作用不同，可以通过调控元素的组成和种类来实现稳定的晶体结构，进而激发稳定的多电子转移过程。

②从材料的合成角度考虑，轻元素多电子材料如富锂富钠层状氧化物等对空气和水的敏感度极高，易与空气中的水和二氧化碳反应，甚至在空气中放置时，自身也会发生不可逆的相变。材料本身相结构存在不稳定的现象，应该对合成条件进行更加严格的把控，制备纯相结构的轻元素多电子材料，降低杂质对材料本身电化学特征的影响，提高电子转移的可逆性。

③从结构角度考虑，轻元素如氧元素发生多电子转移时，材料发生不可逆的氧化还原反应，生成氧气等。因此，调控二维层状的晶体材料朝向更多维结构的晶体结构转变，实现多维晶体，减少同一层状材料氧元素之间的相互作用，进而增强材料轻元素多电子转移的可逆性。

④从界面角度考虑，轻元素多电子的转移是从界面开始逐步向内部延伸

的，故界面的破坏程度要远高于晶体颗粒内部，因此界面包覆层可以减缓界面的晶界破裂，增强晶体的结构完整性，促进材料的电子转移。

⑤从电解液角度考虑，电解液分解对轻元素多电子材料的晶体结构有着一定的破坏作用，尤其是在高电压状态下，电解液分解更加剧烈，产生的 HF 等产物将会刻蚀层状正极材料的过渡金属离子，导致过渡金属析出容量，破坏材料相结构。因此，稳定的高压电解液对长寿命的多电子反应有一定的促进作用。

⑥从空位角度考虑，空位的产生可以提供更多的非键合态的轻元素基团，有利于更多电子转移反应的发生。适量的空位还可以提高材料的稳定性，增加多电子转移反应的可逆性。

⑦从机理角度考虑，轻元素多电子材料的激发机理尚有多种争论，理解轻元素多电子材料的多电子转移的激发机理对提高多电子转移的稳定性具有重要意义。

轻元素多电子的氧化还原反应既可以发生较多的电子转移反应、多种离子迁移和氧化还原反应，也可以提供较高的能量密度；然而，轻元素多电子的氧化还原反应结构稳定性有待提升，激发和稳定机制有待探究。

参考文献

[1] Fong R，Dahn J. Electrochemistry of pyrite－based cathodes for ambient temperature lithium batteries [J]. Journal of the Electrochemical Society，1989（21）：9－14.

[2] Rouxel J. Some solid state chemistry with holes：anion－cation redox competition in solids [J]. Current Science，1997，73（1）：31－39.

[3] Whittingham M. Electrical energy storage and intercalation chemistry [J]. Journal of Solid State Chemistry，1976，192（4244）：1126－1127.

[4] Jin J，Liu Y，Pang X，et al. A comprehensive understanding of the anionic redox chemistry in layered oxide cathodes for sodium－ion batteries [J]. Science China Chemistry，2021，64（3）：385－402.

[5] Aydinol M，Kohan A，Ceder G，et al. Ab initio study of lithium intercalation in metal oxides and metal dichalcogenides [J]. Physical Review B，1997，56（3）：1353－1365.

[6] Robertson A. Bruce P. The Origin of electrochemical activity in Li_2MnO_3 [J]. . Chemcomm Communication, 2003, 34 (23): 2790 - 2791.

[7] Wang Q, Yang W, Kang F, et al. $Na_2Mn^{3+}_{0.3}Mn^{4+}_{2.7}O_{6.85}$: A cathode with simultaneous cationic and anionic redox in Na - ion battery [J]. Energy Storage Materials, 2018 (14): 361 - 366.

[8] Ma C, Alvarado J, Jing X, et al. Exploring oxygen activity in the high energy P2 - type $Na_{0.78}Ni_{0.23}Mn_{0.69}O_2$ cathode material for Na - ion batteries [J]. Journal of the American Chemical Society, 2017, 139 (13): 4835 - 4845.

[9] Yabuuchi N, Hara R. Kubota K, et al. A new electrode material for rechargeable sodium batteries: P2 - type $Na_{2/3}[Mg_{0.28}Mn_{0.72}]O_2$ with anomalously high reversible capacity [J]. Journal of Material Chemical A, 2014, 2 (40): 16851 - 16855.

[10] 白莹，李雨，仲云霞．锂离子电池富锂过渡金属氧化物 $xLi_2MnO_3 \cdot (1-x)LiMO_2$ (M = Ni，Co 或 Mn) 正极材料 [J]. 化学进展，2014，26 (2)：259 - 269.

[11] Jarvis K, Deng Z, Allard L, et al. Atomic structure of a lithium - rich layered oxide material for lithium - ion batteries: evidence of a solid solution [J]. Chemistry of Materials, 2011, 23 (16): 3614 - 3621.

[12] Pasero D, McLaren V, Souza S, et al. Oxygen nonstoichiometry in Li_2MnO_3: an alternative explanation for its anomalous electrochemical activity [J]. Chemistry of Materials, 2005, 17 (2): 345 - 348.

[13] Wu F, Wang H, Bai Y, et al. Hierarchical microspheres and nanoscale particles: effects of morphology on electrochemical performance of $Li_{1.2}Mn_{0.54}Ni_{0.13}Co_{0.13}O_2$ cathode material for lithium - ion batteries [J]. Solid State Ionics, 2017 (300): 149 - 156.

[14] 王辉，锂离子电池高镍三元正极材料 $LiNi_{0.8}Co_{0.1}Mn_{0.1}O_2$ 的合成及改性研究 [D]. 北京：北京理工大学，2016.

[15] Li Y, Bai Y, Bi X, et al. An effectively activated hierarchical nano - /microspherical $Li_{1.2}Ni_{0.2}Mn_{0.6}O_2$ cathode for long - life and high - rate lithium - ion batteries [J]. ChemSusChem, 2016, 9 (7): 728 - 735.

[16] Li Y, Bai Y, Wu C, et al. Three - dimensional fusiform hierarchical micro/nano $Li_{1.2}Ni_{0.2}Mn_{0.6}O_2$ with a preferred orientation (110) plane as a high energy cathode material for lithium - ion batteries [J]. Journal of Materials Chemistry A, 2016, 4 (16): 5942 - 5951.

[17] Li Y, Wu C, Bai Y, et al. Hierarchical mesoporous lithium – rich Li[$Li_{0.2}Ni_{0.2}Mn_{0.6}$]O_2 cathode material synthesized via ice templating for lithium – ion battery [J]. ACS Applied Materials & Interfaces, 2016, 8 (29): 18832 – 18840.

[18] 李雨. 分级结构电极材料的可控合成及其储锂/钠性能的研究 [D]. 北京：北京理工大学，2017.

[19] Nayak P, Grinblat J, Levi M, et al. Al doping for mitigating the capacity fading and voltage decay of layered Li and Mn – rich cathodes for Li – ion batteries [J]. Advanced Energy Materials, 2016, 6 (8): 1502398 – 1502410.

[20] Yu L, Yang H, Ai X, et al. Structural and electrochemical characterization of nanocrystalline Li[$Li_{0.12}Ni_{0.32}Mn_{0.56}$]$O_2$ synthesized by a polymer – pyrolysis route [J]. The Journal of Physical Chemistry B, 2005, 109 (3): 1148 – 1154.

[21] Zheng J, Gu M, Genc A, et al. Mitigating voltage fade in cathode materials by improving the atomic level uniformity of elemental distribution [J]. Nano Letters, 2014, 14 (5): 2628 – 2635.

[22] Do J, Kin I, Kim H, et al, Towards stable Na – rich layered transition metal oxides for high energy density sodium – ion batteries [J]. Energy Storage Materials, 2020 (25): 62 – 69.

[23] Zheng L, Wang H, Lou M, et al. Na_2MnO_3 as cathode materials for Na ion batteries: From first – principles investigations [J]. Solid State Ionics, 2018 (320): 210 – 214.

[24] Rozier P, Sathiya M, Paulraj A, et al. Anionic redox chemistry in Na – rich $Na_2Ru_{1-y}Sn_yO_3$ positive electrode material for Na – ion batteries [J]. Electrochemistry Communications, 2015 (53): 29 – 32.

[25] Risthaus T, Zhou D, Gao C, et al. A high – capacity P2 – $Na_{2/3}Ni_{1/3}Mn_{2/3}O_2$ cathode material for sodium ion batteries with oxygen activity [J]. Journal of Power Sources, 2018 (395): 16 – 24.

[26] Bai Y, Zhao L, Chuan W, et al. Enhanced sodium ion storage behavior of P2 – type $Na_{2/3}Fe_{1/2}Mn_{1/2}O_2$ synthesized via a chelating agent assisted route [J]. ACS Applied Materials & Interfaces 2016, 8 (4): 2857 – 2865.

[27] 赵丽香，钠离子电池正极材料 P2 – $Na_{2/3}Fe_{1/2}Mn_{1/2}O_2$ 的合成与电化学性能研究 [D]. 北京：北京理工大学，2016.

[28] Sathiya M, Hemalatha K, Ramesha K, et al. Synthesis, structure, and electrochemical properties of the layered sodium insertion cathode material:

$NaNi_{1/3}Mn_{1/3}Co_{1/3}O_2$ [J]. Chemistry of Materials, 2012, 24 (10): 1846 - 1853.

[29] Li Y, Gao Y, Wang X, et al. Iron migration and oxygen oxidation during sodium extraction from $NaFeO_2$ [J]. Nano Energy, 2018 (47): 519 - 526.

[30] Susanto D, Cho M, Ali G, et al. Anionic redox activity as a key factor in the performance degradation of $NaFeO_2$ cathodes for sodium ion batteries [J]. Chemistry of Materials, 2019, 31 (10): 644 - 3651.

[31] Du K, Zhu Z, Hu G, et al. Exploring reversible oxidation of oxygen in a manganese oxide [J]. Energy & Environmental Science, 2016, 9 (8): 2575 - 2577.

[32] Rong X, Liu Z, Hu E, et al. Structure - induced reversible anionic redox activity in Na layered oxide cathode [J]. Joule, 2018, 2 (1): 125 - 140.

[33] Llave E, Talaie E, Levi E, et al. Improving energy density and structural stability of manganese oxide cathodes for Na - ion batteries by structural lithium substitution [J]. Chemistry of Materials, 2016, 28 (24): 9064 - 9076.

[34] You Y, Xin H, Asl Y, et al. Insights into the improved high - voltage performance of Li - incorporated layered oxide cathodes for sodium - ion batteries [J]. Chem, 2018, 4 (9): 2124 - 2139.

[35] House R, Maitra U, Jin L, et al. What triggers oxygen loss in oxygen redox cathode materials? [J]. Chemistry of Materials, 2019, 31 (9): 3293 - 3300.

[36] Bai X, Iadecola A, Tarascon J, et al. Decoupling the effect of vacancies and electropositive cations on the anionic redox processes in Na based P2 - type layered oxides [J]. Energy Storage Materials, 2020 (31): 146 - 155.

[37] Mortemard B, Nishimura S, Watanabe E, et al. Highly reversible oxygen - redox chemistry at 4.1 V in $Na_{4/7-x}[\square_{1/7}Mn_{6/7}]O_2$ (□: Mn Vacancy) [J]. Advanced Energy Materials, 2018, 8 (20): 1800409 - 1800416.

[38] Jo J, Ji C, Konarov A, et al. Sodium - ion batteries: building effective layered cathode materials with long - term cycling by modifying the surface via sodium phosphate [J]. Advanced Functional Materials, 2018, 28 (14): 1705968 - 1705979.

[39] Kaliyappan K, Or T, Deng Y, et al. Constructing safe and durable high - voltage P2 layered cathodes for sodium ion batteries enabled by molecular layer deposition of alucone [J]. Advanced Functional Materials, 2020, 30 (17): 1910251 - 1910261.

[40] Murphy D, Trumbore F. Metal chalcogenides as reversible electrodes in nonaqueous lithium batteries [J]. Journal of Crystal Growth, 1977, 39 (1): 185 - 199.

[41] Brec R, Prouzet G. Redox processes in the Li_xFeS_2/Li electrochemical system studied through crystal, mssbauer, and EXAFS analyses [J]. Journal of Power Sources, 1989, 26 (3 - 4): 325 - 332.

[42] Doublet M, Lemoigno F, Gillot F, et al. The Li_xVPn_4 ternary phases (Pn = P, As): rigid networks for lithium intercalation/deintercalation [J]. Chemistry of Materials, 2002, 34 (1): 4126 - 4133.

[43] Wang X, Tang H, Bai Y, et al. Multi - electron reaction materials for high - energy - density secondary batteries: current status and prospective [J]. Electrochemical Energy Reviews, 2021, 4 (1): 35 - 66.

[44] Wu F, Yang H, Bai Y, et al. Paving the path toward reliable cathode materials for aluminum - ion batteries [J]. Advanced Materials, 2019, 31 (16): 1806510 - 1806534.

[45] Wang H, Bi X, Bai Y, et al. Open - structured $V_2O_5 \cdot nH_2O$ nanoflakes as highly reversible cathode material for monovalent and multivalent intercalation batteries [J]. Advanced Energy Materials, 2017, 7 (14): 1602720 - 1602729.

[46] Gu S, Wang H, Wu C, et al. Confirming reversible Al^{3+} storage mechanism through intercalation of Al^{3+} into V_2O_5 nanowires in a rechargeable aluminum battery [J]. Energy Storage Materials, 2017 (6): 9 - 17.

[47] Jayaprakash N, Das S, Archer L. The rechargeable aluminum - ion battery [J]. Chemical Communications, 2011, 47 (47): 12610 - 12612.

[48] Wang H, Bai Y, Chen S, et al. Binder - free V_2O_5 cathode for greener rechargeable aluminum battery [J]. ACS Applied Materials & Interfaces, 2015, 7 (1): 80 - 84.

第11章

新型多价离子二次电池体系：铝二次电池

本章主要基于新型多价离子二次电池体系中涉及的多电子反应特性等相关科学问题进行介绍，以铝二次电池为核心体系，从典型的正极材料、电解液、负极材料、隔膜等关键材料展开多电子反应机制的分析论述。由基本的铝基电池体系的基本概念、发展历程、工作原理出发，进而分析不同铝二次电池正极材料的多电子反应特性，着重分析不同正极材料的基本结构、电化学行为和多电子反应机制。对不同正极材料所能发挥的多电子效应及其影响因素进行剖析，并总结了提升材料性能的优化策略。此外，详细介绍了铝二次电池发展中研究涉及的电解液及其界面性质与多电子反应间的联系，以及总结了促进铝二次电池的多电子反应相关的电解液、界面的改性策略。简要介绍了负极材料、隔膜等电池组件对铝二次电池多电子反应的影响。本章旨在给读者讲解多电子效应在新型多价离子二次电池中的应用，着重从材料结构、电化学性能、机理分析、存在问题、应对策略等方面对多价离子二次电池中的多电子反应提供较为全面的认识。

11.1　铝电化学电池简介

11.1.1　概述

构建具有高能量密度、低成本的新型二次电池体系，是近年来电池领域的一个研究热点[1]。目前在储能二次电池新体系的研究中，比较受关注的有铝二次电池、锌二次电池、钙二次电池、镁二次电池体系等。这些二次电池一般使用多价金属作为负极。由于多价金属本身的多电子转移反应的特点（指一个氧化还原反应电对中，每个氧化还原中心转移电子数大于 1 的反应，如图 11.1（a）所示），具有可以跟金属锂相媲美的高理论比容量。而与正极材料匹配时，也会有较高的整体理论能量密度。其中，铝二次电池中，由于金属铝具备较高的理论体积比容量（高于钠、钾、镁、钙和锌金属）、成本低廉、可以在空气中稳定存在、环境友好等优势，使得铝二次电池在多价离子二次电池中脱颖而出。从铝资源的利用层面看，铝二次电池也是一种具有商业化前景的储能技术。铝是地壳中储量丰富的重要有色金属，在人类社会的生产应用中是仅次于钢铁的第二大金属，产业的成熟度较高，因此生产成本较低[2]。从电化学层面看，金属铝也是一种具有商业化潜力的能量载体。如图 11.1（b）所示，金属铝作为活性电极时，能够发生 3 个电子转移的反应，理论体积比容量高达 8 040 $mAh \cdot cm^{-3}$，接近金属锂的 4 倍，而理论质量比容量（2 980 $mAh \cdot g^{-1}$）仅次于金属锂。金属铝即使暴露于空气中，也不会有剧烈反应，因此金属铝可以在空气环境中操作，具有较高的安全性能，是一种理想的轻质、高比能电极材料。

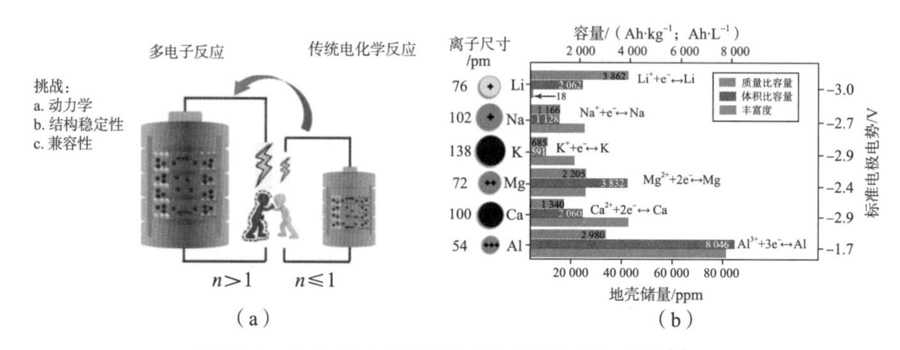

图 11.1 （a）多电子反应电池体系的优势示意图[3]；
（b）几种常见二次电池体系的金属元素的基本特征比较[4]

研究人员开发了很多种基于金属铝电极的电化学储能器件。早期研究中，由于金属铝表面容易形成具有化学惰性、电化学惰性、离子电导率低的 Al_2O_3 氧化膜，会阻碍金属铝/电解液界面的反应，因此该电池体系无法通过充电使电能重新转化为化学能存储起来，即只能单向地由化学能转化成电能，称为铝一次电池[5]。另一种基于金属铝的电池体系，是以金属铝作为负极、空气作为正极的铝－空气燃料电池[6]，其中铝－氧气电池具备较突出的理论能量密度（4 300 Wh · kg^{-1}），在金属－空气电池中仅次于锂－空气电池。

铝二次电池则可以实现化学能和电能之间的可逆转化，也称为可充电铝电池[7]。需要注意的是，铝二次电池需要以铝离子为电解液中的载流离子，但是电解液中铝的沉积/剥离不易实现，无法进行可逆的电化学过程。虽然早期有研究通过使用高温熔融盐电解液能够实现铝的可逆沉积/溶解过程，但是高温工作环境限制了该体系的实际应用。20 世纪中叶，研究者采用有机氯盐代替高温熔融盐中的无机氯盐与氯化铝混合，由于有机阳离子的柔韧性和阴、阳离子的不对称性，此时混合盐的熔点急剧降低，形成室温熔融盐（即离子液体）才成功实现金属铝在室温下的可逆沉积/溶解过程[8]。目前铝二次电池电解液最常用的仍然是 $AlCl_3$ 型离子液体，该类电解液中铝以 $Al_xCl_y^-$ 的形式存在，而具体的离子形式与 $AlCl_3$ 的浓度有关。但是，由于缺乏反应可逆程度高的正极材料，以及负极反应可逆性受到电极/电解液反应界面的限制，当前研发的室温铝二次电池的性能难以满足实用需求。因此，探索性能优异的正极材料、优化反应界面，是发展新型可靠的室温铝二次电池体系的关键。

需要特殊说明的是，在已报道的很多文献中，也以“铝离子电池”“锌离子电池”“钙离子电池”“镁离子电池”等概念来描述基于金属负极的电池体系。但是严格意义上，基于金属负极的电池体系应当属于“二次电池”范畴，比如以金属锂作为负极时，称为“锂二次电池”。只有开发出适合多价离子脱嵌的负极材料时（即避免使用多价金属），与合适的嵌入/脱出型正极匹配成的电池体系才是“多价离子电池”。例如常见的单价锂离子电池，是以石墨作为锂离子的脱嵌型负极，以含锂的层状氧化物作为脱嵌型正极。因此，只有当正负极均发生离子的电化学嵌入/脱嵌反应时，才能构建出严格意义上的“铝离子电池”。但是目前使用嵌入型负极材料来取代金属铝负极的研究很少，并且该方案牺牲了高比容量、低电位的金属负极，会使电池的能量密度下降，其实际应用的意义仍存在争议。

11.1.2　铝二次电池的发展

铝二次电池的发展历史进程如图 11.2 所示。20 世纪 50 年代，研究人员成功研制了 Al/MnO_2 电池，称为 Leclanche 型干电池[9]。20 世纪 60 年代，Zaromb 等[10]证实了在碱性介质中铝 - 空气燃料电池在技术上的可行性。但是，当金属铝与空气以及大多数电解液接触时，容易在表面产生致密的 Al_2O_3 氧化膜，导致铝离子的传输受阻，金属铝的电化学活性得不到有效发挥。并且由于铝离子在常见的室温电解液中存在很高的溶剂化效应，铝离子在电解液中的迁移速率较慢，因此金属铝很难发生可逆的充放电过程。这些问题导致早期的金属铝电极在电池中的应用有限，比如只用在了 Al/AgO[11]、Al/H_2O_2[12]、Al/S[13]等体系。为了能够成功进行金属铝的沉积/溶解过程（即实现金属铝的可逆性反应），1972 年报道了基于高温熔融盐的电解液[14]，并成功组装了 Al/Cl_2 燃料电池，其中正极采用了碳材料作为气体扩散层的催化剂来促进固、液、气三相间的反应。基于高温熔融盐的电解液一般在超过 100 ℃条件下工作，能够保证金属铝的可逆沉积与剥离，以提升离子的传输速率，从而保证电池的可逆充放电。与含水电解液相比，熔融盐具有较高的电导率、较高的分解电势和较低的极化率等特点。1980 年，FeS_2[15]与 Ni_3S_2[16]等硫化物正极被引入高温熔融盐电解液的铝二次电池体系中，并表现出良好的可逆性，该电池体系被认为是铝二次电池的雏形。但是熔融盐电解液需要在高温条件下工作，对工作环境要求苛刻，并且该电池体系工作过程中会产生 Cl_2 等副产物，正极材料的电化学性能衰减较快。这些因素导致高温铝二次电池的发展受限[17]。在随后的 1985 年，研究人员通过将熔融盐电解液中的无机盐（$AlCl_3$）替换成有机盐，使得混合盐的熔点得以降低，成功获得了能够在室温条件下工作的电解液，即室温离子液体电解液[18]。在离子液体电解液中，金属铝可以在室温环境下进行可逆的沉积剥离过程，成功构建了 Zn/Al 和 Cd/Al 电池[19]。Gifford 等[20]基于 $AlCl_3$/1,2 - 二甲基 - 3 - 丙基咪唑氯盐（DMPrICl）室温离子液体发展了铝 - 石墨电池，放电比容量为 35 ~ 40 mAh · g^{-1}。值得注意的是，与传统溶剂化介质中的金属沉积行为（即金属阳离子从溶剂化结构中脱溶过程）不同的是，Al^{3+} 与 Cl^- 有很强的配位能，因此在熔融盐体系中并不是以裸 Al^{3+} 的形式存在，而是以 $AlCl_4^-$ 和 $Al_2Cl_7^-$ 的单价复合阴离子形式存在。但是，由于缺乏电化学可逆性良好的正极材料，早期的铝二次电池的循环性能不够理想，比如构建的 Zn/Al 电池仅能够循环 5 周[19]。因此，研发可逆的正极材料成为研究热点。

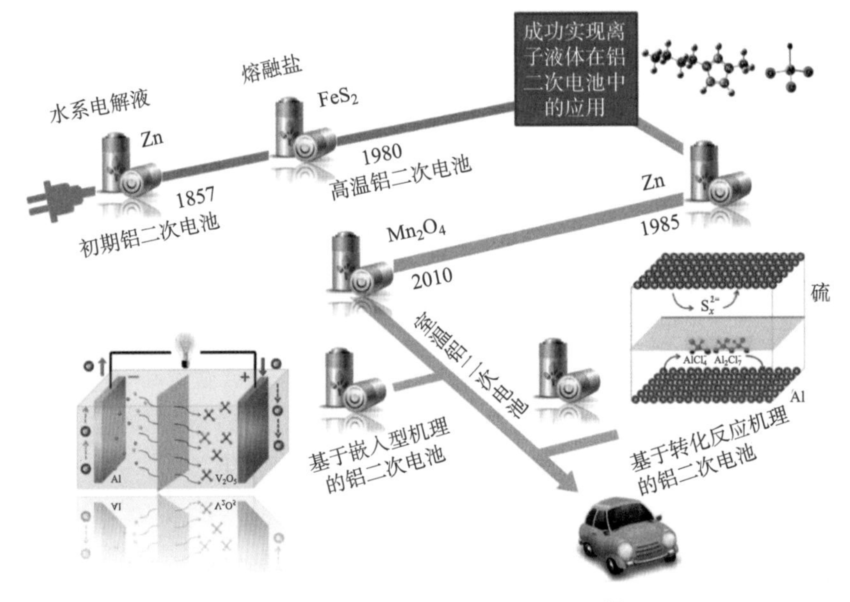

图 11.2 铝二次电池的发展历程示意图[4]

2010 年，Paranthaman 等[21]提出利用 λ - MnO_2 作为铝二次电池的嵌入型正极材料，以 $AlCl_3$/1 - 乙基 - 3 - 甲基咪唑氯盐（EMIC）室温离子液体为电解液，构建了性能良好的 Al/MnO_2 电池体系。随后在 2011 年，Jayaprakash 等[22]报道了利用层状五氧化二钒（V_2O_5）作为铝二次电池的嵌入型正极材料，以 $AlCl_3$/EMIC 离子液体为电解液，构建的铝二次电池实现了 20 周循环以及 273 mAh · g^{-1}的比容量。此后，研究人员开始探索层状材料作为嵌入型铝二次电池正极材料的可行性，多种嵌入型正极材料得到了研发与报道。同时，科学家们也研究出能够发生转化反应过程的铝二次电池正极材料，以及一些新型的铝二次电池器件。比如，2016 年 Sun 等[23]发展的铝锂混合电池，是以金属铝作为负极、$LiFePO_4$ 为正极、含有 $LiAlCl_4$ 的 $AlCl_3$/EMIC 离子液体为电解液，反应利用正极脱嵌锂离子实现储能与转化。尽管从 2011 年开始，有多种正极材料得以研发，但是大多数铝二次电池体系的比容量仍然不太理想。比较有代表性的研究是 2019 年吴川等[24]报道的基于 Mn_3O_4 电化学转化的 $Al_xMnO_2 \cdot nH_2O$ 为正极材料构建的水系铝二次电池，放电比容量高达到 467 $mAh \cdot g^{-1}$。此后在 2020 年，受到吴川等人研究的启发，Yan 等[25]也通过原位电化学转化的制备工艺，以 MnO_2 为原料制备得到高性能的 Al_xMnO_2 正极，构建的铝二次电池的放电比容量为 460 $mAh \cdot g^{-1}$。

11.1.3　铝二次电池的工作机理

1. 嵌入型反应机理

按正极反应机理的类型来分，铝二次电池的工作原理可以分为嵌入反应（图 11.3）和转换反应两大类。其中嵌入反应还可以根据嵌入的离子类型分为阳离子（Al^{3+}和 $AlCl_2^+$）嵌入型和阴离子（$AlCl_4^-$）嵌入型[26]。阳离子嵌入型反应机理方程式如下：

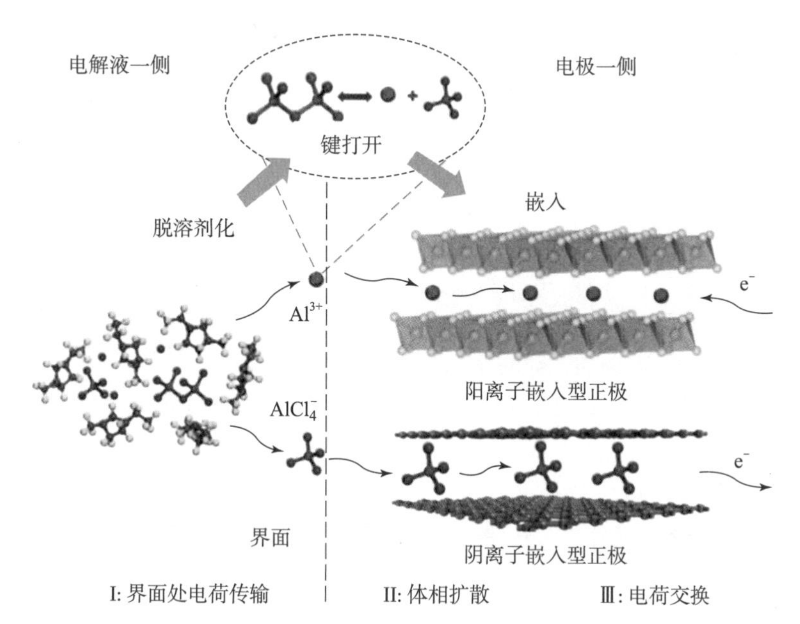

图 11.3　不同嵌入反应类型的铝二次电池正极材料在离子液体中的反应机理示意图[4]

正极反应：

$$\text{Host} + n\text{Al}^{3+} + 3ne^- \rightleftharpoons \text{Al}_n\text{Host} \tag{11-1}$$

负极反应：
$$Al^{3+}+3e^{-}\rightleftharpoons Al \tag{11-2}$$
其中，Host 指的是阳离子嵌入的主体材料。在考虑配位情况下，即在 $AlCl_3$ 型离子液体电解液中，铝离子与氯离子配位，上述反应方程式发生一定改变：

正极反应：
$$Host+4nAl_2Cl_7^-+3ne^-\rightleftharpoons Al_nHost+7nAlCl_4^- \tag{11-3}$$

负极反应：
$$4Al_2Cl_7^-+3e^-\rightleftharpoons Al+7AlCl_4^- \tag{11-4}$$

基于阴离子嵌入型机理的铝二次电池体系主要以石墨材料为代表。石墨具有独特的层状结构，具有嵌入阴离子的能力[27]。当石墨材料用作铝二次电池体系中的正极时，熔融盐电解液中的铝离子发生配位，变为 $AlCl_4^-$ 和 $Al_2Cl_7^-$，$AlCl_4^-$ 将嵌入石墨材料的层状结构中，同时，在 sp^2 杂化碳的 π 键轨道中产生电子空穴，从而形成受体型石墨嵌入化合物。然而与阳离子型嵌入反应相反，具有一价 $AlCl_4^-$ 嵌入的反应不是多电子反应，牺牲了铝二次电池潜在的高容量、高能量密度的特性。

2. 转化反应型机理

除了嵌入反应机制，部分铝二次电池正极材料发生的是转化反应。转化反应型的材料可以发生多电子反应，理论容量较高。转化反应是一种消耗原始材料相结构并生成两种或两种以上新相的反应[28]。由于反应发生多个电子转移，普通材料电子结构并不能承受大量电子的注入或脱出，所以材料的晶体结构会发生巨大变化。转化反应正是这样一种持续产生新相的电化学过程，材料结构会在充/放电反应过程中不停变化，而这样的反应可逆性较差。目前铝二次电池常用的转化反应型正极材料主要集中在硫（硫化物）[29]、硒（硒化物）[30]和碲（碲化物）[31]。在离子液体铝二次电池体系中，转化反应一般是铝离子与过渡金属化合物之间的氧化还原反应，涉及铝二元化合物 mAl_nX 的形成和分解。典型的转化机理可以写成如下反应过程[4,32]：
$$M_nX_m+(m\times n)Al^{3+}+3(m\times n)e^-\rightleftharpoons nM+mAl_nX \tag{11-5}$$
其中，M_nX_m 中的 M 表示过渡金属元素，比如 Fe、Cu、V、Ni、Co 等；X 表示 Cl、S、O 等。在上述这个反应过程中，mAl_nX 的形成在热力学上是可行的。

11.2 铝二次电池正极材料的多电子反应

11.2.1 正极材料概述

目前可用作铝二次电池正极材料的有过渡金属氧化物、过渡金属硫化物

（包含单质硫）、过渡金属硒化物（包含单质硒）、碲化物（包含单质碲）、过渡金属磷化物（包含单质磷）、有机物、碳材料等。其中，性能比较突出的是 Cohn 等[33]报道的基于转化反应机理的硫正极，比容量达到 1 400 mAh · g^{-1}，每单个 S 原子可发生接近 1.7 个电子的转移，与理论电子转移数（2 个）非常接近。目前，过渡金属氧化物正极材料中比较有代表性的是 Yan 等[25]报道的基于 MnO_2 电化学转化得到的 Al_xMnO_2 正极，在电流密度 0.1 A · g^{-1}下的比容量为 460 mAh · g^{-1}[25]，发生 1.5 个电子的转移。发生的电化学反应是嵌入机制引发的四价锰（Mn^{4+}）和二价锰（Mn^{2+}）之间的转化。硒化物中比较有代表性的是单质 Se，Zhang 等[34]报道的 Al/Se 电池体系在电流密度 0.1 A · g^{-1}下的比容量可达 1 599 mAh · g^{-1}[34]，总共发生 4.7 个电子的转移（理论电子转移数是 6 个）。除此之外，过渡金属硒化物中比较有代表性的正极材料是 Guan 等[35]报道的硒化锑，在电流密度为 0.5 A · g^{-1}下的放电比容量为 418.8 mAh · g^{-1}[35]。发生的反应是三价锑（Sb^{3+}）和零价锑（Sb^0）的转化，以及负二价硒（Se^{2-}）和零价硒（Se^0）的转化，理论上发生 5 个电子的转移。碲化物中比较有代表性的正极材料是碲单质，Zhang 等[36]报道的碲纳米线在电流密度 0.5 A · g^{-1}下能够产生 1 026 mAh · g^{-1}的比容量[36]，总共发生了 4.9 个电子的转移。理论上发生的反应是四价碲（Te^{4+}）和负二价碲（Te^{2-}）之间 6 个电子的转化。过渡金属磷化物中比较有代表性的正极材料是 Tu 等[37]报道的磷化镍，在电流密度 0.1 A · g^{-1}下的比容量为 274.5 mAh · g^{-1}，发生 1.5 个电子的转移。碳材料中性能比较突出的正极材料是石墨，发生 $AlCl_4^-$ 阴离子的嵌入反应（但不是多电子反应过程）[38]。有机正极材料中性能比较高的是聚苯胺，发生 $AlCl_2^+$ 阳离子的嵌入反应（也不是多电子反应过程）[39]。

11.2.2　过渡金属氧化物正极材料

1. 过渡金属氧化物正极的多电子反应

过渡金属氧化物（transition metal oxides，TMOs）是一类由元素周期表中 d 区和 ds 区的金属元素与氧元素形成的化合物[40]。由于这些金属元素存在多个孤电子对，并且容易失去电子，因此这些金属离子与氧元素能够形成多种多样的化合物。TMOs 一般是由基本的正八面体通过共角或者共边连接而成的，这些八面体配位对 TMOs 的电子结构影响很重要。也正是由于电子结构的可调控性，TMOs 可以作为多种电池体系的正、负极材料。而且由于 TMOs 材料具有理论比容量较高、来源丰富、制备方法多样性等优点，使得 TMOs 越来越受到研究人员的关注。目前报道的铝二次电池 TMOs 正极材料包括 TeO_2[41]、

Bi_2O_3[42]、V_2O_5[22]、Co_3O_4[43]、TiO_2[44]、MoO_3[45]、AlV_3O_9[46]、CuO[47]、MnO_2[48]、WO_3[49]等。大部分层状 TMOs 具有较大的层间距，比较适合用作铝二次电池的正极材料。而且这些 TMOs 的层间距大于 Al^{3+}，但是小于 $AlCl_4^-$，因此，在这些 TMOs 正极材料中，Al^{3+} 更容易嵌入/脱出。相较于单价 Li^+ 的嵌入/脱出反应，多价 Al^{3+} 的嵌入/脱出反应更为复杂。尽管 TMOs 正极具有以上优势，但是想要充分发挥铝二次电池的多电子反应机制，实现更高的比能量，还需要解决一些关键难题。例如，TMOs 在反应过程中容易出现体积膨胀，导致循环性能下降；TMOs 材料本征导电性较差，限制了电化学过程的进行，造成电池的倍率性能下降。因此，需要对 TMOs 材料进行进一步的结构优化。

为了解决上述存在的问题，TMOs 材料的结构优化一般可以从以下几个方面进行：①可以通过与碳材料、导电碳纳米管、石墨烯或者导电聚合物等进行复合，提高材料的电子电导率。同时，这些碳基体也具备多维度、多孔隙率、杂原子掺杂等特点，与 TMOs 之间形成较强的异质作用，共同促进多电子反应。②将 TMOs 材料制备成多孔纳米化材料，多孔结构一方面可以促进离子的传导，另一方面也可以提升 TMOs 基体对体积膨胀带来的应力的抵抗性。纳米结构也可以很大程度上提升与电解液的有效接触面积，促进多电子的界面传输动力学，以及可以释放更多的活性位点来参与多电子反应。③除了与碳材料复合，两种或多种 TMOs 材料之间的复合也是一种提升电池性能的有效手段。由于多种不同的金属之间存在异质结构效应，会在不同金属晶界间形成内置电场，不仅可以促进电子的传导，还可以促进多价离子在材料内部的体相扩散，有效提升电池的倍率性能。④可以通过构建自支撑、不需要黏结剂的一体化电极，避免不导电黏结剂的影响。一体化电极中，材料结构单元之间的电子传输效率也得到提升。因为电子从集流体传输到电极活性层，再在电极活性层间互相转移，都要克服一定的阻力，不使用集流体和导电剂可以降低这些阻力带来的影响。同时，一体电极的制备工艺还有利于电极内部结构的同步优化。

除了对 TMOs 正极的结构与性能优化进行研究外，目前关于 TMOs 正极在铝二次电池中发生的多电子反应机制也受到很多关注。尽管大部分 TMOs 正极材料存在类似的工作机理，但是能够发生的多电子反应机制并不相同。下面以一些报道的 TMOs 正极的电化学性能与发生的多电子反应机制为例进行说明。Zhang 等[47]发现 CuO 微球作为铝二次电池正极时，电池体系在放电过程中的反应如下：

正极：
$$6CuO + 2Al^{3+} + 6e^- \rightleftharpoons 3Cu_2O + Al_2O_3 \tag{11-6}$$

负极：
$$Al + 7AlCl_4^- - 3e^- \rightleftharpoons 4Al_2Cl_7^- \tag{11-7}$$

Lu 等[50]制备的 SnO_2/C 复合材料用于铝二次电池正极时，在电流密度 0.05 $A \cdot g^{-1}$下表现出 370 $mAh \cdot g^{-1}$的比容量，发生 2 个电子的转移。在放电过程中发生的反应过程如下：

正极：$$SnO_2 + 4nAl_2Cl_7^- + 3ne^- \rightleftharpoons Al_nSnO_2 + 7nAlCl_4^- \qquad (11-8)$$

负极：$$Al + 7AlCl_4^- - 3e^- \rightleftharpoons 4Al_2Cl_7^- \qquad (11-9)$$

Li 等[46]构建了一种三维的 AlV_3O_9 多级微球作为铝二次电池正极材料，在 0.1 $A \cdot g^{-1}$电流密度下能够达到 327 $mAh \cdot g^{-1}$的比容量，共发生 4 个电子的转移。在放电过程中发生的多电子转移过程如下：

正极：$$AlV_3O_9 + xAl^{3+} + 3xe^- \rightleftharpoons Al_{1+x-y}V_3O_{9-3y/2} + y/2Al_2O_3 \qquad (11-10)$$

负极：$$Al + 7AlCl_4^- - 3e^- \rightleftharpoons 4Al_2Cl_7^- \qquad (11-11)$$

Xiao 等[43]报道了碳纳米管包覆的 Co_3O_4 纳米颗粒也是一种性能良好的铝二次电池正极材料，在电流密度 0.1 $A \cdot g^{-1}$下的首周放电比容量为 266.3 $mAh \cdot g^{-1}$，发生 2.3 个电子的转移。该电池在放电过程中发生的反应如下：

正极：$$3Co_3O_4 + 8Al^{3+} + 24e^- \rightleftharpoons 9Co + 4Al_2O_3 \qquad (11-12)$$

负极：$$Al + 7AlCl_4^- - 3e^- \rightleftharpoons 4Al_2Cl_7^- \qquad (11-13)$$

Tu 等[41]构建了一种珊瑚状的 TeO_2 材料用作铝二次电池正极，在 0.2 $A \cdot g^{-1}$下的首周放电比容量为 318.9 $mAh \cdot g^{-1}$，发生 1.9 个电子的转移，放电过程中发生的反应如下：

正极：$$TeO_2 + Al^{3+} + 3e^- \rightleftharpoons AlTeO_2 \qquad (11-14)$$

负极：$$Al + 7AlCl_4^- - 3e^- \rightleftharpoons 4Al_2Cl_7^- \qquad (11-15)$$

为了进一步对 TMOs 正极发生的多电子反应机制有更深刻的认识，本节将以 4 种典型的 TMOs 正极材料为例进行介绍。

2. 典型过渡金属氧化物正极的多电子反应机制分析

（1）TiO_2 多电子反应机制分析

二氧化钛（TiO_2）由于丰富的元素储量、高的氧化稳定性和安全性而受到研究者的关注。TiO_2 具有八种不同的晶体结构，在自然界中以锐钛矿型、金红石型与板钛矿型最为常见。锐钛矿型 TiO_2 的晶型归属于四方晶系，晶体结构是由互相连接的 TiO_6 八面体组成的，这些八面体形成了大小合适的能使金属离子嵌入的空间。Liu 等[51]将锐钛矿型 TiO_2 用于水系铝二次电池中，通过对充放电产物进行核磁共振分析和 X 射线光电子能谱（X - ray photoelectron spectroscopy，XPS）分析，证明了 Al^{3+} 在 TiO_2 中的可逆嵌入过程。Koketsu 等[44]发现，基于离子液体电解液的铝二次电池中，与原始 TiO_2 相比，阳离子

缺陷型锐钛矿 TiO_2 可获得更大的比容量。通过增大材料的孔隙率可以有效提升金属离子在电极材料中的扩散速率，缩短金属离子在电极主体材料内的扩散距离，使电极材料具有更高的利用率，从而使得电池具有更高的比容量和比能量。Kazazi 等[52]合成具有高介孔结构的 TiO_2 纳米球，比表面积达到 179.9 $m^2 \cdot g^{-1}$，约为商业 TiO_2 的 3.6 倍。多孔 TiO_2 纳米球表现出较高的比容量和较好的倍率性能。

虽然目前已有研究表明 TiO_2 是铝二次电池良好的正极材料，但是关于 TiO_2 的储铝机制的研究却比较少。朱娜等[53]设计了一种具有大比表面积的介孔 TiO_2 颗粒（Mesoporous - TiO_2，M - TiO_2，如图 11.4（a）所示），该结构有助于离子液体电解液的接触，能够更直观地研究基于离子液体电解液的 TiO_2 正极的储铝反应机制。基于 M - TiO_2 正极的铝二次电池的充放电曲线如图 11.4（b）所示。在放电过程中，存在明显较长的电压平台（0.5 V vs. Al/Al^{3+}），这归因于 Al^{3+} 嵌入 TiO_2 中并形成了 Al_xTiO_2。充电过程中，约 0.7 V（vs. Al/Al^{3+}）的电压平台则对应于 Al^{3+} 从 Al_xTiO_2 中的脱出。图 11.4（c）~（e）是几种元素在不同充放电状态下的 XPS 能谱。如图 11.4（c）所示，Ti $2p_{3/2}$ 在放电前只存在一个位于 459.8 eV 处对应 Ti^{4+} 的峰，放电后产生两个分别位于 459.9 eV 和 459.5 eV 的峰，这表明 Ti^{4+} 被还原为 Ti^{3+}。因此，在放电过程中，即在 Al^{3+} 的嵌入过程中，为了保持电荷平衡，Ti 的化合价相应地降低。而在充电过程中，一些 Ti^{3+} 被氧化成了 Ti^{4+}。放电后，在 75.4 eV 处有一个 Al 2p 的峰（图 11.4（d）），也证明在放电过程中 Al^{3+} 的嵌入过程。O 1s 能谱（图 11.4（e））显示有两个峰，分别位于 531.6 eV（Ti—H—O 或 H_2O 或 C ═O）和 530 eV（Ti—O）。放电后，Ti—O 的峰移动到较低的结合能，这是由于形成了 Al_xTiO_2，Ti 和 O 的连接方式从双键变为单键。综上所述，M - TiO_2 充放电过程中化合价的变化证明了在离子液体电解液基铝二次电池中，发生了可逆脱嵌 Al^{3+} 的储铝机制。

基于以上结果，TiO_2/Al 电池在放电过程中 Al^{3+} 的存储机理可表示为：

正极：$$TiO_2 + 4xAl_2Cl_7^- + 3xe^- \rightleftharpoons Al_xTiO_2 + 7xAlCl_4^- \quad (x<1) \tag{11-16}$$

负极：$$Al + 7AlCl_4^- - 3e^- \rightleftharpoons 4Al_2Cl_7^- \tag{11-17}$$

此处，x 表示嵌入 M - TiO_2 中的 Al^{3+} 的摩尔比。在放电过程中，离子液体电解液将在正极材料界面处发生 $Al_2Cl_7^-$ 的溶解反应，生成的 Al^{3+} 嵌入 M - TiO_2 正极中；负极则发生 Al 和 $AlCl_4^-$ 的反应，生成 $Al_2Cl_7^-$。

（2）V_2O_5 多电子反应机制分析

五氧化二钒（V_2O_5）具有典型的层状结构，高价态钒的氧化还原电位较

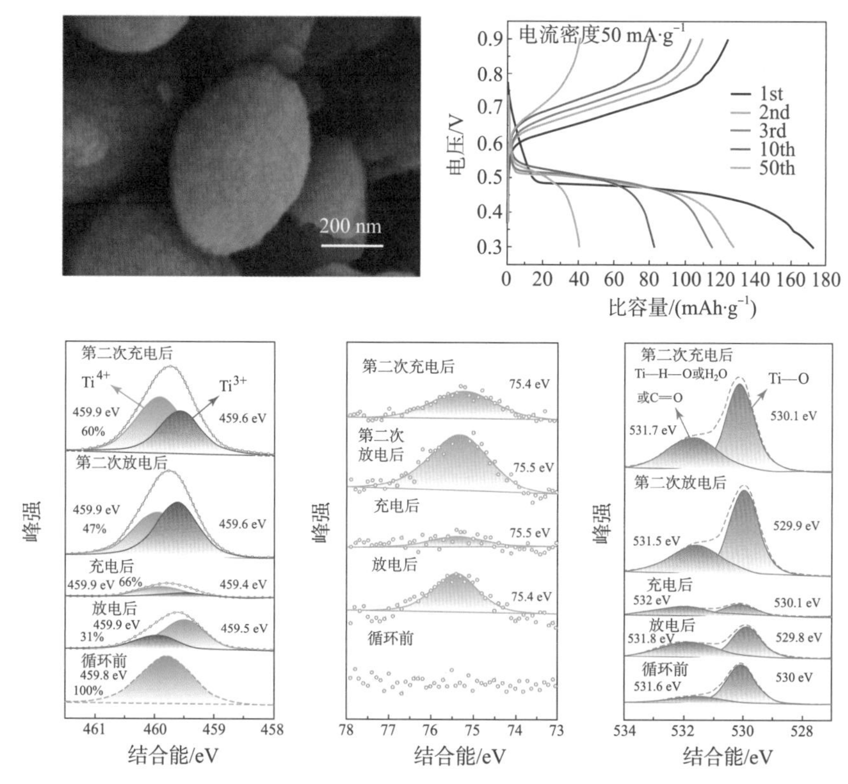

图 11.4　（a）M－TiO_2 的扫描电镜图（Scanning Electron Microscope，SEM）；（b）恒电流充放电曲线；（c）Ti $2p_{3/2}$、（d）Al 2p、（e）O 1s[53] 在不同放电和充电状态下的非原位 XPS 能谱

高，因此 V_2O_5 也适合作为铝二次电池的嵌入型正极材料。Jayaprakash 等[22]用水热法合成了钒氧化物纳米线，并作为正极材料构建了具有稳定充放电性能的铝二次电池。铝二次电池首周放电容量为 305 mAh · g^{-1}，该过程发生 2.1 个电子的转移。基于放电容量的计算，作者认为放电时每个 V_2O_5 分子可以嵌入 0.7 个 Al^{3+}，形成放电产物 $Al_{0.7}V_2O_5$。王华丽等[54]通过直接在泡沫镍上生长 V_2O_5，得到了无须使用黏结剂和导电剂的自支撑 V_2O_5 一体化电极，在电流密度为 0.044 A · g^{-1}时，容量为 239 mAh · g^{-1}，发生 1.6 个电子转移。自支撑 V_2O_5 电极的优异电化学性能归因于活性物质直接生长在导电集电器上，改善了电极的导电性，三维导电网络增加了活性材料的活性位点，从而增加了电池的放电容量。王华丽等[40]进一步制备了开放结构的 $V_2O_5 \cdot nH_2O$ 纳米片，作为铝二次电池正极材料时，在 0.1 A · g^{-1}的电流密度下循环 100 周后，容量仍然保留 80 $mAh \cdot g^{-1}$。

谷思辰等[55]深入探讨了 V_2O_5 的储铝电化学过程。首先通过恒电流间歇滴定技术（Galvanostatic Intermittent Titration Technique，GITT）研究了 V_2O_5 在储铝过程中的动力学行为。通过 GITT 可以得到充放电过程中的过电位，这反映的是电化学反应的动力学性能。充放电的过电位 $\eta_{dis/cha}$ 可以根据图 11.5 及方程（11－18）、方程（11－19）得到：

$$n_{dis} = U_{eq} - U_{dis} \tag{11-18}$$

$$n_{cha} = U_{cha} - U_{eq} \tag{11-19}$$

式中，U_{eq} 为充放电至不同深度的开路电位；U_{dis} 和 U_{cha} 为相应充放电深度的恒流充放电电位。$\eta_{dis/cha}$ 随充放电深度的变化如图 11.5 所示。首周放电时，V_2O_5 嵌铝逐渐转变成 $Al_xV_2O_5$，当 $x \leqslant 0.0792$ 时，η_{dis} 逐渐由从 0.501 V 增加到 0.617 V，当 $0.0792 \leqslant x \leqslant 0.181$ 时，η_{dis} 先下降至 0.461 V，随后继续上升至 0.866 V。可以看出，首周放电的过电位并非连续的，这可能是脱嵌和相变两种机制转变造成的动力学差异。第四周的过电位随着嵌铝深度而增加，并且趋势单一，说明第四周的化学反应是单一的相变反应，不存在反应机制的转变。从总趋势来看，V_2O_5/Al 电池的 $\eta_{dis/cha}$ 较高，并且随着嵌铝深度而增加，说明 Al^{3+} 在正极材料中扩散较慢，动力学性能差，Al^{3+} 的嵌入还会导致动力性能继续下降。

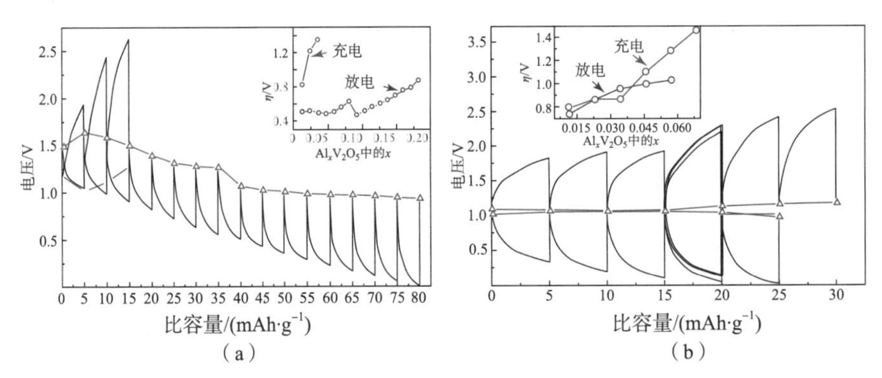

图 11.5　(a) 首周 GITT 图，插图表示不同充放电深度的过电位；(b) 第四周 GITT 图，插图表示不同充放电深度的过电位[55]

进一步通过 XPS、X 射线衍射（X－Ray Diffraction，XRD）对正极充放电过程的价态、结构变化进行表征，来判断具体的电化学反应过程。从图 11.6（a）~（d）可知，放电后，V $2p_{3/2}$ 由 517.5 eV 降低至 516.4 eV，说明 V_2O_5 中的 V^{5+} 价态降低至 V^{4+}，充电后形成了 517.1 eV(V^{5+}) 和 515.3 eV(V^{3+}) 两个峰，

说明只有部分 V^{4+} 重新被氧化成了 V^{5+}。放电后材料中出现了 Al 元素，说明放电时 Al^{3+} 嵌入了 V_2O_5 纳米线中。以上元素的价态变化说明放电时发生了 Al^{3+} 嵌入 V_2O_5 中形成 $Al_xV_2O_5$ 的反应。首周充放电时，在 XRD（图 11.7（a））中最明显的是（101）峰的变化。刚开始放电时，（101）峰从 21.7°移至 21.1°并保持至放电完全，直到充电至 2.0 V 时才分裂成 21.6°和 21.1°。（101）峰的变化是由于 Al^{3+} 嵌入 V_2O_5 导致的。由第 5 周和第 10 周的 XRD 谱（图 11.7（b））可以看出，在相变反应过程中，（001）峰的强度在放电时增强，在充电时减弱。这种有规律的（001）峰变化也证明了嵌铝的相变反应是高度可逆的。

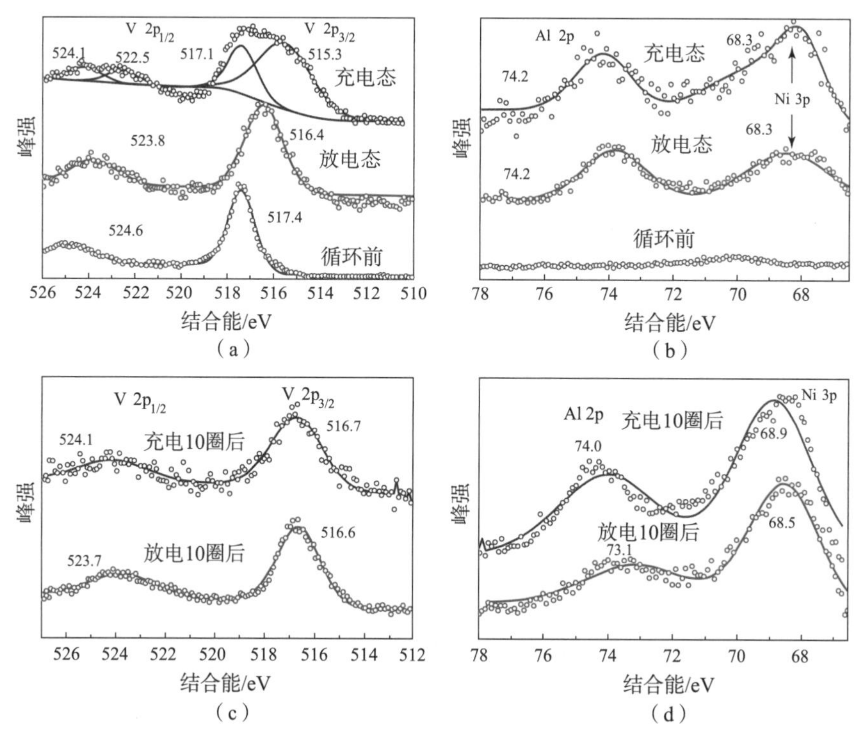

图 11.6　（a，c）V 2p 在充放电至不同状态下的 XPS 谱图；
（b，d）Al 2p 在充放电至不同状态的 XPS 谱图[55]

基于 XRD 和 XPS 谱图的结果，可以总结出 V_2O_5 在电化学反应中嵌 Al^{3+} 的过程。Al^{3+} 从 $Al_2Cl_7^-$ 中解离，然后嵌入 V_2O_5 的主晶格中，在 V_2O_5 纳米线边缘形成非晶态层状化合物。此外，Al^{3+} 的嵌入也引起了 V_2O_5 纳米线的氧化还原反应和结构变化，在接下来的充电过程中，在 V_2O_5 纳米线表面形成一个新相。在之后的可逆充放电过程中，整个电池系统经历可逆相变反应。反应机理可以如下式描述：

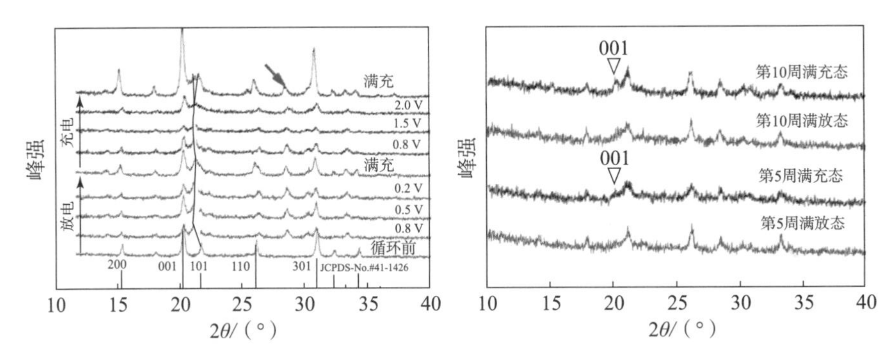

图 11.7 (a) 首周放电和充电过程中的 XRD 谱图，图中黑色折线标记了 (101) 峰在充放电过程中的变化，红色箭头标记了电化学反应后出现的 28.5°的新峰；(b) 第 5 周和第 10 周充放电后的 XRD 谱，倒三角标志标记了 (001) 峰在充放电过程中的变化[55] (附彩图)

$$V_2O_5 + 4xAl_2Cl_7^- + 3xe^- \rightleftharpoons Al_xV_2O_5\ (\text{非晶}) + 7xAlCl_4^- \quad (11-20)$$

$$Al_yV_2O_5 + 4(x-y)Al_2Cl_7^- + 3(x-y)e^- \rightleftharpoons Al_xV_2O_5\ (\text{非晶}) + 7(x-y)AlCl_4^-$$
$$(y \leqslant x) \quad (11-21)$$

(3) $Al_xMnO_2 \cdot nH_2O$ 多电子反应机制分析

锰是地壳中含量比较丰富的元素，锰及锰基化合物的应用已经非常广泛，可以用作炼铁炼钢的脱硫剂与脱氧剂、分子筛、催化剂以及二次电池的正极材料。二氧化锰 (MnO_2) 的晶体结构是由八面体结构单元 MnO_6 通过共边或者共角的方式连接在一起形成的隧道状、层状等结构。Zhao 等[48]发现，MnO_2 基水系铝二次电池放电比容量为 380 mAh · g^{-1}，发生 1.2 个电子的转移。He 等[56]在此基础上通过在电解液中加入含 Mn^{2+} 的物质来降低锰在电池循环中的溶解，从而提高电池的电化学性能。在电解液中加入 0.5 mol · L^{-1} $MnSO_4$ 后，电池的电化学性能得到较大的提高，电池循环第二周的放电比容量可以达到 554 mAh · g^{-1}，发生 1.8 个电子转移。

此外，正极材料结构中结晶水可以屏蔽 Al^{3+} 的电荷，因此含水的材料比不含水的具有更好的电化学性能。构建含结晶水的正极材料也是提升铝二次电池电化学性能的一种思路[40]。锰氧化物在水溶液中，在电流作用下可以发生一种特殊的逆热力学自发方向的由尖晶石相转变为层状相的反应，生成含水量高、层间距大的层状水软锰矿 MnO_2。这种通过电化学转化方法生成的水软锰矿型材料具有较高的比表面积，层间距为 7.1 Å，层状结构中的水分子可以很好地屏蔽高价离子导致的静电力，是一种理想的嵌高价离子的正极材料。谷思辰等[24]基于这种尖晶石 - 层状电化学转化反应机理，通过电化学转化从 Mn_3O_4 合成了一种新的锰氧化物 $Al_xMnO_2 \cdot nH_2O$，并以此构建了一种新型水系

铝二次电池体系 $Al/Al(OTF)_3-H_2O/Al_xMnO_2\cdot nH_2O$。一方面，锰氧化物具有较高的嵌铝电压，使得电池获得了 1.2 V 的高放电电压；另一方面，正极材料中的水分子可以很好地屏蔽 Al^{3+} 和材料晶格内的静电力，使嵌铝过程具有很好的可逆性，从而使电池具有较好的循环性能。如图 11.8（a）和（b）所示，$Al/Al(OTF)_3-H_2O/Al_xMnO_2\cdot nH_2O$ 电池的放电容量为 467 $mAh\cdot g^{-1}$，发生接近 4 个电子的转移。循环 20 周和 50 周后，容量保持率为 72% 和 58%。

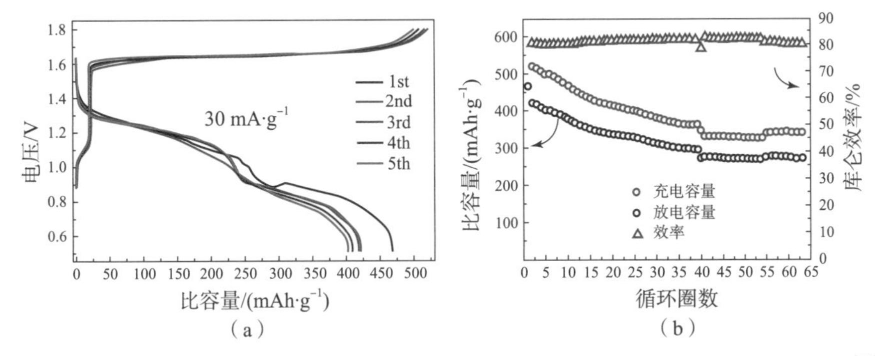

图 11.8　（a）$Al/Al(OTF)_3-H_2O/Al_xMnO_2\cdot nH_2O$ 的充放电曲线；（b）循环性能曲线[24]

为进一步明确 $Al/Al(OTF)_3-H_2O/Al_xMnO_2\cdot nH_2O$ 电池实现超高比容量的多电子反应机制，谷思辰等[24]从水溶性电解液的充放电环境和 Al^{3+} 的脱嵌两方面考虑并设计对照实验。为排除 H_3O^+ 在 $Al/Al(OTF)_3-H_2O/Al_xMnO_2\cdot nH_2O$ 电池充放电过程中贡献容量的可能性，使用不含 Al^{3+} 的 $HOTF-H_2O$(3.16 $mol\cdot L^{-1}$) 组装 $CFP/HOTF-H_2O/Mn_3O_4$ 和 $CFP/HOTF-H_2O/Al_xMnO_2\cdot nH_2O$ 两种电池（其中，CFP 指的是碳纤维纸（carbon fiber paper））。测试结果如图 11.9（a）~（d）所示。在该电池中，电解液和电极材料中都不含有 Al^{3+}，虽然电池在充电时有一个 0.81 V 的超长充电平台，但无任何放电容量，说明 H_3O^+ 无法嵌入锰氧化物中获得放电容量，这个实验证明了只有 Al^{3+} 嵌入正极材料才能获得放电容量。为探索只有少量 Al^{3+} 的电池的电化学性能，使用铝片作为对电极，装成了 $Al/HOTF-H_2O/Mn_3O_4$ 电池。虽然 $HOTF-H_2O$ 电解液中没有 Al^{3+}，但电解液可以通过溶解负极 Al 金属获得少量的 Al^{3+}。如图 11.9（b）和（d）所示，当电池体系中有少量 Al^{3+} 时，电池放电容量为 30 $mAh\cdot g^{-1}$，且充电平台升高到了 1.4 V。这个充放电曲线形状和充放电电位已经与 $Al/Al(OTF)_3-H_2O/Al_xMnO_2\cdot nH_2O$ 电池的接近。这个对照实验再次证明，只有电解液中含有 Al^{3+}，电池才能循环充放并得到典型的充放电平台；只有 Al^{3+} 嵌入正极材料，才能获得放电容量。

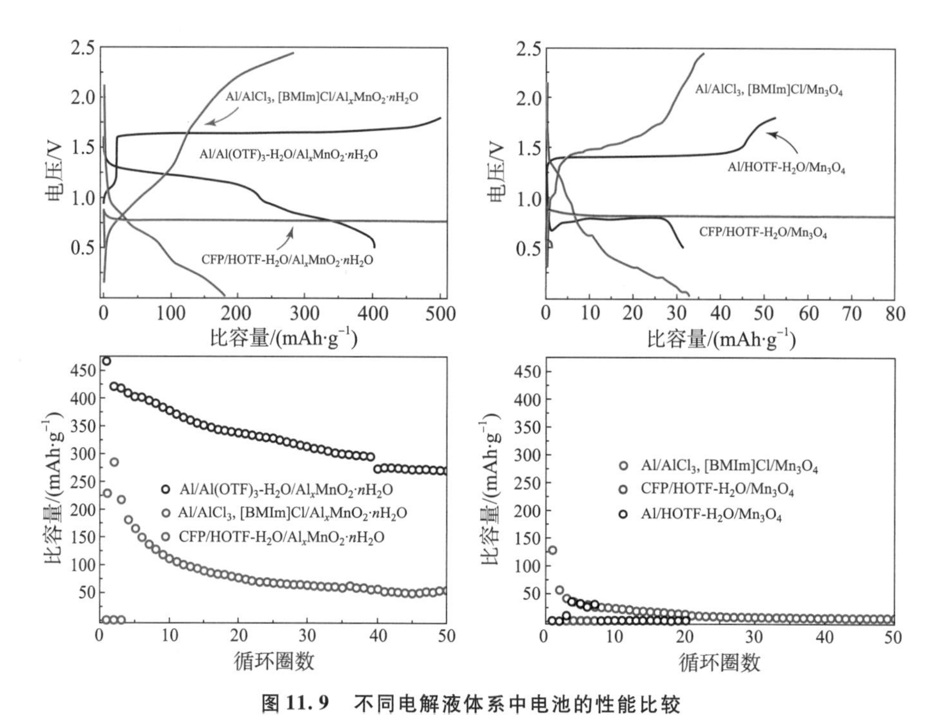

图 11.9　不同电解液体系中电池的性能比较

(a)，(b) 不同电池的充放电曲线对比；(c)，(d) 循环性能对比[24]

为了明确放电过程中 Al^{3+} 在材料中的嵌入，使用透射电镜能谱仪对 $Al_xMnO_2 \cdot nH_2O$ 电极在放电前后进行元素比例检测。放电前后 $Al_xMnO_2 \cdot nH_2O$ 的 Al/Mn 比例为 0.106 6，充电后 Al/Mn 比例升高至 0.545 6。基于充放电前后 Al/Mn 比例的变化和电化学反应方程：

$$Al_xMnO_2 \cdot nH_2O + (y-x)Al^{3+} + 3(y-x)e^- \rightleftharpoons Al_yMnO_2 \cdot nH_2O \tag{11-22}$$

可以计算得到 $Al_xMnO_2 \cdot nH_2O$ 嵌 Al^{3+} 的理论比容量为 462 mAh·g⁻¹，这与实验所得的 467 mAh·g⁻¹一致，说明 Al^{3+} 在正极材料中的嵌入反应正是放电的电化学反应。在充电过程中，基于法拉第第一定律，一定有正离子从材料中脱出，将 $Al/Al(OTF)_3-H_2O/Al_xMnO_2 \cdot nH_2O$ 体系中所有可能的正极反应考虑在内，依次进行分析讨论。所有可能的正极充电反应方程式为：

$$Al_xMnO_2 \cdot nH_2O - 3(y-x)e^- \rightleftharpoons Al_yMnO_2 \cdot nH_2O + (x-y)Al^{3+} \tag{11-23}$$

$$Al_xMnO_2 \cdot nH_2O - 2(1-k)e^- \rightleftharpoons Al_xMn_kO_2 \cdot nH_2O + (1-k)Mn^{2+} \tag{11-24}$$

$$Al_xMnO_2 \cdot nH_2O - 2e^- \rightarrow Al_xMnO_3 \cdot (n-1)H_2O + 2H^+ \quad (11-25)$$

反应式（11－23）是 Mn^{2+} 在正极材料中的溶出反应，如果充电过程中发生该反应，则充电 500 mAh · g^{-1}（第二周充电比容量）会导致正极材料中损失 30% 的 Mn 元素。反应式（11－24）持续进行会导致正极材料的不断损失和比容量的急剧下降，在循环至第 5 周后，比容量会降低至 0。由于 H^+ 并不能在放电时嵌入正极材料中贡献放电比容量，反应式（11－25）是一个不可逆的反应，并且会导致正极材料中 Mn 元素价态不断上升，从而使得电池的充放电电位不断上升。而 Mn 元素的最高价态为 Mn（Ⅶ），如果该反应是充电反应，则电池最高只能充电 1 300 mAh · g^{-1}，按照 $Al/Al(OTF)_3-H_2O/Al_xMnO_2 \cdot nH_2O$ 电池的充电容量来算，最多只能充电 3 周就无法再继续循环。显然以上现象并未在 $Al/Al(OTF)_3-H_2O/Al_xMnO_2 \cdot nH_2O$ 电池中出现，所以只有反应式（11－23）Al^{3+} 从正极材料中脱出的过程，才是主导充电反应的电化学过程。反应式（11－24）和式（11－25）可能是充电过程中的副反应，并非是贡献充电容量的主要反应。综合可以得出结论：Al^{3+} 的可逆脱嵌反应是 $Al/Al(OTF)_3-H_2O/Al_xMnO_2 \cdot nH_2O$ 电池的充放电反应，也是这个水系电解液电池实现高能量密度充放电的机理。

（4）$CoSnO_3$ 多电子反应机制分析

尽管目前已经报道的金属氧化物具有较高的初始放电比容量，但由于循环过程中材料体积变化大，以及动力学和热力学的限制，倍率性能和循环性能仍然不够理想。针对这些问题，可以通过构建具有可控形貌的多孔纳米结构或者与碳材料形成复合结构，来促进循环过程中金属氧化物结构的完整性。为了改善过渡金属氧化物在铝二次电池中的循环性能，也需要设计新型结构的过渡金属氧化物正极材料。含有两种不同金属阳离子的混合过渡金属氧化物（Mixed transition－metal oxides，MTMOs），由于原子混合基体有助于在体积变化过程中调节电极内应力，因此 MTMOs 具有良好的可逆性和优异的结构稳定性。郭帅楠等[57]设计了一种富含氧空位的钙钛矿结构 $CoSnO_3/C$ 立方体（图 11.10（a）和（b）），并作为铝二次电池正极材料。如图 11.10（c）和（d）所示，在 0.1 A · g^{-1} 的电流密度下，$CoSnO_3/C$ 的初始比容量达到了 292.1 mAh · g^{-1}，该过程发生了 2.5 个电子转移。循环 100 周后，比容量仍然有 237.1 mAh · g^{-1}。这种 $CoSnO_3/C$ 正极之所以具有优异的存储比容量和倍率性能，是由于大量氧空位、大的比表面积和丰富介孔的存在促进了离子在主体材料中的传输。而良好的循环性能是由于 $CoSnO_3/C$ 的内在结构稳定性和碳层的保护。

$CoSnO_3/C$ 电极的反应过程通过测试不同充放电状态下的 Co 2p 和 Sn 3d 的 XPS 能谱进行判断。如图 11.11（a）和（b）所示，放电过程中 $CoSnO_3/C$ 的

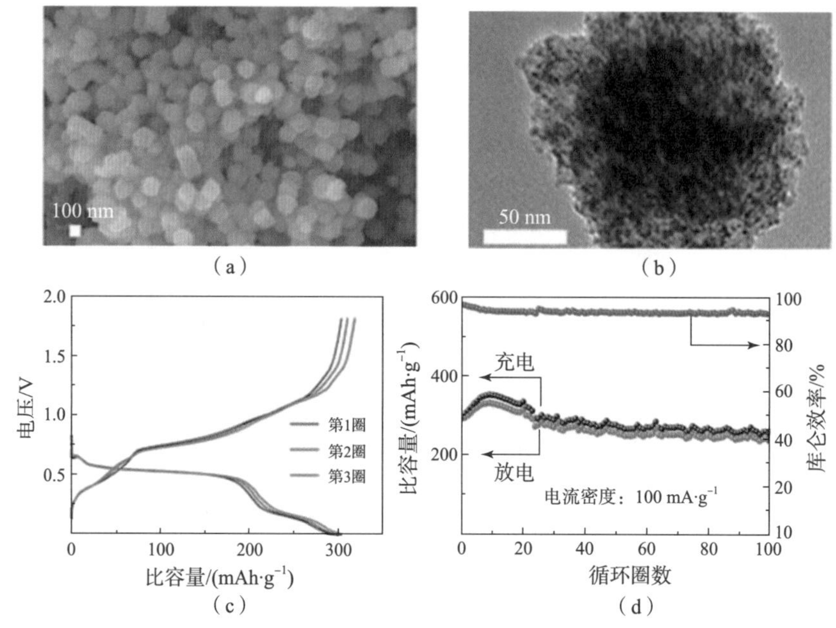

图 11.10 $CoSnO_3$/C 电极的（a）SEM 图；（b）TEM 图；

（c）在 0.1 $A\cdot g^{-1}$ 电流密度下的前三周充放电曲线；（d）循环性能曲线[57]

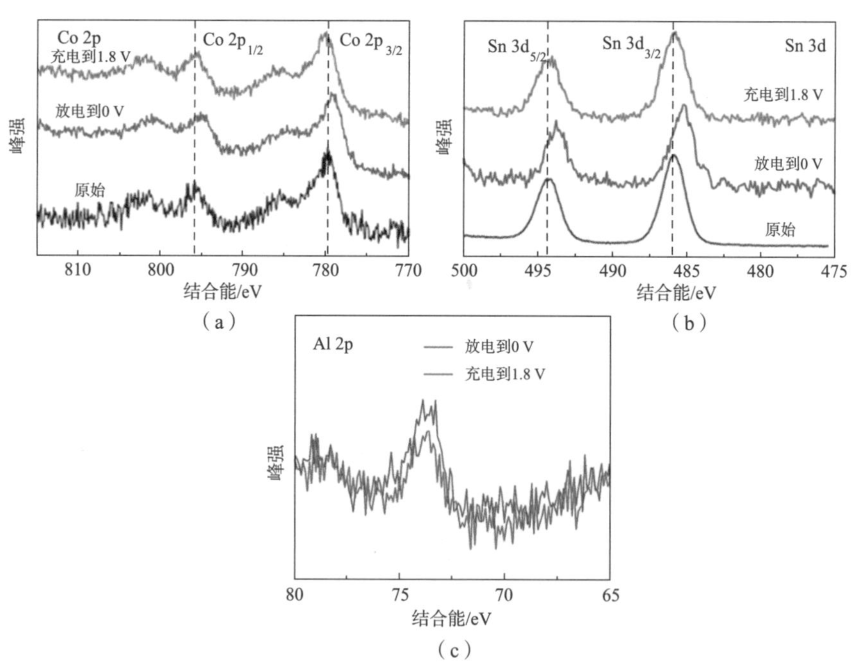

图 11.11 $CoSnO_3$/C 样品中不同元素在不同充放电状态的 XPS 能谱

（a）Co 2p；（b）Sn 3d；（c）Al 2p[57]

Co 2p 和 Sn 3d 的结合能向低价态偏移，这可能是由于 Al^{3+} 的嵌入导致价态变化。而当处于完全充电状态时，$CoSnO_3/C$ 的 Co 2p 和 Sn 3d 的结合能谱向高价态偏移，回到了未经循环时的位置，这是因为在充电过程中 Al^{3+} 从 $CoSnO_3/C$ 电极中脱出。根据图 11.11（c）中 Al 2p 的结合能谱，可以发现完全放电状态下 Al 的 2p 峰值强于充电状态，表明是 Al^{3+}（不是 $AlCl_4^-$）嵌入 $CoSnO_3/C$ 电极中。基于以上分析，$Al/(CoSnO_3/C)$ 电池的电化学反应过程如下：

正极：
$$CoSnO_3 + xAl^{3+} + 3xe^- \rightleftharpoons Al_xCoSnO_3 \tag{11-26}$$

负极：
$$Al + 7AlCl_4^- - 3e^- \rightleftharpoons 4Al_2Cl_7^- \tag{11-27}$$

11.2.3　过渡金属硫/硒化物正极材料

1. 过渡金属硫化物正极材料的多电子反应

相比于过渡金属氧化物，过渡金属硫化物（transition metal sulfide，TMS）中硫元素的电负性比氧元素的弱，Al^{3+} 嵌入其中所受的静电力较小，所以 TMS 材料更容易实现铝离子的可逆脱嵌[58]。与过渡金属氧化物材料相比，TMS 材料具备更高的热稳定性、力学性能和电子电导率。层状 TMS 具有类石墨结构，具备良好的电子传导速率和离子传导速率、丰富的电化学活性位点。非层状的 TMS 材料通过体相发生的多电子氧化还原反应，能够赋予铝二次电池较高的比容量。得益于 TMS 材料自身灵活多变的结构特性，对这些材料进行改性优化相对比较容易。TMS 用作铝二次电池正极存在的问题是材料自身结构的稳定性不足，在电池循环过程中容易发生体积膨胀、破裂、粉碎，并最终失活。为了解决这些问题，可以从以下几个方面进行结构优化：①与碳材料复合构建纳米复合 TMS/C 材料，可以缩短离子的传输路径，暴露更多的活性位点，提升材料整体的导电性和结构稳定性。②构建独特的孔结构或纳米形貌，比如构建中空纳米多孔材料，能够提供内部空间来缓解体积膨胀带来的应变，提升 TMS 的结构稳定性。③对材料的组分、晶体结构进行优化，比如缺陷工程、杂原子掺杂，可以改变材料的晶体结构、电子结构，促进电子/离子的转移动力学，提升 TMS 的电化学活性。构建双金属或多元金属硫化物也有利于提升材料的导电性、电化学活性以及力学性能，由于在异质界面处会产生局部内置电场，电子、离子在界面处的传导得以快速提升。④通过结构改性提升材料的层间距，降低金属离子在材料内部的扩散传输阻力，也能够提升材料的电化学性能。⑤优化与 TMS 材料相匹配的电解液，构建稳定的电极电解液界面，也是提升电池稳定性的重要手段。总体而言，TMS 正极的多电子效应有利于提升铝二次电池的能量密度，合理的结构优化、组分改性、电解液适配非常重要。

Chevrel 相的 Mo_6S_8 是较早被报道用作离子液体电解液基铝二次电池的正极材料。Chevrel 相 Mo_6S_8 由 Mo_6S_8 原子簇堆叠而成，Mo_6S_8 原子簇中 8 个 S 原子占据立方体的顶点，6 个 Mo 原子占据该立方体的面心。在硫原子间隙中有三个位点可供 Al^{3+} 嵌入。Geng 等[59]发现 Mo_6S_8 的首周放电容量为 148 $mAh \cdot g^{-1}$，但充电容量仅为 85 $mAh \cdot g^{-1}$，说明首周存在不可逆过程。首周之后的容量保持率较好，50 周后放电容量仍有 70 $mAh \cdot g^{-1}$。在 0.012 $A \cdot g^{-1}$的电流密度下，Mo_6S_8 具有 0.55 V 和 0.37 V 两个清晰的放电平台（图 11.12），说明 Al^{3+} 嵌入 Mo_6S_8 分为两步反应，该电池体系的电化学反应过程如下：

正极：$$Mo_6S_8 + 8Al_2Cl_7^- + 6e^- \rightleftharpoons Al_2Mo_6S_8 + 14AlCl_4^- \quad (11-28)$$

负极：$$Al + 7AlCl_4^- - 3e^- \rightleftharpoons 4Al_2Cl_7^- \quad (11-29)$$

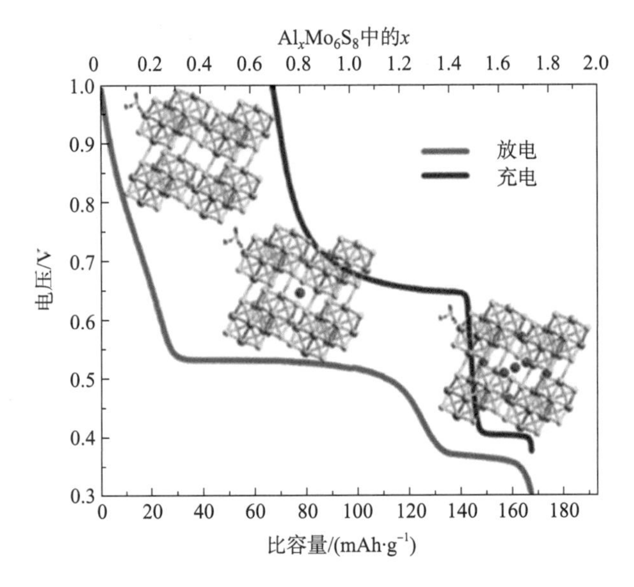

图 11.12　嵌铝 Mo_6S_8 的成分与比容量的关系曲线[59]

镍基硫化物也是良好的铝二次电池的正极材料，比如 Ni_3S_3 纳米材料、NiS 纳米带。Wang 等[29]发现 Ni_3S_3 首周放电容量可达 350 $mAh \cdot g^{-1}$，发生 3.5 个电子转移。100 周循环后，放电容量仅剩 60 $mAh \cdot g^{-1}$，说明电极材料的稳定性较差。Yu 等[60]报道的 NiS 纳米带能够稳定循环 100 周，容量保持率达到 99%，良好的循环性能可能与 NiS 特殊的纳米带结构有关。Ni_3S_2 在充电过程中的反应式为：

正极：$$3Ni_3S_2 + 2Al^{3+} + 12Cl^- - 6e^- \rightleftharpoons 3NiS + 6NiCl_2 + Al_2S_3 \quad (11-30)$$

负极：$$4Al_2Cl_7^- + 3e^- \rightleftharpoons Al + 7AlCl_4^- \quad (11-31)$$

钴基硫化物也是一种原料来源广泛、制备工艺多样、结构易于调控、成本较低的铝二次电池正极材料，而且具备较高的理论比容量、电子电导率及良好的热稳定性。目前常见的钴基硫化物包括 Co_9S_8、CoS、Co_3S_4、CoS_2 等。比如，Li 等[61]用水热法合成的 Co_3S_4 微球作为铝二次电池的正极材料，在电流密度为 0.05 A·g^{-1}时，比容量达到了 287.9 mAh·g^{-1}，发生 3.3 个电子的转移。该电池放电过程的反应式如下：

正极：$$Co_3S_4 + xAl^{3+} + 3xe^- \rightleftharpoons Al_xCo_3S_4\ (x<1) \tag{11-32}$$

负极：$$Al + 7AlCl_4^- - 3e^- \rightleftharpoons 4Al_2Cl_7^- \tag{11-33}$$

锡基硫化物由于具备较高的理论比容量以及特殊的结构，近年来也受到了广泛关注。比如 SnS_2，是一种 CdI_2 型的层状结构的材料，两个硫原子夹住一个锡原子组成一个类三明治结构，每个锡原子周围有六个硫原子，形成八面体，而金属锡原子位于两层硫原子之间，层内通过较弱的范德华力结合。这种层状结构存在较大的晶格空位，有助于离子的脱嵌过程。Hu 等[62]研究表明，SnS_2 作为铝二次电池的正极时，在电流密度 0.1 A·g^{-1}时，能够产生 392 mAh·g^{-1}的比容量，发生 2.7 个电子的转移。由于 SnS_2 良好的层状结构，离子在层间的脱嵌可逆性好，因此也具有良好的倍率性能。电池在充电过程中的反应如下[62]：

正极：$$SnS_2 + nAlCl_4^- - ne^- \rightleftharpoons SnS_2(AlCl_4)_n \tag{11-34}$$

负极：$$4Al_2Cl_7^- + 3e^- \rightleftharpoons Al + 7AlCl_4^- \tag{11-35}$$

相比于上面几种金属硫化物（Ni、Co 等都是价格高昂的金属原料），基于金属 Cu、Fe 的硫化物则更具备低成本的优势。因此，发展高性能 Cu、Fe 基硫化物正极也很关键。Wang 等[63]设计了一种三维多孔的 CuS 纳米球，该球体由大量的 CuS 纳米片组装而成，形成了多维度、多级层次的正极材料。CuS 纳米球作为铝二次电池正极，具有良好的稳定性，首圈放电比容量为 240 mAh·g^{-1}。该电池体系放电过程中发生的电化学过程为：

正极：$$6CuS + 2Al^{3+} + 6e^- \rightleftharpoons 3Cu_2S + Al_2S_3 \tag{11-36}$$

负极：$$Al + 7AlCl_4^- - 3e^- \rightleftharpoons 4Al_2Cl_7^- \tag{11-37}$$

Mori 等[64]探究了 FeS_2 作为铝二次电池正极的性能，发现该材料具有较高的初始放电比容量，超过 600 mAh·g^{-1}，发生 2.7 个电子的转移。

类石墨层状的过渡金属硫化物具有优异的电子/离子传输性能、可调控的电子结构及可调的层间距等优点。VS_4、MoS_2、WS_2 属于这种典型的硫化物，但是各自的本征电子性质不一样，MoS_2、WS_2 是半导体特性，VS_4 则更倾向于金属态特性。这些性质使得这类材料具有高的表面活性、较小的电子/离子传输能垒，可以为离子提供更多的活性位点以及传输通道。比如，Zhang 等[65]将 VS_4 纳米花作为铝二次电池的正极，在 0.1 $A \cdot g^{-1}$电流密度下，首圈放电容量可达 460.9 $mAh \cdot g^{-1}$，发生 3.1 个电子的转移。Xing 等[66]发现，VS_4 纳米线作为铝二次电池的正极材料具备优异的倍率性能，0.1 $A \cdot g^{-1}$电流密度下的可逆比容量为 252.5 $mAh \cdot g^{-1}$，发生 1.7 个电子转移，而 0.8 $A \cdot g^{-1}$电流密度下仍然保持 103.3 $mAh \cdot g^{-1}$的比容量。该电池体系在放电过程中的反应为：

正极：
$$VS_4 + xAl^{3+} + 3xe^- \rightleftharpoons Al_xVS_4 \tag{11-38}$$

负极：
$$Al + 7AlCl_4^- - 3e^- \rightleftharpoons 4Al_2Cl_7^- \tag{11-39}$$

MoS_2 作为典型的过渡金属硫化物，具有类石墨的二维片层结构，层间距（0.62 nm）高于石墨（0.34 nm），可以为铝离子的嵌入提供更多的空间并且可以降低铝离子的扩散势垒。Li 等[67]通过水热和煅烧的方法制备了 MoS_2 纳米微球并作为铝二次电池正极材料，在电流密度 0.02 $A \cdot g^{-1}$下，放电比容量达到了 253.6 $mAh \cdot g^{-1}$，发生 1.5 个电子转移。Yang 等[68]通过静电纺丝和煅烧的方法合成了柔性的 MoS_2/C 纳米纤维复合材料并用作铝二次电池正极材料，在 0.1 $A \cdot g^{-1}$的电流密度下，初始放电比容量达到了 293.2 $mAh \cdot g^{-1}$，发生 1.8 个电子转移。Tan 等[69]通过水热和煅烧的方法制备了还原氧化石墨烯（reduced graphene oxide，rGO）与 MoS_2 的复合材料（MoS_2/rGO），将其作为铝二次电池正极材料，在电流密度 1 $A \cdot g^{-1}$下，首周放电比容量达 278.1 $mAh \cdot g^{-1}$，发生 1.7 个电子转移。郭帅楠等[70]通过水热和高温煅烧的方法得到层间距较大的 MoS_2/C 复合材料，其具备超薄纳米片组装的三维分级银耳状结构（图 11.13（a）和（b））。三维分级的多孔纳米结构一方面有利于避免 MoS_2 在充放电过程中的团聚，以及缓冲循环过程中造成的体积膨胀；另一方面，能够提供更多的电化学活性位点，缩短离子的传输距离。碳包覆层的存在还可以提高 MoS_2 的导电性。图 11.13（c）所示是不同电流密度下的充放电曲线，可以看到在 0.4 V 左右有着明显的放电电压平台。图 11.13（d）显示了 MoS_2/C 在不同电流密度下的比容量，在 0.3 $A \cdot g^{-1}$时，平均放电比容量为 297.9 $mAh \cdot g^{-1}$，发生 1.8 个电子的转移。在充放电循环过程初期，比容量趋于缓慢增加，这可能是由于电极材料的活化造成的。

郭帅楠等[70]进一步采用非原位 XRD 结合 XPS 来研究 MoS_2/C 正极材料的反应机理。图 11.14（a）表示在完全放电和充电状态下的结构变化。当放电到 0 V 时，相比于原始材料，MoS_2 的（001）晶面向左移动，表明 MoS_2 的层间距增加，这与 Al^{3+} 嵌入 MoS_2 层间有关。而当充电至 1.8 V 时，由于 Al^{3+} 从 MoS_2 中脱出，（001）晶面衍射峰的位置恢复至原始状态。从充放电前后元素

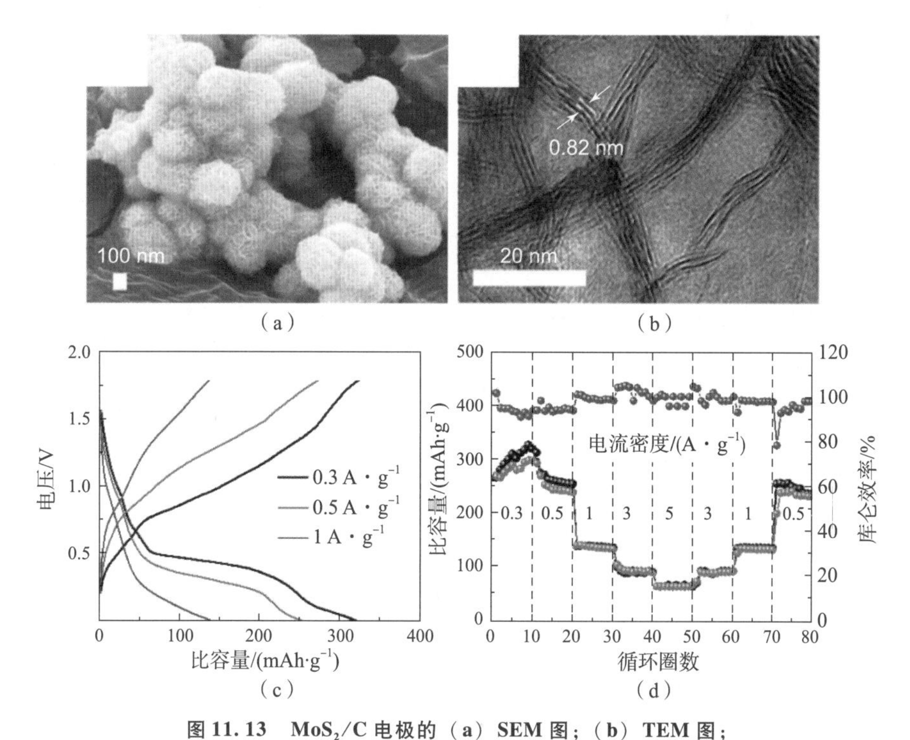

图 11.13　MoS_2/C 电极的（a）SEM 图；（b）TEM 图；（c）在不同电流密度下的充放电曲线；（d）倍率性能曲线[70]

的化合价变化可以判断发生的反应信息。如图 11.14（b）所示，当电极处于放电状态时，Mo 3d 的特征峰逐渐右移。当电极放电至 0 V 时，Mo 3d 的两个低价态特征峰 Mo $3d_{3/2}$和 Mo $3d_{5/2}$分别位于 231.7 eV 和 228.4 eV，低于原始样品中的峰位置，表明低价态 Mo 的存在是由于在放电过程中 Al^{3+} 嵌入 MoS_2 结构中引起了部分 Mo 的还原；当逐渐充电至 1.8 V 时，位于低价态的 Mo $3d_{3/2}$和 Mo $3d_{5/2}$又回到了原始状态，表明 Al^{3+} 从 MoS_2 结构中脱出。而 S 的价态在 Al^{3+} 嵌入与脱出过程中并没有变化（图 11.14（c））。由图 11.14（d）可以看出，放电态 Al 2p 的信号强度强于充电态 Al 2p。从完全充电和完全放电状态的电极材料的 TEM 图（图 11.14（e）和（f））中发现，当电极处于完全放电状态时，MoS_2 的层间距（0.91 nm）高于原始层间距（0.82 nm），说明 Al^{3+} 的嵌入会导致 MoS_2 的层间距增大。在图中可以很容易地观察到晶格条纹的扭曲和消失（用白色圆圈标记），说明 Al^{3+} 在 MoS_2 中发生脱嵌过程。图中没有出现金属 Mo 和 Al_2S_3 的晶格条纹，说明在 MoS_2 结构中发生的是 Al^{3+} 的嵌入反应，而不是转化反应。基于上述分析确定了在充放电过程中 MoS_2/C 作为铝二次电池正极材料的反应机理，放电过程的反应式如下所示：

正极：$$MoS_2 + xAl^{3+} + 3xe^- \rightleftharpoons Al_xMoS_2 \tag{11-40}$$

负极：$$xAl + 7xAlCl_4^- \rightleftharpoons 4xAl_2Cl_7^- + 3xe^- \tag{11-41}$$

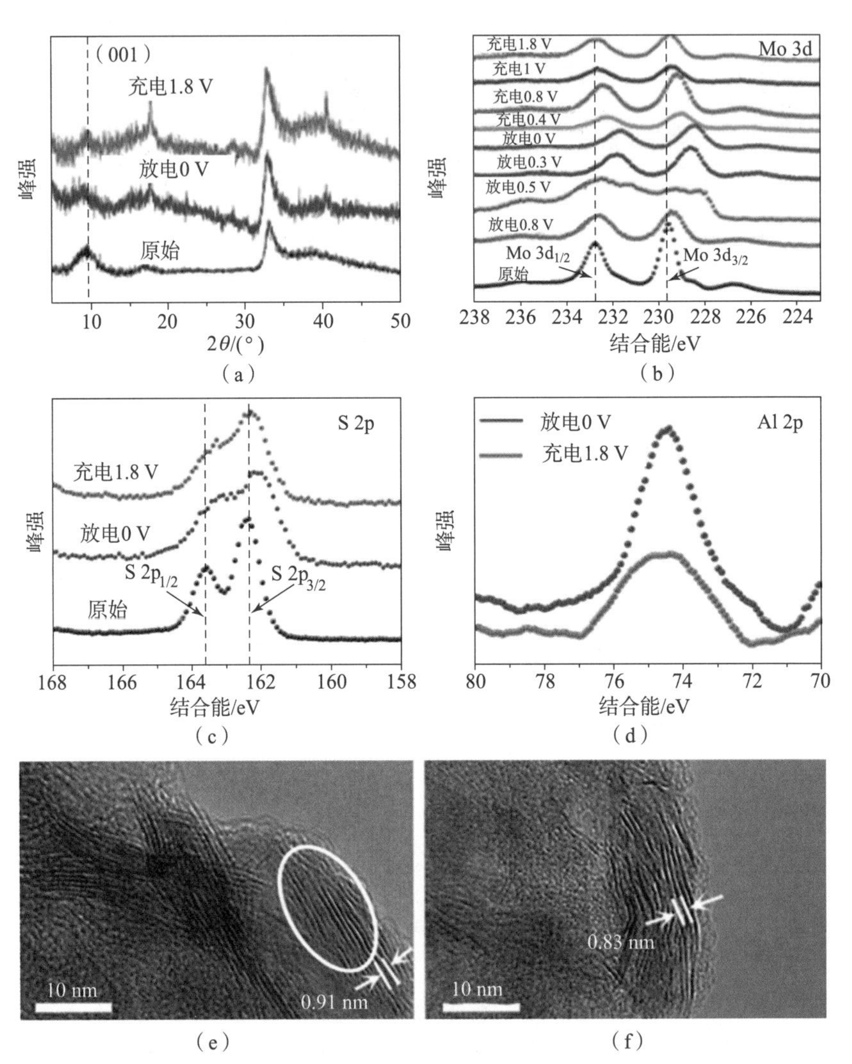

图 11.14 （a）MoS_2/C 在不同充放电状态下的 XRD 图；MoS_2/C 电极材料中（b）Mo 3d、（c）S 2p、（d）Al 2p 在不同充放电状态下的 XPS 能谱图；MoS_2/C 在（e）放电和（f）充电状态下的 TEM 图[70]

2. 过渡金属硒化物的多电子反应

相比于过渡金属氧化物和过渡金属硫化物，过渡金属硒化物的晶胞体积一般更大，在拥有相同结构的晶胞时，间隙更大，更有利于 Al^{3+} 或者 $AlCl_4^-$ 的嵌入与脱出。Cai 等[30]设计了一种 rGO 包覆 $CoSe_2$ 的复合材料，有效减缓了钴溶解和 $CoSe_2$ 结构粉化等问题，提高了 $CoSe_2$ 正极导电性的同时，也促进了电池的长循环性能。基于 $CoSe_2$ 的铝二次电池在 1 A·g^{-1}电流密度下首周放电容量达到 529 mAh·g^{-1}，发生 4.3 个电子转移。电池在放电过程中的反应如下：

正极：$$CoSe_2 + mAl^{3+} + 3me^- \rightleftharpoons (1-n)Co + Al_mCo_nSe_2 \tag{11-42}$$

负极：$$Al + 7AlCl_4^- - 3e^- \rightleftharpoons 4Al_2Cl_7^- \tag{11-43}$$

Zhang 等[71]制备了一种三维多孔的 SnSe，用作铝二次电池正极材料，在 0.3 A·g^{-1}电流密度下，首周放电容量高达 582 mAh·g^{-1}，发生 4.3 个电子的转移。充电过程中的反应如下：

正极：$$SnSe + 4AlCl_4^- - 4e^- \rightleftharpoons Sn(AlCl_4)_4 + Se \tag{11-44}$$

负极：$$4Al_2Cl_7^- + 3e^- \rightleftharpoons Al + 7AlCl_4^- \tag{11-45}$$

Jiang 等[72]构建了一种独特结构的 $Cu_{2-x}Se$ 纳米棒，作为铝二次电池正极，也展现出良好的循环稳定性，在 0.2 A·g^{-1}的电流密度下，首周容量达到了 241 mAh·g^{-1}，稳定循环 100 周后，容量仍然有 100 mAh·g^{-1}，充电过程发生的电化学反应如下（图 11.15）：

正极：$$Cu_{2-x}Se + nAlCl_4^- - ne^- \rightleftharpoons Cu_{2-x}Se(AlCl_4)_n \tag{11-46}$$

负极：$$4Al_2Cl_7^- + 3e^- \rightleftharpoons Al + 7AlCl_4^- \tag{11-47}$$

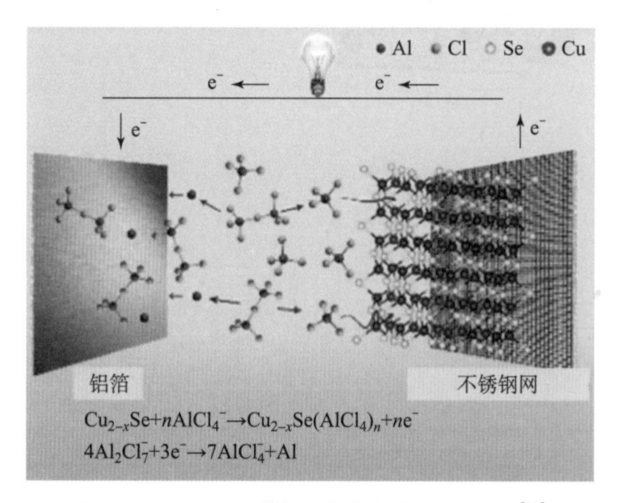

图 11.15　$Cu_{2-x}Se$ 基铝二次电池的工作示意图[72]

11.2.4 普鲁士蓝类似物正极材料

由于铝离子具有较高的电荷密度，在电极材料中反复脱嵌会导致材料的结构破损，从而导致容量的衰减。因此，关键在于寻找结构稳定、脱嵌位点空间较大，并且能在水系电解液中稳定存在的正极材料。普鲁士蓝类似物（Prussian blue analogue，PBA）具有3D框架结构（图11.16（a））以及多个氧化还原中心，能够在水系电解液中可逆地嵌入和脱出多种价态的金属离子。普鲁士蓝材料的结构通式为 $A_2PQ(CN)_6 \cdot nH_2O$（A代表碱金属离子；P代表过渡金属离子，例如Fe、Ni、Mn、V、Mo、Cu、Co；Q也代表过渡金属离子，例如Fe、Co、Cr、Ru）。普鲁士蓝类似物材料具有三维开放框架结构，这种开放框架结构具有容纳较大客体离子的能力，可以容纳如钾离子、钠离子、钙离子、锌离子和铝离子等[73,74]。普鲁士蓝类似物材料还包含氰根共价结构，这种结

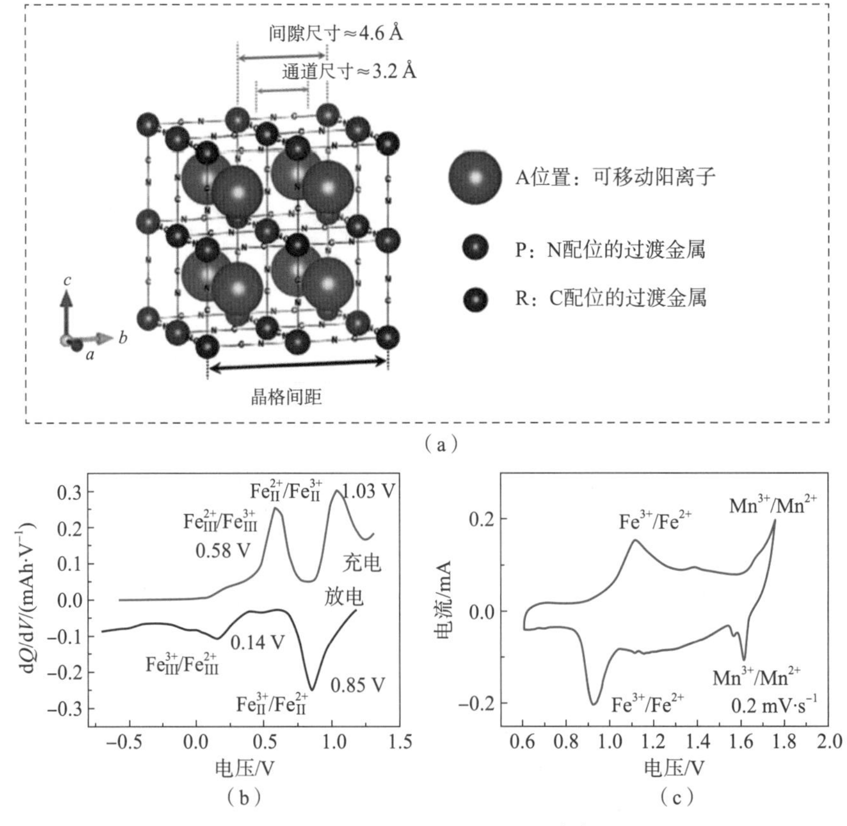

图11.16 （a）普鲁士蓝类似物晶体结构示意图[76]；（b）FF-PBA容量微分曲线[77]；（c）MnFe-PBA循环伏安曲线[78]

构能减弱主体框架结构与客体离子之间的强相互作用。PBA 作为电极材料，一般情况下，倍率性能较好，循环寿命较长。PBA 内部的两个过渡金属位点具有灵活性，可以被其他元素所替换，因此 PBA 也是一种结构、组分可调控的材料[75]。由于这些结构的灵活性，PBA 可以通过多种多样的制备方法加工成不同形貌、不同维度的材料，比如制备成立方盒、纳米球、超薄二维纳米片、多孔纳米笼等[76]。PBA 同时兼具多功能性，可以作为合成其他纳米材料的导向模板剂，通过与其他材料前驱体复合、碳化后，可以得到多样化的异质元素掺杂的碳与金属的复合材料、异质结材料等。因此，将 PBA 引入铝二次电池作为正极材料，也是一种有望发挥该电池体系多电子效应的良好选择。

Liu 等[79]报道了六氰合铁酸铜（CuHCF）作为水系铝二次电池的正极材料。CuHCF 由于具有较大的 Al^{3+} 嵌入位点，因此在电化学循环过程中不会发生显著的结构变化。在 CuHCF 的结构中，当 Al^{3+} 嵌入时，与碳配位的 Fe^{3+} 被还原为 Fe^{2+}，与氮配位的 Cu^{2+} 不具有电化学活性，而仅仅起到维持材料结构稳定的作用。Zhou 等[77]将高浓度电解液运用在以六氰合铁酸铁（$FeFe(CN)_6$，FF－PBA）为正极材料的铝二次电池中，获得了良好的电化学性能。FF－PBA 正极可以提供 116 $mAh \cdot g^{-1}$ 的放电比容量和优异的循环稳定性，每周循环比容量衰减仅为 0.39%。结合充放电过程材料的价态变化以及容量微分曲线（图 11.16（b）），FF－PBA 在工作过程中发生了 2 个电子转移的反应（注：$Fe_{Ⅱ}$ 表示与氮原子相连的 Fe 原子，$Fe_{Ⅲ}$ 表示与碳原子相连的 Fe 原子）：

第 1 步：
$$Fe_{Ⅲ}^{3+}[Fe_{Ⅱ}^{3+}(CN)_6] + 0.33Al^{3+} + e^- \rightleftharpoons Al_{0.33}Fe_{Ⅲ}^{3+}[Fe_{Ⅱ}^{2+}(CN)_6] \tag{11-48}$$

第 2 步：
$$Al_{0.33}Fe_{Ⅲ}^{3+}[Fe_{Ⅱ}^{2+}(CN)_6] + 0.33Al^{3+} + e^- \rightleftharpoons Al_{0.66}Fe_{Ⅲ}^{2+}[Fe_{Ⅱ}^{2+}(CN)_6] \tag{11-49}$$

Ru 等[80]制备了含钴钾的六氰合铁酸盐（$K_2CoFe(CN)_6$）作为水系铝二次电池的正极材料。在不同扫速的循环伏安曲线中都能看出两对氧化还原峰，分别对应 Co 和 Fe 的氧化还原。而且随着扫速的增大，循环伏安曲线的峰电流随之变化，分析发现，固相扩散控制在 Al^{3+} 的嵌入/脱出过程中起主导作用。Al^{3+} 嵌入时，发生两步反应，依次嵌入 $K_2CoFe(CN)_6$ 框架中最初被钾离子占据的那些活性位点，同时伴随着 Fe^{2+}/Fe^{3+} 和 Co^{2+}/Co^{3+} 氧化还原电对的反应，即发生 2 个电子转移，放电过程中的反应如下：

$$Co^{Ⅲ}Fe^{Ⅲ}(CN)_6 + \frac{2}{3}Al^{3+} + 2e^- \rightleftharpoons Al_{2/3}Co^{Ⅱ}Fe^{Ⅱ}(CN)_6 \tag{11-50}$$

Wang 等[78]报道了一种基于 Mn、Fe 的 PBA 材料（MnFe－PBA），该材料具有丰富的缺陷以及离子传输通道，进而减弱 Al^{3+} 在嵌入过程中的相互作用力，提升了电极内部的扩散动力学。因此，MnFe - PBA 正极表现出良好的倍率性能，在 1 A · g^{-1}电流密度下容量达到 106.3 mAh · g^{-1}。结合循环伏安曲线（图 11.16（c））、充放电过程的产物分析，MnFe - PBA 共发生 5.7 个电子转移：

$$Mn_4[Fe(CN)_6]_{2.84} \cdot 11.8H_2O + 0.7Al^{3+} + 2.1e^- \rightleftharpoons Al_{0.7}Mn_4[Fe(CN)_6]_{2.84} \cdot 11.8H_2O \quad (11-51)$$

$$Mn_4[Fe(CN)_6]_{2.84} \cdot 11.8H_2O + 1.2Al^{3+} + 3.6e^- \rightleftharpoons Al_{1.2}Mn_4[Fe(CN)_6]_{2.84} \cdot 11.8H_2O \quad (11-52)$$

高雅宁等[81]采用常见的溶剂热法制备了一种含有镍（Ni）和钾（K）的 Ni/K - PBA。图 11.17（a）是 Ni/K - PBA 电极的容量微分曲线，可以看到两个分别位于 0.7 V 和 1.0 V 的氧化峰，对应的还原峰位于 0.61 V 和 0.87 V。根据标准电极电位，Fe 的氧化还原电位高于 Ni，因此 0.7 V 附近的峰对应 Ni 的氧化还原（Ni^{2+}/Ni^{3+}），而 1.0 V 处的氧化还原峰则为 Fe^{2+}/Fe^{3+}。GITT 可以表征 Al^{3+}嵌入/脱出行为的动力学特性。如图 11.17（b）所示，电压曲线在整个充放电电压范围内呈现明显的斜坡，这对应单相反应的特征。根据能斯特方程，热力学平衡电压随反应物和生成物的浓度而变化。如果电压曲线在整个循环中呈现平滑的斜坡，则主体材料随着金属离子的嵌入形成单相固溶体，而不会产生新相[82]。电极在充电过程中的扩散系数为 $7.2 \times 10^{-14} \sim 1.92 \times 10^{-12}$ $cm^2 \cdot s^{-1}$ 之间，放电过程为 $1.49 \times 10^{-13} \sim 6.21 \times 10^{-13}$ $cm^2 \cdot s^{-1}$。充电过程的扩散系数值高于放电过程，这意味着 Al^{3+}从开放框架中脱出要比嵌入过程更容易。观察整个充放电过程中的扩散系数发现，放电过程中扩散系数降低，这是材料外部和材料内部之间 Al^{3+}浓度梯度降低造成的。由于单相反应只会使结构发生轻微的变化而没有发生相变反应，这有利于保持材料框架结构的稳定性。

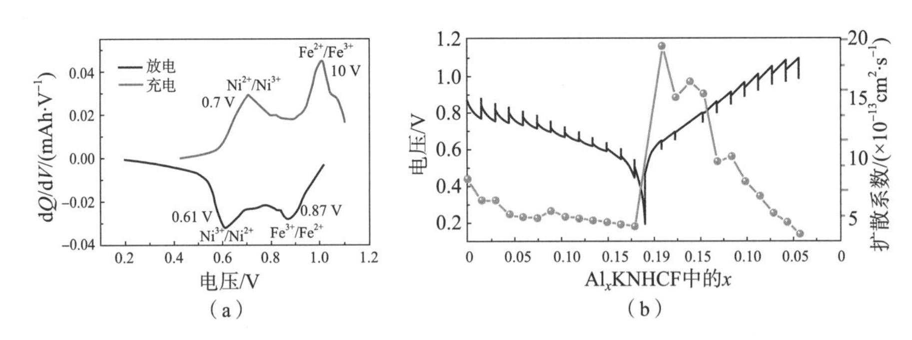

图 11.17 （a）Ni/K - PBA 在 0.2 ~ 1.1 V 时的容量微分曲线；（b）电极在 Al^{3+}嵌入/脱出过程中的 GITT 曲线和相应的扩散系数[81]

通过测定不同截止电压下 Ni^{2+}/Ni^{3+} 和 Fe^{2+}/Fe^{3+} 氧化还原对价态变化，可以进一步说明 Ni/K－PBA 的反应机理。从图 11.18 的非原位 XPS 中得知，对于 Ni/K－PBA 电极，由 Fe $2p_{3/2}$ 能谱（图 11.18（d）和（e））可以看到结合能分别为 708.0 eV 和 709.6 eV 的两个峰分别对应 Fe^{2+} 和 Fe^{3+}，而 Ni $2p_{3/2}$ 能谱（图 11.18（a）和（b））中的 855.8 eV 和 857.7 eV 两个峰分别对应 Ni^{2+} 和 Ni^{3+}。因此，Ni 处于 Ni^{2+} 和 Ni^{3+} 的混合价态，Fe 处于 Fe^{2+} 和 Fe^{3+} 的混合价态。在充电和放电过程中，可逆的 Al^{3+} 脱出和嵌入，其中镍和铁在充电过程中分别从 Ni^{2+} 和 Fe^{2+} 氧化成 Ni^{3+} 和 Fe^{3+}，并在放电过程中被还原。图 11.18（c）和（f）中不同价态的镍和铁的含量由 XPS 拟合结果进一步推导，发现放电过程中 Ni^{3+} 含量减少，Ni^{2+} 含量增加，充电过程中则相反。由于碳配位的铁处于低自旋状态，而氮配位的镍处于高自旋状态，低自旋 Fe^{2+} 的配体场稳定能高于高自旋 Ni^{2+}，导致 Fe^{2+}/Fe^{3+} 氧化还原电位进一步提高。因此，在低电压下，镍的化合价变化相对显著，而铁的化合价变化呈现相反的趋势。一般认为，一价离子嵌入 PBA 材料中只能发生 Fe^{2+}/Fe^{3+} 氧化还原的单电子反应，而多价离子嵌入需要 Fe^{2+}/Fe^{3+} 和 Ni^{2+}/Ni^{3+} 同时发生氧化还原的 2 电子反应。

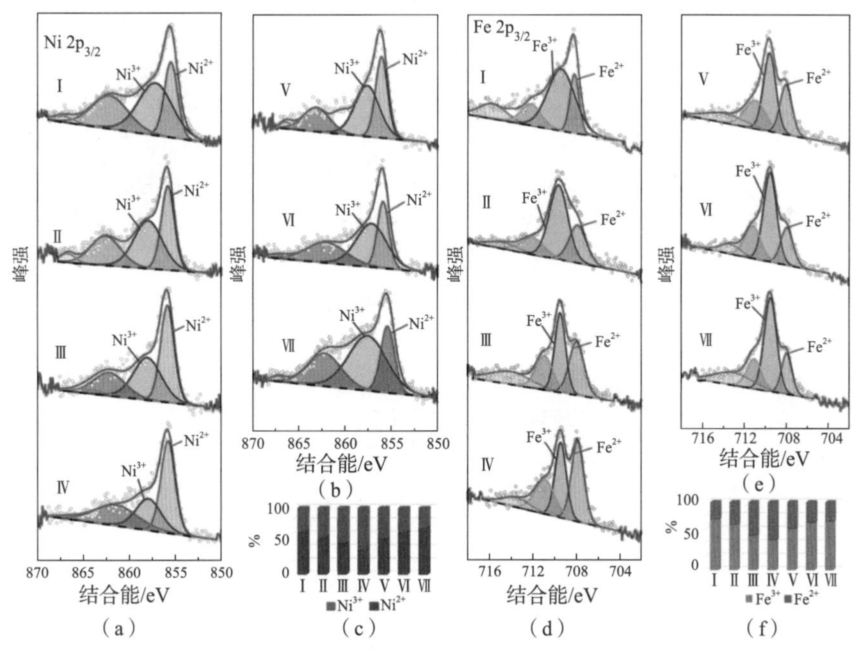

图 11.18　原始电极（Ⅰ）和放电至 0.87 V（Ⅱ）、0.65 V（Ⅲ）、0.2 V（Ⅳ）的（a）Ni 2p 和（d）Fe 2p 的 XPS 能谱；充电至 0.7 V（Ⅴ）、1.0 V（Ⅵ）、1.1 V（Ⅶ）的（b）Ni 2p 和（e）Fe 2p 的 XPS 能谱；循环过程中（c）Ni^{3+}/Ni^{2+}、（f）Fe^{3+}/Fe^{2+} 的含量[81]

11.2.5 其他正极材料

除了上述几类正极材料，一些过渡金属磷化物也具备多电子反应特性，比如 CoP、Ni_2P、Cu_3P 等。过渡金属磷化物的主要优点也是具备较高的理论比容量以及优异的离子、电子导电性[4]。此外，碲化物也具备多电子反应特征，作为铝二次电池正极，具备良好的电化学性能。比如，$Cu_{1.81}Te$ 基铝二次电池在放电过程中可以发生如下的多电子反应过程（图 11.19）[31]：

正极：$$Cu_{1.81}Te + nAl^{3+} + 3ne^- \rightleftharpoons Al_nCu_{1.81}Te \tag{11-53}$$

负极：$$Al + 7AlCl_4^- - 3e^- \rightleftharpoons 4Al_2Cl_7^- \tag{11-54}$$

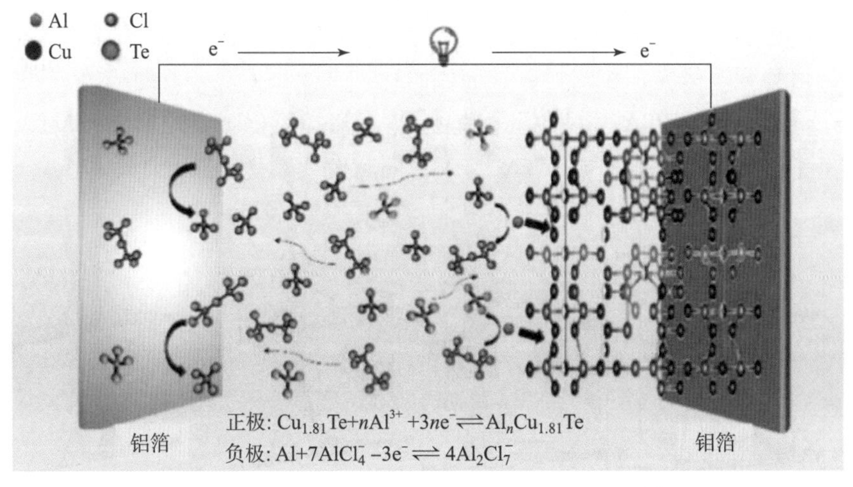

图 11.19 $Cu_{1.81}Te$ 基铝二次电池的工作示意图[31]

Yu 等[83]报道了一种 NiTe 纳米线，其具有优异的电子导电性，作为铝二次电池正极材料在 0.2 $A \cdot g^{-1}$ 下初始比容量可达 570 $mAh \cdot g^{-1}$，发生接近 4 个电子的转移过程。在充电过程中发生的电化学过程如下：

正极：$$NiTe + 7AlCl_4^- + 2Cl^- - 6e^- \rightleftharpoons TeCl_3 \cdot AlCl_4 + NiCl_2 + 3Al_2Cl_7^- \tag{11-55}$$

负极：$$4Al_2Cl_7^- + 3e^- \rightleftharpoons Al + 7AlCl_4^- \tag{11-56}$$

在 11.2.1 节中已经提到单质 S 正极具备很高的理论比容量，这与 S 正极能够发生多电子的反应有关。在本书的第 8 章中已经对 Al/S 电池体系的反应机理、关键材料与关键挑战等做了详细介绍。整体而言，虽然 Al/S 电池具有较高的比容量和能量密度，电池较差的循环稳定性是限制发展的关键因素。Al/S 电池容量迅速衰减的根本原因在于硫在放电过程中形成的多硫化物在电解液中的溶解[84]。溶解在电解液中的多硫化物会破坏铝金属界面的稳定性，导致电池库仑效率的降低和容量的衰减。而且硫和硫化物的导电性较差，硫在放电过程中会发生巨大的体积膨胀，这也是造成容量快速下降的原因。由于单质硫较低的电子导电性和多电子的反应特性，使得 Al/S 电池电化学动力学较差。因此，合适的 Al/S 电池正极设计对体系性能的优化有重要意义。

另外一种正极代表是有机正材料，比如聚苯胺（polyaniline，PANI）[85]，不过聚苯胺并不会发生多电子转移的电化学反应。聚苯胺是一种特殊的具有较好导电性的高分子聚合物，其主链由苯环与氮原子相互交替构成[85]。聚苯胺具有诸多优异的特性，比如具有良好的导电性、可逆的氧化还原过程、对水和空气具有高稳定性等。另外，需要提到的是碳材料正极，碳材料具有优异的导电性和层状结构，为离子的嵌入和脱出提供了便利。碳材料中，石墨泡沫作为铝二次电池正极材料，展现出优异的电化学性能[86]。石墨泡沫上的晶须增加了比表面积，缩短了离子的输运路径，提供了大量的离子附着位点，便于离子快速扩散和嵌入。碳材料作为铝二次电池的正极材料，可以展现很好的倍率性能和循环性能，但是相较于碳材料在锂离子电池中的应用，碳材料在铝二次电池中的容量较低，尚无法满足实际需求。

11.3　铝二次电池电解液及其界面

电解液是电池体系中另一个关键材料，电化学性质优异的电解液能够有效促进多电子反应的发生。铝二次电池的电解液主要需满足以下条件：①具有较宽的电化学窗口。铝的标准电极电势为 −1.66 V，这要求在使用金属铝负极时，电解液的还原分解电位至少要低于 −1.66 V，才能保证铝离子在负极界面上发生溶解沉积反应而不引起析氢反应。常见的过渡金属硫化物和过渡金属氧化物等放电平台在 0.5～2.0 V（vs. Al^{3+}/Al）之间，这要求电解液的氧化分解电位至少要高于 0.32 V（vs. HER）。总的电化学窗口至少为 2 V（−1.66～0.32 V vs. HER）才能保证铝二次电池正常的电化学反应。②具有良好的电化学活性。Al^{3+} 的溶解沉积反应是 3 电子转移反应，比单电子和两电子反应的速度慢，动力学性能差，这对电解液的电化学活性提出了更高的要求，需要电解液具有良好的导电性、适中的黏度和离子转移效率。目前铝二次电池的电解液可分为离子液体电解液、有机电解液和水系电解液。

11.3.1 离子液体电解液

1. 概述

离子液体，也称为室温熔融盐，由有机阳离子和无机/有机阴离子组成[87]。离子液体中大分子离子之间的分离会弱化并屏蔽离子之间的静电力，从而降低熔点，在室温下呈液态。离子液体具有一些独特性质，并在电化学能量储存领域得到广泛的研究，例如不易挥发、良好的热稳定性、不易燃、可调节的极性和较高的离子电导率等。离子液体在静电力、氢键和疏水性质等混合作用下会产生可调节的溶解力。不易挥发和不易燃等性质可以提高电解液的安全性。宽电化学窗口和良好的热稳定性将进一步提高应用电池体系的能量密度和实用性。离子结构中的静电荷、芳族基团和烷基链段的共存有助于离子液体对无机和有机材料的亲和力，从而有利于改善电极与电解液之间的界面性质[88]。铝二次电池中常用的离子液体可分为氯化铝型、非氯化铝型和特殊离子液体三类，主要有 $AlCl_3$/DMTC、$AlCl_3$/三乙胺盐酸盐、$AlCl_3$/BupyCl、$AlCl_3$/[EMIm]Cl、$AlCl_3$/[BMIm]Cl、$AlCl_3$/TMPAC 等。$AlCl_3$ 型离子液体由 $AlCl_3$ 和氯化 1-乙基-3-甲基咪唑（EMIC）、氯化 1-丁基-3-甲基咪唑（BMIC）、氯化 1-丁基吡啶（BPC）及派生物组成。这类离子液体由于具有较高的电导率、较宽的电化学窗口和接近室温的熔点，常应用于金属铝的电解电镀中。$AlCl_3$ 型离子液体能够抑制金属铝表面氧化物的生成和电池中氢气的生成，而且离子液体中 $Al_2Cl_7^-$ 对铝枝晶的形成也有抑制作用。但是由于 Cl^- 氧化电位较低，导致其电化学窗口较窄，并且 $AlCl_3$ 型离子液体容易水解，因此需要在真空或惰性气氛下制备和处理。

$AlCl_3$ 型离子液体的特点是阴离子随着阴阳离子物质的量比的增加而改变。通过一系列的路易斯酸反应，逐渐从碱性→中性→酸性→强酸性变化。就二元体系而言，当氯化铝摩尔分数低于 0.5 时，熔体呈碱性，其中主要阴离子为 $AlCl_4^-$ 和 Cl^-；当摩尔分数等于 0.5 时，熔体呈中性；当氯化铝摩尔分数高于 0.5 时，熔体呈酸性，其中的主要阴离子为 $Al_2Cl_7^-$。$AlCl_3$ 型离子液体的热稳定性和化学稳定性较差，对水和空气敏感。非 $AlCl_3$ 型离子液体种类繁多，改变阴、阳离子的组合，可以设计出不同的离子液体。根据阳离子的不同，常见的非 $AlCl_3$ 型离子液体可以分为咪唑类、吡咯类、季胺类等。通过在阳离子中引入特定的官能团，可以得到满足特殊要求的离子液体。其中含醚氧官能团和氰基官能团的应用较多。通过功能基团的引入，可以创造出很多种新结构的离子液体，这些离子液体的物理化学性质由于功能团的引入而产生明显改变。

比如，可以将电子从醚基转移到阳离子中心，能够降低 N 原子的正电荷效应，从而降低阴阳离子之间的静电作用。除此之外，功能化基团本身灵活的结构有利于离子的移动，从而降低离子液体的黏度，提高电导率，降低体系的活化能[89]。阴离子的种类也很多，常见的有四氟硼酸根（BF_4^-）、PF_6^-、$CF_3SO_3^-$、$(CF_3SO_2)_2N^-$等。Atsushi 等[90]发现 $Al(CF_3SO_3)_3$ 能够完全溶解在含有 $CF_3SO_3^-$ 的离子液体中（如 EMI－CF_3SO_3、BMI－CF_3SO_3、MBPy－CF_3SO_3），Al^{3+}为移动离子，离子电导率能够满足铝二次电池电解液的需要。将 BMI－CF_3SO_3 离子液体分别与不同比例的非水有机溶剂（如碳酸丙烯酯、碳酸乙烯酯、碳酸二甲酯）等混合，发现随着溶剂浓度的增大，离子导电性增大，黏度减小，但超过一定浓度后，铝盐溶解性变小。

离子液体与电池体系相关的物理化学性质主要有：①熔点。作为电池的电解液溶剂，需要具有较低的熔点。一般来说，阳离子的体积越大、烷基链越长、对称性越差、电荷越分散、离子间作用力越弱，相应的熔点就越低。②黏度。由于离子液体中阴阳离子之间的相互作用较强，导致液体黏性较强，黏度要比有机溶液高 1～3 个数量级。离子液体的黏度主要由范德华力、阴阳离子之间的库仑引力和氢键作用控制。③热稳定性。与有机溶液相比，离子液体的热稳定性较为突出。PF_6^- 和 $TFSI^-$ 的热稳定性要好于 BF_4^-，热分解温度达 350 ℃。而对于几种常见的阳离子来说，咪唑类的离子液体一般都具有很高的热稳定性。使用离子液体作为电解液溶剂，能为许多电池反应提供较大的操作温度范围，并且可以提高电池体系的安全性。④离子电导率。离子液体的离子电导率一般与黏度有关，黏度越大，离子电导率越低。⑤电化学窗口。离子液体的电化学窗口是由阴离子氧化反应电位和阳离子还原反应电位共同决定的。大多数的离子液体都具有 4 V 以上的宽电化学窗口。宽的电化学窗口也使得离子液体成为高电压正极材料、高能量密度二次电池体系的良好选择。

2. 离子液体的问题与改性

尽管离子液体电解液在铝二次电池体系中有良好的应用，但仍然存在一些问题。第一个问题是会在正极和负极侧发生不可逆的副反应，严重影响电池的充放电行为。在正极侧，充电和放电过程中，正极材料中的亲电子元素会和离子液体中阳离子咪唑环中的亲核 C2 碳相互反应，从而引起阳离子的副反应[91]。另外，潜在的副反应是正极表面上氯铝酸盐的还原反应。除此之外，一些常用的集流体可以与离子液体电解液发生副反应。在负极侧，$AlCl_4^-$ 会被氧化形成有毒的 Cl_2，导致铝二次电池的库仑效率降低[92]。由于氯铝酸盐的离子液体电解液具有腐蚀性，电池壳等电池组件会被腐蚀。第二个问题是离子液体电解液与正极材料及黏结剂的相容性较差[93]。铝二次电池的副反应以及电解液与正极材料及黏结剂的不相容性都是由离子液体电解液的腐蚀性引起的。为了抑制电解液的腐蚀性，一种策略是用其他离子，例如三氟甲磺酸盐（OTF^-）或溴离子（Br^-）代替腐蚀性的氯离子。王华丽等[94]使用三氟甲烷磺酸1-丁基-3-甲基咪唑鎓盐（[BMIm]OTF）与$Al(OTF)_3$混合，获得了非腐蚀性、对水稳定的离子液体电解液。首先使用腐蚀性的$AlCl_3$离子液体电解液腐蚀铝负极表面，并构建Al^{3+}传输通道，然后使用非腐蚀性$Al(OTF)_3$的离子液体电解液来获得稳定的铝负极/离子液体电解液界面。为了抑制电解液对电池壳体的腐蚀，可以通过涂覆导电聚合物涂层降低电池壳体受腐蚀的强度。在含$AlCl_3$的咪唑基离子液体电解液中，占优势的$Al_2Cl_7^-$可能是唯一的活性物质，并且在一定浓度下可以适当地去除钝化膜。但是$Al_2Cl_7^-$相对浓度容易发生动态平衡，会促进$Al_2Cl_7^-$向$AlCl_4^-$的转化。如何控制这些离子形态是维持负极反应长期稳定性的关键。

3. 电解液/电极界面：钝化膜

固液界面反应是影响铝二次电池电化学性能的关键因素，铝二次电池的固液界面主要包括铝负极表面的钝化膜和界面溶剂化效应（包含溶剂和阴离子）对电化学性能的影响。金属铝在空气中会形成致密的氧化膜，这层氧化膜会阻碍铝离子的氧化还原反应。为了使铝金属负极界面保持电化学活性，一方面需要去除负极界面的氧化层，另一方面需要维持负极界面的稳定，避免负极界面的过渡腐蚀。固体电解质相界面膜（solid electrolyte interphase，SEI）由于具备离子传导、电绝缘、负极保护等特征，可以用来改善界面的稳定性。因此，在铝负极表面上构造SEI膜对于提高铝二次电池的循环性能有着关键作用。除此之外，金属铝表面致密的Al_2O_3控制着负极/离子液体电解液界面上的反应。溶液种类决定了氧化物膜的厚度和精细结构，并对于界面反应的动力学产生很大的影响。但是这个氧化物薄膜是否是无定形的，与正常体相的Al_2O_3相比是否具有不同的独特性能，这些问题仍然未得到解决。在铝二次电池中，金属铝表面的原始氧化物膜Al_2O_3不具有铝离子导电性，因此需要除去，以促进铝离子的迁移。另外，如果完全除去氧化物膜，则会使裸露的铝金属电极暴露在腐蚀性电解液中，破坏铝负极的稳定性。

王华丽等[94]发现离子液体电解液中合适的$Al_2Cl_7^-$浓度会在铝金属负极上造成轻微的点蚀，从而有助于适当地去除铝金属负极上的氧化膜，并改善电池的电化学性能。常见的非腐蚀性离子液体$Al(SO_3CF_3)_3$-[BMIm]SO_3CF_3无法去除铝金属表面的钝化层，而[BMIm]Cl-$AlCl_3$电解液呈现路易斯酸性，可以轻微腐蚀铝金属并活化铝负极。朱娜等[95]也发现通过 $AlCl_3$/[BMIm]Cl 预处理铝负极，适当去除铝金属表面的钝化膜，可以提高铝负极的电化学活性。如图 11.20 所示，与未经处理的铝金属的光滑表面相比（图 11.20（a）），经过预处理后的铝金属表面发生了剧烈的变化。浸泡 6 h 后（图 11.20（b）），观察到 Al 金属表面氧化膜破裂，暴露出了一些活性的 Al，这归因于酸性离子液体电解液的腐蚀。研究表明，腐蚀的铝片暴露出更多的活性铝位点，在电池循环过程中，这些暴露的活性铝位点与离子液体电解液发生反应，生成新的 SEI。研究发现，循环后，负极的 SEI 膜主要由 Al_2O_3 和 $Al(OH)_3$ 构成。重构的 Al_2O_3 来自预处理负极上暴露的 Al 和痕量的氧气（溶解在水中）的反应。$Al(OH)_3$ 则是由 Al^{3+} 的水解反应而形成的，其中，Al^{3+} 是酸性电解液中暴露的 Al 的产物。在形成 SEI 膜的过程中，消耗了大量的氢离子，离子液体电解液的酸度被削弱，最终获得中性或碱性的电解液，以确保 Al_2O_3 和 $Al(OH)_3$ 的在离子液体电解液中稳定存在。这些重构的 SEI 膜可以保护负极和改善电池的循环性能。图 11.20（c）显示了 Al 金属负极的电池的库仑效率与循环周数的关

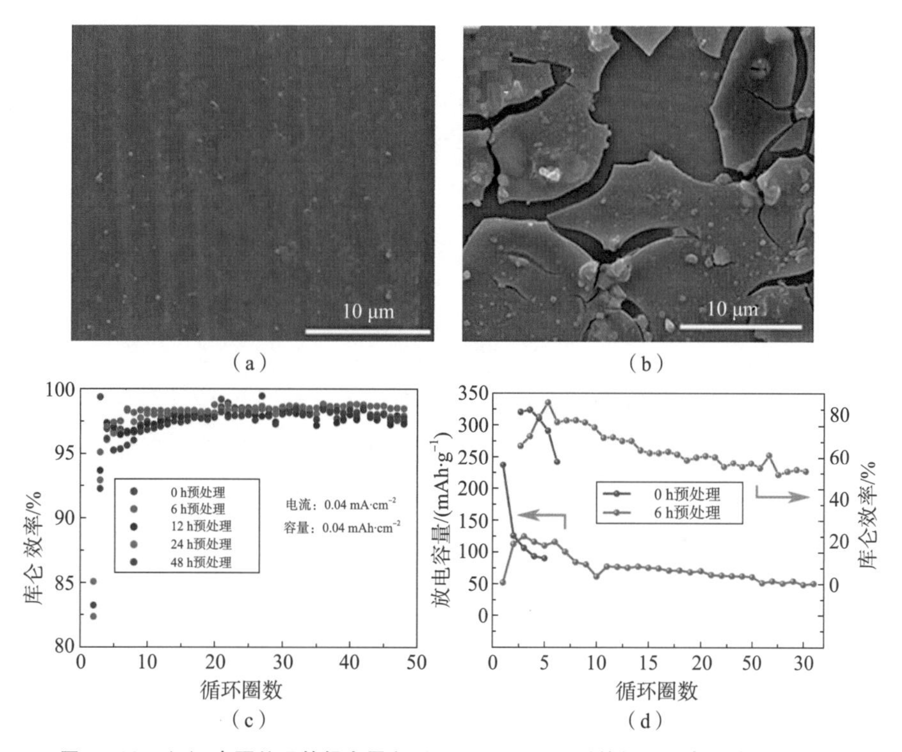

图 11.20 （a）未预处理的铝金属和（b）预处理 6 h 后的铝金属表面的 SEM 图；（c）使用预处理的 Al 金属作为负极的电池的库仑效率；（d）以 0 h 和 6 h 预处理的 Al 金属为负极、V_2O_5 为正极组装铝二次电池的放电比容量和库仑效率[95]

系。其中，预处理 6 h 的 Al 金属负极的电池具有较高的库仑效率。在第 10 周和第 48 周循环之间的库仑效率更加稳定，平均库仑效率高达 98.7%，这可能是由于重构的 SEI 膜具有较高的 Al 离子电导率，有利于 Al 离子在 SEI 膜中的嵌入和脱出。图 11.20（d）是基于重构的 Al 负极构建的 Al/$AlCl_3$ – [BMIm]Cl/V_2O_5 全电池的电化学性能。经过 6 h 预处理的 Al 金属负极的全电池具备更高的放电比容量以及更稳定的循环性能，30 周循环后，保持约 50 mAh · g^{-1}，而未处理的以 Al 金属为负极的全电池在 5 周循环后就失效了。因此，预处理 Al 金属重构 SEI 膜，有利于获得高比容量和稳定循环性能的铝二次电池。

4. 电解液/电极界面：溶剂化效应

去溶剂化过程是电极电荷转移反应中的限速步骤，决定了电极反应的动力学性能。氯化铝 – 卤化咪唑离子液体电解液中游离的离子分别为正价的咪唑离子（如 $[EMIm]^+$）和负价态的卤化铝离子（如 $Al_xCl_y^-$）。由于离子液体中并无游离 Al^{3+} 存在，Al^{3+} 嵌入正极材料或沉积在铝负极界面之前，需要先发生 $Al_xCl_y^-$ 的去溶剂化反应。Yang 等[96]通过比较 $AlCl_3$ – [EMIm]Br 和 $AlCl_3$ – [EMIm]Cl 离子液体中的阴离子种类、电化学性能、电荷转移反应的动力学参数等，研究了去溶剂化过程对电化学性能的影响。$AlCl_3$ – [EMIm]Cl 中具有电化学活性的离子是 $Al_2Cl_7^-$，而 $AlCl_3$ – [EMIm]Br 中具有电化学活性的离子是 $Al_2Cl_6Br^-$ 等含 Br 元素的阴离子，这类含 Br 的阴离子具有比 $Al_2Cl_7^-$ 更低的溶剂化能，从而能更快地进行电荷转移。比如，Al/S 电池使用 $AlCl_3$ – [EMIm]Br 电解液时，恒流充放电的过电位更小，放电容量更高，容量保持率更好。

（1）溶剂效应

谷思辰等[97]研究了基于 $Al(OTF)_3$ 盐的不同溶剂对铝二次电池动力学性能的影响。三种溶剂分别为二乙二醇二乙醚（diglyme）、二甲基亚砜（DMSO）、和 H_2O。在铝二次电池体系中，溶剂一方面影响电解液的电导率，另一方面决定了去溶剂化过程。图 11.21（a）比较了三种电解液的电导率。$Al(OTF)_3$ – H_2O 电解液电导率为 43.1 mS · cm^{-1}，是 $Al(OTF)_3$ – DMSO 电导率（7.1 mS · cm^{-1}）的 6 倍，是 $Al(OTF)_3$ – diglyme 电导率（0.27 mS · cm^{-1}）的 60 倍。$Al(OTF)_3$ – H_2O（5 mol · kg^{-1}）电解液的高电导率与 H_2O 的高介电常数有关。高的电导率有利于离子在电解液中快速传输，有助于提高电池的动力学性能。基于不同温度下的电荷转移阻抗，利用阿伦尼乌斯方程可以计算得到电荷转移活化能。如图 11.21（b）所示，在三种溶剂中，Al^{3+} 在水系电解液中电荷转移活化能最低，动力学性能最佳；DMSO 溶剂中活化能高于水系电解液，

电池性能次于 H_2O，而 diglyme 溶剂活化能最高。电极界面的电荷转移反应的动力学行为直接影响电池的电化学性能。为了进一步理解溶剂效应，基于密度泛函的方法理论计算得到了去溶剂化能，并与电荷转移阻抗活化能做相关性分析。从图 11.21（d）可以得到，虽然去溶剂化能和实验所测得的电荷转移活化能在数值上相差较大，但相关性很高。去溶剂化能与正极界面的电荷转移活化能强相关，相关系数达 0.996，与负极界面电荷转移活化能相关系数达 0.897 1，充分说明了去溶剂化过程是电荷转移反应的限速步骤，直接影响电池的动力学性能和电化学性能。

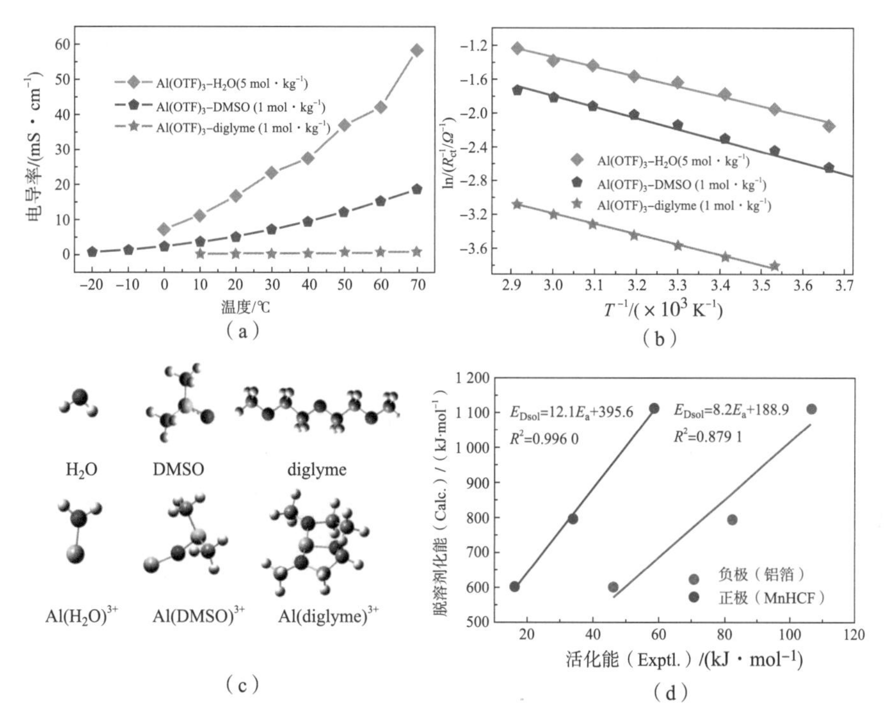

图 11.21　$Al(OTF)_3-H_2O$、$Al(OTF)_3-DMSO$、$Al(OTF)_3-diglyme$ 三种电解液的（a）电导率－温度曲线；（b）阿伦尼乌斯拟合曲线；（c）溶剂和［Al－溶剂分子］$^{3+}$ 经优化后的结构；（d）DFT 计算得到的去溶剂化能和实验得到的电极反应活化能之间的线性拟合关系[97]

（2）阴离子效应

在离子液体中，铝离子与卤素离子形成配合物阴离子，是影响铝二次电池性能的关键因素。氯化铝型离子液体的阴离子不仅会随有机卤化盐中的卤素离子不同而不同，还会随着氯化铝与有机卤化盐的比例变化而变化。这些阴离子的种类很大程度上影响溶剂化效应[93]。

- 卤素离子对氯化铝型咪唑基离子液体的影响

氯化铝型离子液体通常由有机卤化物和氯化铝二者混合制备而成。图11.22（a）是含不同卤素离子的咪唑盐（[BMIm]Cl、[BMIm]Br、[BMIm]I）的氯化铝基离子液体的红外吸收光谱图（Fourier Transform Infrared Spectroscopy，FTIR）。小于600 cm^{-1}的峰源自阴离子振动，分别在490 cm^{-1}、494 cm^{-1}、492 cm^{-1}处有一个强振动峰，归属于阴离子中 Al—Cl 伸缩振动。$AlCl_3$/[BMIm]Br和 $AlCl_3$/[BMIm]I 分别在440 cm^{-1}与421 cm^{-1}处各有一个峰，对应于 Al—Br 和 Al—I 键的伸缩振动。阳离子振动在4 000 ~ 600 cm^{-1}区间内，三种离子液体的峰位置基本相同，可见阴离子对阳离子结构影响很小。咪唑环上键的振动受到的影响明显大于侧链。例如，$AlCl_3$/[BMIm]Cl 离子液体中 $C_{4,5}$—H 和 C_2—H 的伸缩振动峰在3 152 cm^{-1}、3 119 cm^{-1}处，而 $AlCl_3$/[BMIm]Br 和 $AlCl_3$/[BMIm]I 分别在3 151 cm^{-1}、3 118 cm^{-1}和3 150 cm^{-1}、3 116 cm^{-1}处。随着原子序数的增大，卤素原子电负性减小，咪唑环上 C—H 的伸缩振动峰红移。值得注意的是，咪唑环上 C_2—H 振动峰的位移大于 $C_{4,5}$—H，这极有可能是受阴离子位置的影响。电化学窗口是评价电解液电化学性能的关键指标，三种不同阴离子的离子液体的循环伏安测试曲线如图11.22（b）所示。可以看到三种离子液体中的阴极还原电位分别为 -2.1 V、-1.9 V 和 -1.0 V，而氧化分解电位则分别为2.6 V、2 V 和1 V。三种离子液体虽具有相同的阳离子，但在阴离子的影响下，咪唑阳离子的还原电位却不同。三种离子液体的氧化分解电位按氯、溴、碘的顺序降低，表示阴离子的稳定性随着卤素原子序数的增加而减弱。由此可见，$AlCl_3$/[BMIm]Cl 具有更宽的电化学窗口（4.7 V），在铝二次电池中的应用更有竞争力。

- $AlCl_3$ 浓度对氯化铝型咪唑基离子液体的影响

氯化铝浓度对离子液体的性能也有重要的影响。图11.23（a）是不同浓度 $AlCl_3$/[BMIm]Cl 离子液体的循环伏安曲线。从图中可以看出，$AlCl_3$∶[BMIm]Cl 摩尔比为0.8∶1 时的氧化分解电位（1.75 V）显著低于其他四种摩尔比的氧化分解电位（2.5 V）。这是因为阴离子不同而导致氧化分解电压不同。当摩尔比小于1 时，离子液体中有游离的 Cl^- 与 $AlCl_4^-$ 同时存在。而当摩尔比等于1 时，只有 $AlCl_4^-$ 阴离子存在。当摩尔比大于1 时，$AlCl_4^-$ 渐渐形成 $Al_2Cl_7^-$ 等更高配位数的铝阴离子。当 $AlCl_3$/[BMIm]Cl 摩尔比为1.5∶1 和2∶1 时，在0 V 附近有一对很强的氧化还原峰，这是铝的溶解沉积峰。高摩尔比的离子液体中有大量的 $Al_2Cl_7^-$ 存在，该阴离子反应活性很大，在0 V 附近发生剧烈的铝溶解沉积反应。图11.23（b）是电解液的电导率随温度变化的曲线。

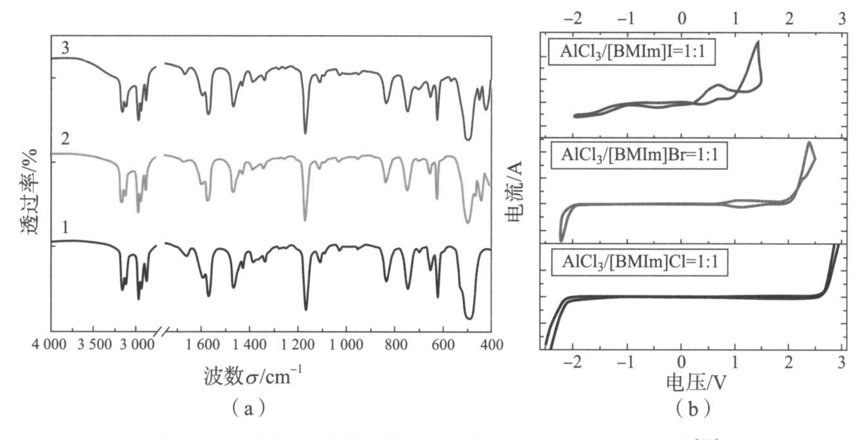

图 11.22　(a) 离子液体的 FTIR 图；(b) 循环伏安曲线[93]

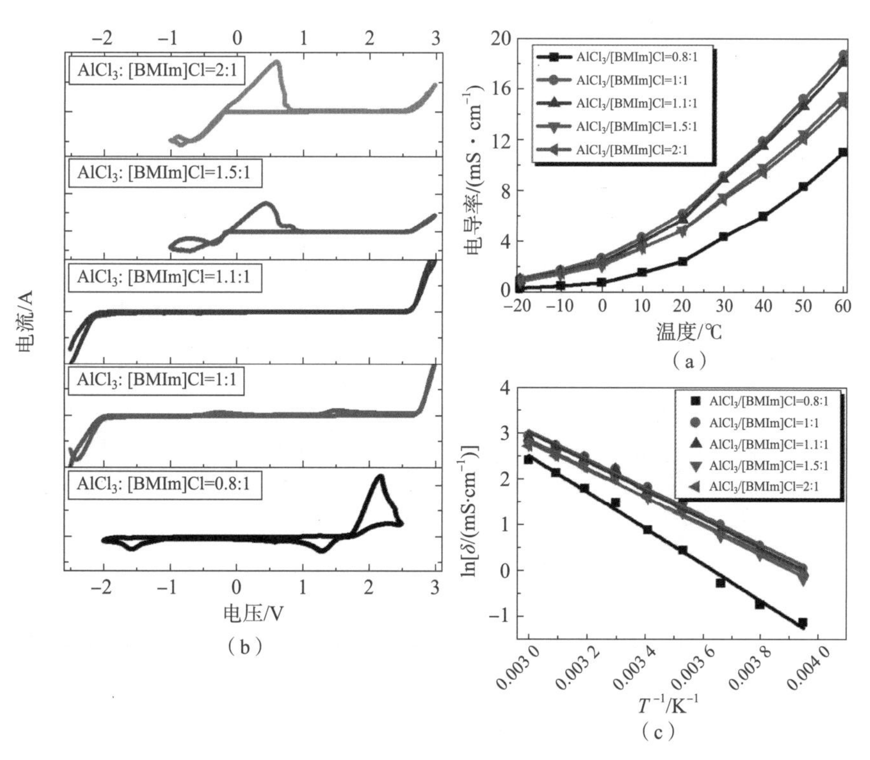

图 11.23　(a) 不同摩尔比 $AlCl_3$/[BMIm]Cl 离子液体的循环伏安曲线；(b) 电导率－温度曲线；(c) 阿伦尼乌斯拟合曲线[93]

不同摩尔比 $AlCl_3$/[BMIm]Cl 离子液体的电导率都随温度的升高而增加，并且二者之间的关系符合阿伦尼乌斯曲线（图 11.23（c））。摩尔比为 1∶1 时，$AlCl_3$/[BMIm]Cl 离子液体具有最高的电导率。而后随着摩尔比的增大，电导率逐渐减小。当 $AlCl_3$/[BMIm]Cl = 0.8∶1 时，电导率明显低于高摩尔比的离子液体。

11.3.2 水系电解液

离子液体电池体系存在的缺点[4]：这种氯化铝和卤化咪唑组成的离子液体成本高，对水分比较敏感，无法在空气中稳定保存，和微量水分反应即会产生酸性的 HCl，会腐蚀电池组件。这些因素限制了氯化铝 - 卤化咪唑电解液在大规模储能领域的应用，所以科研工作者一直在寻找低成本、环境友好、稳定安全、有利于提高铝离子脱嵌反应动力性能的电解液。然而由于 Al 金属的电极电势很低，并且铝盐水溶液呈现酸性，铝金属在其中会发生析氢反应，造成 Al^{3+} 的电化学沉积反应无法进行。可以通过改变水的析氢电位，进而避免析氢反应的发生。Zhou 等[77]对比了 1 mol · L^{-1} $Al(NO_3)_3$、0.5 mol · L^{-1} $Al_2(SO_4)_3$ 以及 5 mol · L^{-1} $Al(OTF)_3$ 三种电解液的电化学窗口。发现 5 mol · L^{-1} $Al(OTF)_3$ 具有比另外两种电解液更高的析氢析氧过电位和更低的水活性，意味着在 5 mol · L^{-1} $Al(OTF)_3$ 电解液中更容易获得更宽的电化学窗口。5 mol · L^{-1} $Al(OTF)_3$ 具有 2.65 V 的电化学稳定窗口，大于 1 mol · L^{-1} $Al(NO_3)_3$ 中的 1.81 V 和 0.5 mol · L^{-1} $Al_2(SO_4)_3$ 的 1.40 V。因此，高浓度水系电解液有助于提升铝二次电池的电化学性能。谷思辰等[24]采用 5 mol · L^{-1} $Al(CF_3SO_3)_3$ 高浓度水系电解液，实现了锰基正极材料高达 467 mAh · g^{-1} 的比容量。Yan 等[25]使用高浓度 $Al(CF_3SO_3)_3$ 电解液组装的水系铝二次电池，在 0.1 A · g^{-1} 的电流密度下循环 80 周后，仍然可以提供 460 mAh · g^{-1} 的比容量。此外，研究表明，使用含氟盐类或含氟化合物作为电解液的添加剂，也可以拓宽电解液的电压窗口。这是由于含氟盐类在电化学反应中容易在负极表面形成一层含氟界面，这层含氟界面可以有效地抑制溶剂的还原分解反应。高浓度的电解液也有利于含氟阴离子在负极界面聚集，阻止溶剂与负极界面接触，从而抑制电解液分解。

谷思辰等[97]探究多种不同浓度的无机铝盐的水系电解液。图 11.24（a）显示了不同浓度的 $Al(OTF)_3$ - H_2O、$Al_2(SO_4)_3$ - H_2O、$Al(ClO_4)_3$ - H_2O、$Al(NO_3)_3$ - H_2O 的电化学窗口。0.1 mol · kg^{-1}、0.5 mol · kg^{-1}、1.0 mol · kg^{-1} 的 $Al(OTF)_3$ - H_2O 的还原窗口在 0.1 ~ 0.2 V 之间，虽然低于另外三种铝盐的水

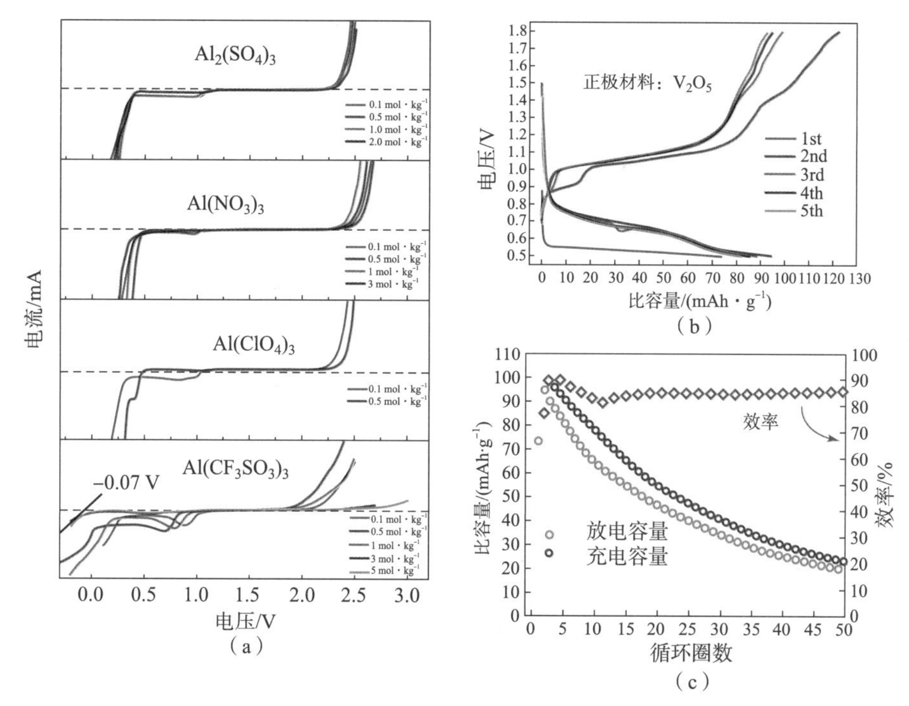

图 11.24　(a) 不同浓度的 $Al(OTF)_3-H_2O$、$Al_2(SO_4)_3-H_2O$、$Al(ClO_4)_3-H_2O$、$Al(NO_3)_3-H_2O$ 的电化学窗口；(b) 基于 $Al(OTF)_3-H_2O$ 电解液的 V_2O_5/Al 铝二次电池的恒流充放电曲线；(c) 循环性能和充放电效率[97]

溶液的还原窗口，但是仍然高于 Al^{3+} 的沉积电位（0 V）。当铝盐浓度提高至 3 mol · kg^{-1}后，还原电位已低于 0 V。为明确电解液浓度和三氟甲磺酸根离子（OTF^-）对电化学窗口的影响，对 $Al(OTF)_3-H_2O$（0.5 mol · kg^{-1}、5 mol · kg^{-1}）和 $Al(ClO_4)_3-H_2O$ 进行循环伏安测试，发现 $Al(ClO_4)_3-H_2O$ 的还原电位最高在 0.9 V，低浓度含氟铝盐水溶液 $Al(OTF)_3-H_2O$(0.5 mol · kg^{-1}) 的还原电位低于 $Al(ClO_4)_3-H_2O$ 的 0.8 V，但是也仍然高于 Al^{3+} 的溶解沉积电位 0 V。高浓度的含氟铝盐水溶液 $Al(OTF)_3-H_2O$（5 mol · kg^{-1}）的还原电位显著低于其他水溶液，扫描至 0.9 V 时，出现了还原电流，但还原电流并未急剧增大，而是出现了一个平台，直至 -0.4 V 才出现析氢电流。在此处 0.9 V 出现的平台是含氟电解液中电极的钝化过程，钝化后的电极界面上的析氢反应受到了抑制，析氢电位低于 Al^{3+} 沉积电位，使得 Al^{3+} 在水系电解液中沉积成为可能。利用 V_2O_5 作为正极材料测试 $Al(OTF)_3-H_2O$(5 mol · kg^{-1}) 电解液在全电池中的电化学性能。结果如图 11.24（b）和（c）所示，V_2O_5/Al 电池首周放电容量可达94 mAh·g^{-1}，充放电效率为89.7 %，充放电曲线平滑稳定。V_2O_5/Al电池放电平台为0.7 V，和使用$AlCl_3$－[BMIm]Cl离子液体时的放电平台一致，说明在$Al(OTF)_3$－H_2O(5 mol·kg^{-1})中，Al^{3+}可以在V_2O_5正极材料中可逆地脱嵌。

相比于单盐的水电解液体系，高浓度混合双盐的水系电解液由于水分子和离子之间的相互作用较强，水的活性会进一步降低，双盐水系电解液能够进一步拓宽水系电解液的电化学窗口[98,99]。由于具有较高的溶解度和易于制备的特点，三氟甲磺酸铝（$Al(OTF)_3$）是铝二次电池中高浓度水系电解液中使用最广泛的单盐[25,56]。目前，在已经报道的水系铝二次电池中能够实现5 mol·L^{-1} $Al(OTF)_3$的高浓电解液，电压窗口达到为3.6 V[24]。但要想获得更高浓度的$Al(OTF)_3$电解液，难度较大，因为在水中已经达到最大溶解度，电解液的浓度难以提高。高雅宁等[100]提出构建基于$Al(OTF)_3$和三氟甲磺酸锂（LiOTF）混合的高浓度水系电解液，最高浓度电解液的组成为1 mol·L^{-1} $Al(OTF)_3$＋15 mol·L^{-1} LiOTF（标记为1Al＋15Li），电化学窗口最宽可达4.35 V。如图11.25（a）～（c）所示，随着LiOTF浓度的增加，电解液的电化学窗口明显扩大。析氢反应发生在－1.2 V左右，析氧反应在3.15 V处发生。在高浓度双盐水系电解液中，H_2和O_2的析出反应被显著抑制，直到电位超出－1.2～3.15 V的范围，这比纯水的理论电化学窗口要宽得多。如图11.25（f）所示，在铝－铝对称电池中测试电极反应的过电位，发现更高浓度的电解液会显著降低过电位。这是由于在高浓度水系电解液中，有限的水分子被阳离子捕获，导致随着盐浓度的增加，两个或者多个阳离子共享的水分子增加。由于双盐水系电解液中独特的溶剂化结构（图11.25（d）），与稀溶液相比，水的活性明显降低（图11.25（e））。

得益于高浓度双盐水系电解液电化学稳定性窗口的拓宽，高雅宁等[100]构建了一种采用$Al_xMnO_2·nH_2O$作为电极材料的水系铝二次电池。$Al_xMnO_2·nH_2O$在具有不同浓度LiOTF的双盐水系电解液中的电化学性能如图11.25（g）～（i）所示。增加LiOTF浓度会引起两个放电平台的电压略微升高，并且平台的形状更加明显。当电解液的溶剂化结构改变时，整个电极反应动力学增强，这主要是在电化学反应过程中，客体离子嵌入材料结构之前的去溶剂化能量不同造成的。如图11.25（j）～（l）所示，由于动力学的改善，铝离子嵌入过程的放电比容量随着LiOTF浓度的增加而增加。LiOTF浓度增加时，1.1 V处高电压平台贡献的比容量会逐步变大，这意味着整个电池体系可以提供更高的能量密度。除了动力学得到改善外，电池的循环稳定性在三种不同浓度的双盐水系电解液中也不同。在1Al＋5Li电解液中，电池无法正常循环超过100

周，但在 1Al + 10Li 和 1Al + 15Li 电解液中，可以实现 150 周稳定循环。值得注意的是，对于 1Al + 15Li 电解液，电池的库仑效率可以达到 95% 中的库仑效率。循环 150 周后，仍然可以保持 160 mAh · g^{-1}的放电比容量。与 5 mol · L^{-1} $Al(OTF)_3$ 相比，双盐水系电解液中溶剂化结构的改变和较低的水含量进一步降低了水的活性，因此能有效阻止副反应发生且能提高循环稳定性。

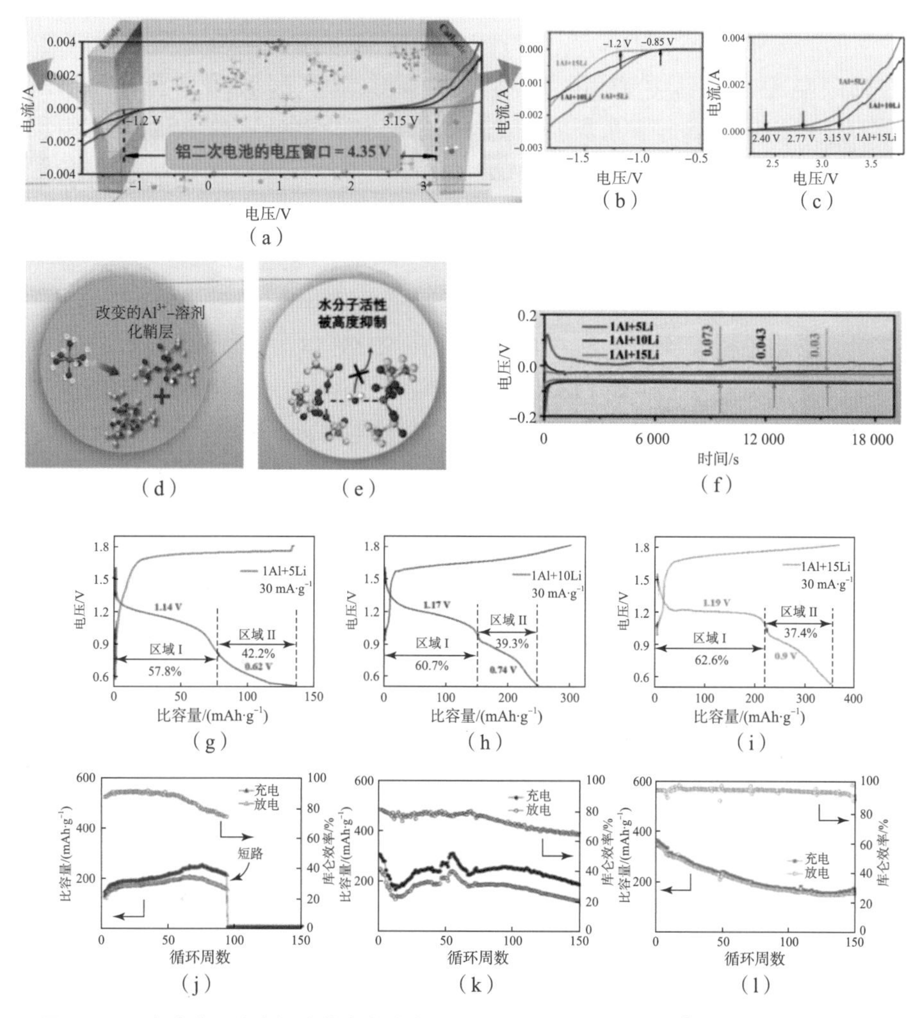

图 11.25　高浓度双盐电解液的电化学窗口测量（扫速为 1 mV · s^{-1}）：（a）总体电化学稳定窗口；（b，c）为（a）中接近阴极和阳极部分的放大图；（d）铝离子的溶剂化演变和（e）水活性降低示意图；（f）Al – Al 对称电池的恒流充放电曲线；Al/Al_xMnO_2 · nH_2O 电池在不同浓度电解液中的充放电曲线：（g）1Al + 5Li、（h）1Al + 10Li、（i）1Al + 15Li；电池的循环性能：（j）1Al + 5Li、（k）1Al + 10Li、（l）1Al + 15Li[100]

11.3.3 有机电解液

有机电解液是二次电池较常用的电解液，因为其具备宽电化学窗口、价格低廉、导电性高等特点，有机电解液已经商业化。由于电解液的氧化电位是由电解液中的阴离子决定的，$AlCl_3$ - [BMIm]Cl 离子液体中的阴离子 $Al_xCl_y^-$ 决定了电解液的氧化电位（2.5 V）。为了提高电化学窗口，需要使用具有更耐氧化性的阴离子铝盐。$SO_3CF_3^-$ 具有较强的耐氧化性，理论上可以提高电解液的氧化电位。将 $Al(SO_3CF_3)_3$ 溶解于有机溶剂碳酸丙烯酯/四氢呋喃（PC/THF）和二乙二醇二甲醚（diglyme），得到的电解液的电化学窗口可达 6 V[22,101,102]。在 $Al(CF_3SO_3)_3$ - digylme（摩尔比1∶5）电解液中，铜基普鲁士蓝正极材料可以可逆脱嵌 Al^{3+}，并产生明显的氧化还原电流。但铝金属/电解液的界面却表现出严重的惰性，Al^{3+} 在铝金属表面无法有效地沉积/溶解。这种铝/电解液界面的惰性是有机溶剂电解液效率低的最重要原因。为了开发更廉价稳定的铝二次电池有机电解液，研究者们尝试开发以其他铝盐为溶质的有机溶剂电解液。Nakayama 等[103]制备了一种以三氯化铝为铝盐、二烷基砜为溶剂、非极性有机溶剂为稀释剂的砜基电解液，在室温铝二次电池中具有良好的电化学性能。其中，Al_2Cl_7 是该电解液中的活性离子，只有该离子存在的情况下才能发生铝离子的沉积和溶解。在以三氯化铝为铝盐，二烷基砜为溶剂制备的电解液中，两种铝阴离子之间存在一种平衡，随着温度升高，$Al_2Cl_7^-$ 浓度增大。此外，通过在三氯化铝烷基砜有机电解液中添加非极性有机溶剂作为稀释剂，也可以制备出室温铝二次电池可用的电解液。

11.4 铝二次电池负极材料

目前大部分关于铝二次电池的研究所用的负极材料都是金属铝箔。但是，用金属铝箔作为负极材料仍然面临着一些问题，比如表面的 Al_2O_3 氧化膜、铝枝晶、电化学腐蚀、电极粉化等。铝二次电池的实际放电电压低于理论电压，原因可能是铝负极表面致密的氧化膜所引起的电位滞后。循环稳定性则可能受到铝负极表面枝晶形成的影响。目前认为，钝化膜在很大程度上降低了 Al 枝晶的形核位置，使 Al 枝晶不会在金属负极表面无限生长。Al 在沉积过程中可能形成树枝状突起，破坏界面稳定性，甚至导致电池失效。D. Reed 等[104]观察到循环后的铝负极表面有树枝状物质的生成，并证明了树枝状物由铝、铁、氯等元素组成。沉积铝的形貌和紧密程度对电池的容量、安全和循环寿命有重要影响。在熔盐体系中，电荷转移过程很快，铝沉积由扩散控制。所以抑制铝枝晶主要考虑两个因素：一是改善沉积的扩散过程，二是改变电荷转移、成核过程的速率[5]。即抑制铝枝晶的形成可以从电解液和铝负极材料改性两方面考虑。添加有机试剂是抑制铝枝晶形成的另一种常用方法。对于碱性氯化铝熔盐的铝沉积，比较适合的有机添加剂有氯化四甲基铵盐以及尿素。无机添加剂包括复合物（主要是氯化物）添加剂和各个金属辅助阳极溶解在电解液中所产生的金属离子。添加剂中，KCl、$BaCl_2$、NH_4Cl 影响较小，而 $PbCl_2$、$SnCl_2$、$MnCl_2$、LiCl、NaBr、NaI、HCl 等具有有利影响，能够改善铝沉积的质量[105-107]。

基于上述问题，发展安全、稳定的铝二次电池需要对铝负极进行改性。通过直接抛光金属铝的方式来去除钝化氧化层是一种解决手段。另一个思路就是通过电化学或化学方法预处理，来改善铝金属表面钝化层对体系的影响。如图 11.26（a）和（b）所示，王华丽等[94]提出将铝负极预先浸泡于含卤素的腐蚀性电解液来活化铝负极，构建 Al^{3+} 传输通道。并将活化的铝负极与非腐蚀性 Al(OTF)/[BMIm]OTF 电解液匹配，构建了具有高电压和高电化学活性的铝二次电池体系。未经预处理的铝负极表面有一层致密的氧化膜，氧化膜在后面的电化学反应中阻碍了金属铝与电解液的接触和铝离子的沉积，导致电池不能充放电。经过 $AlCl_3$/[BMIm]Cl(1.1∶1) 离子液体浸泡后，铝表面发生点腐蚀，氧化层被破坏，新鲜的铝表面暴露出来。如图 11.26（c）~（e）所示，铝片在 $Al(CF_3SO_3)_3$/[BMIm]CF_3SO_3 离子液体中浸泡后，表面并无变化。经过 $AlCl_3$/[BMIm]Cl(1.1∶1) 离子液体浸泡后，铝表面发生点腐蚀。在充放电过程中，预处理过的铝负极表面没有氧化膜的部分与 $Al(CF_3SO_3)_3$/[BMIm]CF_3SO_3 离子液体反应，发生铝的沉积和溶解。实验发现，未经过任何处理的铝片作为负极时，以 $Al(CF_3SO_3)_3$/[BMIm]CF_3SO_3 离子液体为电解液的铝二次电池没有任何电化学活性。而处理后的铝片作为负极时，以 $Al(CF_3SO_3)_3$/[BMIm]CF_3SO_3 离子液体为电解液的铝二次电池则表现出稳定的电化学性能。

采用低价、抗腐蚀性强的铝合金负极也是一种有效手段，该方法可以防止电极粉化，从而提高铝二次电池的循环寿命。合金负极 A_xM 是指其中 A 是活性金属，M 是主体金属，A 在 M 中占据一个对主体金属几乎不敏感的特征体积。研究表明，将 Mg 或者 Ag 与 Al 形成合金负极，在 $AlCl_3$/尿素电解液体系中表现出与纯铝箔接近的性能[108]。该合金负极具有良好的抗腐蚀性，从而提高了电池的容量和寿命。合金中的含镁化合物比铝的电极电位更负，铝首先作

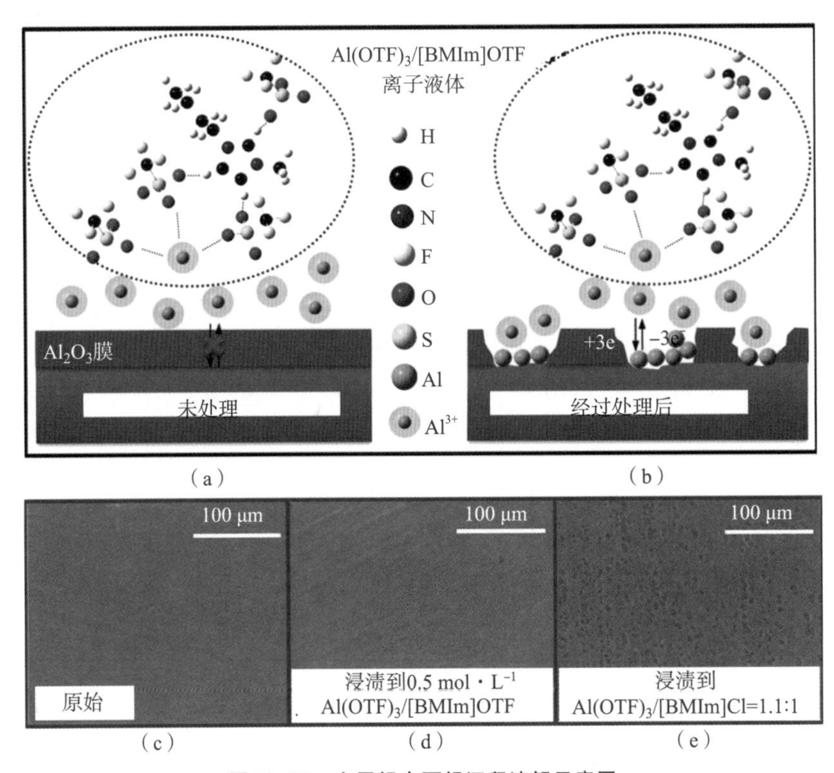

图 11.26　金属铝表面铝沉积溶解示意图

(a) 无预处理金属铝表面；(b) 处理过的金属铝表面；(c) 原始铝箔的 SEM 图；(d) 铝箔浸入 0.5 mol · L^{-1} Al(OTF) $_3$/[BMIm] OTF 液体后的 SEM 图；(e) 铝箔浸入 $AlCl_3$/[BMIm] Cl = 1. 1 : 1 液体中 24 h 的 SEM 图[94]

为负极溶解并参与电化学反应。合金中低含量的 Mg 可以减少铝负极晶间腐蚀、析氢反应，降低腐蚀速率，从而提高铝负极的电化学性能。另外，将铝电镀到铜箔上形成铝铜合金[109]，以此作为铝二次电池的负极材料，表现出良好的循环性能和较低的极化电压。循环后的铝铜合金负极没有被严重腐蚀且无电极粉化等现象，而纯铜箔和铝箔在循环后被严重腐蚀且发生粉碎。

11.5　隔　　膜

隔膜在电池中起着重要的作用，可以将正负极分开，防止电池短路；还充当电子绝缘体和固有的离子导体，来实现电池的正常充放电过程。良好的隔膜应当具备以下几个特征[110]：①具有绝缘性，保证电池不短路；②合理的孔隙率和孔结构，保证电极液中离子的有效传输；③良好的电解液润湿性和吸液性能，与电解液有良好的相容性，保证电池的稳定循环；④优异的力学性能，保证电池器件的一体化；⑤良好的机械强度和抗刺穿能力，保证电池的安全性能；⑥优异的耐热、耐火性能，从而保证隔膜在高温环境下正常工作；⑦能够防止铝枝晶的产生；⑧良好的相容性，确保不与电池其他组分发生副反应等。因此，综上可以得到评价隔膜好坏的指标包括厚度、孔隙率与孔尺寸、浸润性、机械强度、耐热性、化学与电化学稳定性等[111]。目前，实验室中常用的铝二次电池隔膜是基于玻璃纤维（glass fiber，GF）。GF 隔膜的优势在于具备丰富的孔隙率以及优异的润湿性，有较高的电解液吸收量，因此，GF 隔膜中的离子电导率相对较高。但是，由于 GF 隔膜是主要由无机填料制备而成的纤维状滤纸，隔膜自身比较厚，会降低二次电池整体的能量密度。而且，GF 隔膜的成本也比较高，拉升强度较差，力学性质还不够理想。这些问题阻碍了 GF 隔膜在铝二次电池的实际使用[112]。借鉴传统锂离子电池隔膜的改善思路，对 GF 隔膜进行修饰或改性及发展新型铝电池隔膜是非常有必要的。

为了解决 GF 隔膜较厚以及力学性质较差的问题，2017 年，Elia 等[112]采用静电纺丝制造一种基于聚丙烯腈纤维（polyacrylonitrile，PAN）的隔膜，该隔膜在减小厚度的同时，保持一定的力学强度，以及充足的吸液率，因此，在铝二次电池中表现出良好的性能。如图 11.27（a）所示，PAN 隔膜由大量直径约 500 nm 的纤维交织形成。基于 PAN 隔膜组装的铝对称电池在 50 圈沉积剥离后的铝金属表面仍然是光滑、平整、均匀的（图 11.27（b）），表明 PAN 隔膜有利于铝的溶解沉积。以常见的 GF 隔膜作为对比，发现 GF 隔膜组装的铝对称电池在循环后的铝负极表面变得比较粗糙（图 11.27（c）），说明 GF 隔膜对铝的溶解沉积过程的作用不太理想，铝箔表面的铝溶解、沉积不均匀。铝负极表面良好的溶解沉积过程有助于铝二次电池多电子反应的发生，因此 PAN 基隔膜组装的铝二次电池比 GF 隔膜的铝二次电池表现出更高的放电容量（图 11.27（d））。

如前所述，Al/S 电池体系存在较大的极化现象以及循环过程中的多硫化物穿梭效应。仅仅使用 GF 隔膜无法改善这些问题。通过对隔膜进行改性，在隔膜表面涂覆功能性物质或者在隔膜表面引入功能性官能团，可以提高隔膜对多硫化物的锚定作用，阻碍多硫化物的穿梭。合适的功能修饰层还可以提高电池体系的导电性，降低内阻，提升硫正极利用率和循环性能[113]。杨悦等[109]采

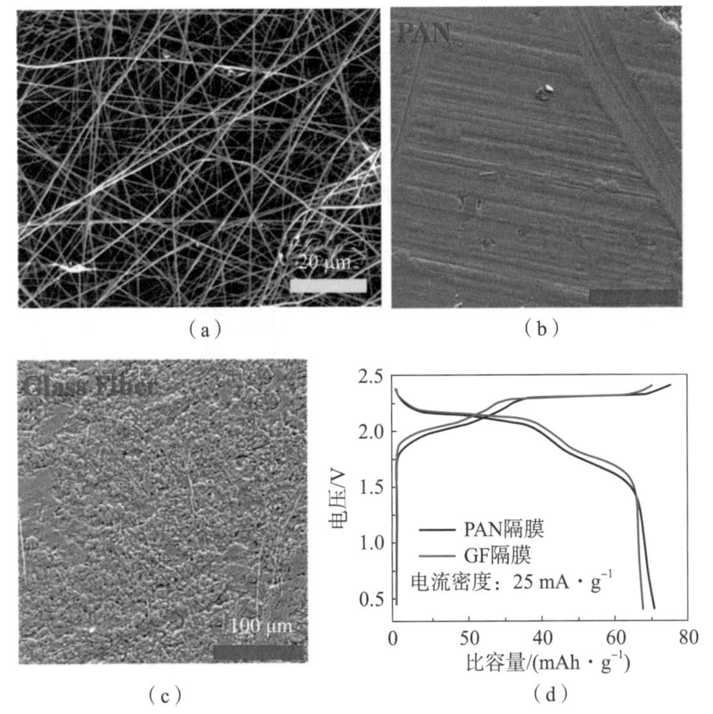

（a）　　　　（b）

（c）　　　　（d）

图 11.27　（a）PAN 隔膜的 SEM 图；（b）基于 PAN 隔膜对称电池循环后的铝负极表面；（c）基于 GF 隔膜对称电池循环后的铝负极表面；（d）基于两种隔膜组装的铝电池性能对比[112]

用氧化石墨烯（graphene oxide，GO）结合二维层状结构的金属碳/氮化物（MXene）作为复合型修饰层来改性 GF 隔膜。GO 表面含有大量含氧官能团，例如羧基、羟基、环氧基等基团，可以与硫化物发生相互作用，减少多硫化物的穿梭效应。MXene 材料具有优异的多硫化物的吸附能力，表面暴露的羟基基团可以限制多硫化物的迁移，提高硫正极活性物质的利用率。图 11.28（a）~（c）是在电流密度为 0.1 A · g^{-1}时，单独使用 GO、MXene 修饰隔膜，以及 GO/MXene 复合型修饰隔膜组装的铝二次电池的充放电曲线。与单独 GO 或者 MXene 修饰隔膜的电池相比，GO/MXene 共同修饰的复合隔膜的 Al/S 电池表现出更高的可逆容量以及更优异的循环稳定性。经过首周活化后，循环 13 周容量几乎没有衰减，保持在 1 400 mAh · g^{-1}以上，并且电池体系极化较小，库仑效率较高。

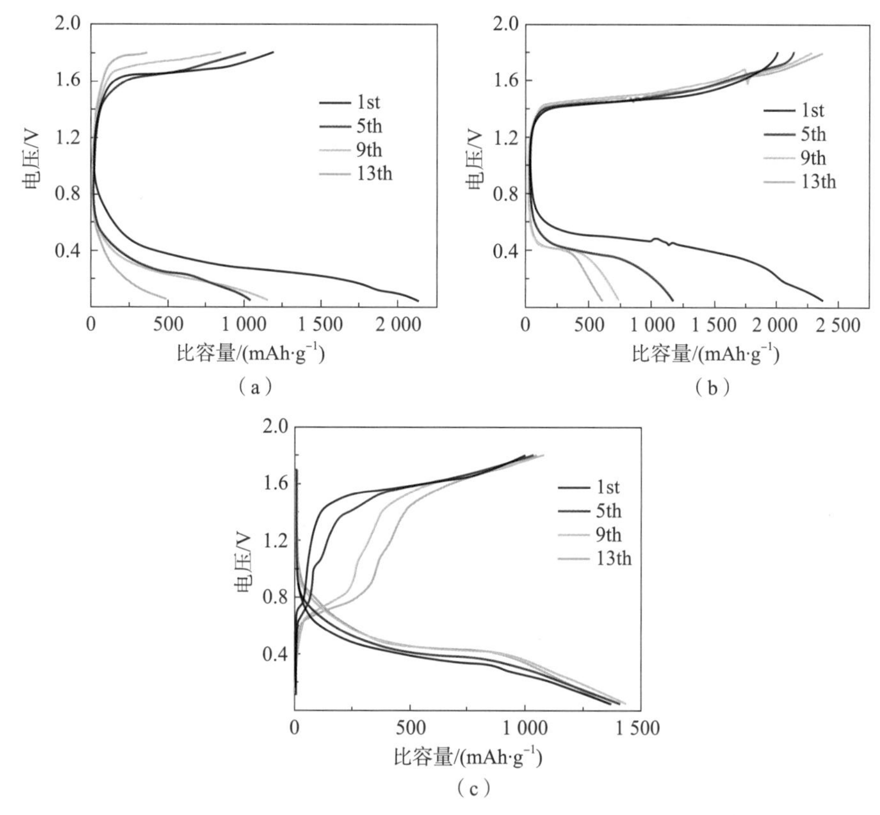

图 11.28　(a) 单独 GO 修饰隔膜；(b) 单独 MXene 修饰隔膜；(c) GO/MXene 复合修饰隔膜的 Al/S 电池在 0.1 A · g^{-1} 的恒流充放电曲线[114]

11.6　本章小结

综上所述，本章对新型铝二次电池体系进行了全方面的介绍。紧密围绕电极材料的多电子效应从材料结构、性能、多电子作用机制等进行分析与总结。研究充分表明，基于多电子反应体系发展铝二次电池能够极大地提升电池的能量密度，为下一代大规模储能奠定基础。但是，铝二次电池体系仍然存在许多问题需要克服：

①要致力于揭示多电子反应的工作机制，为材料设计提供更多的指导。

②发展结构稳定、层间距合适的正负极材料，促进多价态、尺寸大的铝离

子的电化学动力学。

③针对铝金属负极的界面性质研究需要深入，发展合理、有效的提升金属负极电化学活性、稳定性、可逆性的改性方法。

④需要揭示电极电解液界面间的化学问题，包括界面的形成机制、界面的化学组成、界面的结构特征等，探索界面化学与电池性能间的构效关系。

⑤电解液的研究要有针对性，比如离子液体电解液，需要提高与负极、隔膜、黏结剂等其他组件的兼容性，同时降低生产成本也很关键。

⑥发展高性能、实时监测的原位表征技术，先进的表征手段有助于多电子反应机制的深入探讨。

综上，为了推动轻元素多电子构建新型高比能的二次电池，大量的研究仍然需要投入电极材料、电解液体系、电池工作机理等方面。

参考文献

[1] Wu F, Wu C. New secondary batteries and their key materials based on the concept of multi - electron reaction [J]. Chinese Science Bulletin, 2014, 59 (27): 3369 - 3376.

[2] 许国栋，敖宏，佘元冠. 可持续发展背景下世界铝工业发展现状、趋势及我国的对策 [J]. 中国有色金属学报，2012 (7): 2040 - 2051.

[3] Wu F, Yang H, Bai Y, et al. Multi - electron reaction concept for the universal battery design [J]. Journal of Energy Chemistry, 2020 (51): 416 - 417.

[4] Wu F, Yang H, Bai Y, et al. Paving the path toward reliable cathode materials for aluminum - ion batteries [J]. Advanced Materials, 2019, 31 (16): 1806510.

[5] Li Q, Bjerrum N J. Aluminum as anode for energy storage and conversion: a review [J]. Journal of Power Sources, 2002, 110 (1): 1 - 10.

[6] Mori R. Recent developments for aluminum - air Batteries [J]. Electrochemical Energy Reviews, 2020, 3 (2): 344 - 369.

[7] Elia G A, Marquardt K, Hoeppner K, et al. An overview and future perspectives of aluminum batteries [J]. Advanced Materials, 2016, 28 (35): 7564 - 7579.

[8] Rolland P, Mamantov G. Electrochemical reduction of $Al_2Cl_7^-$ ions in chloroalu-

minate melts [J]. Journal of The Electrochemical Society, 1976, 123 (9): 1299 - 1303.

[9] Sargent D E. Voltaic Cell [M]. Google Patents, 1951.

[10] Zaromb S. The use and behavior of aluminum anodes in alkaline primary batteries [J]. Journal of The Electrochemical Society, 1962, 109 (12): 1125 - 1130.

[11] Karpinski A P, Russell S J, Serenyi J R, et al. Silver based batteries for high power applications [J]. Journal of Power Sources, 2000, 91 (1): 77 - 82.

[12] Hasvold Ø, Johansen K H, Mollestad O, et al. The alkaline aluminium/hydrogen peroxide power source in the Hugin II unmanned underwater vehicle [J]. Journal of Power Sources, 1999, 80 (1): 254 - 260.

[13] Licht S, Peramunage D. Novel aqueous aluminum/sulfur batteries [J]. Journal of The Electrochemical Society, 1993, 140 (1): L4 - L6.

[14] Holleck G L. The reduction of chlorine on carbon in $AlCl_3$ - KCl - NaCl melts [J]. Journal of The Electrochemical Society, 1972, 119 (9): 1158.

[15] Koura N. A Preliminary investigation for an Al/$AlCl_3$ - NaCl/FeS_2 secondary cell [J]. Journal of The Electrochemical Society, 1980, 127 (7): 1529 - 1531.

[16] Hjuler H A, Von Winbush S, Berg R W, et al. A novel inorganic low melting electrolyte for secondary aluminum - nickel sulfide batteries [J]. Journal of The Electrochemical Society, 1989, 136 (4): 901 - 906.

[17] Berg R W, Von Winbush S, Bjerrum N J. Negative oxidation states of the chalcogens in molten salts. Raman spectroscopic studies on aluminum chlorosulfides formed in chloride and chloroaluminate melts and some related solid and dissolved compounds [J]. Inorganic Chemistry, 1980, 19 (9): 2688 - 2698.

[18] Wilkes J S, Levisky J A, Wilson R A, et al. Dialkylimidazolium chloroaluminate melts: a new class of room - temperature ionic liquids for electrochemistry, spectroscopy and synthesis [J]. Inorganic Chemistry, 1982, 21 (3): 1263 - 1264.

[19] Reynolds G F, Dymek C J. Primary and secondary room temperature molten salt electrochemical cells [J]. Journal of Power Sources, 1985, 15 (2): 109 - 118.

[20] Gifford P R, Palmisano J B. An aluminum/chlorine rechargeable cell employing a room temperature molten salt electrolyte [J]. Journal of The Electrochemical

Society, 1988, 135 (3): 650 - 654.

[21] Paranthaman M P, Brown G, Sun X G, et al. A transformational, high energy density, secondary aluminum ion battery [C]. ECS Meeting Abstracts. IOP Publishing, 2010 (4): 314.

[22] Jayaprakash N, Das S K, Archer L A. The rechargeable aluminum - ion battery [J]. Chemical Communications, 2011, 47 (47): 12610 - 12612.

[23] Sun X G, Bi Z, Liu H, et al. A high performance hybrid battery based on aluminum anode and $LiFePO_4$ cathode [J]. Chemical Communications, 2016, 52 (8): 1713 - 1716.

[24] Wu C, Gu S, Zhang Q, et al. Electrochemically activated spinel manganese oxide for rechargeable aqueous aluminum battery [J]. Nature Communications, 2019, 10 (1): 73.

[25] Yan C, Lv C, Wang L, et al. Architecting a stable high - energy aqueous Al - ion battery [J]. Journal of the American Chemical Society, 2020, 142 (36): 15295 - 15304.

[26] Ambroz F, Macdonald T J, Nann T. Trends in aluminium - based intercalation batteries [J]. Advanced Energy Materials, 2017, 7 (15): 1602093.

[27] Rodríguez - Pérez I A, Ji X. Anion hosting cathodes in dual - ion batteries [J]. ACS Energy Letters, 2017, 2 (8): 1762 - 1770.

[28] Whittingham M S. The role of ternary phases in cathode reactions [J]. Journal of The Electrochemical Society, 1976, 123 (3): 315 - 320.

[29] Wang S, Yu Z, Tu J, et al. A novel aluminum - ion battery: Al/$AlCl_3$ - [EMIm] Cl/Ni_3S_2 @ Graphene [J]. Advanced Energy Materials, 2016, 6 (13): 1600137.

[30] Cai T, Zhao L, Hu H, et al. Stable $CoSe_2$/carbon nanodice@ reduced graphene oxide composites for high - performance rechargeable aluminum - ion batteries [J]. Energy & Environmental Science, 2018, 11 (9): 2341 - 2347.

[31] Wu J, Wu D, Zhao M, et al. Rod - shaped $Cu_{1.81}Te$ as a novel cathode material for aluminum - ion batteries [J]. Dalton Transactions, 2020, 49 (3): 729 - 736.

[32] Zhang Y, Liu S, Ji Y, et al. Emerging nonaqueous aluminum - ion batteries: challenges, status, and perspectives [J]. Advanced Materials, 2018, 30 (38): 1706310.

[33] Cohn G, Ma L, Archer L A. A novel non - aqueous aluminum sulfur battery

[J]. Journal of Power Sources, 2015 (283): 416 - 422.

[34] Zhang T, Cai T, Xing W, et al. A rechargeable 6 - electron Al - Se battery with high energy density [J]. Energy Storage Materials, 2021 (41): 667 - 676.

[35] Guan W, Wang L, Lei H, et al. Sb_2Se_3 nanorods with N - doped reduced graphene oxide hybrids as high - capacity positive electrode materials for rechargeable aluminum batteries [J]. Nanoscale, 2019, 11 (35): 16437 - 16444.

[36] Zhang X, Jiao S, Tu J, et al. Rechargeable ultrahigh - capacity tellurium - aluminum batteries [J]. Energy & Environmental Science, 2019, 12 (6): 1918 - 1927.

[37] Tu J, Wang M, Xiao X, et al. Nickel phosphide nanosheets supported on reduced graphene oxide for enhanced aluminum - ion batteries [J]. ACS Sustainable Chemistry & Engineering, 2019, 7 (6): 6004 - 6012.

[38] Kravchyk K V, Wang S, Piveteau L, et al. Efficient aluminum chloride - natural graphite battery [J]. Chemistry of Materials, 2017, 29 (10): 4484 - 4492.

[39] Wang S, Huang S, Yao M, et al. Engineering active sites of polyaniline for $AlCl_2^+$ storage in an aluminum - ion battery [J]. Angewandte Chemie International Edition, 2020, 59 (29): 11800 - 11807.

[40] Wang H, Bi X, Bai Y, et al. Open - structured $V_2O_5 \cdot nH_2O$ nanoflakes as highly reversible cathode material for monovalent and multivalent intercalation batteries [J]. Advanced Energy Materials, 2017, 7 (14): 1602720.

[41] Tu J, Wang M, Luo Y, et al. Coral - like TeO_2 microwires for rechargeable aluminum batteries [J]. ACS Sustainable Chemistry & Engineering, 2020, 8 (6): 2416 - 2422.

[42] Nandi S, Das S K. An electrochemical study on bismuth oxide (Bi_2O_3) as an electrode material for rechargeable aqueous aluminum - ion battery [J]. Solid State Ionics, 2020 (347): 115228.

[43] Xiao X, Wang M, Tu J, et al. Metal - organic framework - derived Co_3O_4@MWCNTs polyhedron as cathode material for a high - performance aluminum - ion battery [J]. ACS Sustainable Chemistry & Engineering, 2019, 7 (19): 16200 - 16208.

[44] Koketsu T, Ma J, Morgan B J, et al. Reversible magnesium and aluminium ions insertion in cation - deficient anatase TiO_2 [J]. Nature Materials, 2017,

16 (11): 1142 - 1148.

[45] Lahan H, Das S K. Al^{3+} ion intercalation in MoO_3 for aqueous aluminum - ion battery [J]. Journal of Power Sources, 2019 (413): 134 - 138.

[46] Li Z, Li J, Kang F. 3D hierarchical AlV_3O_9 microspheres as a cathode material for rechargeable aluminum - ion batteries [J]. Electrochimica Acta, 2019 (298): 288 - 296.

[47] Zhang X, Zhang G, Wang S, et al. Porous CuO microsphere architectures as high - performance cathode materials for aluminum - ion batteries [J]. Journal of Materials Chemistry A, 2018, 6 (7): 3084 - 3090.

[48] Zhao Q, Zachman M J, Sadat W I A, et al. Solid electrolyte interphases for high - energy aqueous aluminum electrochemical cells [J]. Science Advances, 2018, 4 (11): eaau8131.

[49] Tu J, Lei H, Yu Z, et al. Ordered WO_{3-x} nanorods: facile synthesis and their electrochemical properties for aluminum - ion batteries [J]. Chemical Communications, 2018, 54 (11): 1343 - 1346.

[50] Lu H, Wan Y, Wang T, et al. A high performance SnO_2/C nanocomposite cathode for aluminum - ion batteries [J]. Journal of Materials Chemistry A, 2019, 7 (12): 7213 - 7220.

[51] Liu S, Hu J J, Yan N F, et al. Aluminum storage behavior of anatase TiO_2 nanotube arrays in aqueous solution for aluminum ion batteries [J]. Energy & Environmental Science, 2012, 5 (12): 9743 - 9746.

[52] Kazazi M, Abdollahi P, Mirzaei - Moghadam M. High surface area TiO_2 nanospheres as a high - rate anode material for aqueous aluminium - ion batteries [J]. Solid State Ionics, 2017 (300): 32 - 37.

[53] Zhu N, Wu F, Wang Z, et al. Reversible Al^{3+} storage mechanism in anatase TiO_2 cathode material for ionic liquid electrolyte - based aluminum - ion batteries [J]. Journal of Energy Chemistry, 2020 (51): 72 - 80.

[54] Wang H, Bai Y, Chen S, et al. Binder - free V_2O_5 cathode for greener rechargeable aluminum battery [J]. ACS Applied Materials & Interfaces, 2015, 7 (1): 80 - 84.

[55] Gu S, Wang H, Wu C, et al. Confirming reversible Al^{3+} storage mechanism through intercalation of Al^{3+} into V_2O_5 nanowires in a rechargeable aluminum battery [J]. Energy Storage Materials, 2017 (6): 9 - 17.

[56] He S, Wang J, Zhang X, et al. A high - energy aqueous aluminum - manga-

nese battery [J]. Advanced Functional Materials, 2019, 29 (45): 1905228.

[57] 郭帅楠. 铝二次电池正极材料的制备及其电化学性能研究 [D]. 北京: 北京理工大学, 2022.

[58] Hu Z, Liu Q, Chou S L, et al. Advances and challenges in metal sulfides/selenides for next - generation rechargeable sodium - ion batteries [J]. Advanced Materials, 2017, 29 (48): 1700606.

[59] Geng L, Lv G, Xing X, et al. Reversible electrochemical intercalation of aluminum in Mo_6S_8 [J]. Chemistry of Materials, 2015, 27 (14): 4926 - 4929.

[60] Yu Z, Kang Z, Hu Z, et al. Hexagonal NiS nanobelts as advanced cathode materials for rechargeable Al - ion batteries [J]. Chemical Communications, 2016, 52 (68): 10427 - 10430.

[61] Li H, Yang H, Sun Z, et al. A highly reversible Co_3S_4 microsphere cathode material for aluminum - ion batteries [J]. Nano Energy, 2019 (56): 100 - 108.

[62] Hu Y, Luo B, Ye D, et al. An innovative freeze - dried reduced graphene oxide supported SnS_2 cathode active material for aluminum - ion batteries [J]. Advanced Materials, 2017, 29 (48): 1606132.

[63] Wang S, Jiao S, Wang J, et al. High - performance aluminum - ion battery with CuS@C microsphere composite cathode [J]. ACS Nano, 2017, 11 (1): 469 - 477.

[64] Mori T, Orikasa Y, Nakanishi K, et al. Discharge/charge reaction mechanisms of FeS_2 cathode material for aluminum rechargeable batteries at 55 ℃ [J]. Journal of Power Sources, 2016 (313): 9 - 14.

[65] Zhang X, Wang S, Tu J, et al. Flower - like vanadium suflide/reduced graphene oxide composite: an energy storage material for aluminum - ion batteries [J]. Chem Sus Chem, 2018, 11 (4): 709 - 715.

[66] Xing L, Owusu K A, Liu X, et al. Insights into the storage mechanism of VS_4 nanowire clusters in aluminum - ion battery [J]. Nano Energy, 2021 (79): 105384.

[67] Li Z, Niu B, Liu J, et al. Rechargeable aluminum - ion battery based on MoS_2 microsphere cathode [J]. ACS Applied Materials & Interfaces, 2018, 10 (11): 9451 - 9459.

[68] Yang W, Lu H, Cao Y, et al. Flexible free – standing MoS_2/carbon nanofibers composite cathode for rechargeable aluminum – ion batteries [J]. ACS Sustainable Chemistry & Engineering, 2019, 7 (5): 4861 – 4867.
[69] Tan B, Han S, Luo W, et al. Synthesis of rGO – supported layered MoS_2 with enhanced electrochemical performance for aluminum ion batteries [J]. Journal of Alloys and Compounds, 2020 (841): 155732.
[70] Guo S, Yang H, Liu M, et al. Interlayer – expanded MoS_2/N – doped Carbon with three – dimensional hierarchical architecture as a cathode material for high – performance aluminum – ion batteries [J]. ACS Applied Energy Materials, 2021, 4 (7): 7064 – 7072.
[71] Zhang Y, Zhang B, Li J, et al. SnSe nano – particles as advanced positive electrode materials for rechargeable aluminum – ion batteries [J]. Chemical Engineering Journal, 2021 (403): 126377.
[72] Jiang J, Li H, Fu T, et al. One – dimensional $Cu_{2-x}Se$ nanorods as the cathode material for high – performance aluminum – ion battery [J]. ACS Applied Materials & Interfaces, 2018, 10 (21): 17942 – 17949.
[73] Mizuno Y, Okubo M, Hosono E, et al. Electrochemical Mg^{2+} intercalation into a bimetallic CuFe Prussian blue analog in aqueous electrolytes [J]. Journal of Materials Chemistry A, 2013, 1 (42): 13055 – 13059.
[74] Nie P, Shen L, Luo H, et al. Prussian blue analogues: a new class of anode materials for lithium – ion batteries [J]. Journal of Materials Chemistry A, 2014, 2 (16): 5852 – 5857.
[75] Karyakin A A. Advances of Prussian blue and its analogues in (bio) sensors [J]. Current Opinion in Electrochemistry, 2017, 5 (1): 92 – 98.
[76] Yi H, Qin R, Ding S, et al. Structure and properties of Prussian blue analogues in energy storage and conversion applications [J]. Advanced Functional Materials, 2021, 31 (6): 2006970.
[77] Zhou A, Jiang L, Yue J, et al. Water – in – salt electrolyte promotes high – capacity $FeFe(CN)_6$ cathode for aqueous Al – ion battery [J]. ACS Applied Materials & Interfaces, 2019, 11 (44): 41356 – 41362.
[78] Wang D, Lv H, Hussain T, et al. A manganese hexacyanoferrate framework with enlarged ion tunnels and two – species redox reaction for aqueous Al – ion batteries [J]. Nano Energy, 2021 (84): 105945.
[79] Liu S, Pan G L, Li G R, et al. Copper hexacyanoferrate nanoparticles as

cathode material for aqueous Al – ion batteries [J]. Journal of Materials Chemistry A, 2015, 3 (3): 959 – 962.

[80] Ru Y, Zheng S, Xue H, et al. Potassium cobalt hexacyanoferrate nanocubic assemblies for high – performance aqueous aluminum ion batteries [J]. Chemical Engineering Journal, 2020 (382): 122853.

[81] Gao Y, Yang H, Wang X, et al. The compensation effect mechanism of Fe – Ni mixed prussian blue analogues in aqueous rechargeable aluminum – ion batteries [J]. Chem Sus Chem, 2020, 13 (4): 732 – 740.

[82] Wang R Y, Wessells C D, Huggins R A, et al. Highly reversible open framework nanoscale electrodes for divalent ion batteries [J]. Nano Letters, 2013, 13 (11): 5748 – 5752.

[83] Yu Z, Jiao S, Tu J, et al. Rechargeable nickel telluride/aluminum batteries with high capacity and enhanced cycling performance [J]. ACS Nano, 2020, 14 (3): 3469 – 3476.

[84] Yang Y, Yang H, Wang X, et al. Multivalent metal – sulfur batteries for green and cost – effective energy storage: Current status and challenges [J]. Journal of Energy Chemistry, 2022 (64): 144 – 165.

[85] Fu X, Zhang W, Lan B, et al. Polyaniline nanorod arrays as a cathode material for high – rate zinc – ion batteries [J]. ACS Applied Energy Materials, 2020, 3 (12): 12360 – 12367.

[86] Lin M C, Gong M, Lu B, et al. An ultrafast rechargeable aluminium – ion battery [J]. Nature, 2015, 520 (7547): 324 – 328.

[87] Hallett J P, Welton T. Room – temperature ionic liquids: solvents for synthesis and catalysis [J]. Chemical Reviews, 2011, 111 (5): 3508 – 3576.

[88] Yang Q, Zhang Z, Sun X G, et al. Ionic liquids and derived materials for lithium and sodium batteries [J]. Chemical Society Reviews, 2018, 47 (6): 2020 – 2064.

[89] Ohno H. Functional design of ionic liquids [J]. Bulletin of the Chemical Society of Japan, 2006, 79 (11): 1665 – 1680.

[90] A O. Non – aqueous electrolyte and secondary battery containing same: U. S. Patent 7524587 [P]. 2009 – 4 – 28.

[91] Wang B, Qin L, Mu T, et al. Are ionic liquids chemically stable? [J]. Chemical Reviews, 2017, 117 (10): 7113 – 7131.

[92] Ito Y, Nohira T. Non – conventional electrolytes for electrochemical applications

[J]. Electrochimica Acta, 2000, 45 (15): 2611 - 2622.

[93] Wang H, Gu S, Bai Y, et al. Anion - effects on electrochemical properties of ionic liquid electrolytes for rechargeable aluminum batteries [J]. Journal of Materials Chemistry A, 2015, 3 (45): 22677 - 22686.

[94] Wang H, Gu S, Bai Y, et al. High - voltage and noncorrosive ionic liquid electrolyte used in rechargeable aluminum battery [J]. ACS Applied Materials & Interfaces, 2016, 8 (41): 27444 - 27448.

[95] 朱娜. 离子液体基铝/钠离子电池电解质的研究 [D]. 北京: 北京理工大学, 2020.

[96] Yang H, Yin L, Liang J, et al. An aluminum - sulfur battery with a fast kinetic response [J]. Angewandte Chemie International Edition, 2018, 57 (7): 1898 - 1902.

[97] 谷思辰. 轻元素多电子二次电池的关键材料及相关机理研究 [D]. 北京: 北京理工大学, 2018.

[98] Mccoy D E, Feo T, Harvey T A, et al. Structural absorption by barbule microstructures of super black bird of paradise feathers [J]. Nature Communications, 2018, 9 (1): 1.

[99] Wan F, Zhang Y, Zhang L, et al. Reversible oxygen redox chemistry in aqueous zinc - ion batteries [J]. Angewandte Chemie International Edition, 2019, 58 (21): 7062 - 7067.

[100] Gao Y, Li Y, Yang H, et al. Bi - salt electrolyte for aqueous rechargeable aluminum battery [J]. Journal of Energy Chemistry, 2022 (67): 613 - 620.

[101] Reed L D, Ortiz S N, Xiong M, et al. A rechargeable aluminum - ion battery utilizing a copper hexacyanoferrate cathode in an organic electrolyte [J]. Chemical Communications, 2015, 51 (76): 14397 - 14400.

[102] Reed L D, Arteaga A, Menke E J. A Combined experimental and computational study of an aluminum triflate/diglyme electrolyte [J]. The Journal of Physical Chemistry B, 2015, 119 (39): 12677 - 12681.

[103] Nakayama Y, Senda Y, Kawasaki H, et al. Sulfone - based electrolytes for aluminium rechargeable batteries [J]. Physical Chemistry Chemical Physics, 2015, 17 (8): 5758 - 5766.

[104] Reed L D, Menke E. The roles of V_2O_5 and stainless steel in rechargeable Al - ion batteries [J]. Journal of The Electrochemical Society, 2013, 160 (6):

A915 - A917.

[105] Carpio R A, King L A. Deposition and dissolution of lithium - aluminum alloy and aluminum from chloride - saturated LiCl - $AlCl_3$ and NaCl - $AlCl_3$ melts [J]. Journal of The Electrochemical Society, 1981, 128 (7): 1510 - 1517.

[106] Stafford G R. The electrodeposition of an aluminum - manganese metallic glass from molten salts [J]. Journal of The Electrochemical Society, 1989, 136 (3): 635 - 639.

[107] Qingfeng L, Hjuler H A, Berg R W, et al. Electrochemical deposition and dissolution of aluminum in $NaAlCl_4$ melts: influence of and sulfide addition [J]. Journal of The Electrochemical Society, 1990, 137 (9): 2794 - 2798.

[108] Wang C, Li J, Jiao H, et al. The electrochemical behavior of an aluminum alloy anode for rechargeable Al - ion batteries using an $AlCl_3$ - urea liquid electrolyte [J]. RSC Advances, 2017, 7 (51): 32288 - 32293.

[109] Jiao H, Jiao S, Song W L, et al. Cu - Al composite as the negative electrode for long - life Al - ion batteries [J]. Journal of The Electrochemical Society, 2019, 166 (15): A3539 - A3545.

[110] Zhang L, Li X, Yang M, et al. High - safety separators for lithium - ion batteries and sodium - ion batteries: advances and perspective [J]. Energy Storage Materials, 2021 (41): 522 - 545.

[111] Xiang Y, Li J, Lei J, et al. Advanced separators for lithium - ion and lithium - sulfur batteries: a review of recent progress [J]. ChemSusChem, 2016, 9 (21): 3023 - 3039.

[112] Elia G A, Ducros J B, Sotta D, et al. Polyacrylonitrile separator for high - performance aluminum batteries with improved interface stability [J]. ACS Applied Materials & Interfaces, 2017, 9 (44): 38381 - 38389.

[113] Yu X, Manthiram A. electrochemical energy storage with a reversible nonaqueous room - temperature aluminum - sulfur chemistry [J]. Advanced Energy Materials, 2017, 7 (18): 1700561.

[114] 杨悦. 铝硫二次电池复合正极与改性隔膜材料的研究 [D]. 北京：北京理工大学，2021.

索　引

0～9

A～Z（字母）

B

C

D

E

F

H

J

K～L

M

N

P

Q

R

S

X

Y

Z